高等学校网络教育规划教材

机械精度设计与检测

主　编　刘笃喜

编　者　刘笃喜　张云鹏

朱建生　殷　锐

西北工业大学出版社

【内容简介】 本书面向网络教育，以最新国家标准为依据，全面介绍了机械精度设计与检测的基础知识。编写时采用模块化结构，分为精度设计基础篇、典型机械零部件精度设计篇、测量技术基础篇和精度设计综合应用篇四大板块共12章。具体内容包括绪论、极限与配合、几何公差、表面粗糙度、滚动轴承公差与配合、普通螺纹的公差与配合、键和花键结合的精度设计、圆锥公差配合、齿轮传动精度设计、检测测量技术基础、装配精度与尺寸链、机械精度设计综合应用实例等。每章均由学习目标、案例导入、知识要点、知识内容和实训习题与思考题等部分构成。附录部分收集了公差与配合表。

本书既可作为高等学校网络教育的教材使用，也可供其他院校相关专业作为教材使用。

图书在版编目(CIP)数据

机械精度设计与检测/刘笃喜主编．—西安：西北工业大学出版社，2012.2
ISBN 978-7-5612-3323-8

Ⅰ.①机… Ⅱ.①刘… Ⅲ.①机械—精度—设计②机械元件—检测
Ⅳ.①TH122②TG801

中国版本图书馆CIP数据核字(2012)第029606号

出版发行：西北工业大学出版社
通信地址：西安市友谊西路127号　　邮编：710072
电　　话：(029)88493844　88491757
网　　址：www.nwpup.com
印 刷 者：陕西兴平报社印刷厂
开　　本：787 mm×1 092 mm　　1/16
印　　张：19.75
字　　数：477千字
版　　次：2012年2月第1版　　2012年2月第1次印刷
定　　价：39.00元

前　　言

网络已成为高等教育的基本资源和平台，网络教育开辟了现代教育体系的新领域，其教材建设是推动网络教育发展的重要推动力。为了面向网络化时代，适应网络教育机械类专业“公差与技术测量”（互换性与测量技术）课程的教学特点和教学需要，我们结合多年来在本科生课程教学和网络教学中的实践经验，编写了本书。为了强调精度设计和检测这一主线，现将本书名称定为《机械精度设计与检测》。

本书编写力求体现以下特点：

(1)针对网络教育培养应用型人才重大实践能力和应用技能的特点，在编写本书过程中，基础知识部分贯彻了“以实用为主，以够用为度”的原则，以掌握基本概念、强化工程应用、培养实用技能为教学重点。

(2)本书内容采用模块化的编写思路，将课程内容划分为精度设计基础篇、典型机械零部件精度设计篇、测量技术基础篇和精度设计综合应用篇四大板块，以突出本课程的学科体系脉络。以知识单元构建模块，使其具有相对的独立性，可根据需要从中选取教学内容，满足不同生源的学习需要，也使学生的学习更具主动性，避免了资源浪费。

(3)各章均由学习目标、案例导入、知识要点、知识内容和实训习题与思考题等部分构成。本书依据教学特点，结合本课程的教学实践经验，总结出知识点、重点和难点，还把实际应用中易出错的地方和相应的解决办法以提示的方式加以突出。这样既能增强教学和实践的实用性，又能培养学生分析问题及解决问题的能力。

(4)各章均设计了基本知识和应用提高并重的实训习题和思考题，帮助学生掌握学习的知识点，掌握精度设计与检测应用的技能和方法；各章还给出了精度设计的应用实例，并且在第12章专设讨论精度设计的综合应用实例。

(5)本书文字叙述力求简明扼要、通俗易懂、图文并茂。为使学生能够在图样上正确标注和理解精度要求，本书采用了“以图释理”的编写风格，加强了精度设计要求标注方面的内容和实例。

(6)本书加强了理论知识与工程实际之间的紧密联系，全部采用最新的国家标准。为了使部分新旧标准更好地衔接，给出了相应的新旧标准对照。

本书由西北工业大学网络教育学院组织策划，由刘笃喜任主编，并负责统稿。具体编写分工如下：第1,7,9,10章及附录由刘笃喜编写；第2,3,11章由张云鹏编写；第6,8,12章由朱建生编写；第4,5章由殷锐编写。

在本书编写过程中，参考了众多名师和专家学者编著的相关教材，并得到西北工业大学机电学院等单位的大力关心、支持和帮助，在此对相关作者及领导表示衷心的感谢。

由于水平和时间所限，书中难免会有不足之处，敬请读者不吝指正（编者邮箱：liuduxi@nwpu.edu.cn）。

编　者

2011年6月

目　录

精度设计基础篇

典型机械零部件精度设计篇

测量技术基础篇

精度设计综合应用篇

附录 公差与配合表

精度设计基础篇

第1章 绪　论

学习目标

理解加工误差、公差和精度的概念；理解机械精度设计的任务、基本原则和主要方法；掌握互换性的概念；了解互换性在使用、设计和制造等方面的作用；理解标准化和标准的内容；了解优先数系的构成及特点。

案例导入

【案例1-1】 精度设计是机电产品设计的重要任务之一。在任何机电产品设计中，都面临产品及其组成零部件的精度设计问题，需要进行产品及其组成零部件的几何尺寸精度设计、几何精度(几何公差)设计，以及表面粗糙度设计，还要根据装配技术要求进行配合精度设计。减速器是常用的和典型的机械传动装置，其装配图如图1-1所示。

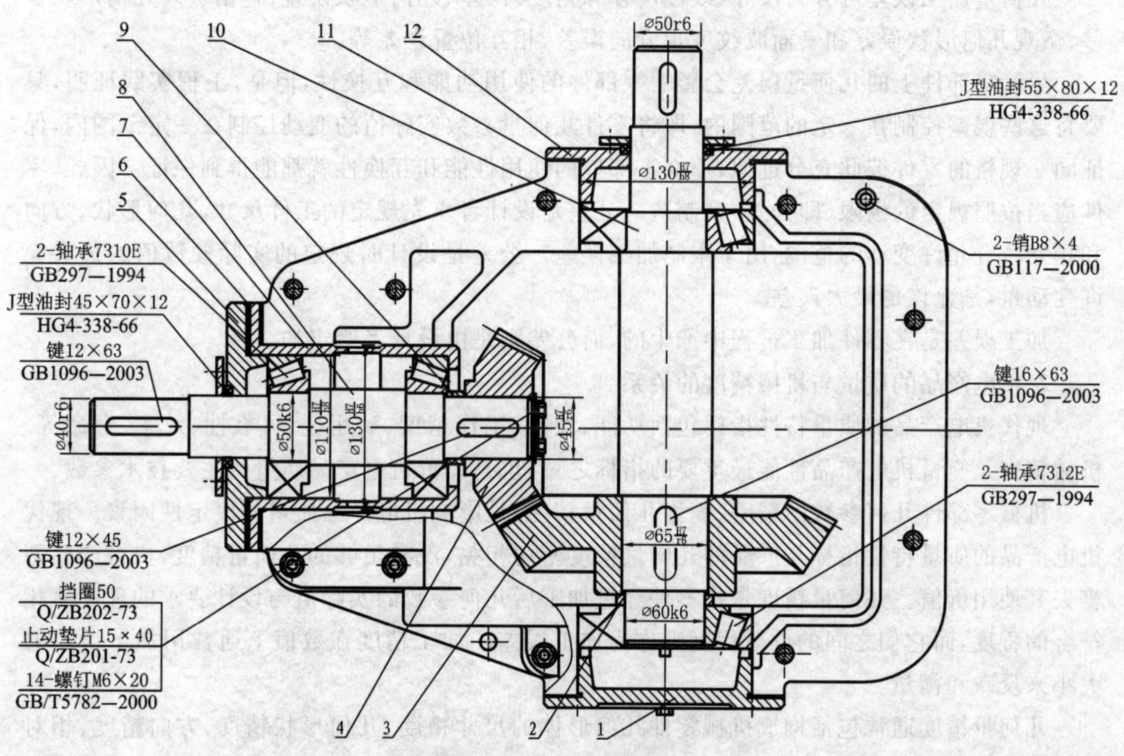

图1-1　减速器装配图

1,5,12—轴承端盖；2,9—轴套；3—从动锥齿轮；4—主动锥齿轮；6,11—调整垫片；7—轴承套杯；8—主动轴；10—从动轴

【解题思路】 减速器及其零部件的精度设计包括尺寸精度设计、孔轴配合设计、几何精度设计和表面粗糙度设计等。减速器精度设计是对本课程精度设计知识的综合应用。案例求解过程详见第 12.2.3 节。

知识要点

加工误差、公差、机械精度的概念;机械精度设计的基本原则及主要方法;互换性的概念;标准化与精度设计及互换性之间的关系。

1.1 机械精度设计概述

1.1.1 加工误差、公差与机械精度

1. 加工误差和公差

任何机械制造系统都存在制造误差。例如,机械加工系统的主要误差源包括机床、刀具、夹具、工艺、环境和人员等因素。因此,零件在加工过程中不可能做得绝对准确和理想,必然产生加工误差。零件的几何参数总是不可避免地会存在误差,此即几何量加工误差。

几何量加工误差可分为尺寸(线性尺寸和角度)误差、几何形状误差(包括宏观几何形状误差、微观几何形状误差和表面波纹度)、方向误差、相互位置误差等。

尽管零部件上的几何量误差会影响零部件的使用功能和互换性,但是,工程实践证明,只要将这些误差控制在一定的范围内,即将零件几何量参数实际值的变动控制在一定范围内,保证同一规格的零件彼此充分近似,那么零部件的使用性能和互换性就都能得到保证。因此,零件应当按照规定的极限(即公差)来制造。公差是设计者事先规定的工件尺寸、几何形状、方向和相互位置允许变动的范围,用于限制加工误差。公差是设计时规定的实际参数值的最大允许变动量,是允许的最大误差。

加工误差是在零件加工过程中产生的,而公差则是由设计者给定的。

2. 机电产品的质量与机械精度的关系

现代机电产品的质量特性指标包括功能、性能、工作精度、耐用性、可靠性、效率、寿命等。机械精度是衡量机电产品性能最重要的指标之一,也是评价机电产品质量的主要技术参数。

机械零部件几何参数的精度(简称几何量精度)是影响机电产品质量的决定性因素。现代机电产品的质量特性指标与产品的几何量精度密切相关,没有足够的几何量精度,机械产品则丧失其使用价值。几何量精度是指零件经过加工后几何参数的实际值与设计要求的理论值相符合的程度,而它们之间的偏离程度则称为加工误差。加工精度在数值上通常用加工误差的大小来反映和衡量。

几何量精度通常包括构成机械零件几何形体的尺寸精度、几何形状精度、方向精度、相对位置精度和表面粗糙度。当零件的几何形体一定时,若误差越小,则精度越高;若误差越大,则精度越低。

对于机械部件和机电产品整机同样也有几何量精度要求。例如,当两个或多个零件通过配合组装在一起时,就要有装配时的配合要求。

1.1.2　机械精度设计的任务

在机械产品设计过程中，需要进行以下三方面的分析计算。

(1)运动分析与计算。根据机器或机构应实现的运动，由运动学原理确定机器或机构的合理的传动系统，选择合适的机构或元件，保证实现预定的动作，满足机器或机构在运动方面的要求。

(2)结构设计、强度分析与计算。根据强度、刚度等方面的要求，决定各个零件的合理的基本尺寸，进行合理的结构设计，使其工作时能承受规定的负荷，达到强度和刚度方面的要求。

(3)几何量精度的分析与计算。在零件的基本尺寸确定后，还需要进行精度计算，以决定产品各个零部件的装配精度以及零件的几何参数公差。

工程实践表明，结构相同、材料相同的机器设备或仪器，其精度不同会引起质量的差异。因此，当进行机械设计时，不仅要进行总体设计、运动设计、结构设计、强度及刚度计算，而且还要在合理设计结构、正确选择材料的同时，进行机械精度设计。

机械精度设计是从精度观点研究机械零部件及其结构的几何参数。精度设计又称公差设计，它就是根据机械的功能和性能要求，正确合理地设计机械零部件的尺寸精度、形状和位置精度以及表面精度，并将其正确地标注在零件图和装配图上。

精度设计的主要依据是对机械的静态的和动态的精度要求。任何加工方法都不可能没有误差，而零件几何要素的误差都会影响其功能要求的实现，公差的大小又与制造经济性和产品的使用寿命密切相关，因此，精度设计是机械设计的重要组成部分。机械精度设计的主要任务就是正确合理地确定机械零部件几何要素的公差，以实现设计使用要求与加工制造要求之间矛盾的最佳协调。

机械精度设计一般分为以下步骤：

(1)产品精度需求分析。

(2)总体精度设计。

(3)结构精度设计计算包括部件精度设计计算和零件精度设计计算。

1.1.3　机械精度设计原则

机械精度设计的基本原则是经济地满足功能、性能需求，即在满足产品使用要求的前提下，给产品规定适当的精度(合理的公差)。机械精度设计应当遵循以下原则。

1. 互换性原则

互换性原则是现代化工业生产的一个基本原则，也是现代化生产中一项普遍遵守的重要技术经济原则。目前，互换性原则已经在各个行业被广泛地采用。在机械制造中，遵循互换性原则，大量使用具有互换性的零部件，不仅能有效保证产品质量，而且还能提高劳动生产率，降低制造成本。

2. 标准化原则

当进行机械精度设计时离不开有关公差标准，而且要大量采用标准化、通用化的零部件、元器件和构件，以提高产品互换性程度。

3. 经济性原则

经济性原则的主要考虑因素包括工艺性、精度要求的合理性、原材料选择的合理性、是否设计合理的调整环节以及工作寿命等。

4. 匹配性原则

在机械总体精度设计的基础上进行结构精度设计，需要解决总体精度要求的恰当和合理分配问题。精度匹配就是根据各个组成环节的不同功能和性能要求，根据机器或装置中各组成环节对机械精度影响程度的不同，对各环节确定不同的精度要求，恰当地分配不同的精度。

5. 最优化原则

最优化原则就是通过确定各组成零部件精度之间的最佳协调，达到特定条件下机电产品的整体精度优化。优化原则已经在产品结构设计、制造等方面广泛应用。最优化设计已经成为机电产品和系统设计的基本要求。在几何量精度设计中，优化原则主要体现在公差优化、优先选用及数值优化等方面。

总之，互换性原则体现精度设计的目的，标准化原则是精度设计的基础，精度匹配原则和最优化原则是精度设计的手段，经济性原则是精度设计的目标。

1.1.4 机械精度设计的常用方法

1. 类比法

类比法的基础是参考资料的收集、整理和分析。

2. 计算法

计算法只适用于某些特定场合，而且还要对由计算法得到的公差进行必要调整。

3. 试验法

试验法主要用于新产品中特别关键、重要零部件的精度设计。

目前，机械精度设计仍处于经验设计的阶段，主要采用类比法，由设计者根据实际工作经验确定。随着计算机辅助设计(CAD)的深入应用，计算机辅助精度(公差)设计的研究及应用日益受到国内外专家学者的高度重视。

1.2 互 换 性

1.2.1 互换性的概念

互换性是指同一规格的一批零部件，任取其一，不经任何挑选和修配就能安装在机器上，并能满足其使用功能要求的一种特性。机械零部件互换性应当同时满足两个条件：①装配前不需要经过任何挑选，装配中不需要修配或调整；②装配或更换后能满足既定的功能和性能要求。

近代互换性始于兵工生产，现已广泛应用于机械、电子、汽车、国防等几乎所有工业生产领域。

互换性概念的应用已经非常普遍。例如，仪器设备上的一个螺钉掉了，换上一个相同规格的新螺钉即可；日光灯管坏了，可以换个相同规格的新灯管。

1.2.2 互换性的分类

1. 功能互换性和几何参数互换性

按照使用要求，互换性可分为功能互换性与几何参数互换性。

(1)功能互换性。功能互换性是指产品在机械性能、物理性能、化学性能等方面的互换性，如强度、刚度、硬度、使用寿命、抗腐蚀性、导电性等，又称广义互换性。产品功能性能不仅取决于几何参数互换性，而且还取决于其物理、化学和机械性能等参数的一致性。功能互换性往往着重于保证除尺寸配合要求以外的其他功能和性能要求。

(2)几何参数互换性。几何参数互换性是指机电产品的同种零部件在几何参数(包括尺寸、几何形状、方向、相互位置和表面粗糙度)方面能够彼此互相替换的性能，属于狭义互换性。

机械制造领域的互换性通常包括产品及其零部件几何参数的互换性和功能互换性，功能互换性包括机械性能、物理性能、化学性能等的互换性。本课程仅研究几何参数的互换性。

通常，把仅满足可装配性要求的互换性称为装配互换性，而把满足各种使用功能要求的互换性称为功能互换性。

2. 完全互换与不完全互换

按照互换程度和范围，互换性分为完全互换和不完全互换。

(1)完全互换(绝对互换)。完全互换是指同一规格的零部件当装配或更换时，既不需要选择，也不需要任何辅助加工与修配，装配后就能满足预定的使用功能及性能要求。完全互换常用于厂际协作及批量生产。螺钉、螺母、键、销等标准件的装配大都属于完全互换。

(2)不完全互换(有限互换)。不完全互换允许零部件在装配前可以有附加选择，如预先分组挑选，或者在装配过程中进行调整和修配，装配后能满足预期的使用要求。

当产品的使用性能要求、装配精度要求很高时，采用完全互换会使零件制造公差减小，制造精度提高，加工困难，加工成本提高，甚至无法加工。通常，可以通过分组装配法、调整法或修配法来进行不完全互换。不完全互换一般用于中小批量生产的高精度产品，通常用于厂内生产的零部件或机构的装配。

零部件厂际协作应采用完全互换，当部件或构件在同一工厂制造和装配时，可采用不完全互换。

1.2.3 互换性的作用

互换性已经成为提高制造水平、促进技术进步的强有力手段之一，在产品设计、制造、使用和维修等方面发挥着极其重要的作用。

1. 设计方面

零部件的互换性可以使设计工作最大限度地采用具有互换性的标准零部件和通用件。这将大大简化计算和绘图工作量，缩短机电产品设计和更新换代周期，并有利于产品品种的多样化和研发系列产品，有利于计算机辅助设计(CAD)。

2. 制造方面

互换性有利于组织专业化、规模化生产，便于采用先进工艺和高效率的专用设备，有利于计算机辅助制造(CAM)，有利于实现加工过程和装配过程的机械化、自动化，缩短装配周期。

3. 使用和维修方面

零部件具有互换性，不仅可及时更换失效的零部件，而且能够减少机器的使用和维修的时间和费用，保证机器设备能够连续持久运转，延长机器设备的使用寿命，提高机器设备的使用价值。

4. 生产组织管理方面

零部件具有互换性，无论是技术和物资供应、计划管理，还是生产组织和协作，均便于实行科学化管理。

总之，互换性原则给产品的设计、制造、使用、维护以及组织管理等各个领域带来巨大的经济效益和社会效益，而生产水平的提高、科学技术的进步又促进互换性的不断发展。

1.2.4 保证互换性生产的三大技术措施

1. 精度(公差)设计

若同一规格零部件的几何参数和功能参数完全一致，则这些零部件一定具有互换性。但要使产品及其零部件的几何参数和功能参数完全一致，既不可能，也没必要。在工程实际中，要使同种产品及其零部件具有互换性，只能使其几何参数、功能参数充分近似。其近似程度可按产品质量要求的不同而不同。允许零件几何参数的变动量称为公差。规定公差是保证互换性生产的一项基本技术措施。机械精度设计的重要任务就是给机械零部件的几何参数规定合适的公差数值。

2. 检测测量

机械产品及其零部件在加工制造完毕之后，只有通过正确的、准确的检测测量，才能判定零部件是否满足设计公差要求。若没有相应的检测测量措施，几何参数及其公差数值则形同虚设。检测测量还对制造过程的主动质量控制具有积极作用。规定合理的公差及正确的检测是保证机电产品及其零部件质量、实现互换性生产的两个必不可缺的条件和手段。

3. 标准化

现代互换性生产还要求广泛的标准化。为了开展专业化协作生产，各生产部门之间、各生产环节之间必须保持协调一致，保持技术上必要的统一。这种协调、统一和联系只能通过标准化来实现。

1.3 标准化与标准

现代化生产的特点是品种多、规模大、分工细和协作多。为使社会生产有序地进行，必须通过标准化使产品规格品种简化，使分散的、局部的生产环节相互协调和统一。

1.3.1 标准化

标准化是指标准的制定、发布和贯彻实施的全部活动过程，包括从调查标准化对象开始，经试验、分析和综合归纳，进而制定和贯彻标准，以后还要修订标准，等等。标准化是以标准的形式体现的，也是一个不断循环、不断提高的过程。标准化的主要形式有简化、统一化、系列化、通用化和组合化。

标准化覆盖面很广，它包括产品规格的标准化、尺寸和参数的标准化、公差配合的标准化、测量检验的标准化。为了全面保证互换性，不仅要合理确定零部件的制造公差，而且还要对影响制造精度及质量的各个生产环节、阶段和方面实施标准化，它是科学管理的重要组成部分。

标准化对人类进步和科学技术发展起着巨大的推动作用，是国家现代化水平的重要标志之一。标准化是组织现代化生产的重要手段，是实现互换性生产的必要前提。

1.3.2 标准

所谓标准是指对需要协调统一的重复性事物(如产品、零部件)和概念(如术语、规则、方法、代号、量值)所做的统一规定。标准以科学技术和实践经验的综合成果为基础，经有关方面协商一致，由主管机构批准，以特定形式发布，作为共同遵守的准则和依据。

1. 标准的种类

标准的范围极广，种类繁多，涉及人类生活的各个方面。按照标准的地位和作用，标准通常分为技术标准、管理标准和工作标准三大类。按照标准化对象的特性，技术标准又分为基础标准、产品标准、工艺标准、方法标准、检测试验标准，以及安全、卫生、环境保护标准等。基础标准是指在一定范围内作为其他标准的基础并普遍使用，具有广泛指导意义的标准。在每个领域中，基础标准是覆盖面最广的标准，它是该领域中所有标准的共同基础。基础标准是机电产品设计和制造中必须采用的工程语言和技术数据，也是机械精度设计和检测的依据。本课程涉及的极限配合标准、检测器具和方法标准等，大多属于基础标准。

2. 标准的级别

按照级别和作用范围，标准分为国家标准、行业标准、地方标准和企业标准四级。

(1)国家标准。国家标准是指由国家标准化主管机构批准、发布，在全国范围内统一的标准。我国的国家标准分为国标(GB)和国军标(GJB)。按照标准的法律属性，标准又分为强制性标准和推荐性标准两大类。强制性国家标准的代号为 GB，推荐性国家标准的代号为 GB/T。

(2)行业标准和专业标准。对没有国家标准而又需要在全国某个行业范围内统一的技术要求，可制定行业标准。专业标准是指由专业标准化主管机构或专业标准化组织批准、发布，在某专业范围统一的标准，如机械行业标准(JB)、航空工业标准(HB)等。

(3)地方标准。对没有国家标准和行业标准而需要在省、自治区、直辖市范围内统一的技术要求，可以制定地方标准(DB)。

(4)企业标准。企业标准(QB)是指由企(事)业或其上级有关机构批准发布的标准。企业生产的产品没有相应的国家标准、行业标准和地方标准的，应当制定相应的企业标准；对已有国家标准、行业标准或地方标准的，鼓励企业制定严于前三级标准要求的企业标准。

3. 国际标准

国际标准是指由国际标准化团体通过的标准。国际标准化组织(ISO)、国际电工技术委员会(IEC)和国际电信联盟(ITU)是三大权威的国际标准化机构。

随着贸易的国际化，标准也日趋国际化。以国际标准为基础制定本国标准，已成为世界贸易组织(WTO)对各成员国的要求。各成员国可自愿而不是强制采用国际标准,但由于国际标准往往集中了先进工业国家的技术经验,从本国的利益出发,也应当积极采用国际标准。

1.4 优先数系与优先数

1.4.1 优先数系

在机械产品设计中,常常需要确定很多功能参数、性能参数和几何参数。而这些参数往往不是孤立的,一旦选定,该参数数值就会按照一定规律,向一切有关的参数传播,此即参数数值的传播扩散特性。例如,螺栓的尺寸一旦确定,将会传播和影响螺母的尺寸,丝锥、板牙的尺寸,检测螺纹的量具,螺栓孔的尺寸以及加工螺栓孔的钻头的尺寸等。由于数值如此不断关联、不断传播,因此,机械产品中的各种技术参数不能随意确定。为使产品的参数选择能遵守统一的规律,使参数选择一开始就纳入标准化轨道,就必须对各种技术参数的数值作出统一规定。

优先数系是一种科学的数值制度,它对各种技术参数的数值进行协调、简化和统一,适合于各种数值的分级,是国际上统一的数值分级制度。

《优先数和优先数系》(GB/T 321—2005)国家标准是重要的一个基础标准,工业产品技术参数尽可能采用它。国家标准规定的优先数系分档合理,疏密均匀,有广泛的适用性,简单易记,便于使用。常见的量值,例如长度、直径、机床转速及功率等,基本上都是按一定的优先数系的数值排列的。在本课程所涉及的有关标准中,诸如尺寸分段、公差分级及表面粗糙度的参数系列等,也都采用优先数系。

1.4.2 优先数系的系列和代号

《优先数和优先数系》(GB/T 321—2005)规定,以十进制等比数列为优先数系,并规定了5个系列,它们分别用系列符号R5,R10,R20,R40和R80表示。各系列的公比如下:

R5的公比: $q_5=\sqrt[5]{10}\approx1.60$;

R10的公比:$q_{10}=\sqrt[10]{10}\approx1.25$;

R20的分比:$q_{20}=\sqrt[20]{10}\approx1.12$;

R40的公比:$q_{40}=\sqrt[40]{10}\approx1.06$;

R80的公比:$q_{80}=\sqrt[80]{10}\approx1.03$。

在优先数系的5个系列中任一个项值均为优先数。在优先数系中,前4个系列作为基本系列,R80作为补充系列,仅用于分级很细的特殊场合。

优先数的主要优点:①相邻两项的相对差均匀,疏密适中,而且运算方便,简单易记;②在同一系列中优先数(理论值)的积、商、整数(正或负)幂等仍为优先数;③优先数可以向数值增大和减少两向延伸。

GB/T 321—2005中范围1～10的优先数系基本系列的全部优先数如表1-1所示。

表1-1 优先数系的基本系列(常用值)(摘自GB/T 321—2005)

R5	1.00		1.60		2.50		4.00		6.30		10.00
R10	1.00	1.25	1.60	2.00	2.50	3.15	4.00	5.00	6.30	8.00	10.00
R20	1.00	1.12	1.25	1.40	1.60	1.80	2.00	2.24	2.50	2.80	3.15
	3.55	4.00	4.50	5.00	5.60	6.30	7.10	8.00	9.00	10.00	
R40	1.00	1.06	1.12	1.18	1.25	1.32	1.40	1.50	1.60	1.70	1.80
	1.90	2.00	2.12	2.24	2.36	2.50	2.65	2.80	3.00	3.15	3.35
	3.55	3.75	4.00	4.25	4.50	4.75	5.00	5.30	5.60	6.00	6.30
	6.70	7.10	7.50	8.00	8.50	9.00	9.50	10.00			

在优先数系基本系列的基础上还可得到派生系列。从基本系列中按一定的项差 p 取值所构成的系列，就是派生系列。p 可取 2,3,4。派生系列采用在基本系列符号之后加斜线和表示项差的数字来表示。例如：

R5/2：1.00,2.5,6.3,16.00,40.00,100.00,…

R10/3：1.00,2.00,4.00,8.00,16.00,31.50,63.00,…

优先数系在产品设计、工艺设计、标准制定等领域得到了广泛的应用，并成为国际上统一的标准数值制。优先数系在公差配合标准中广泛使用。例如，在极限与配合国家标准中，公差值就是按R5系列确定的。

实际使用时，优先数应按照R5，R10，R20，R40的顺序优先选用。实践证明，合理选择优先数往往在一定数值范围内能以较少的品种规格满足用户的需要。

实训习题与思考题

1. 什么是加工误差和公差？加工误差通常分为哪几种？
2. 机械精度设计应当遵循哪些原则？
3. 互换性在机械制造领域起着哪些作用？
4. 标准化与互换性生产之间的关系是什么？
5. 实现互换性生产应当满足哪些条件？
6. 如何理解公差、测量、标准化与互换性之间的关系？
7. 优先数系的R5，R10，R20和R40系列分别代表什么含义？
8. 以下两列数据分别属于优先数系的哪个系列？其公比是多少？

(1)某型摇臂钻床的最大钻孔直径(单位：mm)：25，40，63，80，100，125，…

(2)某型电动机的转速(单位：r/min)：375，750，1 500，3 000，…

第2章　极限与配合

学习目标

了解极限与配合国家标准的结构；正确理解极限与配合的基本术语及定义；掌握极限与配合标准的相关规定，熟练应用公差表格；初步掌握极限与配合的选用技巧；能进行一般零件的尺寸精度设计。

案例导入

【案例2-1】　如图2-1所示为某钻模的一部分。该钻模由钻模板、衬套、快换钻套、钻套螺钉等零件组成。在钻孔过程中要求快换钻套能迅速更换，同时还要保证钻削时钻套不会在切屑排出时的摩擦力作用下退出衬套。为满足上述使用要求，快换钻套与钻头的配合、快换钻套与衬套的配合、衬套与钻模板的配合该如何设计？

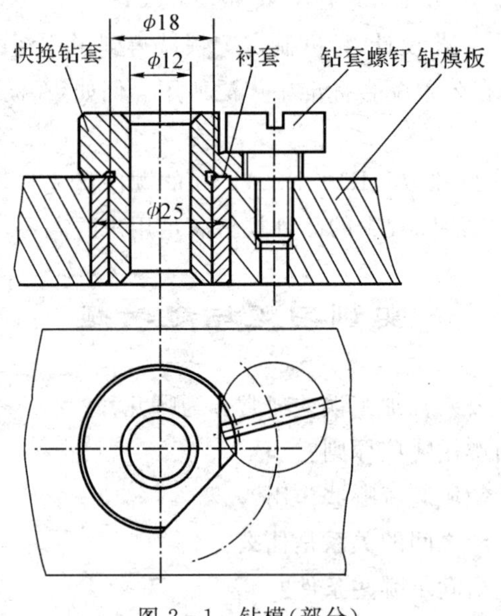

图2-1　钻模(部分)

【解题思路】　在学习了本章有关极限与配合的基础上，可根据钻模的使用要求，合理选择钻套与钻头、钻套与衬套及衬套与钻模板的配合性质，并参照相关的国家标准进行尺寸极限及配合的设计，实现钻模的使用要求，详细求解过程见2.5节。

知识要点

孔与轴；公称尺寸；实际尺寸；极限尺寸；尺寸偏差/公差；极限偏差；公差带；尺寸公差带

图；配合；间隙与过盈；配合公差；基准制等定义；极限与配合国家标准的主要内容；极限与配合的选用方法。

2.1　概　　述

任何机械零件都是由若干个点、线、面等几何要素所构成的。机械零件的大小及形状则取决于几何要素的尺寸，是经不同的机械制造工艺形成的。零件在制造过程中，受机床精度、刀具磨损和工艺系统误差等因素的影响，使得制造出的零件的实际尺寸与其理想尺寸存在一定的差异。为了满足零件的功能要求和加工的经济性，当设计零件时，就必须对其公称尺寸规定合理的精度要求。尺寸精度要求以公差的形式标注在零件的设计图样上，作为制造、检测和验收的依据。

极限用于协调机器零件的使用要求与制造工艺及经济性之间的矛盾，配合反映了组成机器的零件之间的相互关系。极限与配合直接影响到产品的精度、性能和使用寿命，是评定产品质量的重要技术指标。极限与配合的标准化具有十分重要的意义。

为此，参照国际标准，我国对尺寸的极限与配合进行了标准化。1979 年，颁布了有关几何量精度设计的《公差与配合》(GB 1800～1804—1979)国家标准。1997 年后，按照采用国际标准的原则，又进行了全面的修订，更名为《极限与配合》，并将修订后的标准用代号“GB/T”替代“GB”，以示区别。现行的有关几何量精度设计国家标准由以下标准组成：

《产品几何技术规定(GPS)　极限与配合第 1 部分：公差、偏差和配合的基础》　GB/T 1800.1—2009；

《产品几何技术规范(GPS)　极限与配合第 2 部分：标准公差等级和孔、轴极限偏差表》GB/T 1800.2—2009；

《产品几何技术规范(GPS)　极限与配合公差带和配合的选择》　GB/T 1801—2009；

《极限与配合　尺寸至 18mm 孔、轴公差带》　GB/T 1803—2003；

《一般公差　未注公差的线性和角度尺寸的公差》　GB/T 1804—2000。

2.2　极限与配合的基本术语及定义

为了正确地理解和应用《极限与配合》国家标准，首先必须统一术语和定义。本章以最新国家标准为依据来介绍极限与配合的有关术语。

2.2.1　有关“孔”“轴”的定义

机械工业是我国的支柱产业之一。孔、轴的配合又是机械工程中应用最多的结构，一般用做相对转动或移动副，也用做固定连接或可拆卸定心连接副，在实际生产中广泛应用。采用孔和轴这两个术语是为了确定零件的尺寸极限和相互的配合关系。在极限与配合中，孔和轴的关系表现为包容与被包容的关系。

(1)孔。孔通常指工件的圆柱形内表面，也包括非圆柱形内表面(由两平行平面或切面形成的包容面)。

(2)轴。轴通常指工件的圆柱形外表面，也包括非圆柱形外表面(由两平行平面或切面形成的被包容面)。

由上述定义可知,这里所说的孔、轴与通常的概念不同,具有更广泛的含义。它们不仅仅表示圆柱形的内、外表面,而且也包括由单一尺寸确定的非圆柱形的内、外表面。单一尺寸是指两点之间的直线或弧线的距离。

当由单一尺寸确定的两平行表面相对,其间没有紧邻材料,形成包容面时,称为孔;由单一尺寸确定的两平行表面相对,其外没有紧邻材料,形成被包容面时,称为轴。如果两表面同向,既不能形成包容面,也不能形成被包容面,则属于一般长度尺寸,用 L 表示。

如图 2-2(a) 所示为孔,如图 2-2(b) 所示为轴。如图 2-3 所示,由 D_1,D_2,D_3 和 D_4 各尺寸确定的包容面均称为孔;由 d_1,d_2,d_3 和 d_4 各尺寸确定的被包容面均称为轴;L_1,L_2 和 L_3 属于一般长度尺寸。

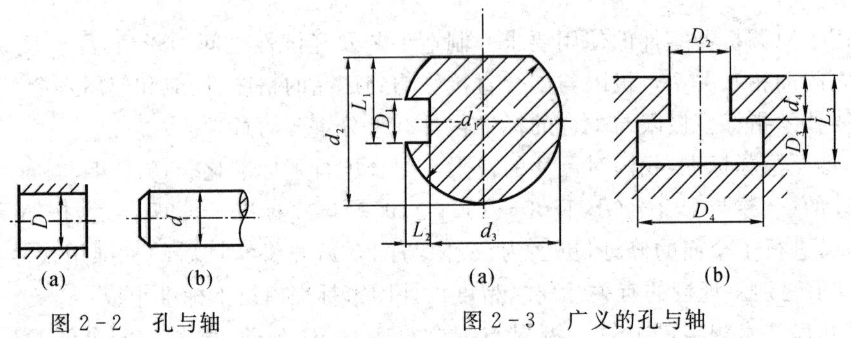

图 2-2　孔与轴

图 2-3　广义的孔与轴

2.2.2　有关尺寸的术语和定义

1. 尺寸

尺寸是以特定单位表示长度值的数字。长度值由数字和特定单位两部分组成,如 50 mm(毫米),60μm(微米)等。

长度值包括直径、半径、宽度、高度、厚度、中心距等,但不包括用角度单位表示的角度尺寸。尺寸的特定单位为毫米(mm),在机械制图中标注时通常将单位省略,只标注数值。本书以后各章中,尺寸单位未注出的,均以 mm 为单位。当采用其他单位时,则必须在数字后面注写单位。例如,在企业中由于习惯,也常用“道”做单位,即 1 道 =0.01 mm。

根据性质的不同,尺寸可以分为公称尺寸、实际尺寸和极限尺寸。

2. 公称尺寸

设计给定的尺寸称为公称尺寸。孔和轴的公称尺寸分别用 D 和 d 表示,它是设计人员根据零件的使用性能、强度和刚度要求,通过计算、试验,或者类比相似零件而确定的。其数值一般应按《标准尺寸》所规定的数值进行圆整,应尽量按标准系列选取,以减少定值刀具、量具的种类。公称尺寸是计算极限尺寸和尺寸偏差的一个基准尺寸。

如图 2-4 所示,$\phi30$ 为轴的公称尺寸。

3. 实际尺寸

实际尺寸是通过测量得到的尺寸。孔和轴的实际尺寸分别用 D_a 和 d_a 表示。由于存在测量误差,实际尺寸并非尺寸的真实值;并且,由于加工误差的存在,工件上不同部位的实际尺寸也不完全相同，如图 2-5 所示，因此，实际尺寸是零件上某一位置的测量值，即零件的局部实际尺寸。

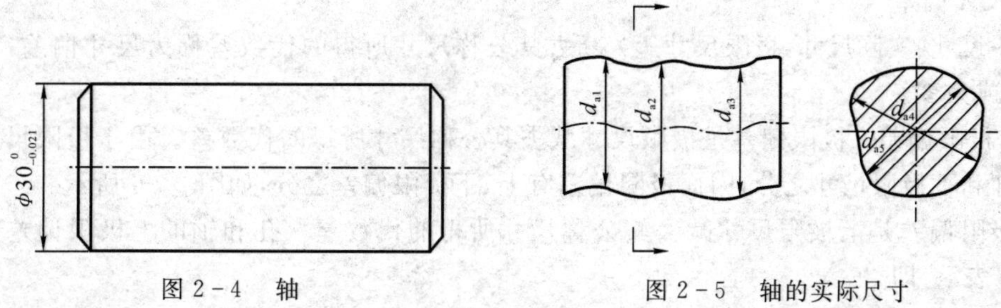

图 2-4　轴　　　　图 2-5　轴的实际尺寸

4. 极限尺寸

加工时，由于加工误差的存在，任何尺寸都不可能加工到一个绝对的值，必然会在某个尺寸范围内。从使用角度讲，也没有必要将同一规格的零件加工成同一值，只须将零件的实际尺寸控制在某一合理的范围内就能满足使用要求。

极限尺寸是指允许实际尺寸变化的两个界限值。允许的最大尺寸称为上极限尺寸，允许的最小尺寸称为下极限尺寸。孔的上极限尺寸和下极限尺寸分别用 D_{max} 和 D_{min} 表示，轴的上极限尺寸和下极限尺寸分别用 d_{max} 和 d_{min} 表示，如图 2-6 所示。

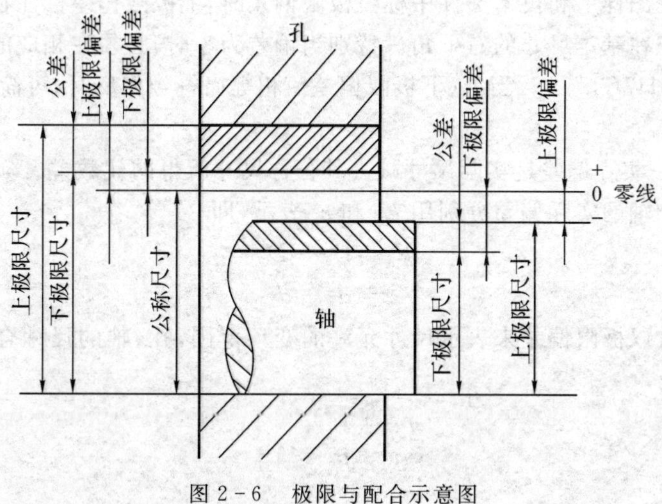

图 2-6　极限与配合示意图

极限尺寸是以公称尺寸为基数，根据使用上的要求而定的。不考虑形位误差的影响，加工后的零件实际尺寸若在两极限尺寸之间，则零件合格，否则零件不合格。合格零件的实际尺寸应该满足下列条件：

对于孔：

$$D_{max} \geqslant D_a \geqslant D_{min} \tag{2-1}$$

对于轴：

$$d_{max} \geqslant d_a \geqslant d_{min} \tag{2-2}$$

2.2.3 有关尺寸偏差和公差的术语和定义

1. 尺寸偏差

某一尺寸(实际尺寸、极限尺寸等)减去其公称尺寸所得的代数差称为尺寸偏差,其值可正、可负或为零。

(1) 极限偏差。极限偏差是极限尺寸减去其公称尺寸所得的代数差。由于极限尺寸有上极限尺寸和下极限尺寸之分,因而极限偏差有上、下极限偏差之分,如图 2-6 所示。

上极限偏差是上极限尺寸减去其公称尺寸所得的代数差。孔和轴的上极限偏差分别用 ES 和 es 表示,即

$$ES = D_{max} - D \tag{2-3}$$

$$es = d_{max} - d \tag{2-4}$$

下极限偏差是下极限尺寸减去其公称尺寸所得的代数差。孔和轴的下极限偏差分别用 EI 和 ei 表示,即

$$EI = D_{min} - D \tag{2-5}$$

$$ei = d_{min} - d \tag{2-6}$$

因为偏差是代数值,所以当进行计算或在技术图样上标注时,除零外,上、下极限偏差必须带有正、负号。

国标规定:当在图样上和技术文件中标注极限偏差时,上极限偏差标注在基本尺寸的右上角,下极限偏差标注在基本尺寸的右下角。特别当偏差为零时,必须在相应的位置上标注"0",而不能省略,如 $\phi30H7(^{+0.021}_{0})$。当上、下极限偏差值相等而符号相反时,可简化标注,如 $\phi40 \pm 0.008$。

(2) 实际偏差。实际偏差是实际尺寸减去其公称尺寸所得的代数差。实际偏差可以为正值、负值或零。孔和轴的实际偏差分别用 E_a 和 e_a 表示,即

$$E_a = D_a - D \tag{2-7}$$

$$e_a = d_a - d \tag{2-8}$$

实际应用中,常以极限偏差来表示尺寸允许的变动范围,孔、轴的尺寸合格的条件也可以用偏差表示。

对于孔:

$$ES \geqslant E_a \geqslant EI \tag{2-9}$$

对于轴:

$$es \geqslant e_a \geqslant ei \tag{2-10}$$

(3) 基本偏差。基本偏差是指极限偏差中靠近零线的那个极限偏差(上极限偏差或下极限偏差),用来确定公差带的位置。当公差带完全在零线上方或正好在零线上方时,其下极限偏差(EI/ei)为基本偏差;当公差带完全在零线下方或正好在零线下方时,其上极限偏差(ES/es)为基本偏差;而当公差带对称地分布在零线上时,其上、下极限偏差中的任何一个都可作为基本偏差。

【例 2-1】某轴直径的公称尺寸为 $\phi60$,上极限尺寸为 $\phi60.018$,下极限尺寸为 $\phi59.988$,如图 2-7 所示,求轴的上、下极限偏差。

【解】 由式(2-4)、式(2-6)可知,轴的上、下极限偏差分别为

$$es = d_{max} - d = 60.018 - 60 = +0.018$$
$$ei = d_{min} - d = 59.988 - 60 = -0.012$$

2. 尺寸公差(T)

尺寸公差是上极限尺寸与下极限尺寸之差，或上极限偏差与下极限偏差之差。尺寸公差是允许尺寸的变动量。尺寸公差简称公差，是设计者根据零件的精度要求，并考虑加工时的经济性，对尺寸的变化范围给出的允许值。合格的零件只能在上极限尺寸与下极限尺寸之间变化，因此，公差是一个没有符号的算术值，不能为零。孔和轴的公差分别用 T_D 和 T_d 表示，其表达式为

$$T_D = |D_{max} - D_{min}| = |ES - EI| \tag{2-11}$$
$$T_d = |d_{max} - d_{min}| = |es - ei| \tag{2-12}$$

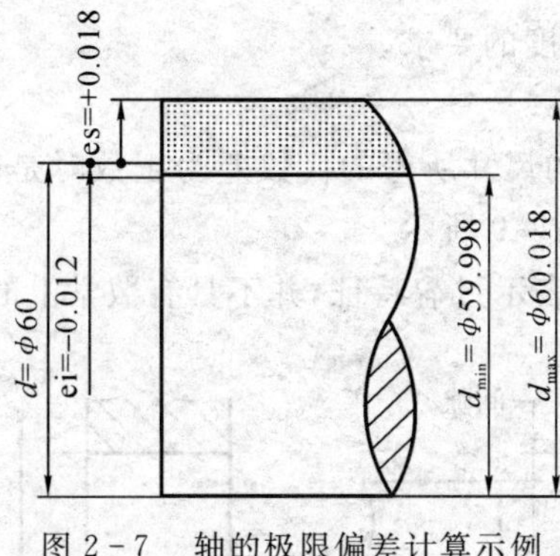

图 2-7　轴的极限偏差计算示例

从加工的角度讲，公称尺寸相同的零件，公差越大，加工就越容易，反之加工就越困难。

公差与偏差在概念上是不同的，两者的主要区别在于：

(1) 偏差可以为正值、负值或零；而公差是允许尺寸变化的范围，故公差不能为零或负。

(2) 极限偏差用于限制实际偏差；而公差用于限制加工误差。

(3) 极限偏差主要反映公差带的位置，影响零件配合的松紧程度；而公差代表公差带的大小，影响配合精度。

(4) 从工艺上看，偏差取决于加工时机床的调整(如车削时进刀的位置)，不反映加工的难易程度；而公差反映零件加工的难易程度。

3. 尺寸公差带图

为清晰地表示上述各量及其相互关系，一般采用尺寸公差带示意图，在图中将公差和极限偏差部分放大，从图中可以直观地看出公称尺寸、极限尺寸、极限偏差和公差之间的关系。在实际应用中一般不画出孔和轴的全形，只将轴向截面图中有关公差部分按规定放大画出，这种图称为尺寸公差带图，如图 2-8 所示。

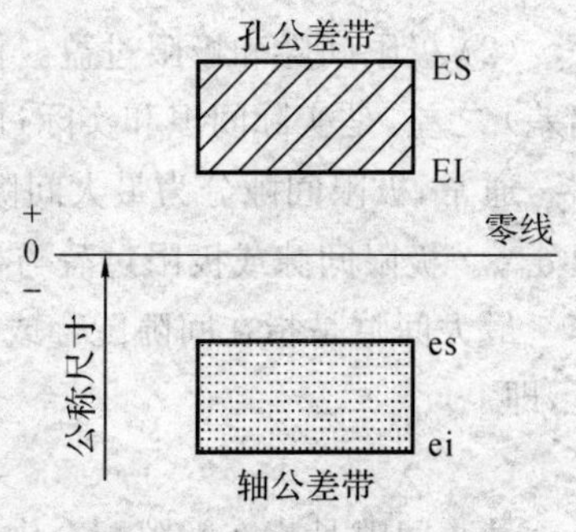

图 2-8　尺寸公差带图

(1) 零线。在公差带图中，表示公称尺寸的一条直线称为零线，它是确定偏差的一条基准线，是偏差的起始线，又称零偏差线。通常将零线沿水平方向绘制，在其左端标注表示

偏差方向的符号 $\overset{+}{\underset{-}{0}}$，并在左下方画出带单向箭头的尺寸线，标注公称尺寸值。正偏差位于零线上方，负偏差位于零线下方。

(2) 尺寸公差带。在公差带图中，由代表上、下极限偏差的两条直线所限定的区域称为尺寸公差带。在同一公差带图中，孔、轴公差带的位置、大小应采用相同的比例绘制，一般孔公差带用斜线表示，轴公差带用网点表示。

尺寸公差带有两个特性：大小和位置。公差带的大小由尺寸公差确定；公差带的位置由基本偏差确定。

2.2.4　有关配合的术语和定义

配合是指公称尺寸相同的、相互结合的孔和轴公差带之间的关系。配合是由设计图纸表达的功能要求，即对结合松紧程度的要求。

1. 间隙和过盈

孔的尺寸减去相配合的轴的尺寸所得的代数差为正数时是间隙，为负数时是过盈。间隙用 S 表示，过盈用 δ 表示，如图 2-9 所示。

【注意】过盈量符号为负只表示过盈特征，并不具有数学上的含义。

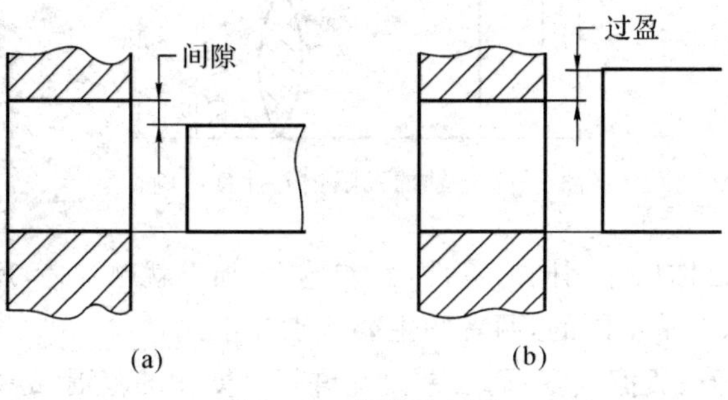

图 2-9　间隙和过盈

(1) 实际间隙和实际过盈。实际间隙和实际过盈是指相互配合孔、轴的实际尺寸（或实际偏差）之差，它由两个已加工好的零件的实际尺寸所决定。

实际间隙以 S_a 表示，实际过盈以 δ_a 表示，计算公式如下：

$$S_a(\delta_a) = D_a - d_a = E_a - e_a \tag{2-13}$$

(2) 极限间隙和极限过盈。极限间隙和极限过盈是指相互配合孔、轴的极限尺寸（或极限偏差）之差，是实际间隙和实际过盈允许变动的界限值。

通常，极限间隙分为最大间隙 S_{max} 和最小间隙 S_{min}；极限过盈分为最大过盈 δ_{max} 和最小过盈 δ_{min}。极限间隙或极限过盈与极限尺寸的关系如下：

最大间隙是指在间隙配合或过渡配合中，孔的上极限尺寸与轴的下极限尺寸之差，其值为正，即

$$S_{max} = D_{max} - d_{min} = \mathrm{ES} - \mathrm{ei} \tag{2-14}$$

最小间隙是指在间隙配合中，孔的下极限尺寸与轴的上极限尺寸之差，其值为正，即

$$S_{min} = D_{min} - d_{max} = \mathrm{EI} - \mathrm{es} \tag{2-15}$$

最大过盈是指在过盈配合或过渡配合中，孔的下极限尺寸与轴的上极限尺寸之差，其值为

负，即

$$\delta_{max} = D_{min} - d_{max} = EI - es \qquad (2-16)$$

最小过盈是指在过盈配合中，孔的上极限尺寸与轴的下极限尺寸之差，其值为负，即

$$\delta_{min} = D_{max} - d_{min} = ES - ei \qquad (2-17)$$

2. 配合的种类

根据孔、轴公差带之间的关系，配合分为三大类，即间隙配合、过盈配合、过渡配合。

(1) 间隙配合。孔的尺寸减去轴的尺寸所得的值为正值，称为间隙配合。此时，孔的公差带位于轴的公差带上方，如图 2-10 所示。

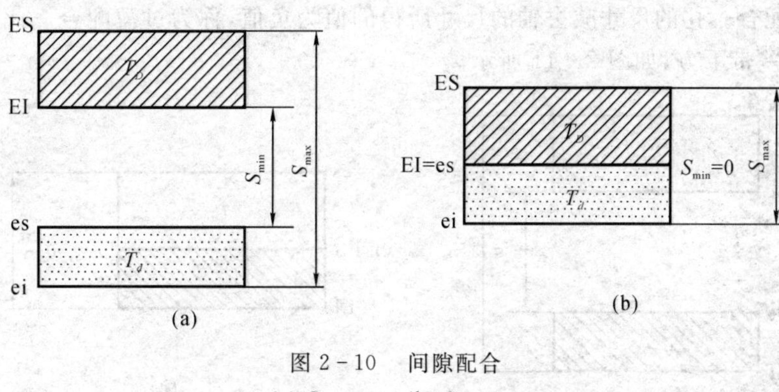

图 2-10　间隙配合

(a) $S_{min} > 0$；(b) $S_{min} = 0$

在间隙配合中，孔和轴之间的配合总是存在间隙的，但实际间隙的大小是随孔、轴实际尺寸不同而变化的。对于任何间隙配合，合格的孔与轴配合的实际间隙必须在最大间隙和最小间隙之间，即

$$S_{min} \leqslant S_a \leqslant S_{max} \qquad (2-18)$$

在间隙配合中，表示配合松紧程度的是最大、最小间隙，也可用平均间隙表示。平均间隙 S_{av} 是最大间隙和最小间隙的平均值，即

$$S_{av} = (S_{max} + S_{min})/2 \qquad (2-19)$$

【例 2-2】　相配合的孔、轴零件，孔的尺寸为 $\phi 80^{+0.030}_{0}$，轴的尺寸为 $\phi 80^{-0.030}_{-0.049}$，分别计算孔与轴的极限尺寸和公差，以及该配合的极限间隙和平均间隙。

【解】　孔与轴的公称尺寸：

$$D = d = 80$$

孔的极限尺寸：

$$D_{max} = D + ES = 80 + 0.030 = 80.030$$

$$D_{min} = D + EI = 80 + 0 = 80$$

孔的尺寸公差：

$$T_D = |D_{max} - D_{min}| = |ES - EI| = 80.030 - 80 = 0.030\ mm = 30\ \mu m$$

轴的极限尺寸：

$$d_{max} = d + es = 80 + (-0.030) = 79.970$$

$$d_{min} = d + ei = 80 + (-0.049) = 79.951$$

轴的尺寸公差：

$$T_d = |d_{max} - d_{min}| = |es - ei| = 79.970 - 79.951 = 0.019\ mm = 19\ \mu m$$

极限间隙：

$$S_{max} = D_{max} - d_{min} = ES - ei = 80.030 - 79.951 = +0.030 + 0.049 = +0.079 = +79\ \mu m$$

$$S_{min} = D_{min} - d_{max} = EI - es = 80 - 79.97 = 0 + 0.030 = +0.030\ mm = +30\ \mu m$$

平均间隙：

$$S_{av} = (S_{max} + S_{min})/2 = +(79 + 30)/2 = +54.5\ \mu m$$

(2) 过盈配合。孔的尺寸减去轴的尺寸所得的值为负值，称为过盈配合。此时，孔的公差带位于轴的公差带下方，如图 2-11 所示。

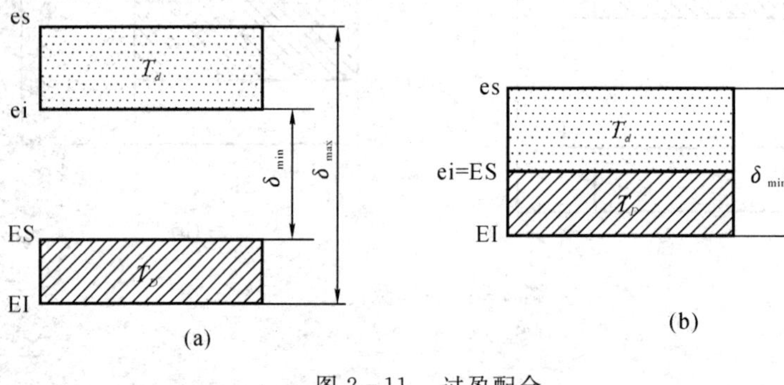

图 2-11　过盈配合

(a) $\delta_{min} < 0$；(b) $\delta_{min} = 0$

同样，在过盈配合中，孔和轴之间的配合总是存在过盈的，但实际过盈量是由孔、轴实际尺寸所决定的。对于任何过盈配合，合格的孔与轴的实际过盈必须在最大过盈和最小过盈之间，即

$$\delta_{max} \leqslant \delta_a \leqslant \delta_{min} \tag{2-20}$$

在过盈配合中，表示配合松紧程度的是最大、最小过盈，也可用平均过盈表示。平均过盈 δ_{av} 是最大过盈和最小过盈的平均值，即

$$\delta_{av} = (\delta_{max} + \delta_{min})/2 \tag{2-21}$$

【例 2-3】　有一孔、轴相配合，孔的尺寸为 $\phi 100^{-0.058}_{-0.093}$，轴的尺寸为 $\phi 100^{0}_{-0.022}$，求最大过盈、最小过盈及平均过盈是多少。

【解】　孔与轴的公称尺寸：

$$D = d = 100$$

孔的极限偏差：

$$ES = -0.058\ mm = -58\ \mu m$$

$$EI = -0.093\ mm = -93\ \mu m$$

轴的极限偏差：

$$es = 0;\quad ei = -0.022\ mm = -22\ \mu m$$

最大过盈：

$$\delta_{max} = D_{min} - d_{max} = EI - es = -93 - 0 = -93\ \mu m$$

最小过盈：

$$\delta_{min}=D_{max}-d_{min}=ES-ei=-58-(-22)=-36\ \mu m$$

平均过盈：

$$\delta_{av}=(\delta_{max}+\delta_{min})/2=(-93-36)/2=-64.5\ \mu m$$

(3) 过渡配合。可能具有间隙也可能具有过盈的配合称为过渡配合。此时孔的公差带与轴的公差带相互交叠。当孔的尺寸大于轴的尺寸时是间隙配合；当孔的尺寸小于轴的尺寸时为过盈配合，如图 2-12 所示。

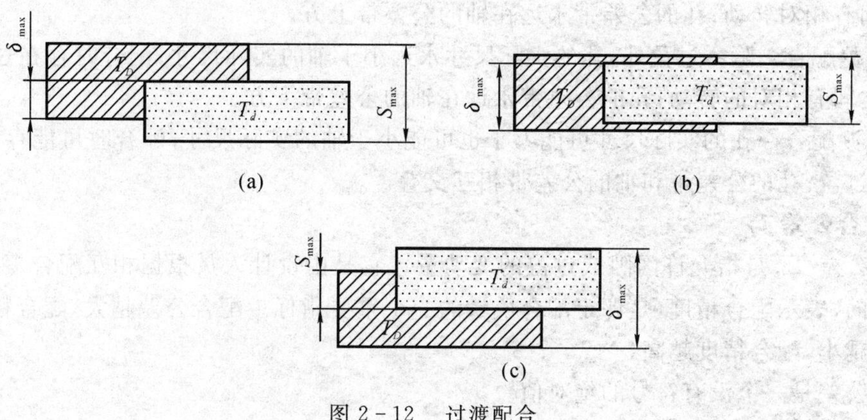

图 2-12　过渡配合

对于过渡配合，在同一批配合件中，实际配合后具有间隙还是过盈，要由配合件的实际尺寸决定。合格的孔、轴配合后的 S_a 或 δ_a 均应满足

$$S_a \leqslant S_{max} \quad 或 \quad \delta_a \geqslant \delta_{max} \tag{2-22}$$

表示过渡配合松紧程度的特征值是最大间隙和最大过盈。过渡配合的平均松紧程度可表示为平均间隙或平均过盈。当最大间隙与最大过盈的平均值为正时，则为平均间隙；为负时，则为平均过盈。

$$S_{av}(\delta_{av})=(S_{max}+\delta_{max})/2 \tag{2-23}$$

【注意】在过渡配合中，没有最小间隙和最小过盈。

【例 2-4】　设某配合孔的尺寸为 $\phi 25^{+0.033}_{0}$，轴的尺寸为 $\phi 25^{+0.013}_{-0.008}$，试计算该配合的最大间隙、最大过盈及平均间隙、平均过盈。

【解】　孔与轴的公称尺寸：

$$D=d=25$$

孔的极限偏差：

$$ES=+0.033\ mm=+33\ \mu m;\quad EI=0$$

轴的极限偏差：

$$es=+0.013\ mm=+13\ \mu m$$
$$ei=-0.008\ mm=-8\ \mu m$$

最大间隙：

$$S_{max}=ES-ei=+0.033-(-0.008)=+0.041\ mm=+41\ \mu m$$

最大过盈：

$$\delta_{max}=EI-es=0-0.013=-0.013mm=-13\ \mu m$$

平均间隙：

$$S_{av}=(S_{max}+\delta_{max})/2=(41-13)/2=+14\ \mu m$$

因为配合类型只与相互结合的孔、轴公差带的相对位置有关，与孔、轴公差带对零线（公称尺寸）的位置无关，所以在表示配合类型的尺寸公差带图解中不标出零线，如图 2-10～图 2-12 所示。

三种配合的特点如下：

1）间隙配合。除零间隙外，孔的实际尺寸永远大于轴的实际尺寸；配合时存在间隙，允许孔、轴之间有相对转动；孔的公差带永远在轴的公差带上方。

2）过盈配合。除零过盈外，孔的实际尺寸永远小于轴的实际尺寸；配合时存在过盈，不允许孔、轴之间有相对的转动；孔的公差带永远在轴的公差带下方。

3）过渡配合。孔的实际尺寸可能大于也可能小于轴的实际尺寸；配合时可能存在间隙也可能存在过盈；孔的公差带和轴的公差带相互交叠。

3. 配合公差 T_f

配合公差 T_f 是指允许间隙或过盈的变动量。它是由设计人员根据相互配合零件的使用要求确定的，表示配合精度，是评定配合质量的一个重要指标。配合公差越大，配合精度越低；配合公差越小，配合精度越高。

配合公差是一个没有符号的绝对值。

对间隙配合：

$$T_f=|S_{max}-S_{min}|=|ES-ei-EI+es|=T_D+T_d \tag{2-24}$$

对过盈配合：

$$T_f=|\delta_{min}-\delta_{max}|=|ES-ei-EI+es|=T_D+T_d \tag{2-25}$$

对过渡配合：

$$T_f=|S_{max}-\delta_{max}|=|ES-ei-EI+es|=T_D+T_d \tag{2-26}$$

由式(2-24)～式(2-26)可知，无论何种配合，其配合公差均等于相配合的孔、轴公差之和。这表明，孔、轴的配合精度取决于相互配合的孔、轴的尺寸精度。配合公差表示配合的精度，是按使用要求提出的设计要求；而孔、轴公差则分别表示其加工难度，是对制造上提出的工艺要求。在实际设计中必须正确处理式(2-24)至式(2-26)中左、右两端参数的关系，以期合理解决设计与制造的矛盾。

4. 配合公差带图

配合公差带图的画法与尺寸公差带图的画法相似，也是按一定比例将极限间隙或极限过盈放大后画在配合公差带图上。

在配合公差带图中，零线表示间隙或过盈等于零。零线上方为正，表示间隙；零线下方为负，表示过盈。由代表极限间隙或极限过盈的两条直线所限定的区域，就是配合公差带，如图 2-13 所示。

5. 配合性质的判断

正确判断配合性质是工程技术人员必须具备的知识，在有基本偏差代号的尺寸标注中，可由基本偏差代号来判断配合的性质。

当尺寸中只标注极限偏差的大小而未标注基本偏差代号时，就要依据极限偏差的大小来判断配合性质。在间隙配合中，孔的下极限偏差(EI)大于或等于轴的上极限偏差(es)；在过盈配合中，轴的下极限偏差(ei)大于或等于孔的上极限偏差(ES)。即当 EI $\geqslant$ es 时为间隙配合，当 ei $\geqslant$ ES 时为过盈配合，这两条同时不成立时，则为过渡配合。

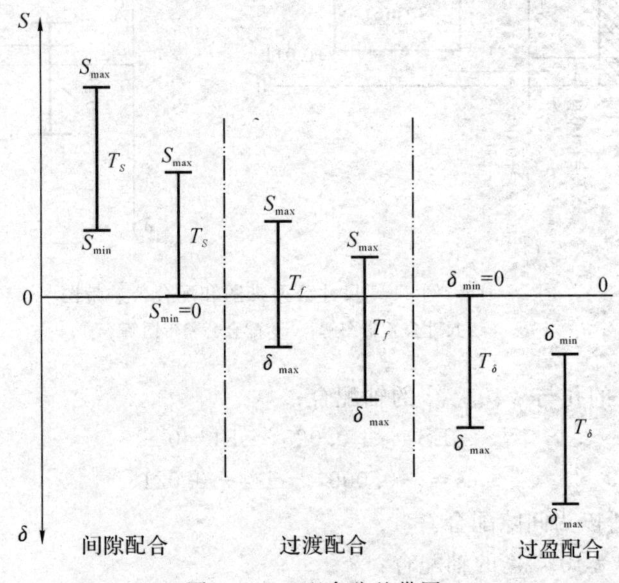

图 2-13　配合公差带图

【例 2-5】　已知某配合的公称尺寸为 ϕ60，配合公差 $T_f=49\ \mu$m，最大间隙 $S_{max}=19\ \mu$m，孔的尺寸公差 $T_D=30\ \mu$m，轴的下极限偏差 ei $=+11\ \mu$m。试确定孔的上、下极限偏差和轴的上极限偏差，画出该配合的孔、轴尺寸公差带图和配合公差带图，并说明配合类别。

【解】　因为

$$T_f=T_D+T_d$$

所以轴的尺寸公差为

$$T_d=T_f-T_D=49-30=19\ \mu\text{m}$$

由 $T_d=\text{es}-\text{ei}$，得轴的上极限偏差为

$$\text{es}=T_d+\text{ei}=19+(+11)=+30\ \mu\text{m}$$

由 $S_{max}=\text{ES}-\text{ei}$，得孔的上极限偏差为

$$\text{ES}=S_{max}+\text{ei}=19+(+11)=+30\ \mu\text{m}$$

由 $T_D=\text{ES}-\text{EI}$，得孔的下极限偏差为

$$\text{EI}=\text{ES}-T_D=(+30)-30=0$$

由于

$$T_f=S_{max}-S_{min}=S_{max}-\delta_{max}$$

所以

$$\delta_{max}=S_{max}-T_f=19-49=-30\ \mu\text{m}$$

此配合的孔、轴的尺寸公差带图和配合公差带图分别如图 2-14(a) 和图 2-14(b) 所示。由图可知，该配合为过渡配合。

【例 2-6】　如果用一个 $\phi40^{+0.025}_{0}$ 的孔分别与 $\phi40^{-0.009}_{-0.021}$，$\phi40^{+0.042}_{+0.026}$，$\phi40\pm0.008$ 的轴配合，试判断孔、轴的配合性质。

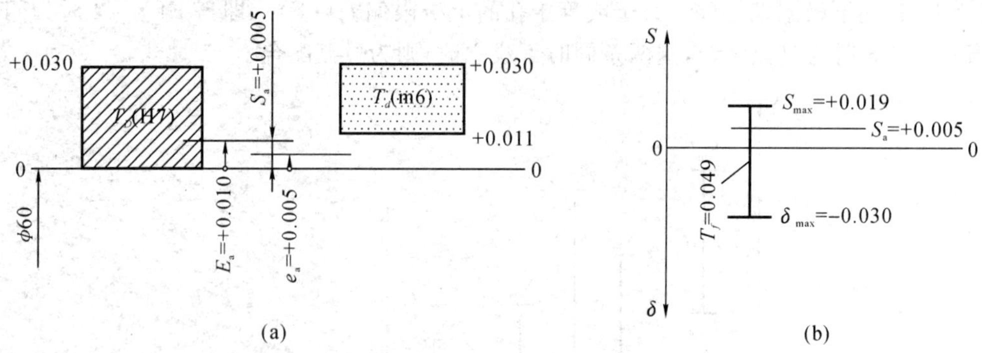

图 2-14 例 2-5 尺寸公差带图和配合公差带图

(a) 尺寸公差带图解；(b) 配合公差带图解

【解】 $\phi 40^{+0.025}_{0}$ 的孔与 $\phi 40^{-0.009}_{-0.021}$ 的轴配合：

$$ES = +0.025, \quad EI = 0$$
$$es = -0.009, \quad ei = -0.021$$

因为 EI > es，所以为间隙配合。

$\phi 40^{+0.025}_{0}$ 的孔与 $\phi 40^{+0.042}_{+0.026}$ 的轴配合：

$$ES = +0.025, \quad EI = 0$$
$$es = +0.042, \quad ei = +0.026$$

因为 ei > ES，所以为过盈配合。

$\phi 40^{+0.025}_{0}$ 的孔与 $\phi 40 \pm 0.008$ 的轴配合：

$$ES = +0.025, \quad EI = 0$$
$$es = +0.008, \quad ei = -0.008$$

因为 EI $\ngtr$ es，ei $\ngtr$ ES，所以该配合为过渡配合。

【例 2-7】已知某配合 $\phi 30\text{H}7(^{+0.021}_{0})/\text{p}6(^{+0.035}_{+0.022})$，若有一相互结合的孔、轴的实际偏差分别为 $E_a = +10\ \mu m$，$e_a = +15\ \mu m$，试判断该孔、轴的尺寸是否合格，所形成的配合是否合用。

【解】 按例 2-6 的方法可知，该配合为过盈配合，且

$$\delta_{min} = ES - ei = +0.021 - (+0.022) = -0.001\ mm = -1\ \mu m$$
$$\delta_{max} = EI - es = 0 - (+0.035) = -0.035\ mm = -35\ \mu m$$

已知

$$E_a = +10\ \mu m, \quad e_a = +15\ \mu m$$

因为

$$ES = +21\ \mu m > E_a > EI = 0$$

所以，孔的尺寸合格。又因为

$$e_a < ei = +22\ \mu m$$

所以轴的尺寸不合格。

该孔、轴配合后的实际过盈为

$$\delta_a = E_a - e_a = (+10) - (+15) = -5\ \mu m$$

因为

$$\delta_{max} = -35\ \mu m < \delta_a < \delta_{min} = -1\ \mu m$$

所以,该孔、轴形成的配合是合用的。

【注意】在该例中,虽然轴的尺寸不合格,但它仍可以与部分合格孔形成合用的配合。但是该轴无互换性,不能与任一合格的孔都形成合用的配合。

2.3　极限与配合的国家标准

为实现零件的互换性和满足各种使用要求,便于国际间的技术交流,极限与配合的国家标准采用了国际公差制。在极限与配合的国家标准中,规定了配合制、标准公差系列和基本偏差系列,对不同的公称尺寸规定了一系列的标准公差(公差带的大小)和基本偏差(公差带位置),组合构成各种公差带,由这些不同的孔、轴公差带结合,形成各种配合。

2.3.1　配合制

从上述三类配合的公差带图可知,孔、轴公差带的相对位置关系的改变,可组成不同性质、不同松紧的配合。但为简化起见,无须将孔、轴公差带同时变动,以两个配合件中的一个作为基准件,其公差带位置不变化,通过改变另一个零件(非基准件)的公差带位置来形成各种配合,便可满足不同使用性能要求的配合,且技术经济效益好。这种孔、轴公差带组成配合的一种制度称为配合制。GB/T 1800.1—2009 规定了两种配合制,即基孔制与基轴制。

1. 基孔制

基本偏差为一定的孔公差带,与不同基本偏差的轴公差带形成各种配合的制度,简称基孔制。

在基孔制中的孔称为基准孔。基准孔以下极限偏差为基本偏差,数值为零,即 EI＝0,基本偏差代号为“H”。

基孔制配合中的轴为非基准轴,通过改变轴的基本偏差大小(即轴的公差带位置)而形成各种不同性质的配合,如图 2-15(a) 所示。

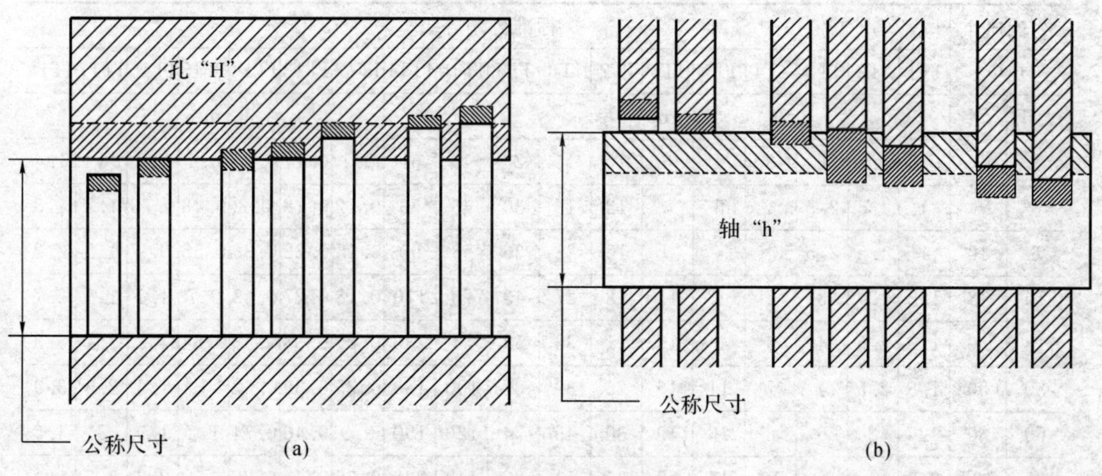

图 2-15　配合制

(a) 基孔制配合;(b) 基轴制配合

2. 基轴制

基本偏差为一定的轴公差带，与不同基本偏差的孔公差带形成各种配合的制度，简称基轴制。

在基轴制中的轴称为基准轴。基准轴以上极限偏差为基本偏差，数值为零，即 es=0，基本偏差代号为“h”。

在基轴制配合中的孔为非基准孔，通过改变孔的基本偏差大小（即孔的公差带位置）而形成各种不同性质的配合，如图 2-15(b) 所示。

按照孔、轴公差带相对位置的不同，两种基准制都可以形成间隙、过盈和过渡三种不同的配合性质。如图 2-15 所示，图中基准孔的 ES 边界和基准轴的 ei 边界分别是条虚线，非基准件的公差带的一边界也是虚线，表示公差带的大小是可变化的。

基孔制和基轴制是两种等效的配合制，因此，在基孔制中所规定的配合种类，在基轴制中也有相应的同名配合，且配合性质完全一样。

2.3.2 极限制

极限制是指标准化了的公差与偏差制度。极限制包括标准公差系列和基本偏差系列。

由 2.3.1 节可知，各种配合是由孔、轴公差带之间的关系决定的，而公差带的大小和位置则分别由标准公差和基本偏差所决定。为实现互换性，国家标准对这两个基本要素分别予以标准化，规定了标准公差和基本偏差数值系列。

1. 标准公差系列

标准公差系列是极限与配合国家标准制定的一系列标准公差数值。标准公差用 IT（即国际公差 ISO Tolerance 的缩写）表示。表 2-1 所示为公称尺寸至 3 150 mm 的公差等级 IT1～IT18 的标准公差数值。标准公差等级 IT01 和 IT0 在工业中一般很少用到，且只有公称尺寸至 500 mm 的公差值，其标准公差值如表 2-2 所示。

表 2-1　公称尺寸至 3 150 mm 的标准公差数值(摘自 GB/T 1800.1—2009)

公称尺寸 mm		标准公差等级																	
		IT1	IT2	IT3	IT4	IT5	IT6	IT7	IT8	IT9	IT10	IT11	IT12	IT13	IT14	IT15	IT16	IT17	IT18
大于	至	μm											mm						
—	3	0.8	1.2	2	3	4	6	10	14	25	40	60	0.1	0.14	0.25	0.4	0.6	1	1.4
3	6	1	1.5	2.5	4	5	8	12	18	30	48	75	0.12	0.18	0.3	0.48	0.75	1.2	1.8
6	10	1	1.5	2.5	4	6	9	15	22	36	58	90	0.15	0.22	0.36	0.58	0.9	1.5	2.2
10	18	1.2	2	3	5	8	11	18	27	43	70	110	0.18	0.27	0.43	0.7	1.1	1.8	2.7
18	30	1.5	2.5	4	6	9	13	21	33	52	84	130	0.21	0.33	0.52	0.84	1.3	2.1	3.3
30	50	1.5	2.5	4	7	11	16	25	39	62	100	160	0.25	0.39	0.62	1	1.6	2.5	3.9
50	80	2	3	5	8	13	19	30	46	74	120	190	0.3	0.46	0.74	1.2	1.9	3	4.6
80	120	2.5	4	6	10	15	22	35	54	87	140	220	0.35	0.54	0.87	1.4	2.2	3.5	5.4
120	180	3.5	5	8	12	18	25	40	63	100	160	250	0.4	0.63	1	1.6	2.5	4	6.3
180	250	4.5	7	10	14	20	29	46	72	115	185	290	0.46	0.72	1.15	1.85	2.9	4.6	7.2

续表

公称尺寸 mm		标准公差等级																	
		IT1	IT2	IT3	IT4	IT5	IT6	IT7	IT8	IT9	IT10	IT11	IT12	IT13	IT14	IT15	IT16	IT17	IT18
大于	至	μm											mm						
250	315	6	8	12	16	23	32	52	81	130	210	320	0.52	0.81	1.3	2.1	3.2	5.2	8.1
315	400	7	9	13	18	25	36	57	89	140	230	360	0.57	0.89	1.4	2.3	3.6	5.7	8.9
400	500	8	10	15	20	27	40	63	97	155	250	400	0.63	0.97	1.55	2.5	4	6.3	9.7
500	630	9	11	16	22	32	44	70	110	175	280	440	0.7	1.1	1.75	2.8	4.4	7	11
630	800	10	13	18	25	36	50	80	125	200	320	500	0.8	1.25	2	3.2	5	8	12.5
800	1 000	11	15	21	28	40	56	90	140	230	360	560	0.9	1.4	2.3	3.6	5.6	9	14
1 000	1 250	13	18	24	33	47	66	105	165	260	420	660	1.05	1.65	2.6	4.2	6.6	10.5	16.5
1 250	1 600	15	21	29	39	55	78	125	195	310	500	780	1.25	1.95	3.1	5	7.8	12.5	19.5
1 600	2 000	18	25	35	46	65	92	150	230	370	600	920	1.5	2.3	3.7	6	9.2	15	23
2 000	2 500	22	30	41	55	78	110	175	280	440	700	1100	1.75	2.8	4.4	7	11	17.5	28
2 500	3 150	26	36	50	68	96	135	210	330	540	860	1 350	2.1	3.3	5.4	8.6	13.5	21	33

注：① 公称尺寸大于 500 mm 的 IT1～IT5 的标准公差数值为试行；② 公称尺寸小于 1 mm 时，无 IT14～IT18。

表 2-2 IT01 和 IT0 的标准公差数值(摘自 GB/T 1800.1—2009)

公称尺寸/mm		标准公差等级	
		IT01	IT0
大于	至	公差/μm	
—	3	0.3	0.5
3	6	0.4	0.6
6	10	0.4	0.6
10	18	0.5	0.8
18	30	0.6	1
30	50	0.6	1
50	80	0.8	1.2
80	120	1	1.5
120	180	1.2	2
180	250	2	3
250	315	2.5	4
315	400	3	5
400	500	4	6

(1) 公差单位。公差单位是计算标准公差的基本单位，它是制定标准公差数值系列的基础。根据生产实际经验和科学统计分析表明：加工误差不仅与加工方法有关，还与公称尺寸有关，在加工方法和生产条件相同的情况下，加工误差与公称尺寸成一定的函数关系。大量生产实践表明，当公称尺寸小于 500 时，零件的加工误差与尺寸的关系成抛物线关系，即尺寸误差与尺寸的 3 次方根成正比，如图 2-16 所示。随着尺寸的增大，测量误差的影响也增大，所以当确定标准公差数值时应考虑上述两个因素。国家标准总结出公差单位的计算公式：对于公称尺寸 D 小于等于 500 的尺寸段，IT5 ～ IT18 的公差单位计算公式为

$$i=0.45\sqrt[3]{D}+0.001D \tag{2-27}$$

式中 i—— 标准公差因子(μm)；

D—— 公称尺寸分段的计算值(mm)。

式(2-27) 等号右边第一项主要反映加工误差随尺寸的变化；第二项反映了由于温度变化及量规变形所引起的测量误差与尺寸的关系。当零件的公称尺寸很小时，第二项在公差因子中所占的比例很小。

当 $500<D\leqslant 3\ 150$ 时，标准公差因子 I 的计算公式为

$$I=0.004D+2.1 \tag{2-28}$$

式中 I—— 标准公差因子(μm)；

D—— 公称尺寸(mm)。

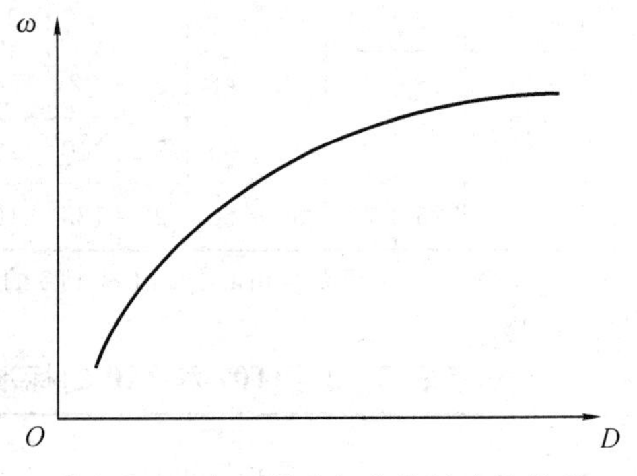

图 2-16　加工误差与公称尺寸的关系

(2) 公差等级。确定尺寸精确程度用的等级称为标准公差等级，以公差等级系数 a 作为分级的依据。规定和划分公差等级的目的是为了简化、统一对公差的要求，使规定的等级既能满足不同的使用要求，又能大致代表各种加工方法的精度，为零件设计和制造带来极大的方便。

GB/T 1800.1—2009 对公称尺寸至 3 150 尺寸段，规定了 20 个标准公差等级，用符号 IT 和阿拉伯数字组成的代号表示，记为 IT01，IT0，IT1 ～ IT18。由 IT01 至 IT18，公差等级依次降低，在同一公称尺寸段内，标准公差值随等级降低而增大，计算公式见表 2-3。

表 2-3　标准公差计算公式(摘自 GB/T 1800.1—2009)

公差等级	公称尺寸 /mm		公差等级	公称尺寸 /mm	
	$D\leqslant 500$	$D>500\sim 3\ 150$		$D\leqslant 500$	$D>500\sim 3\ 150$
IT01	$0.3+0.008D$		IT9	$40i$	$40I$
IT0	$0.5+0.012D$		IT10	$64i$	$64I$
IT1	$0.8+0.020D$	$2I$	IT11	$100i$	$100I$
IT2	$(IT1)(IT5/IT1)^{1/4}$	$2.7I$	IT12	$160i$	$160I$
IT3	$(IT1)(IT5/IT1)^{1/2}$	$3.7I$	IT13	$250i$	$250I$
IT4	$(IT1)(IT5/IT1)^{3/4}$	$5I$	IT14	$400i$	$400I$

续 表

公差等级	公称尺寸 /mm		公差等级	公称尺寸 /mm	
	$D \leqslant 500$	$D > 500 \sim 3\,150$		$D \leqslant 500$	$D > 500 \sim 3\,150$
IT5	$7i$	$7I$	IT15	$640i$	$640I$
IT6	$10i$	$10I$	IT16	$1\,000i$	$1\,000I$
IT7	$16i$	$16I$	IT17	$1\,600i$	$1\,600I$
IT8	$25i$	$25I$	IT18	$2\,500i$	$2\,500I$

由表 2-3 可知：

1) 对于 IT01,IT0,IT1 三个高精度等级，主要考虑检测误差的影响，其标准公差值与零件的公称尺寸成线性关系，且计算公式中的常数和系数均采用 R5 优先数系，其公比为 1.6。

2) IT2,IT3,IT4 三个等级的标准公差，采用在 IT1 与 IT5 之间按等比级数插值的方式得到，其公比为 $q = (\mathrm{IT5}/\mathrm{IT1})^{1/4}$。

3) 在 IT6 ～ IT18 各公差等级中，其标准公差为

$$\mathrm{IT}_n = a\,i \tag{2-29}$$

式中，a 是标准公差等级系数，其值采用 R5 优先数系，公比为 1.6。从 IT6 级起，每跨 5 项，数值增加 10 倍。显然，标准公差等级越低，公差等级系数 a 就越大。公差等级系数 a 在一定程度上反映了加工的难易程度。

4) 各级公差之间的分布规律性很强，不仅便于向高、低两端延伸，也可在两个公差等级之间插值，以满足各种特殊情况的需要。例如：

向高精度等级延伸　　$\mathrm{IT02} = \mathrm{IT01}/1.6 = 0.2 + 0.005D$

向低精度等级延伸　　$\mathrm{IT19} = \mathrm{IT18} \times 1.6 = 4\,000i$

中间插值　　$\mathrm{IT6.5} = \mathrm{IT6} \times q10 = 1.25 \times \mathrm{IT6} = 12.5i$

$\mathrm{IT6.25} = \mathrm{IT6} \times q20 = 1.12 \times \mathrm{IT6} = 11.2i$

……

(3) 公称尺寸分段。根据表 2-3 中所列的标准公差计算公式，每个公称尺寸都应有一个相应的标准公差数值，这样既无必要，又不实用，还会给设计和生产带来许多困难。为了简化公差表格和便于应用，国家标准对公称尺寸进行了分段，如表 2-1 所示。公称尺寸分段后，在同一尺寸分段内的所有公称尺寸，其公差等级相同时，具有相同的标准公差值。

对于同一尺寸段，式(2-27) 中的 D 及后面计算基本偏差时的 D，按相应尺寸分段的首尾两个尺寸的几何平均值计算。

例如，对于公称尺寸在 18～30 尺寸段，公称尺寸的计算值为 $\sqrt{18 \times 30} \approx 23.24$；对于公称尺寸小于等于 3 的尺寸段，公称尺寸的计算值为 $\sqrt{1 \times 3} \approx 1.73$。

当公称尺寸相同时，公差值越大，公差等级越低。此时，公差值的大小能够反映公差等级的高低。对于不同的公称尺寸，公差值的大小不能反映公差等级的高低，这时，就要根据公差等级系数 a 来判断。a 越大，公差等级越低，加工越容易；反之，a 越小，公差等级越高，加工越困难。

2. 基本偏差系列

(1) 基本偏差及其代号。基本偏差是用以确定公差带相对于零线位置的极限偏差,一般为靠近零线位置的那一个极限偏差。基本偏差系列如图 2-17 所示。

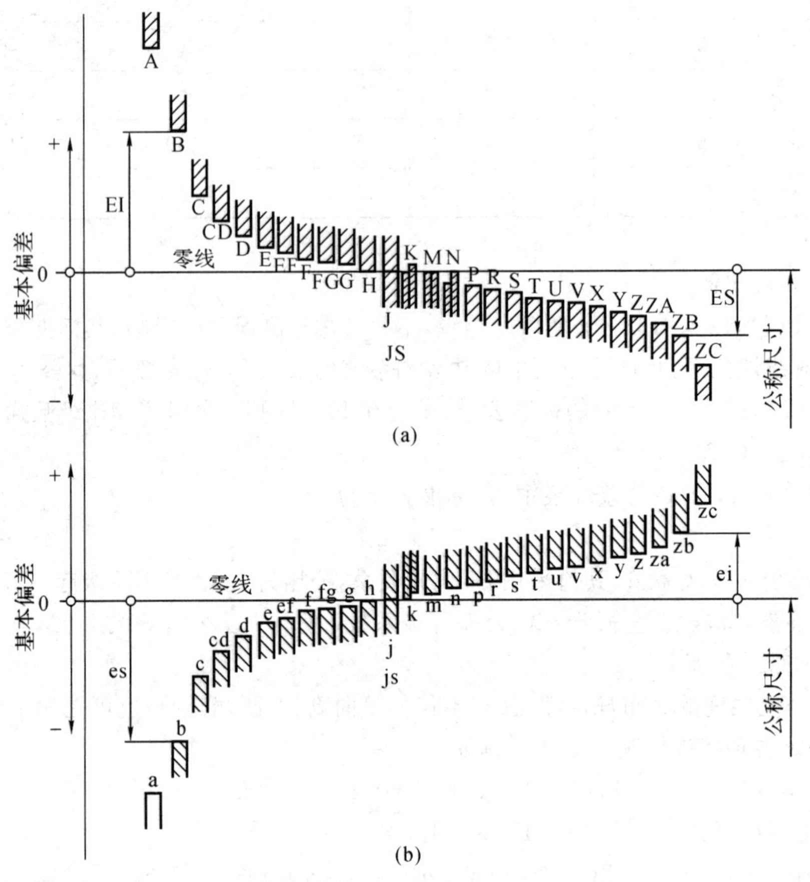

图 2-17　基本偏差系列(摘自 GB/T1800.1—2009)

(a) 孔;(b) 轴

为了满足工程实践中不同的使用要求,国家标准 GB/ T1800.1—2009 分别对孔、轴规定了 28 种标准基本偏差,每种基本偏差用一个或两个拉丁字母表示,其中孔的基本偏差代号采用大写字母表示,轴的基本偏差代号采用小写字母表示。在 26 个拉丁字母中去掉 5 个容易与其他参数相混淆的字母 I,L,O,Q,W(i,l,o,q,w),剩下的 21 个字母加上 7 个双写字母 CD,EF,FG,JS,ZA,ZB,ZC(cd,ef,fg,js, za,zb,zc),即孔、轴各有 28 个基本偏差。其中,JS 和 js 在各公差等级中相对于零线是完全对称的("s" 代表"对称偏差" 之意),JS 和 js 将逐渐取代近似对称的基本偏差 J 和 j。因此,在国家标准中,孔仅留 J6,J7 和 J8,轴仅留 j5,j6,j7 和 j8。

在孔的基本偏差中,A ~ G 的基本偏差均为下极限偏差 EI,皆为正值;H 的基本偏差 EI=0,是基准孔;JS 为对称公差带;J ~ ZC 的基本偏差均为上极限偏差 ES,除 J,K,M 外,皆为负值。

在轴的基本偏差中,a ~ g 的基本偏差均为上极限偏差 es,皆为负值;h 的基本偏差 es=0,是基准轴;js 为对称公差带;j ~ zc 的基本偏差均为下极限偏差 ei,除 j 外,皆为正值。

JS 和 js 在各个公差等级中，公差带完全对称于零线，因此，它们的基本偏差可以是上极限偏差 +（IT/2），也可以是下极限偏差 −（IT/2）。

任何一个公差带符号都由基本偏差代号和公差等级数联合表示，如 H7，h6，G8 等。在图 2 - 17 中，基本偏差系列各公差带只画出基本偏差一端，另一端取决于标准公差数值的大小。

（2）轴的基本偏差数值的确定。轴的基本偏差数值是以基孔制为基础，根据各种配合要求，在生产实践和大量试验的基础上，依据统计分析的结果整理出一系列经验公式计算而得的。轴的基本偏差计算公式如表 2 - 4 所示，其计算结果须按国家标准中尾数修约规则进行圆整。表 2 - 5 是经上述计算确定的轴的各种基本偏差数值。

表 2 - 4　公称尺寸小于或等于 500 mm 的轴的基本偏差计算公式（摘自 GB/T 1800.1—2009）

基本偏差代号	适用范围	基本偏差为下极限偏差 ei/μm	基本偏差代号	适用范围	基本偏差为下极限偏差 ei/μm
a	$D \leqslant 120$ mm	$-(265+1.3D)$	j	IT5 ～ IT8	没有公式
	$D > 120$ mm	$-3.5D$	k	⩽ IT3	0
b	$D \leqslant 160$ mm	$-(140+0.85D)$		IT4 ～ IT7	$+0.6\sqrt[3]{D}$
	$D > 160$ mm	$-1.8D$		⩾ IT8	0
c	$D \leqslant 40$ mm	$-52D^{0.2}$	m		+（IT7 − IT6）
	$D > 40$ mm	$-(95+0.8D)$	n		$+5D^{0.34}$
cd		$-\sqrt{cd}$	p		+ IT7 +（0 ～ 5）
d		$-16D^{0.44}$	r		$+\sqrt{ps}$
e		$-11D^{0.41}$	s	$D \leqslant 50$ mm	+ IT8 +（1 ～ 4）
				$D > 50$ mm	$+\text{IT7}+0.4D$
ef		$-\sqrt{ef}$	t	$D > 24$ mm	$+\text{IT7}+0.63D$
f		$-5.5D^{0.41}$	u		$+\text{IT7}+D$
fg		$-\sqrt{fg}$	v	$D > 14$ mm	$+\text{IT7}+1.25D$
			x		$+\text{IT7}+1.6D$
g		$-2.5D^{0.34}$	y	$D > 18$ mm	$+\text{IT7}+2D$
			z		$+\text{IT7}+2.5D$
h		0	za		$+\text{IT8}+3.15D$
			zb		$+\text{IT9}+4D$
			zc		$+\text{IT10}+5D$

$$\text{js} = \pm\frac{\text{IT}}{2}$$

注：① 公称尺寸大于 500 的 IT1 ～ IT5 的标准公差数值为试行；② 公称尺寸小于 1 时，无 IT14 ～ IT18。

由图 2-17 和表 2-4 所示可知，在基孔制配合中，a ～ h 用于间隙配合，其基本偏差的绝对值就等于最小间隙。其中，a，b，c 主要用于大间隙或热动配合，考虑到热膨胀的影响，最小间隙与公称尺寸成线性关系；d，e，f 主要用于旋转运动，需要保证良好的液体摩擦；g 主要用于滑动配合或定位配合的半液体摩擦，要求间隙要小；cd，ef，fg 主要用于小尺寸的旋转运动，其基本偏差数值分别按 c 与 d，e 与 f，f 与 g 基本偏差的绝对值的几何平均值来确定。

j ～ n 主要用于过渡配合，间隙或过盈均不太大。要求孔、轴配合时，具有较好的对中性，且容易拆卸。其中，j 主要用于与滚动轴承相配合的轴，其基本偏差数值根据经验数据确定。

p ～ zc 主要用于过盈配合。为了保证孔、轴结合时具有足够的连接强度，其基本偏差数值一般按基准孔的标准公差（通常为 H7）和所需的最小过盈（与公称尺寸成线性关系）来确定。最小过盈的系数系列符合优先数系，具有较好的规律性，便于应用。

（3）孔的基本偏差数值的确定。孔的基本偏差数值是由相同字母轴的基本偏差在相应的公差等级的基础上通过换算得到的。由于基轴制与基孔制是两种并行等效的配合制度，构成非基准件的基本偏差计算公式所考虑的因素是一致的，因此，孔的基本偏差数值不必用公式计算，可以按照一定的换算规则，直接由同名字母轴的基本偏差换算得到。换算的原则是基本偏差字母代号同名的孔和轴，分别构成的基轴制与基孔制的配合，在相应公差等级的条件下，其配合性质必须相同，即具有相同的极限间隙或极限过盈，如 ϕ50H9/f9 与 ϕ50F9/h9，ϕ30H7/r6 与 ϕ30R7/h6。

由于在较高的公差等级中，相同公差等级的孔比轴难加工，因此，国家标准规定，为使孔和轴在加工工艺上等价，孔比轴公差等级低一级。在较低精度等级的配合中，孔与轴采用相同的公差等级。孔的基本偏差按照下述两种规则换算。

1）通用规则。同名代号的孔和轴的基本偏差绝对值相等，但符号相反，即对于孔 A ～ H，有

$$\mathrm{EI} = -\mathrm{es} \tag{2-30}$$

K ～ ZC，有

$$\mathrm{ES} = -\mathrm{ei} \tag{2-31}$$

2）特殊规则。标准公差小于或等于 IT8 的 J ～ N 和标准公差小于或等于 IT7 的 P ～ ZC，同名代号的孔、轴基本偏差的符号相反，而绝对值相差一个 Δ 值，即

$$\mathrm{ES} = -\mathrm{ei} + \Delta \tag{2-32}$$

$$\Delta = \mathrm{IT}_n - \mathrm{IT}_{n-1} = T_D - T_d \tag{2-33}$$

式中　IT_n—— 孔的标准公差，公差等级为 n 级；

IT_{n-1}—— 轴的标准公差，公差等级为 $n-1$ 级（比孔高一级）。

式（2-32）和式（2-33）推导如下：

在较高公差等级配合中，孔比轴公差等级低一级，但这时，两种基准制所形成的配合性质也要求相同（具有相同的极限间隙或极限过盈），如图 2-18 所示。

基孔制时，有

$$\delta_{\min}=ES-ei=(+IT_n)-ei$$

基轴制时，有

$$\delta_{\min}=ES-ei=ES-(-IT_{n-1})$$

由于最小过盈必须相等，所以

$$IT_n-ei=ES+IT_{n-1}$$

因此，孔的基本偏差为

$$ES=-ei+(IT_n-IT_{n-1})=-ei+\Delta$$

$$\Delta=IT_n-IT_{n-1}$$

用上述规则换算出孔的基本偏差按一定规则化整，编制出孔的基本偏差数值表，如表 2-6 所示。实际使用时可直接查表，不必计算。

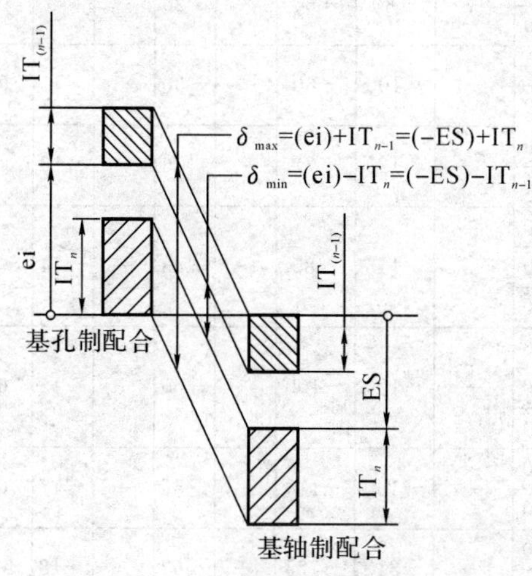

图 2-18　孔的基本偏差换算规则

基本偏差仅确定了孔、轴靠近零线的一个极限偏差，另一个极限偏差则取决于标准公差的数值。

对于孔 A ～ H，基本偏差为 EI；另一极限偏差为

$$ES=EI+T_D$$

对于孔 J ～ ZC，基本偏差为 ES，另一极限偏差为

$$EI=ES-T_D$$

对于轴 a ～ h，基本偏差为 es，另一极限偏差为

$$ei=es-T_d$$

对于轴 j ～ zc，基本偏差为 ei，另一极限偏差为

$$es=ei+T_d$$

表 2-5 轴的基本偏差数值

公称尺寸/mm		基本偏差数值(上极限偏差 es)														
		所有标准公差等级												IT5 和 IT6	IT7	IT8
大于	至	a	b	c	cd	d	e	ef	f	fg	g	h	js	j		
—	3	-270	-140	-60	-34	-20	-14	-10	-6	-4	-2	0	偏差 $=\pm\frac{IT_n}{2}$ 式中,IT_n 是 IT 值	-2	-4	-6
3	6	-270	-140	-70	-46	-30	-20	-14	-10	-6	-4	0		-2	-4	—
6	10	-280	-150	-80	-56	-40	-25	-18	-13	-8	-5	0		-2	-5	—
10	14	-290	-150	-95	—	-50	-32	—	-16	—	-6	0		-3	-6	—
14	18															
18	24	-300	-160	-110	—	-65	-40	—	-20	—	-7	0		-4	-8	—
24	30															
30	40	-310	-170	-120	—	-80	-50	—	-25	—	-9	0		-5	-10	—
40	50	-320	-180	-130												
50	65	-340	-190	-140	—	-100	-60	—	-30	—	-10	0		-7	-12	—
65	80	-360	-200	-150												
80	100	-380	-220	-170	—	-120	-72	—	-36	—	-12	0		-9	-15	—
100	120	-410	-240	-180												
120	140	-460	-260	-200	—	-145	-85	—	-43	—	-14	0		-11	-18	—
140	160	-520	-280	-210												
160	180	-580	-310	-230												
180	200	-660	-340	-240	—	-170	-100	—	-50	—	-15	0		-13	-21	—
200	225	-740	-380	-260												
225	250	-820	-420	-280												
250	280	-920	-480	-300	—	-190	-110	—	-56	—	-17	0		-16	-26	—
280	315	-1 050	-540	-330												
315	355	-1 200	-600	-360	—	-210	-125	—	-62	—	-18	0		-18	-28	—
355	400	-1 350	-680	-400												
400	450	-1 500	-760	-440	—	-230	-135	—	-68	—	-20	0		-20	-32	—
450	500	-1 650	-840	-480												
500	560	—	—	—	—	-260	-145	—	-76	—	-22	0		—	—	—
560	630	—	—	—												
630	710	—	—	—	—	-290	-160	—	-80	—	-24	0		—	—	—
710	800															
800	900	—	—	—	—	-320	-170	—	-86	—	-26	0		—	—	—
900	1 000															
1 000	1 120	—	—	—	—	-350	-195	—	-98	—	-28	0		—	—	—
1 120	1 250															
1 250	1 400	—	—	—	—	-390	-220	—	-110	—	-30	0		—	—	—
1 400	1 600															
1 600	1 800	—	—	—	—	-430	-240	—	-120	—	-32	0		—	—	—
1 800	2 000															
2 000	2 240	—	—	—	—	-480	-260	—	-130	—	-34	0		—	—	—
2 240	2 500															
2 500	2 800	—	—	—	—	-520	-290	—	-145	—	-38	0		—	—	—
2 800	3 150															

（摘自 GB/T 1800.1—2009） （μm）

基本偏差数值(下极限偏差 ei)															
IT4～IT7	≤IT3 ＞IT7	所有标准公差等级													
k		m	n	p	r	s	t	u	v	x	y	z	za	zb	zc
0	0	+2	+4	+6	+10	+14	—	+18	—	+20	—	+26	+32	+40	+60
+1	0	+4	+8	+12	+15	+19	—	+23	—	+28	—	+35	+42	+50	+80
+1	0	+6	+10	+15	+19	+23	—	+28	—	+34	—	+42	+52	+67	+97
+1	0	+7	+12	+18	+23	+28	—	+33	—	+40	—	+50	+64	+90	+130
									+39	+45	—	+60	+77	+108	+150
+2	0	+8	+15	+22	+28	+35	—	+41	+47	+54	+63	+73	+98	+136	+188
							+41	+48	+55	+64	+75	+88	+118	+160	+218
+2	0	+9	+17	+26	+34	+43	+48	+60	+68	+80	+94	+112	+148	+200	+274
							+54	+70	+81	+97	+114	+136	+180	+242	+325
+2	0	+11	+20	+32	+41	+53	+66	+87	+102	+122	+144	+172	+226	+300	+405
					+43	+59	+75	+102	+120	+146	+174	+210	+274	+360	+480
+3	0	+13	+23	+37	+51	+71	+91	+124	+146	+178	+214	+258	+335	+445	+585
					+54	+79	+104	+144	+172	+210	+254	+310	+400	+525	+690
+3	0	+15	+27	+43	+63	+92	+122	+170	+202	+248	+300	+365	+470	+620	+800
					+65	+100	+134	+190	+228	+280	+340	+415	+535	+700	+900
					+68	+108	+146	+210	+252	+310	+380	+465	+600	+780	+1 000
+4	0	+17	+31	+50	+77	+122	+166	+236	+284	+350	+425	+520	+670	+880	+1 150
					+80	+130	+180	+258	+310	+385	+470	+575	+740	+960	+1 250
					+84	+140	+196	+284	+340	+425	+520	+640	+820	+1 050	+1 350
+4	0	+20	+34	+56	+94	+158	+218	+315	+385	+475	+580	+710	+920	+1 200	+1 550
					+98	+170	+240	+350	+425	+525	+650	+790	+1 000	+1 300	+1 700
+4	0	+21	+37	+62	+108	+190	+268	+390	+475	+590	+730	+900	+1 150	+1 500	+1 900
					+114	+208	+294	+435	+530	+660	+820	+1 000	+1 300	+1 650	+2 100
+5	0	+23	+40	+68	+126	+232	+330	+490	+595	+740	+920	+1 100	+1 450	+1 850	+2 400
					+132	+252	+360	+540	+660	+820	+1 000	+1250	+1 600	+2 100	+2 600
0	0	+26	+44	+78	+150	+280	+400	+600	—	—	—	—	—	—	—
					+155	+310	+450	+660	—	—	—	—	—	—	—
0	0	+30	+50	+88	+175	+340	+500	+740	—	—	—	—	—	—	—
					+185	+380	+560	+840	—	—	—	—	—	—	—
0	0	+34	+56	+100	+210	+430	+620	+940	—	—	—	—	—	—	—
					+220	+470	+680	+1 050	—	—	—	—	—	—	—
0	0	+40	+66	+120	+250	+520	+780	+1 150	—	—	—	—	—	—	—
					+260	+580	+840	+1 300	—	—	—	—	—	—	—
0	0	+48	+78	+140	+300	+640	+960	+1 450	—	—	—	—	—	—	—
					+330	+720	+1 050	+1 600	—	—	—	—	—	—	—
0	0	+58	+92	+170	+370	+820	+1 200	+1 850	—	—	—	—	—	—	—
					+400	+920	+1 350	+2 000	—	—	—	—	—	—	—
0	0	+68	+110	+195	+440	+1 000	+1 500	+2 300	—	—	—	—	—	—	—
					+460	+1 100	+1 650	+2 500	—	—	—	—	—	—	—
0	0	+76	+135	+240	+550	+1 250	+1 900	+2 900	—	—	—	—	—	—	—
					+580	+1 400	+2 100	+3 200	—	—	—	—	—	—	—

表 2-6 孔的基本偏差数值

公称尺寸 mm		基本偏差数值																					
		下极限偏差 EI												上极限偏差 ES									
大于	至	所有标准公差等级												IT6	IT7	IT8	≤IT8	>IT8	≤IT8	>IT8	≤IT8	>IT8	≤IT7
		A	B	C	CD	D	E	EF	F	FG	G	H	JS	J			K		M		N		P 至 ZC
—	3	+270	+140	+60	+34	+20	+14	+10	+6	+4	+2	0		+2	+4	+6	0	0	−2	−2	−4	−4	
3	6	+270	+140	+70	+46	+30	+20	+14	+10	+6	+4	0		+5	+6	+10	−1+Δ	—	−4+Δ	−4	−8+Δ	0	
6	10	+280	+150	+80	+56	+40	+25	+18	+13	+8	+5	0		+5	+8	+12	−1+Δ	—	−6+Δ	−6	−10+Δ	0	
10	14	+290	+150	+95	—	+50	+32	—	+16	—	+6	0		+6	+10	+15	−1+Δ	—	−7+Δ	−7	−12+Δ	0	
14	18																						
18	24	+300	+160	+110	—	+65	+40	—	+20	—	+7	0		+8	+12	+20	−2+Δ	—	−8+Δ	−8	−15+Δ	0	
24	30																						
30	40	+310	+170	+120	—	+80	+50	—	+25	—	+9	0		+10	+14	+24	−2+Δ	—	−9+Δ	−9	−17+Δ	0	
40	50	+320	+180	+130																			
50	65	+340	+190	+140	—	+100	+60	—	+30	—	+10	0		+13	+18	+28	−2+Δ	—	−11+Δ	−11	−20+Δ	0	
65	80	+360	+200	+150																			
80	100	+380	+220	+170	—	+120	+72	—	+36	—	+12	0		+16	+22	+34	−3+Δ	—	−13+Δ	−13	−23+Δ	0	
100	120	+410	+240	+180																			
120	140	+460	+260	+200	—	+145	+85	—	+43	—	+14	0		+18	+26	+41	−3+Δ	—	−15+Δ	−15	−27+Δ	0	
140	160	+520	+280	+210																			
160	180	+580	+310	+230																			
180	200	+660	+340	+240	—	+170	+100	—	+50	—	+15	0		+22	+30	+47	−4+Δ	—	−17+Δ	−17	−31+Δ	0	
200	225	+740	+380	+260																			
225	250	+820	+420	+280									偏差=±$IT_n/2$，式中，IT_n 是 IT 值										在大于 IT7 的相应数值上增加一个 Δ 值
250	280	+920	+480	+300	—	+190	+110	—	+56	—	+17	0		+25	+36	+55	−4+Δ	—	−20+Δ	−20	−34+Δ	0	
280	315	+1 050	+540	+330																			
315	355	+1 200	+600	+360	—	+210	+125	—	+62	—	+18	0		+29	+39	+60	−4+Δ	—	−21+Δ	−21	−37+Δ	0	
355	400	+1 350	+680	+400																			
400	450	+1 500	+760	+440	—	+230	+135	—	+68	—	+20	0		+33	+43	+66	−5+Δ	—	−23+Δ	−23	−40+Δ	0	
450	500	+1 650	+840	+480																			
500	560	—	—	—	—	+260	+145	—	+76	—	+22	0		—	—	—	0	—	−26		−44		
560	630																						
630	710	—	—	—	—	+290	+160	—	+80	—	+24	0		—	—	—	0	—	−30		−50		
710	800																						
800	900	—	—	—	—	+320	+170	—	+86	—	+26	0		—	—	—	0	—	−34		−56		
900	1 000																						
1 000	1 120	—	—	—	—	+350	+195	—	+98	—	+28	0		—	—	—	0	—	−40		−66		
1 120	1 250																						
1 250	1 400	—	—	—	—	+390	+220	—	+110	—	+30	0		—	—	—	0	—	−48		−78		
1 400	1 600																						
1 600	1 800	—	—	—	—	+430	+240	—	+120	—	+32	0		—	—	—	0	—	−58		−92		
1 800	2 000																						
2 000	2 240	—	—	—	—	+480	+260	—	+130	—	+34	0		—	—	—	0	—	−68		−110		
2 240	2 500																						
2 500	2 800	—	—	—	—	+520	+290	—	+145	—	+38	0		—	—	—	0	—	−76		−135		
2 800	3 150																						

注：①公称尺寸小于或等于 1 mm 时，基本偏差 A 和 B 及大于 IT8 的 N 均不采用，公差带 JS7 至 JS11，若 IT_n 值是奇数，则取偏差 $=\pm\frac{IT_n-1}{2}$。

(摘自 GB/T 1800.1—2009)　　　　(μm)

基本偏差数值																	
上极限偏差 ES												Δ值					
标准公差等级大于 IT7												标准公差等级					
P	R	S	T	U	V	X	Y	Z	ZA	ZB	ZC	IT3	IT4	IT5	IT6	IT7	IT8
−6	−10	−14	—	−18	—	−20	—	−26	−32	−40	−60	0	0	0	0	0	0
−12	−15	−19	—	−23	—	−28	—	−35	−42	−50	−80	1	1.5	1	3	4	6
−15	−19	−23	—	−28	—	−34	—	−42	−52	−67	−97	1	1.5	2	3	6	7
−18	−23	−28	—	−33	—	−40	—	−50	−64	−90	−130	1	2	3	3	7	9
					−39	−45	—	−60	−77	−108	−150						
−22	−28	−35	—	−41	−47	−54	−63	−73	−98	−136	−188	1.5	2	3	4	8	12
			−41	−48	−55	−64	−75	−88	−118	−160	−218						
−26	−34	−43	−48	−60	−68	−80	−94	−112	−148	−200	−274	1.5	3	4	5	9	14
			−54	−70	−81	−97	−114	−136	−180	−242	−325						
−32	−41	−53	−66	−87	−102	−122	−144	−172	−226	−300	−405	2	3	5	6	11	16
	−43	−59	−75	−102	−120	−146	−174	−210	−274	−360	−480						
−37	−51	−71	−91	−124	−146	−178	−214	−258	−335	−445	−585	2	4	5	7	13	19
	−54	−79	−104	−144	−172	−210	−254	−310	−400	−525	−690						
−43	−63	−92	−122	−170	−202	−248	−300	−365	−470	−620	−800	3	4	6	7	15	23
	−65	−100	−134	−190	−228	−280	−340	−415	−535	−700	−900						
	−68	−108	−146	−210	−252	−310	−380	−465	−600	−780	−1 000						
−50	−77	−122	−166	−236	−284	−350	−425	−520	−670	−880	−1 150	3	4	6	9	17	26
	−80	−130	−180	−258	−310	−385	−470	−575	−740	−960	−1 250						
	−84	−140	−196	−284	−340	−425	520	−640	−820	−1 050	−1 350						
−56	−94	−158	−218	−315	−385	−475	−580	−710	−920	−1 200	−1 550	4	4	7	9	20	29
	−98	−170	−240	−350	−425	−525	−650	−790	−1 000	−1 300	−1 700						
−62	−108	−190	−268	−390	−475	−590	−730	−900	−1 150	−1 500	−1 900	4	5	7	11	21	32
	−114	−208	−294	−435	−530	−660	−820	−1 000	−1 300	−1 650	−2 100						
−68	−126	−232	−330	−490	−595	−740	−920	−1 100	−1 450	−1 850	−2 400	5	5	7	13	23	34
	−132	−252	−360	−540	−660	−820	−1000	−1 250	−1600	−2 100	−2 600						
−78	−150	−280	−400	−600	—	—	—	—	—	—	—	—	—	—	—	—	—
	−155	−310	−450	−660	—	—	—	—	—	—	—	—	—	—	—	—	—
−88	−175	−340	−500	−740	—	—	—	—	—	—	—	—	—	—	—	—	—
	−185	−380	−560	−840	—	—	—	—	—	—	—	—	—	—	—	—	—
−100	−210	−430	−620	−940	—	—	—	—	—	—	—	—	—	—	—	—	—
	−220	−470	−680	−1 050	—	—	—	—	—	—	—	—	—	—	—	—	—
−120	−250	−520	−780	−1 150	—	—	—	—	—	—	—	—	—	—	—	—	—
	−260	−580	−840	−1 300	—	—	—	—	—	—	—	—	—	—	—	—	—
−140	−300	−640	−960	−1 450	—	—	—	—	—	—	—	—	—	—	—	—	—
	−330	−720	−1 050	−1 600	—	—	—	—	—	—	—	—	—	—	—	—	—
−170	−370	−820	−1 200	−1 850	—	—	—	—	—	—	—	—	—	—	—	—	—
	−400	−920	−1 350	−2 000	—	—	—	—	—	—	—	—	—	—	—	—	—
−195	−440	−1 000	−1 500	−2 300	—	—	—	—	—	—	—	—	—	—	—	—	—
	−460	−1 100	−1 650	−2 500	—	—	—	—	—	—	—	—	—	—	—	—	—
−240	−550	−1 250	−1 900	−2 900	—	—	—	—	—	—	—	—	—	—	—	—	—
	−580	−1 400	−2 100	−3 200	—	—	—	—	—	—	—	—	—	—	—	—	—

②对小于或等于 IT8 的 K,M,N 和小于或等于 IT7 的 P 至 ZC,所需 Δ 值从表内右侧选取。例如:18～30mm 段的 K7,Δ=8μm,所以 ES=(−2+8)μm=+6μm;18～30mm 段的 S6,Δ=4μm,所以 ES=(−35+4)μm=−31μm;特殊情况是 250～315mm 段的 M6,ES=−9μm(代替−11μm)。

3. 公差带的尺寸表示

GB/T 1800.1—2009 规定孔、轴尺寸公差带代号用基本偏差的字母与公差等级数字表示，如 H7(孔公差带)、g6(轴公差带)等。

公差带的尺寸表示方法为在公称尺寸后面标注所要求的公差带代号或(和)对应的极限偏差数值。例如，$\phi30H7$，$\phi80G8$，$\phi50js7$，$\phi100^{-0.036}_{-0.058}$，$\phi100f6(^{-0.036}_{-0.058})$。

【例 2-8】 查表确定 $\phi25H7/p6$ 中孔、轴的基本偏差和另一极限偏差，按换算规则求 $\phi25P7/h6$ 中孔、轴的极限偏差，计算两配合的极限过盈并绘制公差带图。

【解】 (1) 根据公称尺寸，查表 2-1 可知，IT6=13 μm，IT7=21 μm。

$\phi25H7$ 为基准孔，有

$$EI=0,\ ES = EI + IT7 = +21\ \mu m$$

查表 2-5 可知 $ei = +22\ \mu m$，则

$$es = ei + IT6 = +35\ \mu m$$

(2) $\phi25h6$ 为基准轴，有

$$es=0,\ ei = es - IT6 = -13\ \mu m$$

$\phi25P7$ 应按特殊规则计算。因为

$$\Delta = IT7 - IT6 = 21-13 = 8\ \mu m$$

所以

$$ES = -ei + \Delta = -22 + 8 = -14\ \mu m$$

$$EI = ES - IT7 = -14-21 = -35\ \mu m$$

由上述计算可得

$$\phi25H7 = \phi25^{+0.021}_{0},\quad \phi25p6 = \phi25^{+0.035}_{+0.022}$$

$$\phi25P7 = \phi25^{-0.014}_{-0.035},\quad \phi25h6 = \phi25^{0}_{-0.013}$$

计算 $\phi25H7/p6$ 的极限过盈为

$$\delta_{max} = EI - es = 0-(+35) = -35\ \mu m$$

$$\delta_{min} = ES - ei = +21-(+22) = -1\ \mu m$$

计算 $\phi25P7/h6$ 的极限过盈为

$$\delta_{max} = EI - es = (-35)-0 = -35\ \mu m$$

$$\delta_{min} = ES - ei = (-14)-(-13) = -1\ \mu m$$

绘制尺寸和配合公差带图如图 2-19 所示。

计算结果和公差带图表明，$\phi25H7/p6$ 和 $\phi25P7/h6$ 的最大过盈和最小过盈相等，说明两者配合性质完全相同。

2.3.3 极限与配合的标准化

根据国标 GB/T 1800.2—2009 规定的标准公差和基本偏差，可以组成许多种公差带。孔可组成 543 种公差带，轴可组成 544 种公差带。当按基孔制和基轴制形成配合时，又可得到大量的配合。然而，过多的公差带和配合，势必使标准复杂，增加定值尺寸的刀、量具及工艺装配的品种和规格，既不利于生产管理，又影响经济效益。因此，在最大限度地考虑我国生产、使用和发展的实际需要前提下，国标对极限与配合的选择做了必要的限制。

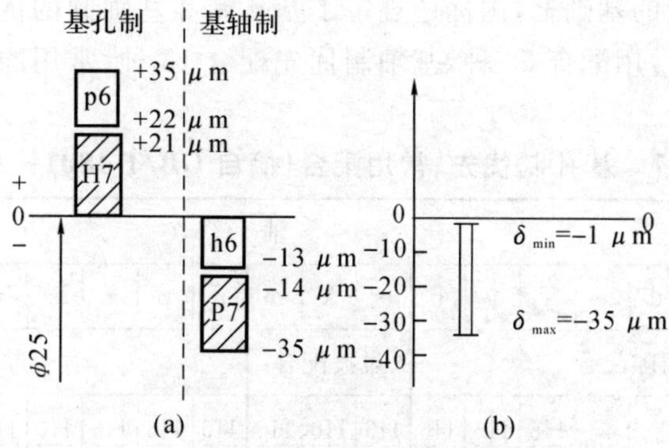

图 2-19　同名配合的尺寸和配合公差带图

(a)尺寸公差带图；(b)配合公差带图

公称尺寸至 500 属于常用尺寸段，应用范围较广。对该尺寸段，GB/T1801—2009 规定的轴公差带如图 2-20 所示，孔公差带如图 2-21 所示。其中，圆圈中的公差带为优先选用的(轴、孔各 13 种)，方框中的公差带为常用的(轴 59 种，孔 44 种)，其他为一般用途的公差带(轴 116 种，孔 105 种)。

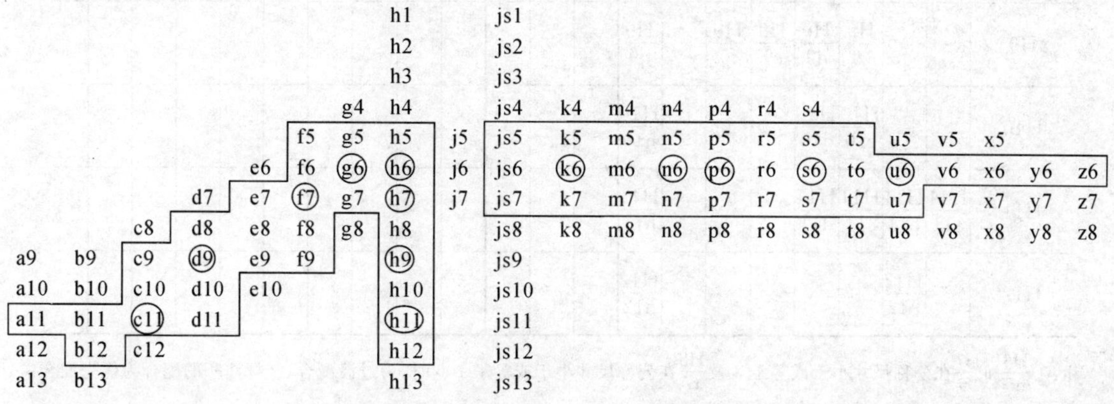

图 2-20　公称尺寸至 500 mm 的轴用公差带

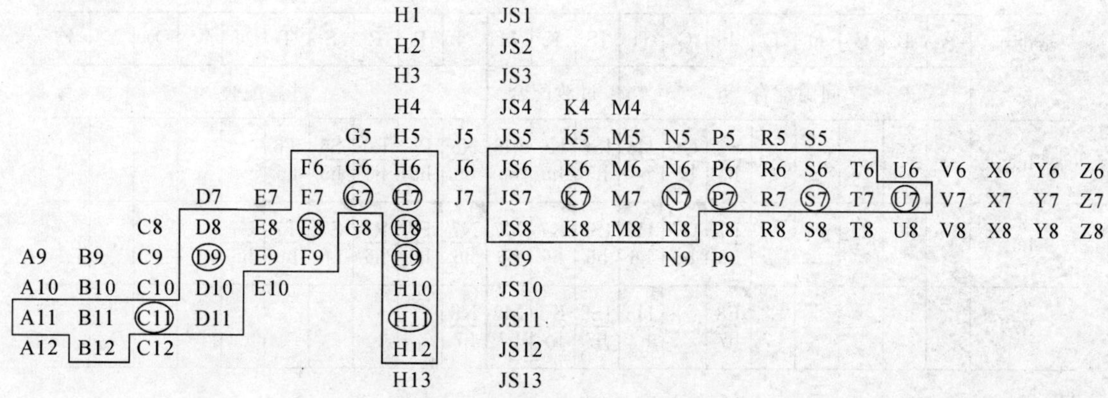

图 2-21　公称尺寸至 500 mm 的孔用公差带

在规定轴、孔公差带的基础上，国标还规定了基孔制和基轴制的优先和常用配合。其中，基孔制优先配合 13 种、常用配合 59 种，基轴制优先配合 13 种、常用配合 47 种，如表 2－7 和表2－8所示。

表 2－7　基孔制优先、常用配合(摘自 GB/T 1801—2009)

基准孔	轴																				
	a	b	c	d	e	f	g	h	js	k	m	n	p	r	s	t	u	v	x	y	z
	间隙配合								过渡配合			过盈配合									
H6						$\frac{H6}{f5}$	$\frac{H6}{g5}$	$\frac{H6}{h5}$	$\frac{H6}{js5}$	$\frac{H6}{k5}$	$\frac{H6}{m5}$	$\frac{H6}{n5}$	$\frac{H6}{p5}$	$\frac{H6}{r5}$	$\frac{H6}{s5}$	$\frac{H6}{t5}$					
H7						$\frac{H7}{f6}$	◤$\frac{H7}{g6}$	◤$\frac{H7}{h6}$	$\frac{H7}{js6}$	◤$\frac{H7}{k6}$	$\frac{H7}{m6}$	◤$\frac{H7}{n6}$	◤$\frac{H7}{p6}$	$\frac{H7}{r6}$	◤$\frac{H7}{s6}$	$\frac{H7}{t6}$	◤$\frac{H7}{u6}$	$\frac{H7}{v6}$	$\frac{H7}{x6}$	$\frac{H7}{y6}$	$\frac{H7}{z6}$
H8					$\frac{H8}{e7}$	◤$\frac{H8}{f7}$	$\frac{H8}{g7}$	◤$\frac{H8}{h7}$	$\frac{H8}{js7}$	$\frac{H8}{k7}$	$\frac{H8}{m7}$	$\frac{H8}{n7}$	$\frac{H8}{p7}$	$\frac{H8}{r7}$	$\frac{H8}{s7}$	$\frac{H8}{t7}$	$\frac{H8}{u7}$				
				$\frac{H8}{d8}$	$\frac{H8}{e8}$	$\frac{H8}{f8}$		$\frac{H8}{h8}$													
H9			$\frac{H9}{c9}$	◤$\frac{H9}{d9}$	$\frac{H9}{e9}$	$\frac{H9}{f9}$		◤$\frac{H9}{h9}$													
H10			$\frac{H10}{c10}$	$\frac{H10}{d10}$				$\frac{H10}{h10}$													
H11	$\frac{H11}{a11}$	$\frac{H11}{b11}$	◤$\frac{H11}{c11}$	$\frac{H11}{d11}$				◤$\frac{H11}{h11}$													
H12		$\frac{H12}{b12}$						$\frac{H12}{h12}$													

注：① $\frac{H6}{n5}$ 和 $\frac{H7}{p6}$ 在公称尺寸小于或等于 3 及 $\frac{H8}{r7}$ 在公称尺寸小于或等于 100 时，为过渡配合；②标注◤的配合为优先配合。

表 2－8　基轴制优先、常用配合(GB/T 1801—2009)

基准轴	孔																				
	A	B	C	D	E	F	G	H	JS	K	M	N	P	R	S	T	U	V	X	Y	Z
	间隙配合								过渡配合			过盈配合									
h5						$\frac{F6}{h5}$	$\frac{G6}{h5}$	$\frac{H6}{h5}$	$\frac{JS6}{h5}$	$\frac{K6}{h5}$	$\frac{M6}{h5}$	$\frac{N6}{h5}$	$\frac{P6}{h5}$	$\frac{R6}{h5}$	$\frac{S6}{h5}$	$\frac{T6}{h5}$					
h6						$\frac{F7}{h6}$	◤$\frac{G7}{h6}$	◤$\frac{H7}{h6}$	$\frac{JS7}{h6}$	◤$\frac{K7}{h6}$	$\frac{M7}{h6}$	◤$\frac{N7}{h6}$	◤$\frac{P7}{h6}$	$\frac{R7}{h6}$	◤$\frac{S7}{h6}$	$\frac{T7}{h6}$	◤$\frac{U7}{h6}$				
h7					$\frac{E8}{h7}$	◤$\frac{F8}{h7}$		◤$\frac{H8}{h7}$	$\frac{JS8}{h7}$	$\frac{K8}{h7}$	$\frac{M8}{h7}$	$\frac{N8}{h7}$									

续 表

基准轴	孔																				
	A	B	C	D	E	F	G	H	JS	K	M	N	P	R	S	T	U	V	X	Y	Z
	间隙配合								过渡配合			过盈配合									
h8				$\frac{D8}{h8}$	$\frac{E8}{h8}$	$\frac{F8}{h8}$		$\frac{H8}{h8}$													
h9				◤$\frac{D9}{h9}$	$\frac{E9}{h9}$	$\frac{F9}{h9}$		◤$\frac{H9}{h9}$													
h10				$\frac{D10}{h10}$				$\frac{H10}{h10}$													
h11	$\frac{A11}{h11}$	$\frac{B11}{h11}$	◤$\frac{C11}{h11}$	$\frac{D11}{h11}$				◤$\frac{H11}{h11}$													
h12		$\frac{B12}{h12}$						$\frac{H12}{h12}$													

注:标注◤的配合为优先配合。

为了方便使用,国标对优先选用的轴、孔公差带列出了极限偏差表,如附表 1－1 和附表 1－2所示。对基孔制与基轴制优先配合列出了极限间隙或极限过盈,如附表 1－3 所示。在实际使用中,可直接查表,而不必按上面介绍的公式和规则进行计算。

机械精度设计时,应该按照优先、常用和一般用途公差带的顺序,组成所要求的配合。当一般用途公差带仍不能满足要求时,可以根据标准规定的标准公差和基本偏差组成所需要的新的公差带和配合。

2.3.4　极限与配合在图样上的标注

1. 配合代号

用孔、轴公差带的组合表示,写成分数形式,分子为孔的公差代号,分母为轴的公差代号,标注在公称尺寸之后,如 $\phi 100\,\frac{H7}{f6}$或 $\phi 100\,\frac{F7}{h6}$。

2. 尺寸公差在零件图上的标注

尺寸公差在零件图上有三种标注方式:

(1)标注公称尺寸和公差带代号。

(2)标注公称尺寸和极限偏差。

(3)标注公称尺寸、公差带代号和极限偏差。

对于大批量生产的产品零件,采用第一种标注方式,如图 2－22(a)所示;对于单件或小批量生产的产品零件,采用第二种标注方式,如图 2－22(b)所示;对于中小批量生产的产品零件,采用第三种标注方式,如图 2－22(c)所示。

3. 装配图中配合的标注

装配图中配合的标注有两种,如图 2－23 所示,其中,图 2－23(a)的标注方式应用最广泛。

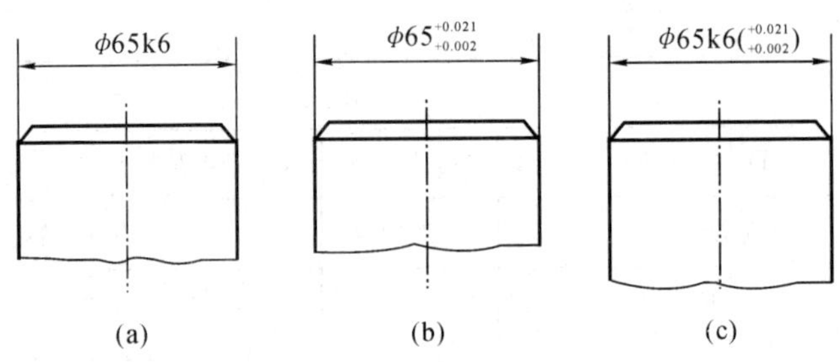

图 2-22　尺寸公差的标注

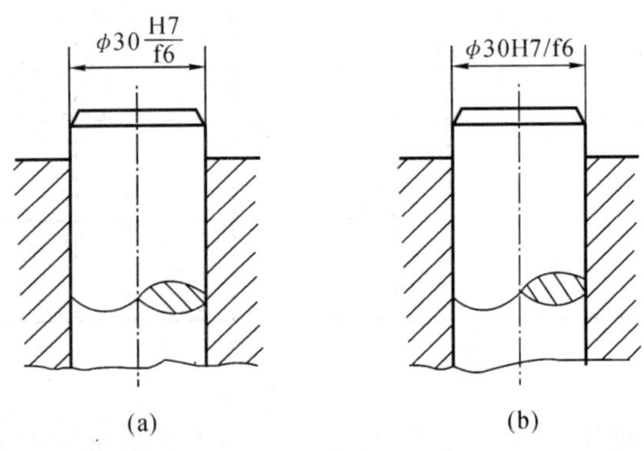

图 2-23　配合的标注方法

2.3.5　线性尺寸的未注公差

对机器零件上各要素提出的尺寸、形状或各要素间的位置等要求，取决于它们的功能，但是，对某些在功能上无特殊要求的要素，则可给出未注公差。GB/T 1804—2000 对未注公差的等级及数值都有一定的规定，当零件上的要素采用未注公差时，在图样上不单独标注公差，而是在图样上、技术文件或标准中作出说明。

1. 未注公差的概念

未注公差是指在车间普通工艺条件下，机床设备一般加工能力可保证的公差。在正常维护和操作情况下，它代表经济加工精度。

未注公差主要用于较低精度的非配合尺寸。当功能上允许的公差等于或大于未注公差时，均应采用未注公差。当采用未注公差时，在正常车间精度保证的条件下，尺寸一般可以不进行检验（如冲压件的未注公差由模具保证；短轴端面对外圆轴线的垂直度采用未注公差，外圆和端面在一次装夹中车成，其垂直度由机床保证）。

2. 未注公差的作用及适用范围

在零件图样上应用未注公差后，具有如下优点：

(1)简化制图，使图样清晰易读。

(2)突出重要的、有公差要求的尺寸，以在加工和检验时引起重视。

(3)明确了可由一般工艺水平保证的要素，简化了对其检验要求，有助于质量管理。

(4)便于供需双方达成加工和销售合同协议，避免交货时不必要的争议。

适用范围：未注公差标注既适用于金属切削加工的尺寸，也适用于冲压加工的尺寸。非金属材料和其他工艺方法加工的尺寸也可参照采用。

3. 未注公差等级

GB/T 1804—2000 规定了线性的和角度尺寸的未注公差的公差等级和极限偏差数值。如表 2-9 所列，线性尺寸的未注公差分为四个等级：f（精密级）、m（中等级）、c（粗糙级）、v（最粗级）。如表 2-10 所示为倒圆半径和倒角高度尺寸的极限偏差。

表 2-9　未注公差线性尺寸的极限偏差数值(摘自 GB/T 1804—2000)　(mm)

公差等级	尺寸分段							
	0.5～3	>3～6	>6～30	>30～120	>120～400	>400～1 000	>1 000～2 000	>2 000～4 000
f(精密级)	±0.05	±0.05	±0.1	±0.15	±0.2	±0.3	±0.5	—
m(中等级)	±0.1	±0.1	±0.2	±0.3	±0.5	±0.8	±1.2	±2
c(粗糙级)	±0.2	±0.3	±0.5	±0.8	±1.2	±2	±3	±4
v(最粗级)	—	±0.5	±1	±1.5	±2.5	±4	±6	±8

表 2-10　倒圆半径和倒角高度尺寸的极限偏差数值(摘自 GB/T 1804—2000)

(mm)

<table>
<tr><th rowspan="2">公差等级</th><th colspan="4">尺寸分段</th></tr>
<tr><th>0.5～3</th><th>>3～6</th><th>>6～30</th><th>>30</th></tr>
<tr><td>f(精密级)</td><td rowspan="2">±0.2</td><td rowspan="2">±0.5</td><td rowspan="2">±1</td><td rowspan="2">±2</td></tr>
<tr><td>m(中等级)</td></tr>
<tr><td>c(粗糙级)</td><td rowspan="2">±0.4</td><td rowspan="2">±1</td><td rowspan="2">±2</td><td rowspan="2">±4</td></tr>
<tr><td>v(最粗级)</td></tr>
</table>

选取 GB/T 1804—2000 规定的未注公差，在图样、技术文件或相应的标准（如企业标准、行业标准）中用标准号和公差等级号表示。例如，当按产品精密程度和车间普通加工经济精度选用中等公差等级时，可表示为未注线性尺寸公差按 GB/T 1804—m 规定检测。这表明图样上凡是未注公差的线性尺寸均按 m（中等）等级加工和验收。

2.4　极限与配合的选用

极限与配合的选择是机械精度设计中的一个重要环节，它对产品的性能、质量、使用寿命及制造成本有着重要的影响。

其内容包括选择配合制、公差等级和配合种类三个方面。选择的原则是在满足使用要求的前提下，获得最佳的技术经济效益。

2.4.1 配合制的选择

基孔制和基轴制是两种等效的配合制。配合制的选用与使用要求无关，主要应从结构、工艺性和经济性等几方面综合分析考虑，使所选的配合制能经济地加工制造出零件。

1. 优先选用基孔制

在一般情况下，国标推荐优先选用基孔制。这主要是从工艺和经济效益上来考虑的，因为中小尺寸段的孔的精加工一般采用铰刀、拉刀等定值尺寸刀具，检测也多采用塞规等定值尺寸量具。一种规格的定值尺寸刀具和量具只能加工或检验一种规格的孔，而一把车刀则可加工多种不同尺寸的轴。因此，采用基孔制，使孔的尺寸尽量单一，可大大减少定值尺寸刀具、量具的品种和规格，降低成本。

2. 下列情况应选用基轴制

(1)直接采用冷拔棒材做轴。在农业机械、纺织机械中，常采用IT8～IT11的不再进行机械加工的冷拔钢材(这种钢材是按基准轴的公差带制造的)做轴，当需要各种不同性质的配合时，可选择不同的孔公差带来实现，可获得明显的经济效益。

(2)尺寸小于1mm的精密轴。这类轴比同级的孔加工困难，因此，在仪器、仪表及无线电工程中，常用经过光轧成形的钢丝直接做轴，这时采用基轴制较经济。

(3)结构上的需要。当同一公称尺寸的轴上需要装配几个具有不同配合性质的零件时，应采用基轴制。

例如，如图2-24所示的活塞连杆机构，根据使用要求，活塞销与活塞应为过渡配合，而活塞销与连杆之间有相对运动，应采用间隙配合。如果三段配合均采用基孔制，则活塞销与活塞配合为H6/m5，活塞销与连杆的配合为H6/g5，如图2-25(a)所示，三个孔的公差带一样，活塞销却要制成两端大中间小的阶梯形，不便于加工。同时在装配的过程中，活塞销两端直径大于连杆的孔径，容易对连杆的内孔表面造成划伤，影响连杆与活塞销的配合质量。

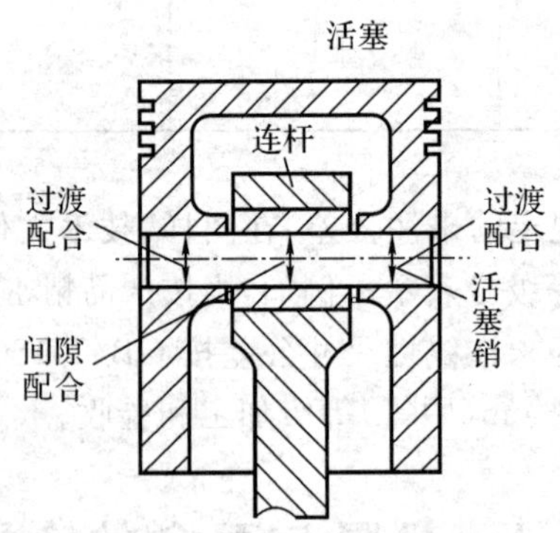

图2-24 活塞、活塞销和连杆的配合

如果采用基轴制，则活塞销与活塞配合为M6/h5，活塞销与连杆的配合为G6/h5，如图2-25(b)所示，活塞销制成一根光轴，而活塞孔与连杆孔按不同的公差带加工，获得两种不同的配合。这样不仅有利于轴的加工，而且还能够保证它们在装配中的配合性质。

3. 根据标准件选择配合制

当设计的零件与标准件配合时，应按标准件的规定选用配合制。例如，滚动轴承内圈与轴的配合采用基孔制；滚动轴承外圈与壳体孔的配合采用基轴制。

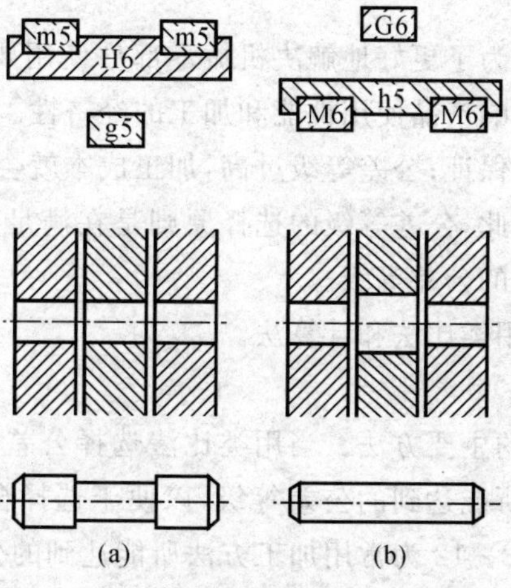

图 2－25　活塞销配合基准制的选用

(a)采用基孔制；(b)采用基轴制

4. 特殊情况下，可采用非基准制的配合

在某些情况下，为满足配合的特殊需要，可以采用非基准制配合。所谓的非基准制配合就是相配合的两零件既无基准孔 H，又无基准轴 h。当一个孔与几个轴相配合或一个轴与几个孔相配合，其配合要求各不同时，有的配合要出现非基准制的配合，如图 2－26(a)所示。与滚动轴承相配的机座孔必须采用基轴制，而端盖与机座孔的配合，由于要求经常拆卸，配合性质须松些，故设计时选用最小间隙为零的间隙配合。为避免机座孔制成阶梯形，采用混合配合 ϕ80M7/f7，其公差带位置如图 2－26(b)所示。

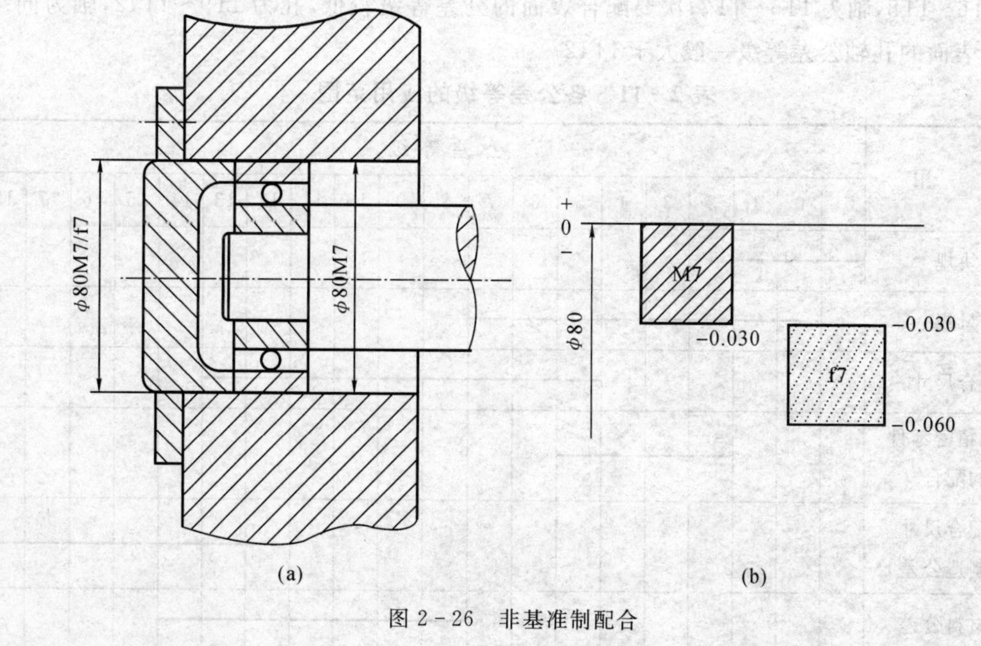

图 2－26　非基准制配合

2.4.2　公差等级的选择

合理选择公差等级，就是为了更好地解决机械零部件使用要求与制造工艺及成本之间的矛盾，公差等级的高低直接影响产品使用性能和加工的经济性。公差等级过低，虽然可降低生产成本，但是产品质量得不到保证；公差等级过高，加工成本就会增加，特别是当精度高于 IT6 时，制造成本便急剧增加。因此，公差等级的选择原则是在满足使用要求的前提下，考虑工艺的可能性，尽量选用精度较低的公差等级。

公差等级的选用主要采用类比法和计算法。

1. 类比法

类比法是公差等级选择的主要方法。当用类比法选择公差等级时，应掌握各个公差等级的应用范围和各种加工方法所能达到的公差等级，以便于选择合适的公差等级。表 2－11 为各公差等级的应用范围。表 2－12 为常用加工方法所能达到的公差等级。表 2－13 为常用公差等级的应用实例。

当用类比法选择公差等级时，除参考表格外，还应该考虑如下问题。

(1)联系孔、轴的工艺等价性。在常用尺寸段 $D\leqslant 500$ 且孔的公差等级精度要求较高时(一般小于或等于 IT8)，孔比轴难加工。为了保证工艺等价原则，国家标准推荐选取孔的公差等级精度比轴的公差等级精度低一级，如 H8/f7。当公差等级大于或等于 IT9 时，一般采用同级孔与轴配合，如 H9/d9。对于尺寸大于 500，一般采用同级孔与轴相配合。

(2)联系相配件的精度。例如，齿轮孔与传动轴的配合，其公差等级取决于齿轮的精度等级，与滚动轴承配合的轴和孔的公差等级取决于滚动轴承的公差等级。

(3)配合表面的公差等级高于非配合表面。一般情况下，重要配合表面的公差等级较高，孔为 IT6～IT8，轴为 IT5～IT7；次要配合表面的公差等级较低，孔为 IT9～IT12，轴为同级；非配合表面的孔轴公差等级一般大于 IT12。

表 2－11　各公差等级的应用范围

应　用	公差等级																			
	01	0	1	2	3	4	5	6	7	8	9	10	11	12	13	14	15	16	17	18
块规	—	—	—																	
量规		—	—	—	—	—	—	—	—											
配合尺寸							—	—	—	—	—	—	—	—	—					
特别精密零件的配合				—	—	—	—													
非配合尺寸(大制造公差)														—	—	—	—	—	—	—
原材料公差										—	—	—	—	—	—	—				

表 2-12　各种加工方法的加工精度

加工方法	公差等级																	
	01	0	1	2	3	4	5	6	7	8	9	10	11	12	13	14	15	16
研磨	—	—	—	—	—	—	—											
珩						—	—	—	—									
圆磨							—	—	—	—								
平磨							—	—	—	—								
金刚石车							—	—	—									
金刚石镗							—	—	—									
拉削							—	—	—	—								
铰孔								—	—	—	—							
车									—	—	—	—						
镗									—	—	—	—						
铣										—	—	—						
刨、插												—	—	—				
钻孔												—	—	—	—			
滚压、挤压												—	—					
冲压												—	—	—	—	—		
压铸													—	—	—	—		
粉末冶金成形								—	—	—								
粉末冶金烧结									—	—	—	—						
砂型铸造、气割																		—
锻造																	—	

表 2-13　常用公差等级的应用实例

公差等级	应　　用
IT5 (孔 IT6)	主要用在配合公差、形状公差要求很小的地方，其配合性质稳定，一般在机床、发动机、仪表等重要部位应用。例如：与 5 级滚动轴承配合的外壳孔；与 6 级滚动轴承配合的机床主轴，机床尾架与套筒，精密机械及高速机械中轴颈，精密丝杠轴颈等属此类
IT6 (孔 IT7)	配合性质能达到较高的均匀性。例如：与 6 级滚动轴承相配合的孔、轴颈；与齿轮、蜗轮、联轴器、带轮、凸轮等连接的轴颈，机床丝杠轴颈；摇臂钻立柱；机床夹具中异向件外径尺寸；6 级精度齿轮的基准孔，7，8 级精度齿轮基准轴属此类

续 表

公差等级	应　用
IT7	7 级精度比 6 级精度稍低，应用条件与 6 级基本相似，在一般机械制造中应用较为普遍。例如：联轴器、带轮、凸轮等孔径；机床夹盘座孔；夹具中固定钻套；7，8 级齿轮基准孔，9，10 级齿轮基准轴等属此类
IT8	在机械制造中属于中等精度。例如：轴承座衬套沿宽度方向尺寸；9～12 级齿轮基准孔；11～12 级齿轮基准轴等属此类
IT9，IT10	主要用于机械制造中轴套外径与孔；操纵件与轴；带轮与轴；单键与花键
IT11，IT12	配合精度很低，装配后可能产生很大间隙，适用于基本上没有什么配合要求的场合。例如：机床上法兰盘与止口；滑块与滑移齿轮；加工中工序间尺寸；冲压加工的配合件；机床制造中的扳手孔与扳手座的连接等属此类

2. 计算法

计算法是根据工作条件，确定配合的极限间隙（或过盈），计算出配合公差，然后确定相配合孔、轴的公差等级。

当采用计算法确定公差等级时，在计算出配合公差后，要通过查表尽量选取标准公差等级，个别情况下，为满足零件的特殊功能要求，可选择非标准的公差数值。所选取的孔、轴公差之和不大于计算出的配合公差。

【例 2-9】 已知孔、轴的公称尺寸为 $\phi 100$ mm，根据使用要求，其允许的最大间隙为$S_{max} = +55\ \mu m$，最小间隙为 $S_{min} = +10\ \mu m$，试确定孔、轴的公差等级。

【解】 （1）计算允许的配合公差$[T_f]$：

$$[T_f] = |[S_{max}] - [S_{min}]| = |55 - 10| = 45\ \mu m$$

（2）计算、查表确定孔、轴的公差等级：

按要求 $$T_D + T_d \leqslant [T_f]$$

由表 2-1 可知，IT5＝15 μm，IT6＝22 μm，IT7＝35 μm。

如果孔、轴公差等级都选择 IT6 级，则配合公差为

$$T_f = 2 \times IT6 = 44\ \mu m < [T_f] = 45\ \mu m$$

虽然未超过其要求的允许值，但不符合高精度配合时，孔比轴的公差等级低一级的规定。

如果孔选择 IT7 级精度，轴选择 IT6 级精度，其配合公差

$$T_f = IT7 + IT6 = 35 + 22 = 57\ \mu m > [T_f] = 45\ \mu m$$

不符合要求。

因此，孔选 IT6 级精度，轴选 IT5 级精度，其配合公差为

$$T_f = IT6 + IT5 = 22 + 15 = 37\ \mu m < [T_f] = 45\ \mu m$$

可以满足实用要求。

【例 2-10】 已知孔、轴的公称尺寸为 $\phi 190$，根据使用要求，其允许的最大过盈为$[\delta_{max}] = 180\ \mu m$，最小过盈为$[\delta_{min}] = 45\ \mu m$，试确定孔、轴的公差等级。

【解】 （1）计算允许的配合公差 T_f：

$$[T_f] = |[\delta_{max}] - [\delta_{min}]| = |180 - 45| = 135\ \mu m$$

(2) 计算、查表确定孔、轴的公差等级：

按要求　　　　　　$T_D + T_d \leqslant [T_f]$

由表 2-1 可知，IT7＝46 μm，IT8＝72 μm，IT9＝115 μm。

如果孔、轴公差等级都选择 IT7 级，则配合公差为

$$T_f = 2 \times \text{IT7} = 92\ \mu\text{m} < [T_f] = 135\ \mu\text{m}$$

虽然未超过其要求的允许值，但不符合较高精度配合时，孔比轴的公差等级低一级的规定。

如果孔选择 IT9 级精度，轴选择 IT8 级精度，其配合公差

$$T_f = \text{IT9} + \text{IT8} = 115 + 72 = 187\ \mu\text{m} > [T_f] = 135\ \mu\text{m}$$

不符合要求。

因此，孔选择 IT8 级精度，轴选 IT7 级精度，其配合公差

$$T_f = \text{IT8} + \text{IT7} = 72 + 46 = 118\ \mu\text{m} < [T_f] = 135\ \mu\text{m}$$

可以满足实用要求。

值得注意的是，在实际生产中，可根据工作条件预先确定极限间隙或过盈的情况不多，因此计算法确定公差等级在实际工程中应用较少，在大部分情况下还是采用类比法确定公差等级。

2.4.3　配合的选择

配合的选择主要是根据使用要求确定配合的种类和配合代号。

基准制和公差等级的选择，确定了基准孔或基准轴的公差带，以及非基准件的公差带的大小，因此配合的选择实际上就是确定非基准件公差带的位置，也就是选择非基准件的基本偏差代号。各种代号的基本偏差，在一定条件下代表了各种不同的配合，因此，配合的选择也就是如何选择基本偏差的问题。选择配合的方法有计算法、试验法和类比法三种。

计算法是按照一定的理论和公式来确定需要的间隙或过盈，从而进行极限与配合的设计的。它主要用于间隙配合和过盈配合。例如，对于滑动轴承的间隙配合，要根据液体润滑理论来计算允许的最小间隙，然后选择标准的配合种类。对于过盈配合，要根据传递载荷的大小，按弹塑性理论计算允许的最小和最大过盈，从而选择适当的配合种类，GB/T 5371—1985《公差与配合 过盈配合的计算和选用》已作出了详细的规定。对于过渡配合，目前尚无合适的计算方法。

试验法是通过试验或统计分析来确定间隙或过盈。这种方法合理可靠，但成本较高，因而只用于重要产品的关键配合。

类比法是通过对类似的机器和零部件进行研究、分析对比后，根据前人的经验来选取极限与配合，这是目前应用最多，也是主要的一种方法。在实际工作中，应用最广泛的是类比法，即参照现有同类机器或类似结构，经实践验证的配合，与所设计的零件的使用条件相比较，修正后，确定配合。

1. 运用类比法选择配合的步骤

(1)配合类别的确定。在机械精度设计中，配合类别的选用主要取决于使用要求和工作条件。

如表 2-14 所示，当孔、轴间有相对运动要求时，应选择间隙配合；当孔、轴无相对运动时，

应根据具体工作条件的不同，选择相应的配合。若要传递足够大的转矩，且不要求拆卸，则一般选择过盈配合；若既要求传递一定的转矩，又要求能够拆卸，则应选择过渡配合。

表 2-14 工作条件与配合类别的关系

<table>
<tr><td rowspan="4">无相对运动</td><td rowspan="3">要传递转矩</td><td rowspan="2">要精确同轴</td><td>永久结合</td><td>过盈配合</td></tr>
<tr><td>可拆结合</td><td>过渡配合或基本偏差为 H(h)的间隙配合加紧固件①</td></tr>
<tr><td colspan="2">不要精确同轴</td><td>键等间隙配合加紧固件</td></tr>
<tr><td colspan="3">不需要传递转矩</td><td>过渡配合或轻的过盈配合</td></tr>
<tr><td rowspan="2">有相对运动</td><td colspan="3">只有移动</td><td>基本偏差为 H(h)，G(g)②等间隙配合</td></tr>
<tr><td colspan="3">转动或转动和移动复合运动</td><td>基本偏差 A～F(a～f)②等间隙配合</td></tr>
</table>

注：①紧固件指键、销钉、螺钉等；②非基准件的基本偏差代号。

选用配合种类时，应注意零件的具体工作条件对配合性质的影响，从而对配合的松紧程度形成进一步概括的认识。零件的具体工作条件包括相对运动的情况；负荷大小和性质；材料的许用应力；配合表面的长度和表面粗糙度；润滑条件；温度变化；对中、拆卸和修理要求等。在全面考虑上面这些因素的基础上，设计时可对零件的配合间隙或过盈进行适当的调整，以提高机器的使用性能和寿命。

(2)基本偏差代号的确定。基孔制配合主要是确定轴的基本偏差代号；对于基轴制配合，只要加以相应变换即可。

根据使用要求和工作条件的分析，得到较为明确的配合种类后，再对照实例，可确定基本偏差代号。对间隙配合，由于基本偏差的绝对值等于最小间隙，故应按最小间隙确定；对过渡配合，基本上取决于对中和拆卸两要求在使用中所占的比重；对过盈配合，则由最小过盈确定。

了解和掌握轴的各个基本偏差的特点和应用，对于确定基本偏差代号很重要，也是合理选择配合的关键所在。表 2-15 给出了各种基本偏差的特点和应用。

表 2-15 各种基本偏差的特点及应用

<table>
<tr><th>配合</th><th>基本偏差</th><th>配合特性及应用</th></tr>
<tr><td rowspan="4">间隙配合</td><td>a(A)
b(B)</td><td>可得到特别大的间隙，应用很少，主要用于工作时温度高、热变形大的零件的配合，例如发动机中活塞与缸套的配合为 H9/a9</td></tr>
<tr><td>c(C)</td><td>可得到很大的间隙，一般用于工作条件较差(如农业机械)，工作时受力变形大及装配工艺性不好的零件的配合，也适用于高温工作的间隙配合，如内燃机排气阀与导管的配合为 H8/c7</td></tr>
<tr><td>d(D)</td><td>与 IT7～IT11 对应，适用于较松的间隙配合(如滑轮、空转带轮与轴的配合)，以及大尺寸滑动轴承与轴的配合(如涡轮机、球磨机等的滑动轴承)，如活塞环与活塞槽的配合可用 H9/d9</td></tr>
<tr><td>e(E)</td><td>与 IT6～IT9 对应，具有明显的间隙，用于大跨距及多支点的转轴与轴承的配合以及高速、重载的大尺寸轴与轴承的配合，如大型电机、内燃机的主要轴承处的配合为 H8/e7</td></tr>
</table>

续表

配合	基本偏差	配合特性及应用
间隙配合	f(F)	多与 IT6～IT8 对应，用于一般转动的配合，受温度影响不大，采用普通润滑油的轴与滑动轴承的配合，如齿轮箱、小电机、泵等的转轴与滑动轴承的配合为 H7/f6
	g(G)	多与 IT5，IT6，IT7 对应，形成配合的间隙较小，用于轻载精密装置中的转动配合，最适于不回转的精密滑动配合，也用于插销等定位配合，如精密连杆轴承、活塞及滑阀、连杆销等处的配合
	h(H)	多与 IT4～IT11 对应，广泛用于无相对转动的零件，作为一般的定位配合。若没有温度、变形的影响，也可用于精密滑动配合，如车床尾架孔与滑动套筒的配合为 H6/h5
过渡配合	js(JS) j(J)	多用于 IT4～IT7 具有平均间隙的过渡配合，用于略有过盈的定位配合，如联轴节、齿圈与轮毂的配合，滚动轴承外圈与外壳孔的配合多用 JS7 或 J7。这种配合一般用手或木锤装配
	k(K)	多用于 IT4～IT7 平均间隙接近于零的配合，用于定位配合，如滚动轴承的内、外圈分别与轴颈、外壳孔的配合，用木锤装配
	m(M)	多用于 IT4～IT7 平均过盈较小的配合，用于精密定位的配合，如蜗轮的青铜轮缘与轮毂的配合为 H7/m6
	n(N)	多用于 IT4～IT7 平均过盈较大的配合，很少形成间隙。它用于加键传递较大转矩的配合，如冲床上齿轮与轴的配合
过盈配合	p(P)	小过盈配合。与 H6 或 H7 的孔形成过盈配合，而与 H8 的孔形成过渡配合。碳钢和铸铁制零件形成的配合为标准压入配合，如卷扬机的绳轮与齿圈的配合为 H7/p6。对弹性材料，如轻合金等，往往要求很小的过盈，故可采用 p(或 P)与基准件形成的配合
	r(R)	用于传递大转矩或受冲击负荷而需加键的配合，如蜗轮与轴的配合为 H7/r6。配合 H8/r7 在公称尺寸小于 100 时，为过渡配合
	s(S)	用于钢和铸铁制零件的永久性和半永久性结合，可产生相当大的结合力，如套环压在轴、阀座上用 H7/s6 的配合。当尺寸较大时，为避免损伤配合表面，需用热胀或冷缩法装配
	t(T)	用于钢和铸铁制零件的永久性结合，不用键可传递转矩，需用热胀或冷缩法装配，如联轴节与轴的配合为 H7/t6
	u(U)	大过盈配合。最大过盈须验算材料的承受能力，用热胀或冷缩法装配，如火车轮毂和轴的配合为 H6/u5
	v(V)，x(X) y(Y)，z(Z)	特大过盈配合。目前使用的经验和资料很少，须经试验后才能应用，一般不推荐

(3)配合的确定。确定了基本偏差代号，配合即已基本选定。但应注意的是，按照国家标

准规定，首先应采用优先公差带及优先配合；其次才能采用常用公差带及常用配合；再次可采用一般用途的公差带及一般用途的配合。因此，必须对优先配合及常用配合的性质和特征有所了解，以利配合的最后选定。表2-16列出了优先配合的选用说明。

表2-16 优先配合的选用说明

优先配合		说明
基孔制	基轴制	
$\frac{H11}{c11}$	$\frac{C11}{h11}$	间隙非常大，用于很松的、转动很慢的转动配合；要求大公差与大间隙的外露组件；要求装配方便的很松的配合
$\frac{H9}{d9}$	$\frac{D9}{h9}$	间隙很大的自由转动配合，用于精度非主要要求时，或有很大的温度变化、高转速或大的轴颈压力时
$\frac{H8}{f7}$	$\frac{F8}{h7}$	间隙不大的转动配合，用于中等转速与中等轴颈压力的精确转动，也用于装配较易的中等定位配合
$\frac{H7}{g6}$	$\frac{G7}{h7}$	间隙很小的滑动配合，用于不希望自由转动，但可自由移动和滑动并精密定位的配合，也可用于要求明确的定位配合
$\frac{H7}{h6}$ $\frac{H8}{h7}$ $\frac{H9}{h9}$ $\frac{H11}{h11}$	$\frac{H7}{h6}$ $\frac{H8}{h7}$ $\frac{H9}{h9}$ $\frac{H11}{h11}$	均为间隙定位配合，零件可自由装拆，而工作时一般相对静止不动，在最大实体条件下的间隙为零，在最小实体条件下的间隙由公差等级决定
$\frac{H7}{k6}$	$\frac{K7}{h6}$	过渡配合，用于精密定位
$\frac{H7}{n6}$	$\frac{N7}{h6}$	过渡配合，允许有较大过盈的更精密定位
$\frac{H7}{p6}$	$\frac{P7}{h6}$	过盈定位配合，即小过盈配合，用于定位精度特别重要时，能以最好的定位精度达到部件的刚性及中性要求，而对内孔承受压力无特殊要求，不依靠配合的紧固性传递摩擦负荷
$\frac{H7}{s6}$	$\frac{S7}{h6}$	中等压入配合，适用于一般钢件，或用于薄壁件的冷缩配合，用于铸铁件可得到最紧的配合
$\frac{H7}{u6}$	$\frac{U7}{h6}$	压入配合，适用于可以承受高压入力的零件，或不宜承受压入力的冷缩配合

2. 根据极限间隙(或过盈)确定配合的步骤和应注意的问题

(1)步骤。根据所要求的极限间隙(或过盈)计算配合公差→根据配合公差选取标准公差等级→确定配合制→计算非基准件的基本偏差→查表确定非基准件的基本偏差代号→画公差带及配合公差带图→验证计算结果。

(2)应注意的问题。为了保证零件的功能要求，所选配合的极限间隙(或过盈)应尽可能符合或接近设计要求。对于间隙配合，所选配合的最小间隙应大于等于原要求的最小间隙；对于过盈配合，所选配合的最小过盈应大于等于原要求的最小过盈。

【例2-11】 一公称尺寸为ϕ50的孔、轴配合，其允许的最大间隙为$[S_{max}]=+120\ \mu m$，允许的最小间隙为$[S_{min}]=+48\mu m$，试确定孔、轴公差带和配合代号，并画出其尺寸和配合公差带图。

【解】 (1) 确定孔、轴的公差等级。按照例 2-8 的方法，可确定 $T_D=IT8=39\ \mu m$，$T_d=IT7=25\ \mu m$。

(2) 确定孔、轴公差带。

选用基孔制：孔为 $\phi 50H8$，$EI=0$，$ES=+39\ \mu m$。

确定轴的基本偏差：$es \leqslant -[S_{min}]=-48\ \mu m$。

确定轴的基本偏差代号，由 $es \leqslant -48\ \mu m$，查表 2-5 知基本偏差代号为 $\phi 50e7$。

轴的极限偏差为

$$es=-50\ \mu m,\quad ei=es-T_d=-50-25=-75\ \mu m$$

(3) 画公差带图及配合公差带图，如图 2-27 所示。

(4) 验证。由图 2-27 可知，所选配合的最大间隙为

$$S_{max}=ES-ei=+39-(-75)=+114\ \mu m$$

所选配合的最小间隙为

$$S_{min}=EI-es=0-50=+50\ \mu m$$

因为 $S_{min}>[S_{min}]$，$S_{max}<[S_{max}]$，所选配合适用，所以，确定该孔轴的配合为 $\phi 50H8/e7$。

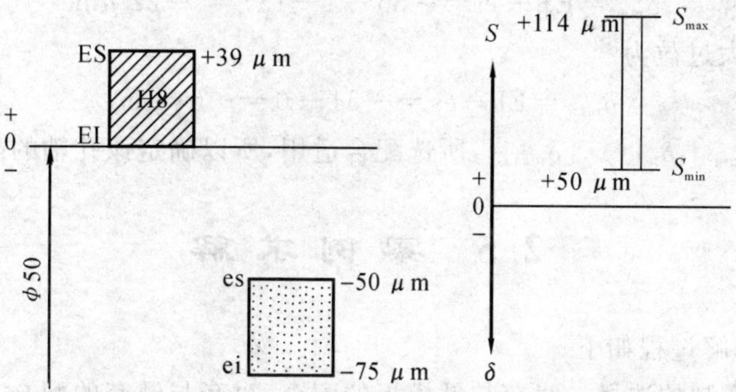

图 2-27　例 2-11 公差带图及配合公差带图

【例 2-12】 一公称尺寸为 $\phi 60$ 的孔、轴配合，为保证连接可靠，其允许的最小极限过盈为 $[\delta_{min}]=-20\ \mu m$，允许的最大极限过盈为 $[\delta_{max}]=-55\ \mu m$，已决定采用基轴制，试确定此配合的孔、轴公差带和配合代号，并画出尺寸公差带和配合公差带图。

【解】 (1) 确定孔、轴的公差等级

$$[T_f]=|[\delta_{min}]-[\delta_{max}]|=|-20-(-55)|=35\ \mu m$$

按照例 2-7 的方法，可确定

$$T_D=IT6=19\mu m,\quad T_d=IT5=13\ \mu m$$

(2) 确定孔、轴公差带。

轴为基准轴，其公差带代号为 $\phi 60h5$，即 $es=0$，$ei=-13\ \mu m$。

确定孔的基本偏差为

$$ES-ei \leqslant [\delta_{min}]$$

$$ES \leqslant [\delta_{min}]+(-ei)=-20+(-13)=-33\ \mu m$$

确定孔的基本偏差代号。由 ES $\leqslant -33\mu$m，查表 2-6 知，孔的基本偏差代号为 ϕ60R6。

孔的极限偏差为

$$ES = -35\ \mu m$$

$$EI = ES - T_D = -35 - 19 = -54\ \mu m$$

(3) 画公差带图及配合公差带图如图 2-28 所示。

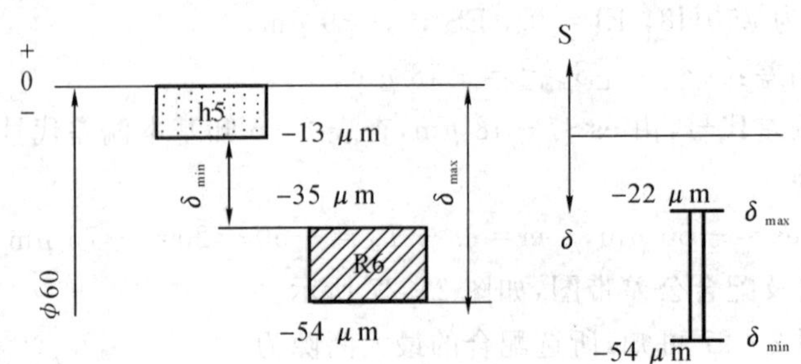

图 2-28　例 2-12 公差带图及配合公差带图

(4) 验证。由图 2-28 可知：

所选配合的最小过盈为

$$\delta_{min} = ES - ei = -35 - (-13) = -22\ \mu m$$

所选配合的最大过盈为

$$\delta_{max} = EI - es = -54 - 0 = -54\ \mu m$$

因为 $\delta_{min} < [\delta_{min}]$，$\delta_{max} > [\delta_{max}]$，所选配合适用，所以确定该孔轴的配合为 ϕ60R6/h5。

2.5　案例求解

案例 2-1 的求解过程如下。

【解】 (1) 配合制的选择。衬套与钻模板的配合、衬套与钻套的配合，从结构上讲无特殊要求，按国家标准规定，应该优先选用基孔制。而钻头与钻套内孔的配合，因为钻头属于标准工具，应按钻头刀具有关规定选取配合，所以，钻头与钻套内孔的配合应选用基轴制。

(2) 公差等级的选择。参阅表 2-11，钻模夹具各元件的连接，属于精密配合的尺寸，故公差等级选择 IT5～IT7 级精度。查阅表 2-13 可知，对于钻模孔、衬套孔及钻套孔的公差统一按 IT7 级精度选用；而衬套外圆、钻套外圆则按 IT6 级精度选用。

(3) 配合种类的选择。衬套与钻模板的配合，要求连接牢靠，使用中在载荷的作用下不用连接也不会发生松动，只是在衬套内孔磨损后才需要更换，需要拆卸的次数不多。因此，参照表 2-14 可选择平均过盈率大的过渡配合 n，所以衬套与钻模板的配合选为 ϕ25H7/n6。

而对于钻套外圆与衬套内孔的配合，一般在一道工序中用几种刀具(如钻、扩、铰)依次连续加工，钻套要经常更换，故需一定间隙保证更换迅速，但同时又要求准确地定心，间隙不能过大，所以选择小间隙配合的 g，钻套与衬套的配合为 ϕ18H7/g6。

至于钻套内孔，因要引导旋转着的刀具进给，既要保证一定的导向精度，又要防止间隙过小而被卡住，一般对于钻孔和扩孔时选择 F；对于铰孔时选择 G。因此，钻套内孔的公差代号为 ϕ12F7 或者 ϕ12G7，如图 2-29 所示。

【注意】对于钻套内径的确定，要以所选刀具的最大极限尺寸为公称尺寸。上述实例中假设钻头的最大极限尺寸为 12。

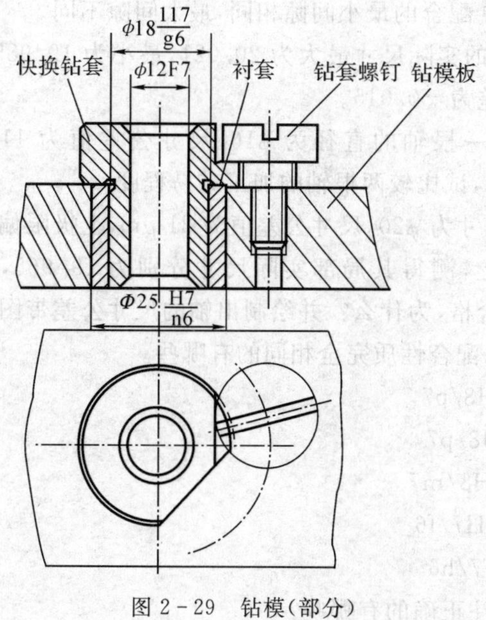

图 2－29　钻模(部分)

实训习题与思考题

1. 公称尺寸、极限尺寸、极限偏差和尺寸公差的含义各是什么？它们之间的相互关系如何？在公差带图上如何表示？

2. 公差与偏差的区别是什么？如何理解公差与偏差？

3. 制定标准公差的意义是什么？国家标准规定了多少个标准公差等级？

4. 什么是配合制？规定配合制有什么意义？如何选择配合制？

5. 什么是配合？配合的性质由什么来决定？

6. 什么是未注尺寸公差？国家标准对线性尺寸的未注公差规定了几级精度？未注公差在图样上如何表示？

7. 下述说法是否正确：

(1)公称尺寸不同的零件，只要它们的公差值相同，就可以说明它们的精度要求相同。

(2)图样标注 $\phi 20_{-0.021}^{\ 0}$ 的轴，加工得愈靠近公称尺寸就愈精确。

(3)未注公差尺寸即对该尺寸无公差要求。

(4)基本偏差决定公差带的位置。

(5)基本偏差为 a～h 的轴与基准孔构成间隙配合，其中，h 配合的间隙最大。

(6)有相对运动的配合应选用间隙配合，无相对运动的配合均选用过盈配合。

(7)偏差可以为零，同一个公称尺寸的两个极限偏差也可以同时为零。

(8)在满足使用要求的前提下，应尽量选用低的公差等级。

(9)公差等级的高低，影响公差带的大小，决定配合的精度。

(10)最小间隙为零的配合与最小过盈等于零的配合，两者实质相同。

(11)若零件的尺寸精度越高，则其配合间隙越小。

(12)H6/h5 与 H8/h9 配合的最小间隙相同，最大间隙不同。

(13)一批零件加工后的实际尺寸最大为 20.021，最小为 19.985，则可知该零件的上极限偏差为+0.02，下极限偏差为-0.015。

8. 已知两根轴，其中一根轴的直径为 $\phi16$，尺寸公差值为 11 μm，另一根轴的直径为 $\phi120$，尺寸公差值为 15μm，试比较两根轴的加工难易程度。

9. 已知某轴的公称尺寸为 $\phi20$，尺寸公差值为 21 μm，上极限偏差 es=-20 μm。若用光学比较仪在不同的位置上，测得其局部实际尺寸分别为 19.965，19.957，19.964，19.974，19.956，试判断此轴是否合格，为什么？并绘制出轴的尺寸公差带图。

10. 下面各组配合中，配合性质完全相同的有哪些。

A. ϕ30H7/f6 和 ϕ30H8/p7

B. ϕ30P8/h7 和 ϕ30H8/p7

C. ϕ30M8/h7 和 ϕ30H8/m7

D. ϕ30H8/m7 和 ϕ30H7/f6

E. ϕ30H7/f6 和 ϕ30F7/h6

11. 下列配合代号标注正确的有哪些？

A. ϕ50H7/r6

B. ϕ50H8/k7

C. ϕ50h7/D8

D. ϕ50H9/f9

E. ϕ50H8/f7

12. 下列孔、轴配合中选用不当的有哪些？

A. ϕ80H8/u8

B. ϕ80H6/g5

C. ϕ80G6/h7

D. ϕ80H5/a5

E. ϕ80H5/u5

13. 设某配合的孔径为 $\phi48^{+0.142}_{+0.080}$，轴径为 $\phi48^{\ 0}_{-0.039}$。试分别计算孔、轴的极限偏差、尺寸公差，孔、轴配合的极限间隙(或过盈)及配合公差，并画出其尺寸公差带及配合公差带图。

14. 有一批孔、轴配合，公称尺寸为 $\phi75$，要求最大间隙为 $S_{max}=+40$ μm，孔公差 $T_D=30$ μm，轴公差 $T_d=20$ μm。试确定孔、轴的极限偏差，并画出其尺寸公差带图。

15. 若已知某孔轴配合的公称尺寸为 $\phi30$，要求最大间隙为 $S_{max}=+23$ μm，最大过盈为 $\delta_{max}=-10$ μm，已知孔的尺寸公差 $T_D=20$ μm，轴的上极限偏差 es=0。试确定孔、轴的极限偏差，并画出其尺寸公差带图。

16. 某孔、轴配合，已知轴的尺寸为 ϕ10h8，$S_{max}=+0.007$，$\delta_{max}=-0.037$。试计算孔的尺寸，并说明该配合是什么基准制，什么配合类别。

17. 计算出下表空格中的数值，并按规定填写在表中。

公称尺寸	孔			轴			S_{max} 或 δ_{min}	S_{min} 或 δ_{max}	T_f
	ES	EI	T_D	es	ei	T_d			
$\phi45$			0.025	0				−0.050	0.041

18. 指出下表中三对配合的异同点。

组别	孔公差带	轴公差带	相同点	不同点
(1)	$\phi20^{+0.021}_{0}$	$\phi20^{-0.020}_{-0.033}$		
(2)	$\phi20^{+0.021}_{0}$	$\phi20\pm0.0065$		
(3)	$\phi20^{+0.021}_{0}$	$\phi20^{0}_{-0.013}$		

19. 已知公称尺寸为 $\phi25$，基孔制的孔轴同级配合，$T_f=0.066$，$\delta_{max}=-0.081$。试求孔、轴的上、下极限偏差，并说明该配合是何种配合类型。

20. 某公称尺寸为 $\phi75$ 的孔、轴配合，配合间隙为 $S_{max}=+0.028$，过盈为 $\delta_{max}=-0.024$。试确定其配合公差带代号。

第3章　几何公差

学习目标

通过本章的学习，熟练掌握几何公差和几何误差的基本概念及公差带特征；掌握技术图纸上几何公差的标注方法；了解几何误差的判定方法；熟悉几种公差原则的特点及应用场合；初步具备几何公差的选择技巧和几何误差检测的基本知识。

案例导入

【案例3-1】　如图3-1所示为一减速器输出轴。根据功能上的要求，此轴上有两处分别与轴承、齿轮配合，根据第2章有关知识，设计了轴各段的配合尺寸公差。试分析按照图上的设计要求是否能满足轴的使用要求。如果在加工中存在几何误差，试问对配合性质是否有影响？如何限制这些误差？它们与尺寸公差有何关系？

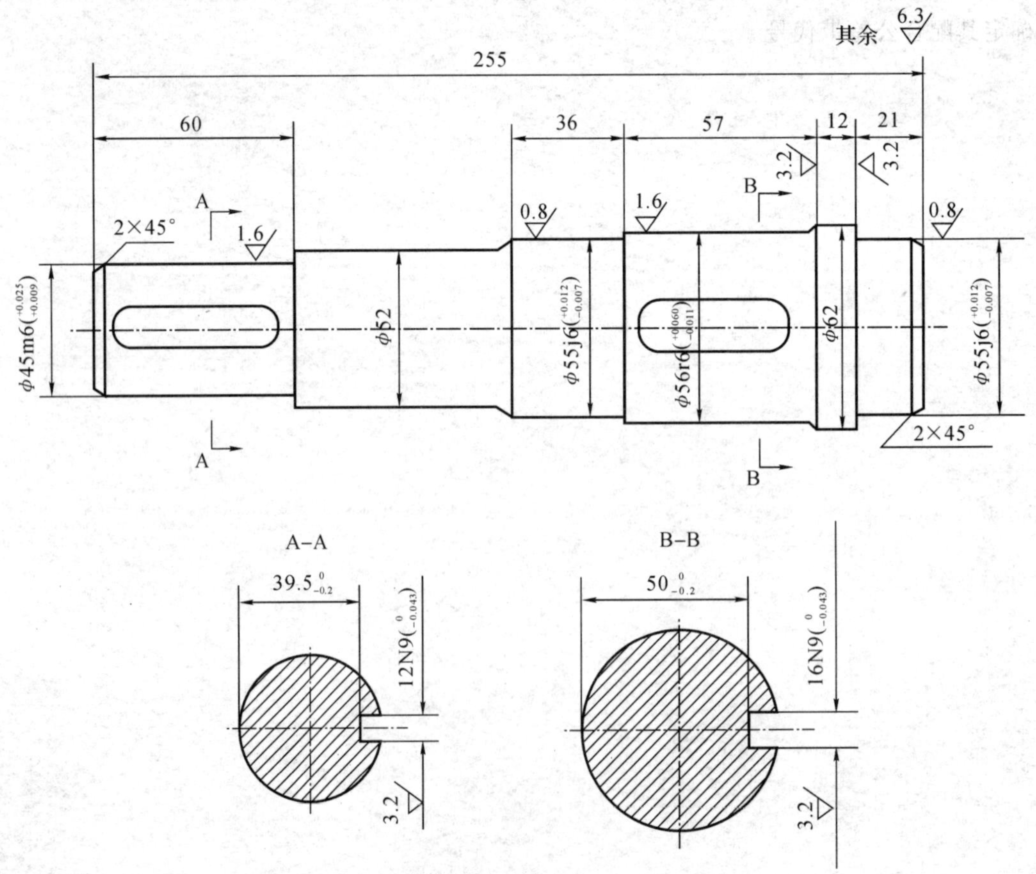

图3-1　减速器输出轴

【解题思路】 仅仅有尺寸精度设计是满足不了此轴的使用要求的，加工过程中的几何误差必然对其配合和功能有影响。例如，安装轴承的两段 ϕ55j6，如果不同轴就会影响其安装及工作性能。因此，当设计时，为了达到配合与使用要求，除了要进行尺寸精度设计外，还要进行几何精度设计。只有当尺寸误差和几何误差都满足图纸要求时，才能说该零件是合格的零件。

在本章详细介绍几何公差概念及其设计方法后，3.8 节详细介绍了该轴的几何精度设计的具体过程。

知识要点

几何公差的概念；几何公差标注方法；几何公差四要素分析；几何误差的评定与检测方法；公差原则。

3.1 概　述

3.1.1 几何误差的产生及其影响

零件在加工过程中，由于受机床、刀具、夹具误差、装夹误差，以及材料内应力和热处理引起的变形，工艺系统的振动等因素的影响，会产生形状、位置、方向和跳动等误差，统称为几何误差。

几何误差不仅影响零件的互换性，还将影响机械产品的工作性能和精度，特别对那些经常处于高速、高温、高压及重载条件下工作的零件更为重要。因此，为了保证机械产品的互换性和质量，当进行零件的精度设计时，不仅要控制零件的尺寸误差和表面粗糙度，而且还要控制零件的几何误差。

几何误差对零件的使用功能影响如下。

1. 影响零件的功能

例如，轴颈和轴承的圆度误差会导致轴的旋转精度降低；机床导轨的直线度和平面度误差会影响运动精度；齿轮轴线的平行度误差会影响齿面的接触精度及齿侧间隙。

2. 影响零件的配合性质

例如，圆柱表面的形状误差，对于间隙配合，会由于配合面间隙不均匀而导致局部磨损加剧，降低零件的使用寿命，甚至影响装配性(见图 3-2)；对于过盈配合，会由于配合面过盈不一致而影响结合强度，降低零件工作的可靠性；摩擦片的平面度误差也会降低其工作的可靠性。

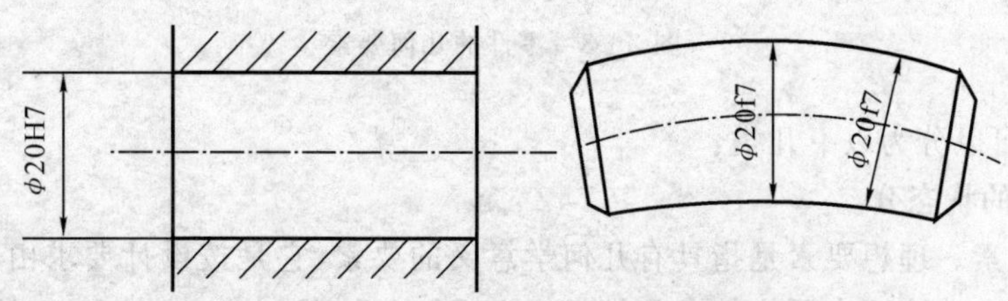

图 3-2 几何误差对互换性的影响

总之，零件的几何误差不仅影响其装配性，更重要的是影响产品的工作精度和使用寿命。因此，设计时必须根据零件的使用要求，对其规定一个合理的几何公差值。

3.1.2 几何公差的相关国家标准

为了控制几何误差，国家制定和发布了几何公差相关标准，便于在零件的设计、加工和检测过程中使用。我国 GPS 标准体系中与几何公差有关的主要标准有以下标准。

《产品几何技术规范(GPS) 几何公差 形状、方向、位置和跳动公差标注》GB/T 1182—2008；

《形状和位置公差 未注公差值》GB/T 1184—1996；

《产品几何技术规范(GPS) 形状和位置公差 检测规定》GB/T 1958—2004；

《产品几何技术规范(GPS) 公差原则》GB/T 4249—2009；

《产品几何技术规范(GPS) 几何公差 位置度公差注法》GB/T 13319—2003；

《产品几何技术规范(GPS) 几何公差 最大实体要求、最小实体要求和可逆要求》GB/T 16671—2009；

《形状和位置公差 基准和基准体系》GB/T 17851—1999；

《形状和位置公差 轮廓的尺寸和公差标注法》GB/T 17852—1999；

《产品几何技术规范(GPS) 几何要素 第 1 部分：基本术语和定义》GB/T 18780.1—2002；

《产品几何技术规范(GPS) 几何要素 第 2 部分：圆柱面和圆锥面的提取中心线、平行平面的提取中心面、提取要素的局部尺寸》GB/T 18780.2—2003。

3.1.3 几何公差的研究对象

几何公差的研究对象是零件的几何要素。零件的几何要素是指构成零件几何特征的点、线、面。如图 3-3 所示的零件就是由顶点、球心、轴线、圆锥面、球面、圆柱面和平面等要素组成的几何体。

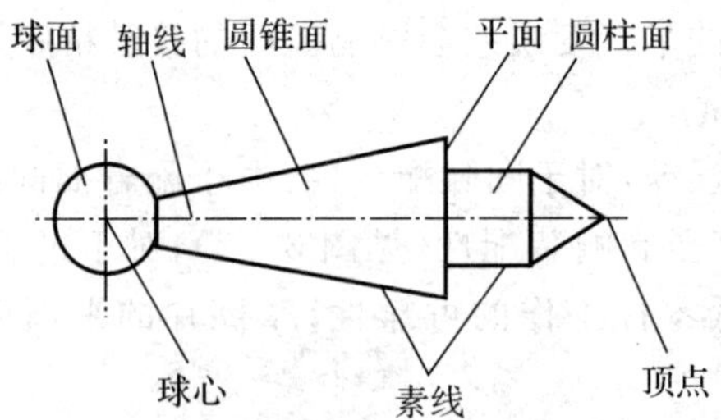

图 3-3 零件的几何要素

几何要素可以分为以下几类：

1. 按存在的状态分

(1)理想要素。理想要素是指具有几何学意义的要素，它是按设计要求由图样给定的点、线、面的理想状态。该要素严格符合几何学意义，没有任何误差。如图 3-3 所示的要素均为理想要素。

(2)实际要素。实际要素是指零件上实际存在的要素，通常以测得要素来代替。由于存在测量误差，因此，测得要素并非该要素的真实状况。

理想要素是评定实际要素几何误差的依据。

2. 按在几何公差中所处的地位分

(1)被测要素。被测要素是指在图样上给出了几何公差要求的要素，是检测的对象，如图3-4所示的 $\phi100$ 圆柱和右端面。

(2)基准要素。基准要素是指用来确定被测要素的方向或位置的要素，如图3-4所示的零件左端面A。理想的基准要素简称为基准。

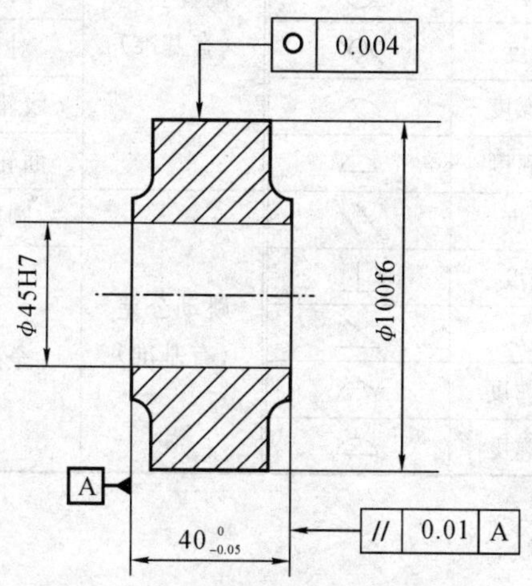

图3-4 零件几何要素公差要求示例

3. 按几何特征分

(1)组成要素(旧标准称轮廓要素)。组成要素是指构成零件外形的点、线、面，如图3-3所示的球面、圆锥面、圆柱面、平面及素线等。

(2)导出要素(旧标准称中心要素)。导出要素是指组成要素对称中心所表示的点、线、面。导出要素是随着组成要素的存在而存在的，如图3-3所示的球心、轴线。

4. 按功能关系分

(1)单一要素。单一要素是指仅对其本身给出几何公差要求的要素，如图3-4所示 $\phi100$ 圆柱面。

(2)关联要素。关联要素是指相对于基准要素有功能(方向、位置)要求的要素，如图3-4所示零件的右端面，要求与左端面平行。

3.1.4 几何公差和几何公差带的概念

1. 几何公差特征和符号

为适应现代制造业的发展，我国对原国家标准GB/T 1182—1996《形状和位置公差 通则、定义、符号和图样标注》进行了修改，并颁布新的国家标准GB/ T1182—2008。形状公差和位置公差简称为形位公差，新国标将形位公差改称为几何公差，并将原特征项目共14个改为19个，分为形状公差、方向公差、位置公差和跳动公差，如表3-1所示。

形状公差是对单一要素提出的要求，因此没有基准；方向公差、位置公差、跳动公差是对关联要素提出的要求，因此在大部分情况下都有基准。

当几何公差特征为线轮廓度和面轮廓度时，若无基准要求，则为形状公差；若有基准要求，则为方向公差或位置公差。

表 3-1　几何公差特征项目及符号(摘自 GB/T 1182—2008)

公差类型	特征项目	符　号	公差类型	特征项目	符　号
形状公差（无基准）	直线度	—	位置公差（有基准）	位置度	⌖
	平面度	▱		同心度	◎
	圆　度	○		同轴度	◎
	圆柱度	⌭		对称度	⌯
	线轮廓度	⌒		线轮廓度	⌒
	面轮廓度	⌓		面轮廓度	⌓
方向公差（有基准）	平行度	//	跳动公差（有基准）	圆跳动	↗
	垂直度	⊥		全跳动	⌰
	倾斜度	∠			
	线轮廓度	⌒			
	面轮廓度	⌓			

2. 几何公差带

几何公差带是限制轮廓表面、轴线或中心面变动的区域。公差带可以是平面区域或空间区域，其基本形状见表 3-2。

表 3-2　几何公差带的基本形状

特　征	形　式	特　征	形　式
圆内的区域	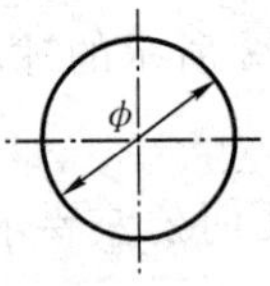	两平行直线之间的距离	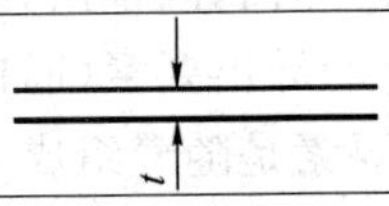
		圆柱面内的区域	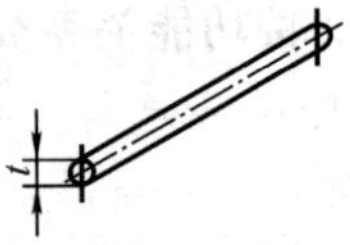
两同心圆之间的区域	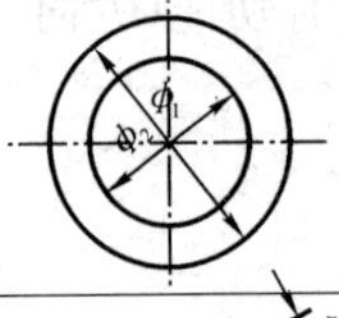	两等距曲面之间的区域	
两同轴圆柱面之间的区域	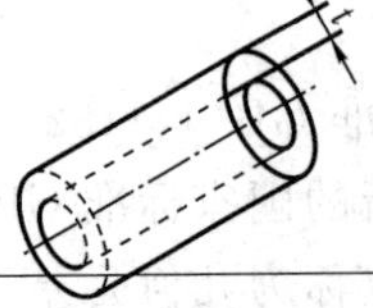	两平行平面之间的区域	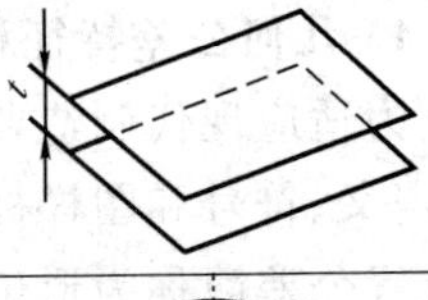
两等距曲线之间的距离	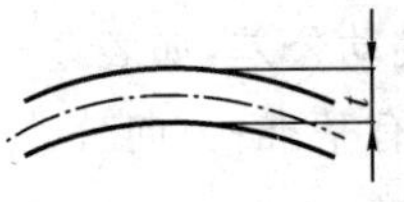	球内的区域	

3.2　几何公差的标注

GB/T 1182—2008 规定，在机械技术图样中，几何公差采用代号标注，当无法用代号标注时，也允许在技术要求中用相应的文字说明。

3.2.1　几何公差标注代号

几何公差标注代号包括几何公差框格、指引线和箭头、几何公差特征项目符号、几何公差值、基准字母及有关符号，如图 3 - 5 所示。

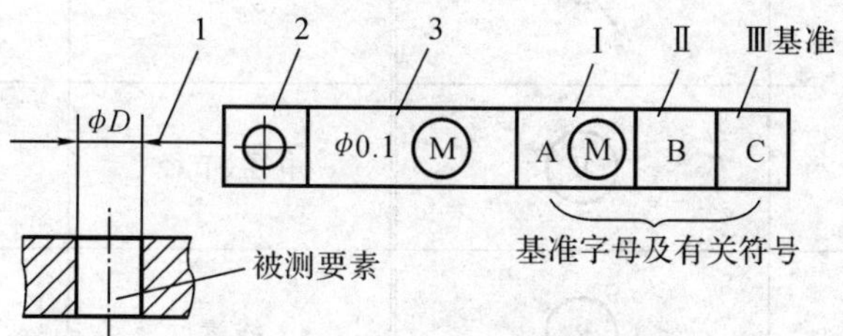

图 3 - 5　几何公差标注的构成

【注意】指引线或基准符号线要与框格垂直。

1. 几何公差框格

几何公差框格分两格或多格，从左到右或从下到上依次填写以下内容：

第 1 格——几何公差特征项目符号。

第 2 格——几何公差值及相关符号。几何公差值是从相关的表中查出的，单位为 mm，可省略不写。如果是圆形或圆柱形公差带，在公差值前加注 ϕ；如果是球形公差带，则在公差值前加注 $S\phi$。

第 3,4,5 格——基准字母和其他相关符号。

除项目的特征符号外，由于零件的功能要求还需给出一些几何公差的附加符号，如表 3 - 3 所示。

在技术图样中，公差框格一般应水平或垂直地绘制，不允许倾斜。

表 3 - 3　几何公差的附加符号(摘自 GB/T 1182—2008)

说　明	符　号	说　明	符　号
被测要素		延伸公差带	Ⓟ
基准要素	A　A	最大实体要求	Ⓜ

续 表

说　明	符　号	说　明	符　号
基准目标	$\phi 2$ / A1	最小实体要求	Ⓛ
理论正确尺寸	50	自由状态条件（非刚性零件）	Ⓕ
全周（轮廓）		大径	MD
包容要求	Ⓔ	中径、节径	PD
可逆要求	Ⓡ	线素	LE
公共公差带	CZ	不凸起	NC
小径	LD	任意横截面	ACS

注：GB/T 1182—1996 中规定的基准符号为Ⓐ。

2. 基准

对于有方向、位置和跳动公差要求的零件，在图样上必须标明基准。基准用一个大写的英文字母表示，字母水平书写在基准方框内，与一个涂黑的或空白的三角形相连以表示基准，如图 3 - 6 所示。

图 3 - 6　基准代号表示的基准

为了不引起误解，基准字母不得采用 E，I，J，M，O，P，L，R，F。

基准代号在图样上的标注，可分为以下几种情况：

(1)单一基准。单一基准是指由一个要素确定的基准，例如，以一个平面、一个圆柱面的轴线作为基准，如图 3 - 7 所示。

(2)公共基准(组合基准)。公共基准是指由两个或两个以上要素共同建立作为一个基准使用的基准，例如，公共轴线、公共平面等，其标注方法如图 3 - 8 所示。

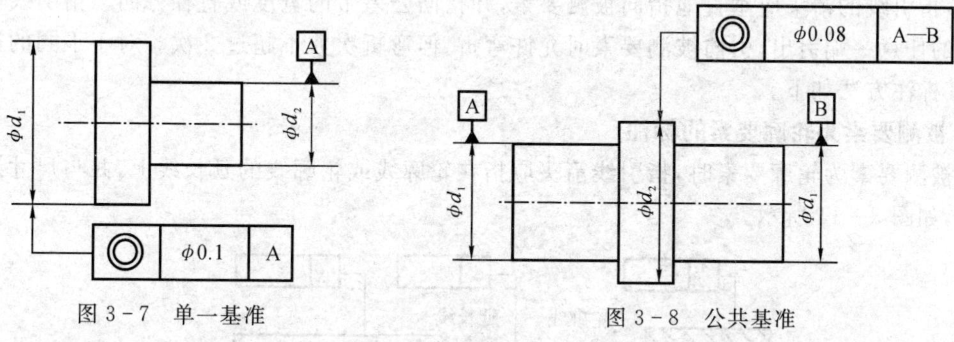

图3-7 单一基准

图3-8 公共基准

(3)三基面体系。三基面体系是指由三个相互垂直的基准平面构成的,用以确定要素间的相对位置的基准体系。三基面体系通常用在位置度公差中,三个基准的先后顺序对于保证零件的质量非常重要,设计时应选择最重要的要素作为第一基准,如图3-9所示。

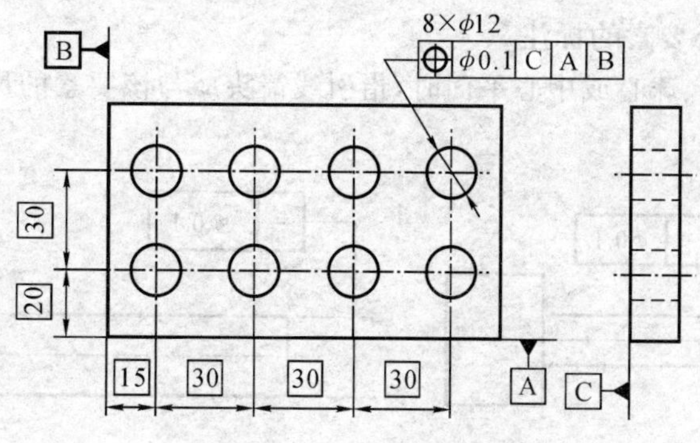

图3-9 三基面体系基准

(4)基准目标。基准目标是指在有关要素上选定某些点、线或局部表面作为基准,而不是以整个要素作为基准。当基准目标为点时,用"×"表示;当基准目标为线时,用细实线表示,并在两端标"×";基准目标为局部表面时,用双点画线给出局部表面的轮廓,轮廓中画上45°的细实线,如图3-10所示。基准目标一般在大型零件上采用。

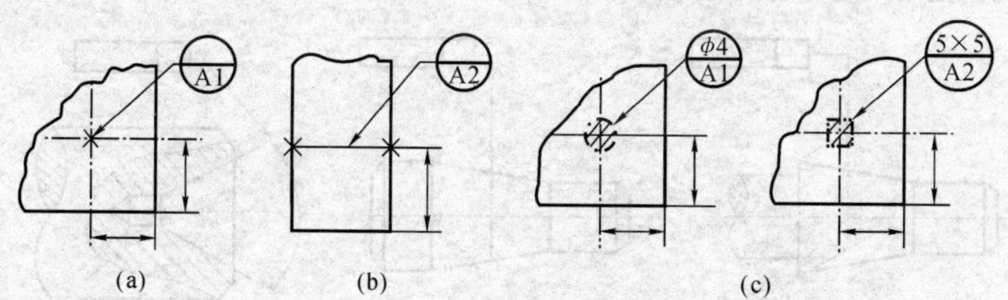

图3-10 基准目标的标注

(a)基准目标为点;(b)基准目标为线;(c)基准目标为局部表面

3.2.2 被测要素的标注方法

被测要素就是检测对象。国标规定,图样上用带箭头的指引线将被测要素与公差框格一端相连，指引线的箭头应垂直地指向被测要素，并指向公差带的宽度或直径方向。指引线可以从框格的任意一端引出，引向被测要素时允许弯折，但弯折次数不超过 2 次。对于不同的被测要素，其标注方法如下。

1. 被测要素为轮廓要素的标注

当被测要素为轮廓要素时，指引线箭头应指在轮廓线或轮廓线的延长线上，并与尺寸线明显错开，如图 3－11 所示。

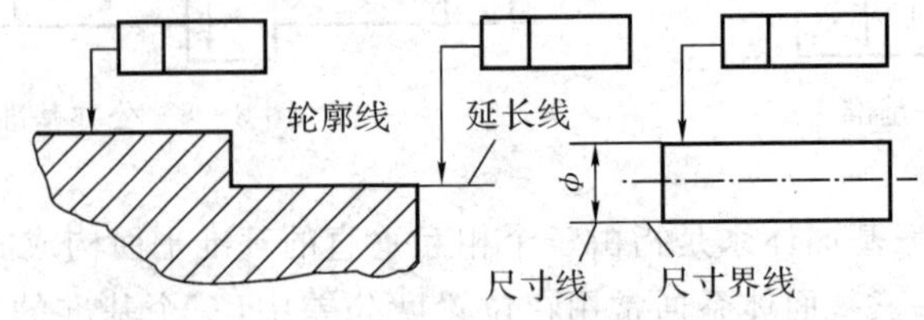

图 3－11　被测要素为轮廓要素时的标注

2. 被测要素为中心要素的标注

当被测要素为轴线、球心或中心平面时，指引线箭头应与该要素的尺寸线对齐，如图3－12 所示。

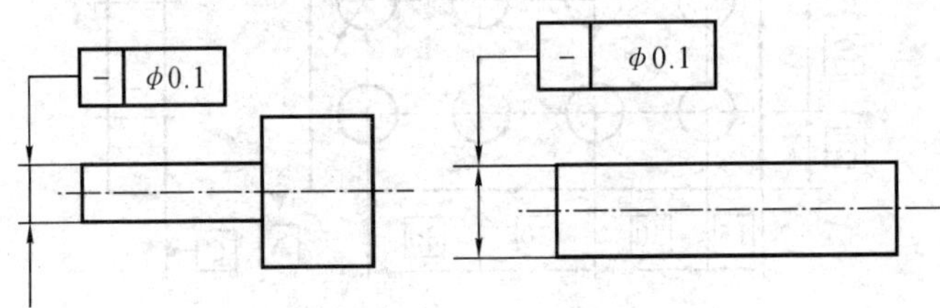

图 3－12　被测要素为中心要素时的标注

3. 被测要素为圆锥体轴线的标注

当被测要素为圆锥体轴线时，指引线箭头应与圆锥体直径尺寸(大端或小端)对齐。当圆锥大端或小端直径尺寸线不便于标注时，指引线箭头也可与圆锥上任一部位的空白尺寸线对齐。如果圆锥是用角度标注的，指引线箭头应对着角度尺寸线，如图 3－13 所示。

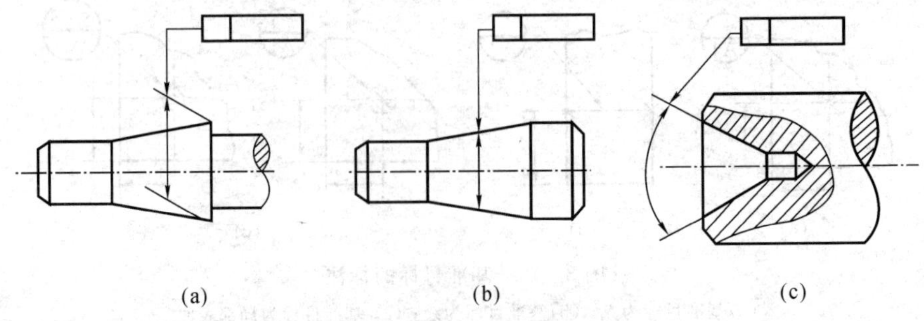

图 3－13　被测要素为圆锥体轴线时的标注

4. 被测要素为视图中的实际表面的标注

当被测要素为视图中的实际表面而又受图形限制时，可在该面上用一黑点引出参考线，指引线箭头指在参考线上，如图 3－14 所示。

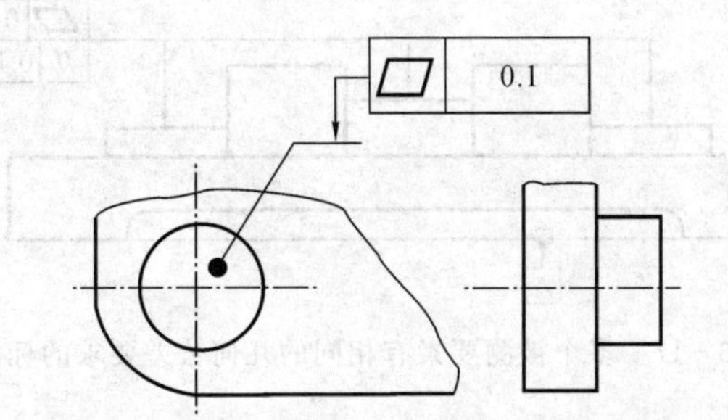

图 3-14　被测要素为视图中的实际表面的标注

5. 被测要素为局部要素的标注

当被测要素为局部要素时，应该用粗点画线标出其部位并注出尺寸，指引线箭头应指在粗点画线上，如图 3-15 所示。

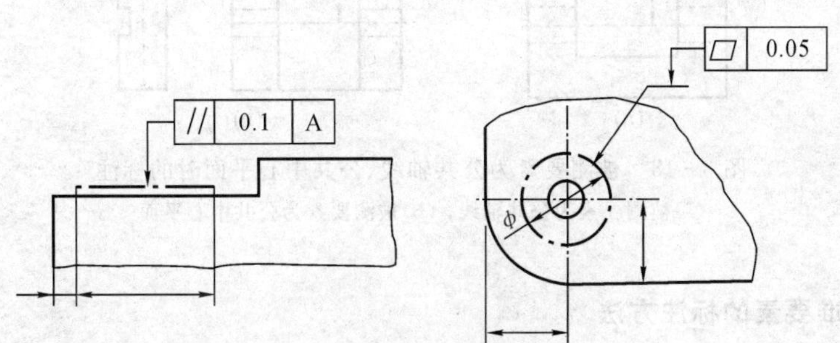

图 3-15　被测要素为局部要素时的标注

6. 同一被测要素有多项几何公差要求的标注

当同一被测要素有多项几何公差要求时，可以将几个公差框格绘制在一起，并引用一条带箭头的指引线指向被测要素，如图 3-16 所示。

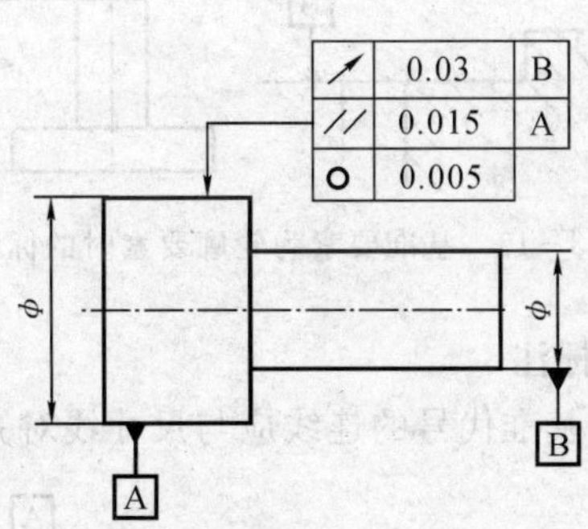

图 3-16　同一被测要素有多项几何公差要求时的标注

7. 多个被测要素有相同的几何公差要求的标注

当多个被测要素有相同的几何公差要求时，可以从框格引出的指引线上绘制多个指示箭头，并分别指向各被测要素，如图 3-17 所示。

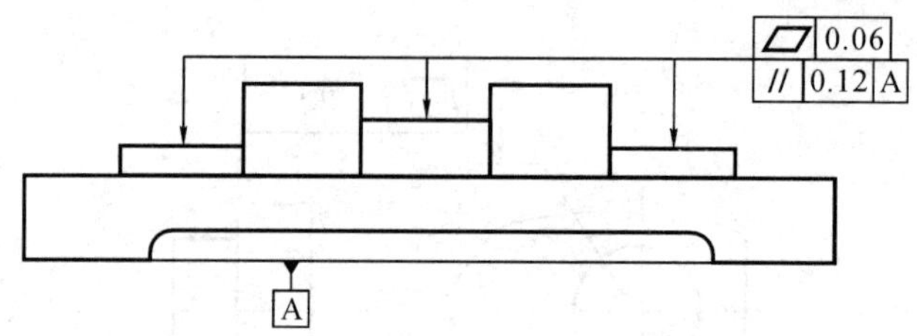

图 3-17 多个被测要素有相同的几何公差要求的标注

8. 被测要素为公共轴线、中心平面的标注

当被测要素为几个要素的公共轴线、公共中心平面时，指引线箭头可以直接指在轴线、公共轴线或公共中心平面上，如图 3-18 所示。

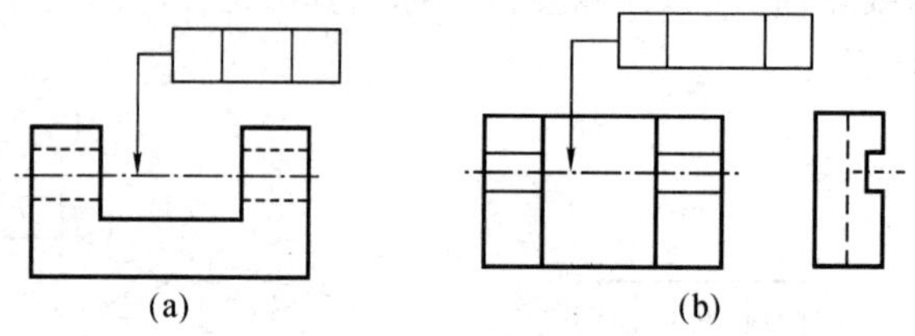

图 3-18 被测要素为公共轴线、公共中心平面时的标注

(a)被测要素为公共轴线；(b)被测要素为公共中心平面

3.2.3 基准要素的标注方法

1. 基准要素为轮廓要素的标注

当基准要素为轮廓要素时，基准符号应靠近基准要素的轮廓线或轮廓线的延长线，并与尺寸线明显错开，如图 3-19 所示。

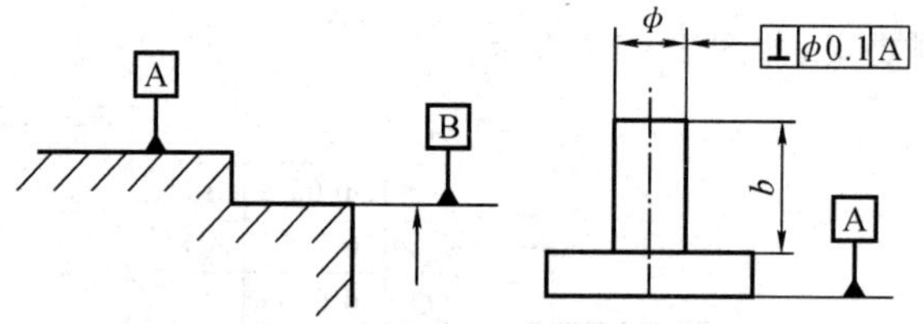

图 3-19 基准要素为轮廓要素时的标注

2. 基准要素为中心要素的标注

当基准要素为中心要素时，基准代号的连线应与尺寸线对齐，如图 3-20 所示。

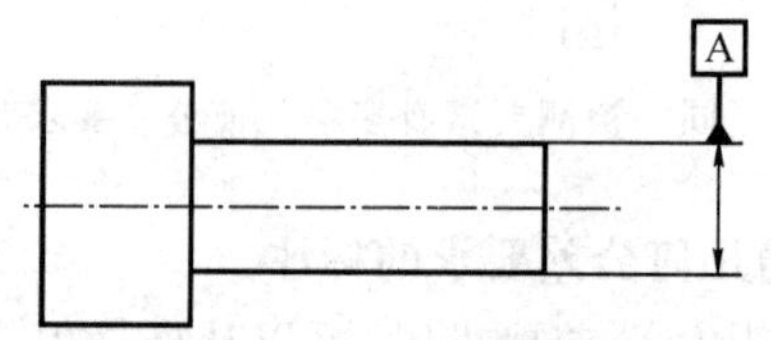

图 3-20 基准要素为中心要素时的标注

3. 基准要素为圆锥轴线时的标注

当基准要素为圆锥轴线时，基准代号的连线应与圆锥轴线垂直，而基准短横线应与圆锥素线平行，如图 3－21 所示。

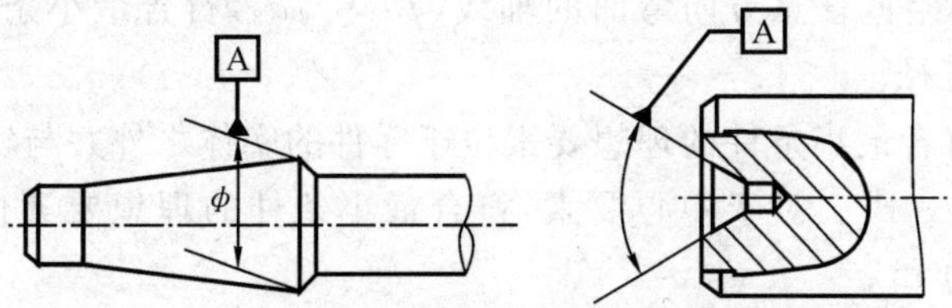

图 3－21　基准要素为圆锥轴线时的标注

4. 基准要素为视图中的局部表面的标注

当基准要素为视图中的局部表面时，可在该面上用一黑点引出参考线，基准代号置于参考线上，如图 3－22 所示。

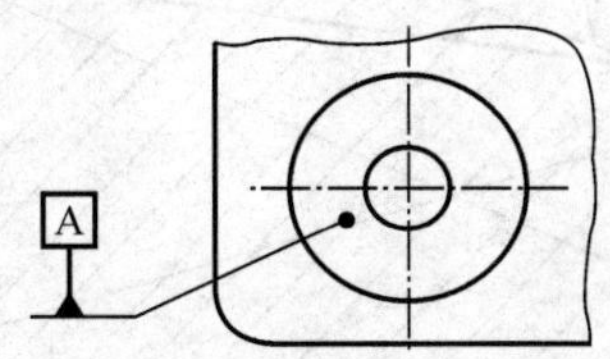

图 3－22　基准要素为视图中局部表面时的标注

5. 基准要素为局部要素的标注

当基准要素为局部要素时，用粗点画线标出其部位并注出尺寸，基准代号置于粗点画线上，如图 3－23 所示。

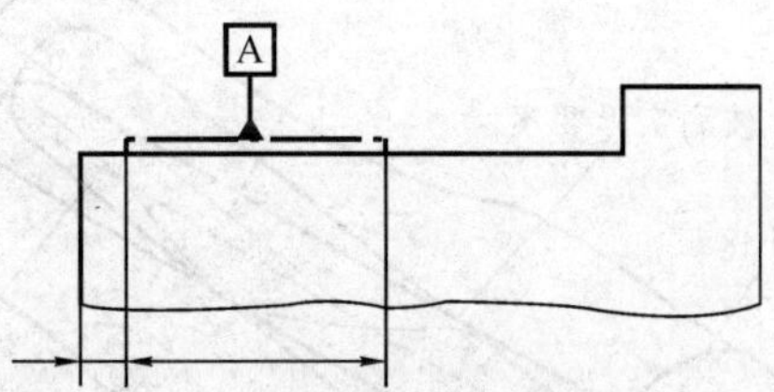

图 3－23　基准要素为局部要素时的标注

3.3　几何误差的评定

3.3.1　形状误差及其评定

形状误差是实际被测要素的形状对其理想要素的变动量，而理想要素的位置应该满足最小条件。

1. 理想要素位置的确定 —— 最小条件

最小条件是指实际被测要素对其理想要素的最大变动量为最小。最小条件是评定形状误差的基本原则。按最小条件确定了理想要素的位置，形状误差值也就确定了。如图 3－24 所示，给定平面内的直线度误差，当理想要素分别位于 $A_1—B_1$，$A_2—B_2$，$A_3—B_3$ 三条与实际要素接触的直线处时，实际被测要素相对于理想要素的最大变动量分别为 h_1，h_2，h_3，且 $h_1<h_2<h_3$，符合最小条件的理想要素是 $A_1—B_1$，h_1 为最小包容区的宽度，也是该轮廓的直线度误差。同理，如图 3-25 所示空间任意方向弯曲的轴线，$\phi d_1<\phi d_2$，符合最小条件的理想要素是 L_1，ϕd_1 为最小包容区的直径。

对于轮廓要素，符合最小条件的理想要素位于零件的实体之外并与实际被测要素相接触，如图 3-24 所示的 $A_1—B_1$。对于中心要素，符合最小条件的理想要素位于实际被测要素之中，如图 3-25 所示的 L_1。

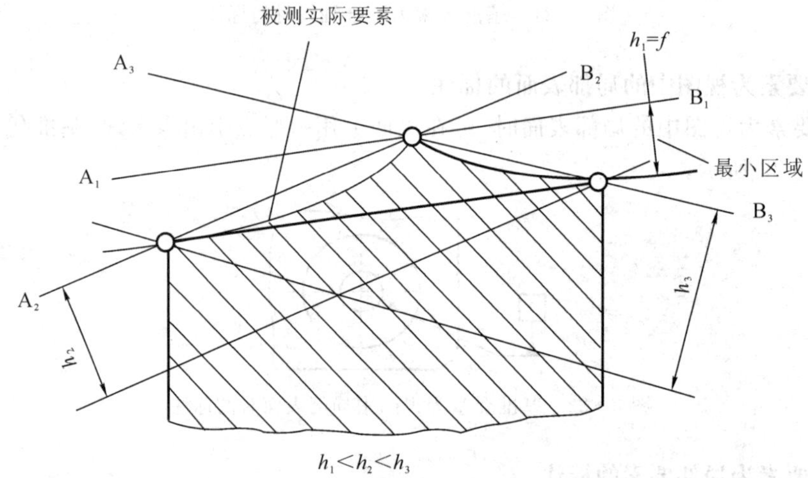

图 3-24　轮廓要素的最小条件

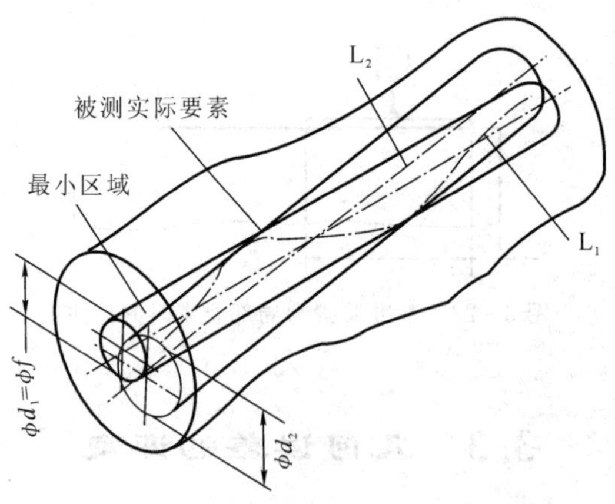

图 3-25　中心要素的最小条件

2. 形状误差的评定方法——最小区域法

最小区域法是指当评定实际被测要素的形状误差时，其误差值用最小包容区（简称最小区域）的宽度或直径表示，如图 3-24 所示的 h_1、图 3-25 所示的 ϕd_1。同理，如图 3-26 所示包容实际被测表面且距离最小的两平行平面构成最小包容区，该区域的宽度 f 即为实际被测表面的平面度误差。

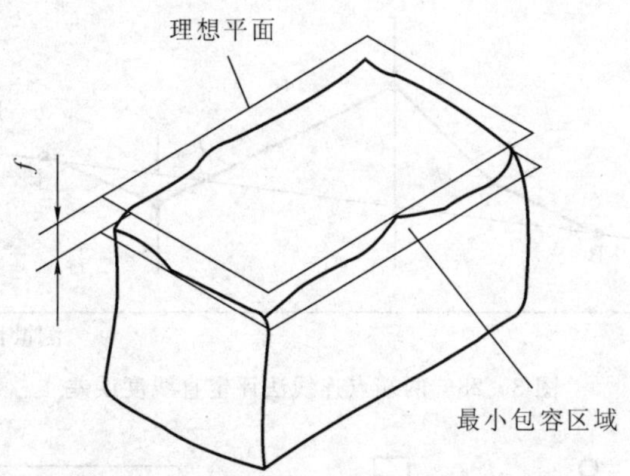

图 3-26 实际被测表面的最小包容区

一般形状误差的理想要素不涉及尺寸，它是根据被测实际要素按照最小条件确定的。因此，形状误差最小区域的位置和方向也随实际要素而浮动。

3. 给定平面内直线度误差的评定

(1)最小区域法——相间准则。在实际测量中，为尽快地做出最小区域，国家标准在几何公差检测规定中明确提出了最小区域的判别法。在某一给定平面内，用两平行直线包容实际被测直线时，成高、低相间三点接触，该包容区就是最小包容区，其宽度 f 就是实际被测直线的直线度误差，如图 3-27 所示，称为相间准则。具有图中所示两种形式之一者为最小区域。

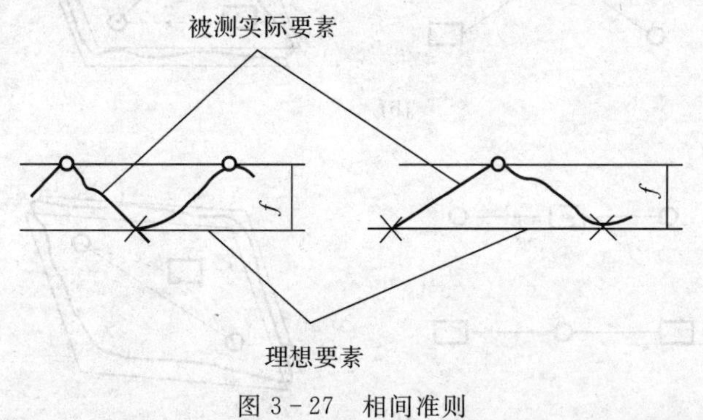

图 3-27 相间准则

○ — 表示最高点；× — 表示最低点

(2)两端点连线法。两端点连线法是以实际被测直线的两个端点的连线 L_{BE} 作为评定基准，取各测点相对于 L_{BE} 最大与最小偏差值之差 f_{BE} 作为直线度误差值，如图 3-28 所示。测点在基准上方的偏差值为正，测点在基准下方的偏差值为负，即 $f_{BE}=h_{max}-h_{min}$。

两端点连线法是评定直线度误差的近似方法，常用于机床导轨的直线度检测。

4. 平面度误差的评定

当用两平行平面包容实际被测平面时，至少有三点或四点与之接触，且具有如图 3-29 所示形式之一者为最小区域。具体根据哪一种判别准则做最小区域，可视被测实际表面特征而定。例如，被测表面呈中凸或中凹形，通常用三角形准则判别，其他则采用交叉准则或直线准则判别。

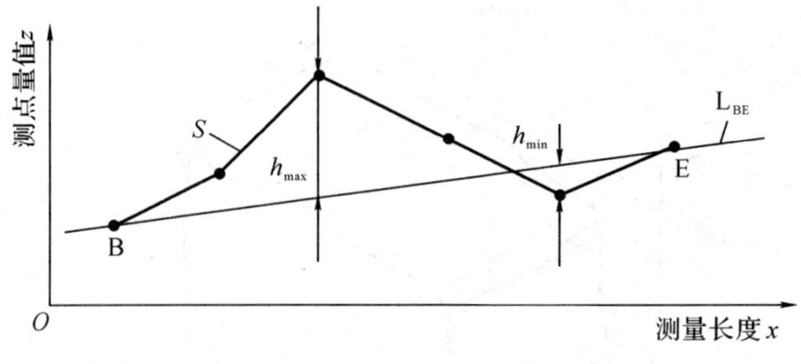

图 3-28　两端点连线法评定直线度误差

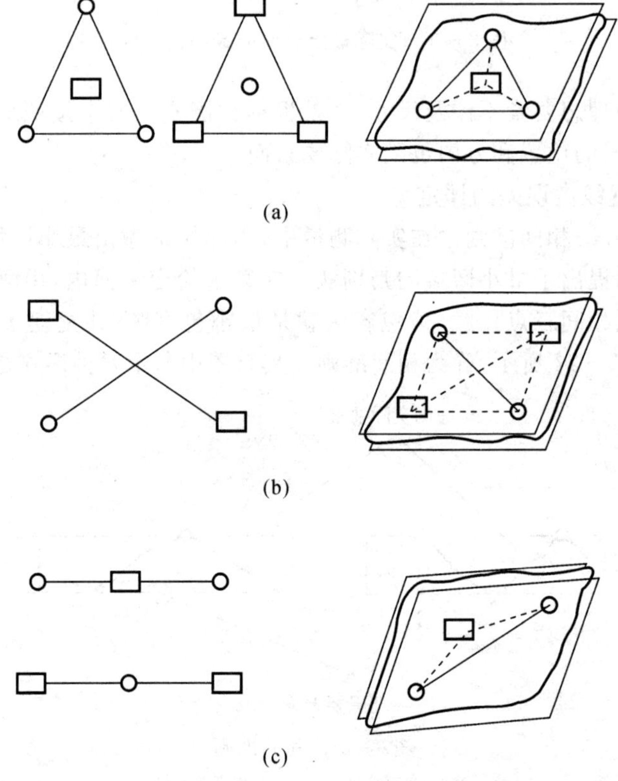

图 3-29　平面度误差的最小区域评定法

(a)三角形准则；(b)交叉准则；(c)直线准则

○ — 表示最高点；▭ — 表示最低点

3.3.2　方向误差的评定

方向误差是被测实际要素对其具有确定方向的理想要素的变动量。理想要素的方向由基准确定，如图 3-30 所示。理想平面和理想轴线分别与基准平行和垂直，且与被测要素接触或位于被测实际要素之中。

方向误差值用定向最小包容区域(简称定向最小区域)的宽度或直径表示。定向最小区域是指当按理想要素的方向来包容实际被测要素时，具有最小宽度或直径的包容区域。如图 3-30(a)(b)所示，分别为平行度误差和垂直度误差。

由图可知，方向误差的最小区域相对于基准有确定的方向，其大小与位置随被测实际要素浮动。在定向最小区域中包含着被测实际要素的形状误差。

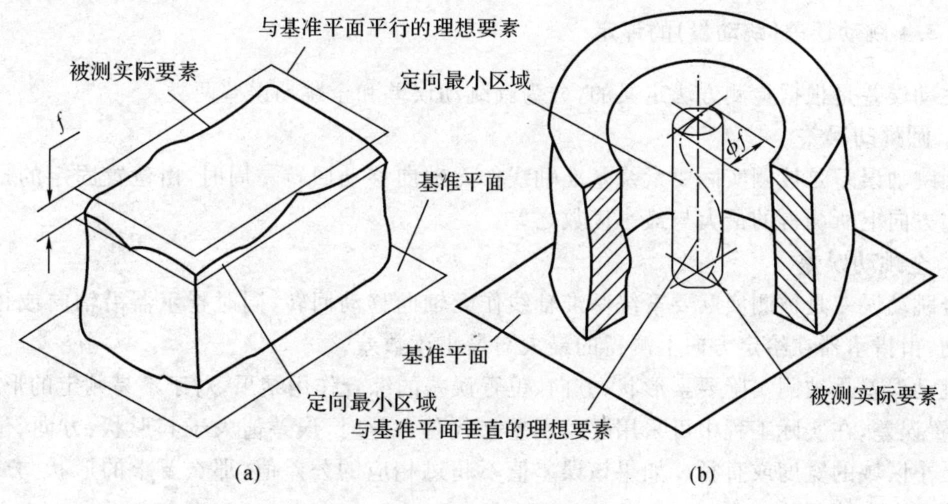

图 3-30　定向最小包容区域

(a) 面对面平行度最小区域；(b)线对面垂直度最小区域

3.3.3　位置误差的评定

位置误差是被测实际要素对其具有确定位置的理想要素的变动量。理想要素的位置由基准和理论正确尺寸确定，如图 3-31 所示的理想对称中心面和理想轴线，与基准要素共面和同轴。

位置误差值用定位最小包容区域(简称定位最小区域)的宽度或直径表示。定位最小区域是指当以理想要素定位来包容实际被测要素时，具有最小宽度或直径的包容区域。如图 3-31(a)(b)所示分别为面对面的对称度误差和线对线的同轴度误差。

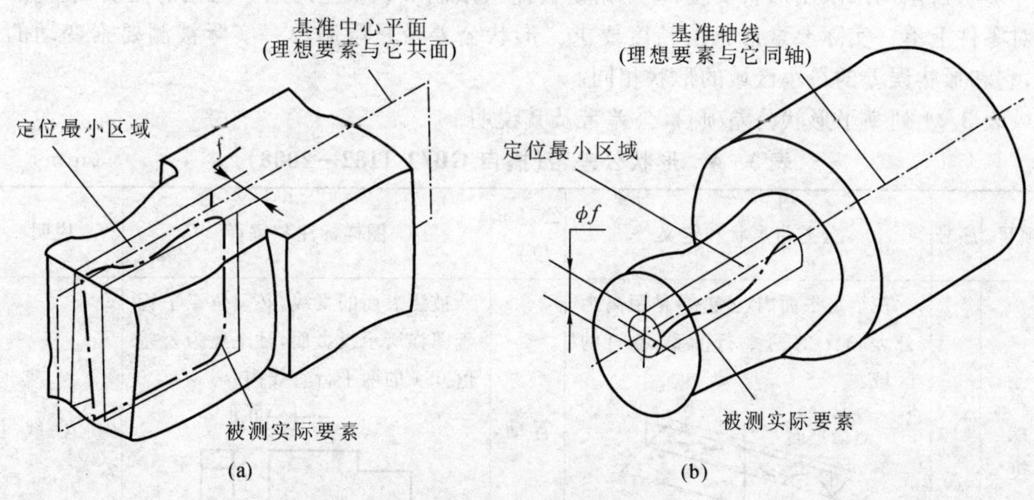

图 3-31　定位最小包容区域

(a) 面对面对称度最小区域；(b)线对线同轴度最小区域

由图 3－31 所示可知，定位最小包容区域相对于基准有确定的方向和位置，但其大小随被测实际要素浮动。在定位最小包容区域中同时包含着被测要素的形状误差和方向误差。

3.3.4 跳动误差（跳动量）的评定

跳动误差是根据检测方法定义的，分为圆跳动误差和全跳动误差两类。

1. 圆跳动误差

圆跳动误差是被测实际要素绕基准轴线作无轴向移动回转一周时，由位置固定的指示器在给定方向上所测得的最大与最小读数之差。

2. 全跳动误差

全跳动误差是被测实际要素绕基准轴线作无轴向移动回转，同时指示器沿轴向或径向连续移动，由指示器在给定方向上测得的最大与最小读数差。

跳动误差是被测实际要素形状、方向、位置误差的综合作用结果，对于不易判定的形状、方向、位置误差，在实际工程中可采用跳动误差来代替。此时，误差值大于其形状、方向、位置误差的最小区域的宽度或直径。如果该误差值不超过相应的公差值，那么要求的形状、方向、位置误差肯定也不超差。

跳动测量的方法见 3.5.4 节。

3.4 几何公差及其公差带特征

几何公差是用来限制被测实际要素几何误差的指标。相对于尺寸公差带，几何公差带要复杂得多，根据被测要素的功能和结构特征不同，几何公差带有大小、形状、方向、位置四方面的要求。

3.4.1 形状公差和形状公差带特征

形状公差用来限制形状误差，即用给定公差值限制形状误差的最小区域的宽度或直径，它是对零件上单一实际要素形状的精度要求。形状公差带是限制单一实际被测要素变动的区域，它和形状误差的最小区域的形状相同。

表 3－4 列举了形状公差项目、公差带及其说明。

表 3－4 形状公差带（摘自 GB/T 1182—2008） （mm）

项目	序号	公差带形状和定义	公差带位置	图样标注和解释	说明
直线度	1	在给定平面内，公差带是距离为公差值 t 的两平行直线之间的区域 给定的测量平面 a 给定的任意距离	浮动	被测表面的素线，必须位于平行于图样所示投影面，且距离为公差值 0.1 的两平行直线内 — 0.1	给定平面内直线度公差

续表

项目	序号	公差带形状和定义	公差带位置	图样标注和解释	说明
直线度	2	在给定方向上，公差带是距离为公差值 t 的两平行平面之间的区域	浮动	被测刀口尺的棱线必须位于距离为公差值 0.03 的两平行平面内 — 0.03	给定一个方向直线度公差
	3	在给定两个互相垂直的方向上，公差带是距离分别为 t_1，t_2 的两对平行平面之间的区域	浮动	被测三角形平尺棱边必须位于距离分别为 0.02 和 0.03 的两对平面组成的四棱柱区域内 — 0.02　— 0.03	给定两个方向直线度公差
	4	如果在公差值前加注 ϕ，则公差带是直径为 t 的圆柱面内的区域	浮动	被测圆柱体的轴线必须位于直径为 ϕ0.06 的圆柱面内 — ϕ0.06	空间任意方向直线度公差
平面度	1	公差带是距离为公差值 t 的两平行平面之间的区域	浮动	被测表面必须位于距离为公差值 0.05 的两平行平面内 ▱ 0.05	平面度公差
圆度	1	公差带是在任一横截面上，半径差为公差值 t 的两同心圆之间的区域 任一横截面	浮动	被测圆锥面任一横截面上的圆周必须位于半径差为公差值 0.03 的两同心圆之间 ○ 0.03	圆度公差

续 表

项目	序号	公差带形状和定义	公差带位置	图样标注和解释	说明
圆柱度	1	公差带是半径差为公差值 t 的两同轴圆柱之间的区域	浮动	被测圆柱面必须位于半径差为 0.1 的两同轴圆柱面之间	圆柱度公差
线轮廓度	1	公差带是包络一系列直径为公差值 t 的圆的两包络线之间的区域，诸圆的圆心位于具有理论正确几何形状的线上	浮动	在平行于图样所示投影面的任一截面上，被测轮廓线必须位于包络一系列直径为公差值 0.05，且圆心位于具有理论正确几何形状的线上的两包络线之间	无基准的线轮廓度
面轮廓度	1	公差带是包络一系列直径为公差值 t 的球的两包络面之间的区域，诸球的球心应位于具有理论正确几何形状的面上	浮动	被测轮廓面必须位于包络一系列球的两包络面之间，诸球的直径为公差值 0.02，且球心为具有理论正确几何形状的面上的两包络面之间	无基准的面轮廓度

3.4.2 方向公差和方向公差带特征

方向公差用来限制方向误差。方向公差指的是关联实际要素对其具有确定方向的理想要素允许的变动全量。方向公差包括平行度公差、垂直度公差、倾斜度和线、面轮廓度公差。

方向公差带是关联被测要素在方向上允许变动的区域，它具有如下特点：

(1) 方向公差带相对于基准有确定的方向（平行、垂直或倾斜成任意角度），而位置则随被测实际要素浮动。

(2) 方向公差综合限制了被测要素的方向和形状误差。因此，对被测要素规定了方向公差要求后，一般不再给出形状公差，除非有更高的形状精度要求。

表 3-5 列举了方向公差项目、公差带及说明（线、面轮廓度省略）。

表3-5 方向公差带(摘自GB/T 1182—2008) (mm)

项目	序号	公差带形状和定义	公差带位置	图样标注和解释	说明
平行度	1	线对线:给定一个方向。公差带是距离为公差值 t,且平行于基准线,位于给定方向上的两平行平面的区域 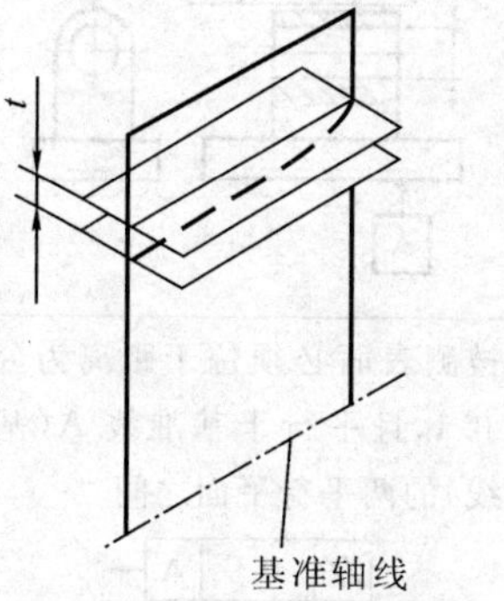 t 基准轴线	位置浮动,方向确定	被测轴线必须位于距离为公差值0.1,且在给定的方向上平行于基准线A的两平行平面之间 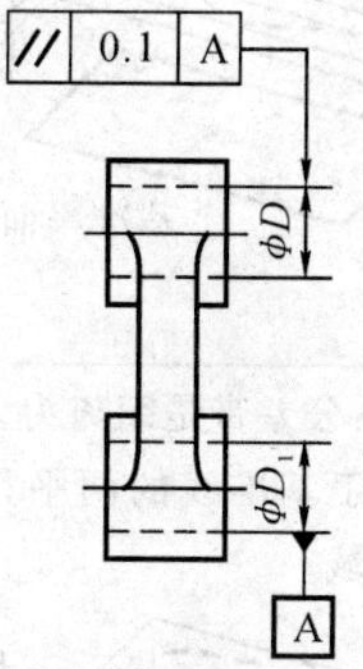 // 0.1 A ϕD ϕD_1 A	线对线平行度公差,给定一个方向
	2	线对线:给定相互垂直的两个方向。公差带是两对相互垂直的、距离为 t_1 和 t_2,且平行于基准线的两平行平面之间的区域 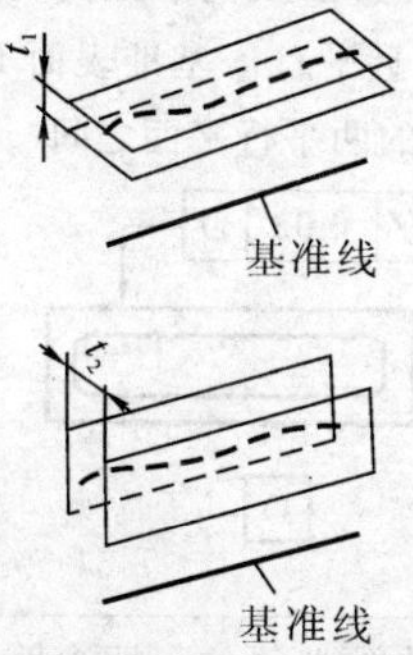 t_1 基准线 t_2 基准线	位置浮动,方向确定	被测轴线必须位于距离分别为公差值0.2和0.1的、在给定的互相垂直方向上,且平行于基准线A的两组平行平面之间 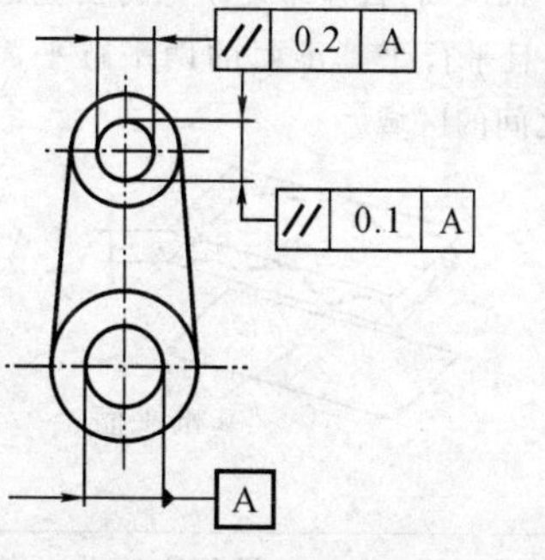 // 0.2 A // 0.1 A A	线对线平行度公差,给定两个互相垂直的方向
	3	线对线:任意方向。如果在公差值前加注 ϕ,则公差带是直径为公差值 t,且平行于基准线的圆柱面的区域 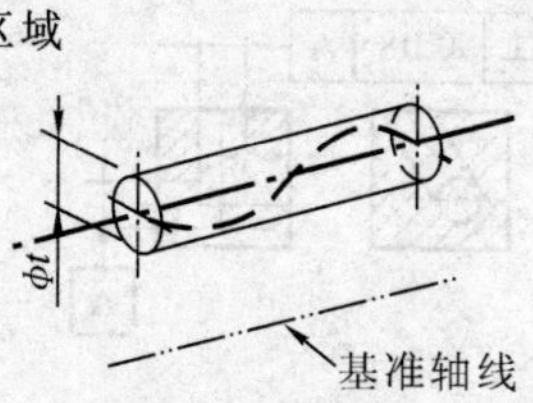 ϕt 基准轴线	位置浮动,方向确定	被测轴线必须位于直径为公差值0.03,且平行于基准轴线A的圆柱面内 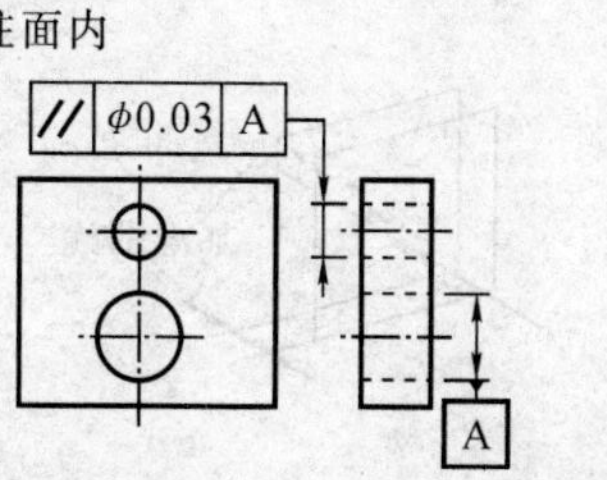 // ϕ0.03 A A	线对线平行度公差,给定任意方向

续 表

项目	序号	公差带形状和定义	公差带位置	图样标注和解释	说明
平行度	4	线对面：公差带是距离为公差值 t，且平行于基准平面的两平行平面之间的区域 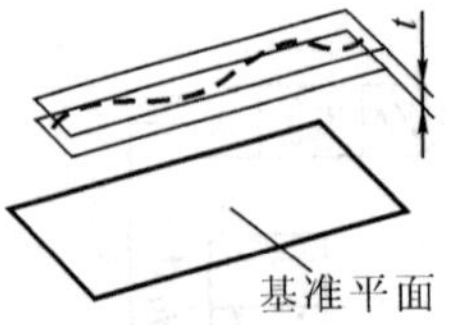 基准平面	位置浮动，方向确定	被测轴线必须位于距离为公差值 0.05，且平行于基准表面 A(基准平面)的两平行平面之间 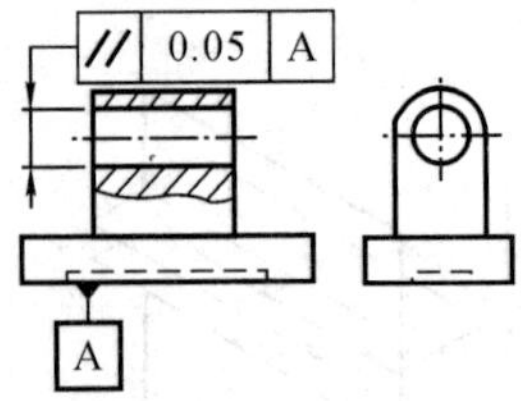 // 0.05 A A	线对面平行度公差
	5	面对线：公差带是距离为公差值 t，且平行于基准线的两平行平面之间的区域 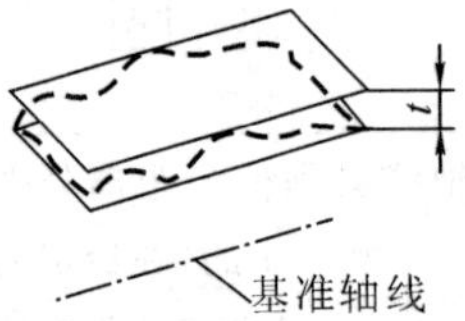 基准轴线	位置浮动，方向确定	被测表面必须位于距离为公差值 0.1，且平行于基准线 A(基准轴线)的两平行平面之间 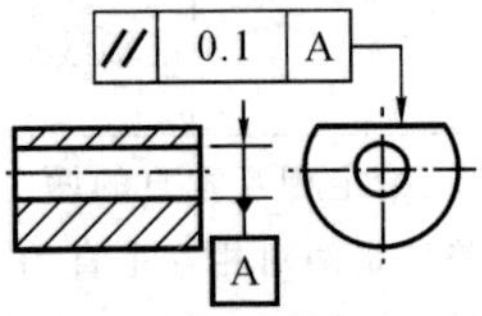 // 0.1 A A	面对线平行度公差
	6	面对面：公差带是距离为公差值 t，且平行于基准面的两平行平面之间的区域 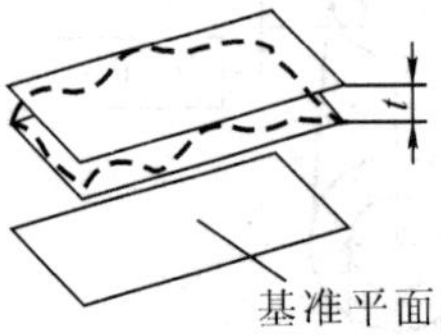 基准平面	位置浮动，方向确定	被测表面必须位于距离为公差值 0.02，且平行于基准表面 D(基准平面)的两平行平面之间 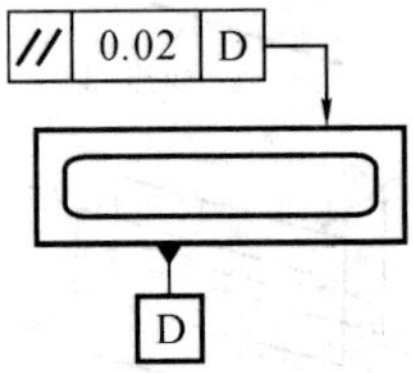 // 0.02 D D	面对面平行度公差
垂直度	1	线对线：公差带是距离为公差值 t，且垂直于基准线的两平行平面之间的区域 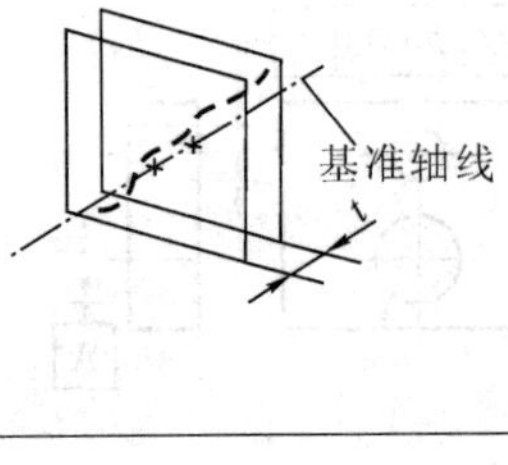 基准轴线	位置浮动，方向确定	被测轴线必须位于距离为公差值 0.08，且垂直于基准线 A(基准轴线)的两平行平面之间 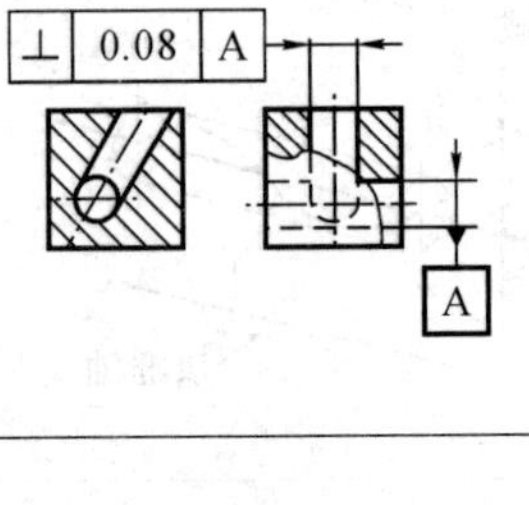 ⊥ 0.08 A A	线对线的垂直度

续表

项目	序号	公差带形状和定义	公差带位置	图样标注和解释	说明
垂直度	2	线对面：给定一个方向。在给定方向上，公差带是距离为公差值 t，且垂直于基准面的两平行平面之间的区域 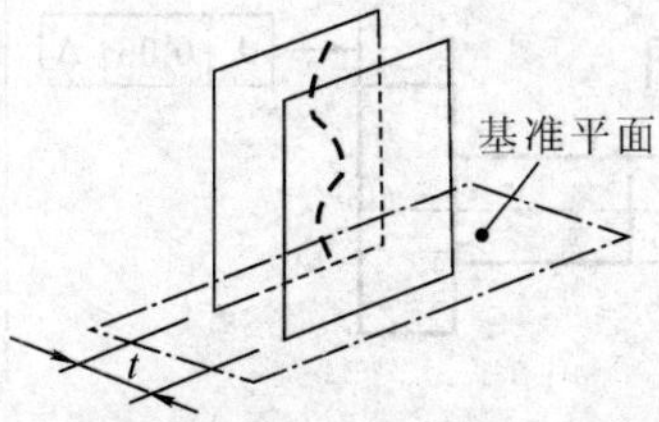 基准平面 t	位置浮动，方向确定	在给定方向上被测轴线必须位于距离为公差值 0.1，且垂直于基准表面 A 的两平行平面之间 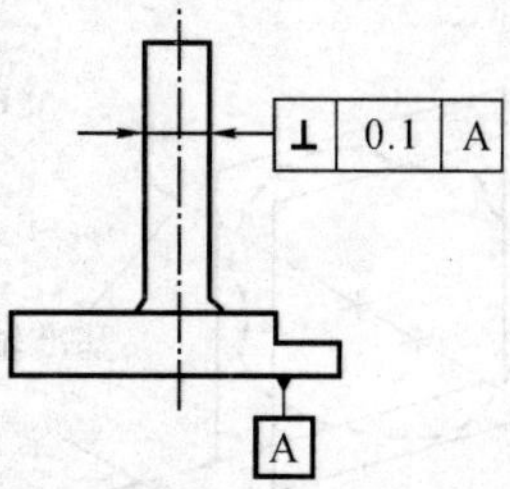 ⊥ 0.1 A A	线对面垂直度公差，给定一个方向
	3	线对面：给定两垂直的方向。公差带分别是相互垂直的距离为 t_1 和 t_2，且垂直于基准面的两平行平面之间的区域 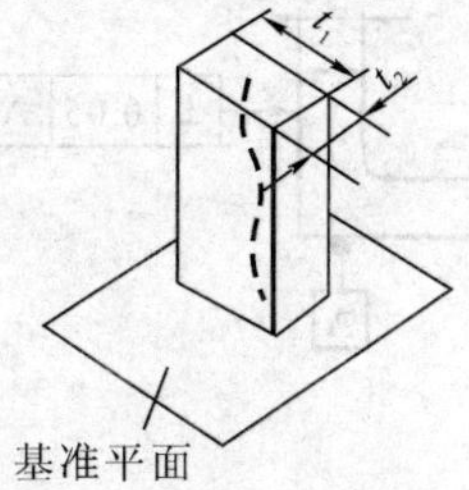 t_1 t_2 基准平面	位置浮动，方向确定	被测轴线必须位于距离分别为公差值 0.2 和 0.1 的互相垂直，且垂直于基准平面 A 的两平行平面之间 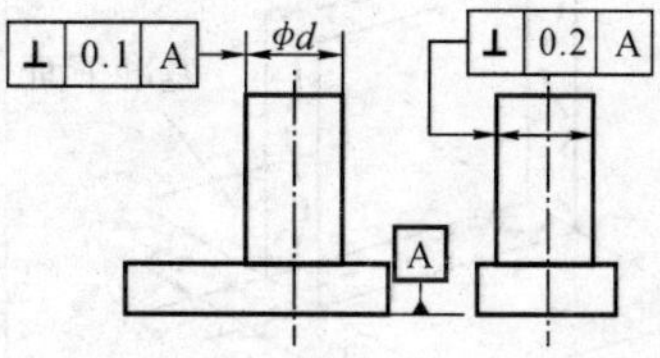 ⊥ 0.1 A　ϕd　⊥ 0.2 A A	线对面垂直度公差，给定两个方向
	4	线对面：任意方向。如果公差值前加注 ϕ，则公差带是直径为公差值 t，且垂直于基准面的圆柱面内的区域 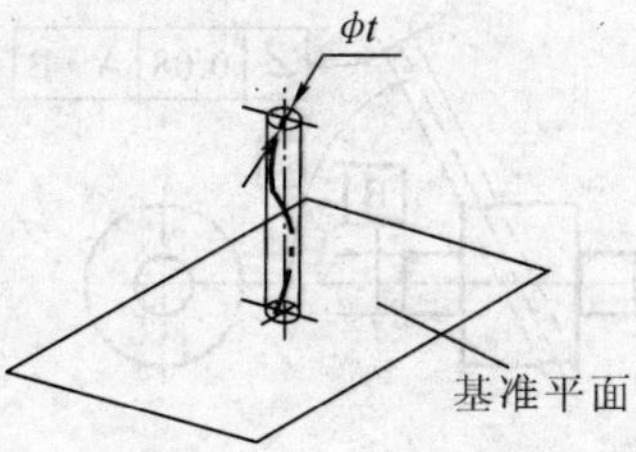 ϕt 基准平面	位置浮动，方向确定	被测轴线必须位于直径为公差值 0.04，且垂直于基准平面 A（基准线）的圆柱面内 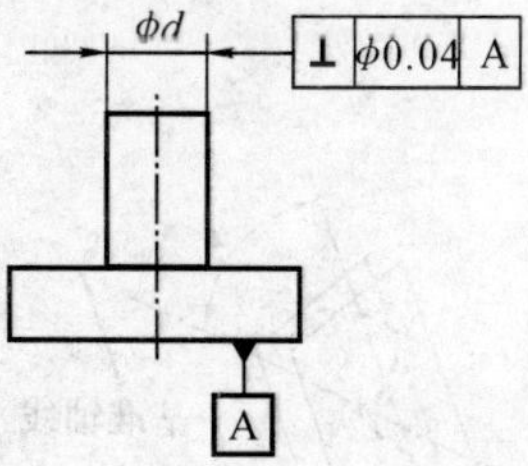 ϕd　⊥ ϕ0.04 A A	线对面垂直度公差，给定任意方向

续 表

项目	序号	公差带形状和定义	公差带位置	图样标注和解释	说 明
垂直度	5	面对线:公差带是距离为公差值 t,且垂直于基准线的两平行平面之间的区域 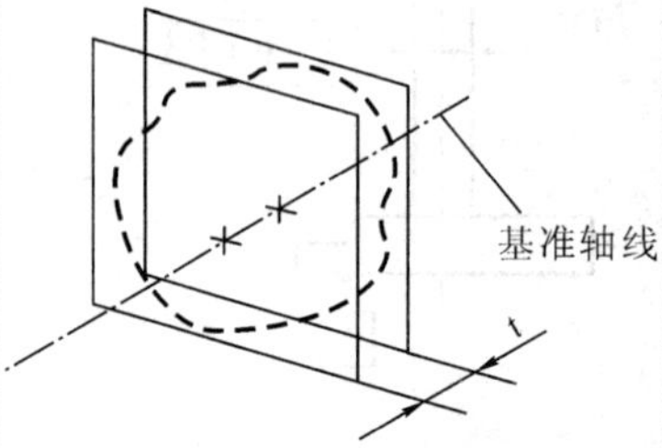 基准轴线	位置浮动,方向确定	被测表面必须位于距离为公差值 0.06,且垂直于基准线 A(基准轴线)的两平行平面之间 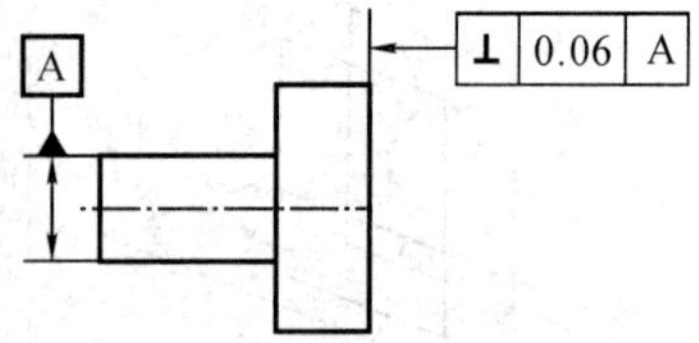 ⊥ 0.06 A	面对线垂直度公差
	6	面对面:公差带是距离为公差值 t,且垂直于基准面的两平行平面之间的区域 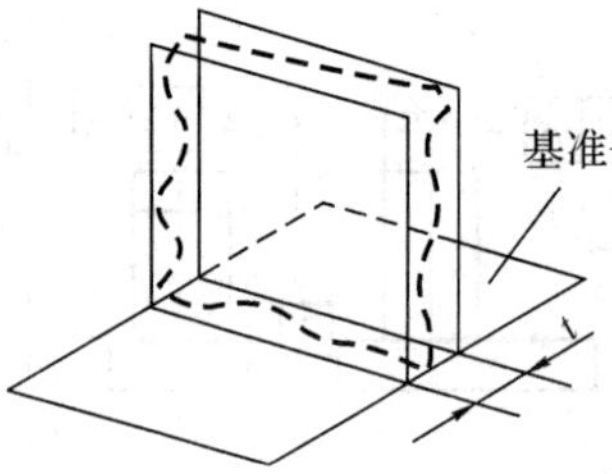 基准平面	位置浮动,方向确定	被测表面必须位于距离为公差值 0.08,且垂直于基准平面 A 的两平行平面之间 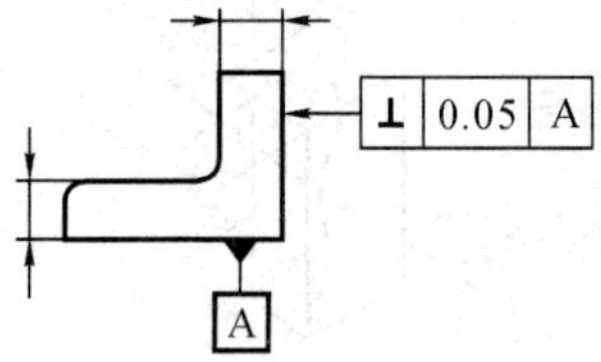 ⊥ 0.05 A	面对面垂直度公差
倾斜度	1	线对线:在同一平面内。被测线和基准线在同一平面内:公差带是距离为公差值 t,且与基准线成一给定角度的两平行平面之间的区域 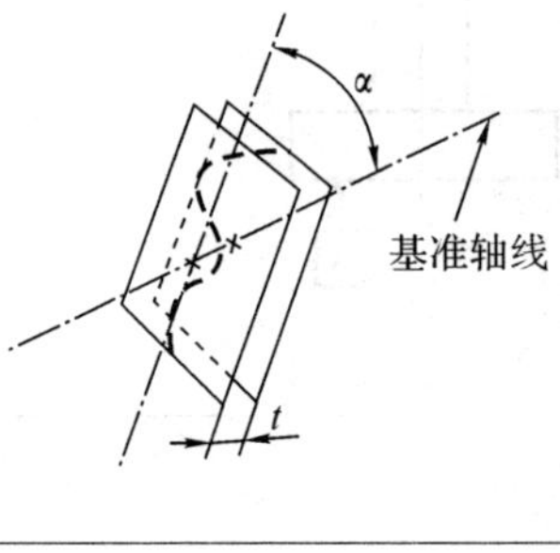 基准轴线	位置浮动,方向确定	被测轴线必须位于距离为公差值 0.08,且与 A—B 公共基准线成理论正确角度 60°的两平行平面之间 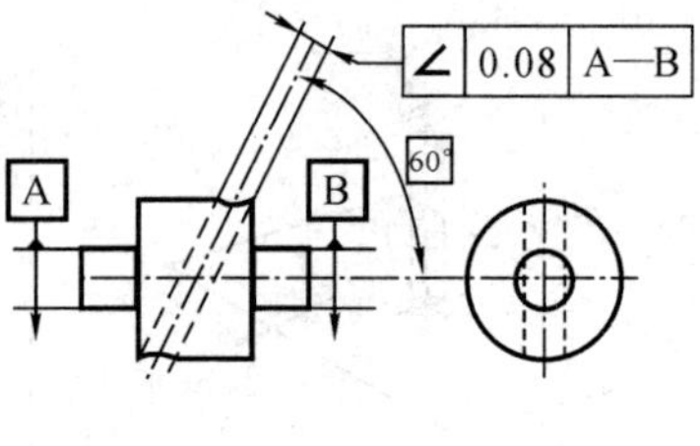 ∠ 0.08 A—B	线对线倾斜度公差,在同一平面内

续表

项目	序号	公差带形状和定义	公差带位置	图样标注和解释	说明
	2	线对线:在不同平面内。被测线与基准线不在同一平面内:公差带是距离为公差值 t,且与基准线成一给定角度的两平行平面之间的区域 α 基准直线 t	位置浮动,方向确定	被测轴线投影到包含基准轴线的平面上,它必须位于距离为公差值 0.1,并与 A 基准线成理论正确角度 60°的两平行平面之间 ∠ 0.1 A 60° A	线对线倾斜度公差,不在同一平面内
倾斜度	3	线对面:给定方向。公差带是距离为公差值 t,且与基准面成一给定角度的两平行平面之间的区域 α 基准平面 t	位置浮动,方向确定	被测轴线必须位于距离为公差值 0.08,且与基准面 A(基准平面)成理论正确角度 60°的两平行平面之间 ∠ 0.08 A 60° A	给定方向上的线对面倾斜度公差
	4	线对面:任意方向。如果在公差值前加注 ϕ,则公差带是直径为公差值 t 的圆柱面内的区域,该圆柱面的轴线应平行于基准平面,并与基准体系成一给定的角度 ϕt α 第一基准平面 第二基准平面	位置浮动,方向确定	被测轴线必须位于直径为 0.05 的圆柱公差带内,该公差带应平行于基准平面 B,并与基准表面 A(基准平面)成理论正确角度 60° ∠ ϕ0.05 A B 60° B b A	任意方向的线对面倾斜度公差

续表

项目	序号	公差带形状和定义	公差带位置	图样标注和解释	说 明
倾斜度	5	面对线：公差带是距离为公差值t，且与基准线成一给定角度的两平行平面之间的区域 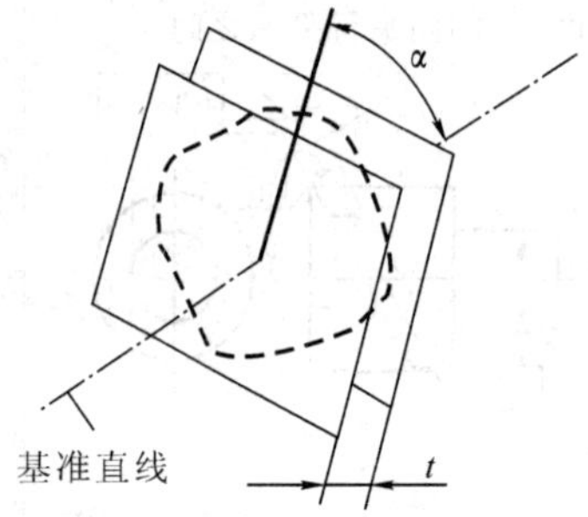 α 基准直线 t	位置浮动，方向确定	被测表面必须位于距离为公差值0.05，且与基准线（基准轴线）成理论正确角度60°的两平行平面之间 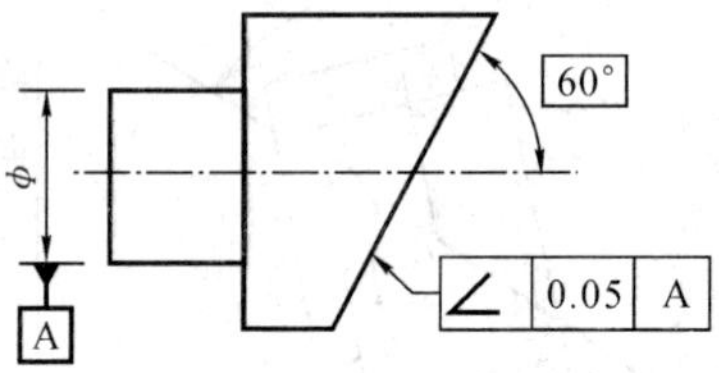 60° ϕ A ∠ 0.05 A	面对线的倾斜度公差
	6	面对面：公差带是距离为公差值t，且与基准面成一给定角度的两平行平面之间的区域 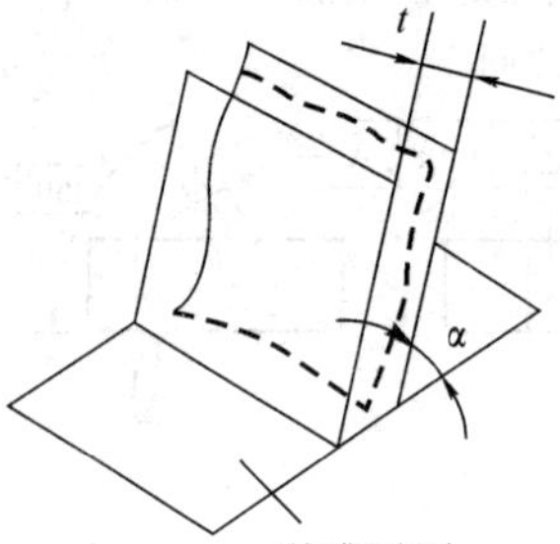 t α 基准平面	位置浮动，方向确定	被测表面必须位于距离为公差值0.08，且与基准面A（基准平面）成理论正确角度45°的两平行平面之间 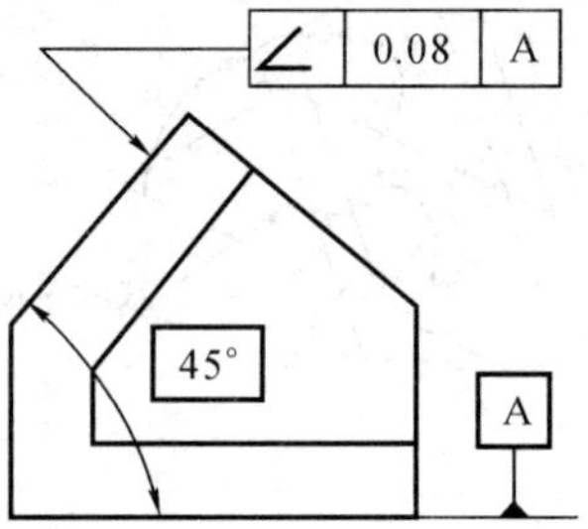 ∠ 0.08 A 45° A	面对面的倾斜度公差

3.4.3 位置公差和位置公差带特征

位置公差用来限制位置误差。位置公差为关联实际要素对其具有确定位置的理想要素允许的变动全量。位置公差分对称度、同轴度、位置度和有基准的线、面轮廓度。

位置公差带是关联被测要素相对于理想要素在位置上允许变动的区域。它具有如下特点：

(1) 位置公差带相对于基准具有确定的位置。

(2) 位置公差带综合限制了被测要素的形状、方向和位置误差。在给出位置公差后，无特殊要求一般不需要再规定方向公差和形状公差。

表3-6为位置公差项目、标注示例及说明。

表3-6 位置公差带(摘自GB/T 1182—2008) (mm)

项目	序号	公差带形状和定义	公差带位置	图样标注和解释	说明
同轴度	1	公差带是公差值为 ϕt,且与基准圆心同心的圆内的区域 ϕt 基准点	固定	在任意截面内,内圆中心应在以基准点A为圆心、直径为 ϕ0.15的圆所限定的区域 A ACS ◎ ϕ0.15 A	点的同轴度
	2	公差带是公差值为 ϕt 的圆柱面的区域,该圆柱面的轴线与基准轴线同轴 ϕt 基准轴线	固定	圆的轴线必须位于公差值为 ϕ0.12,且与基准轴线同轴的圆柱面内 ◎ ϕ0.12 A—B ϕd_1 ϕd ϕd_2 A B	线的同轴度
对称度	1	公差带是距离为公差值 t,且相对基准的中心平面对称配置的两平行平面之间的区域 t $t/2$ 基准中心面	固定	被测中心平面必须位于距离为公差值0.08,且相对于基准中心平面A对称配置的两平行平面之间 A ⌯ 0.08 A	中心平面的对称度公差

续 表

项目	序号	公差带形状和定义	公差带位置	图样标注和解释	说 明
位置度	1	点的位置度：如果公差值前加注 ϕ，则公差带是直径为公差值 t 的圆内的区域。圆公差带的中心点的位置由相对于基准 A 和 B 的理论正确尺寸确定 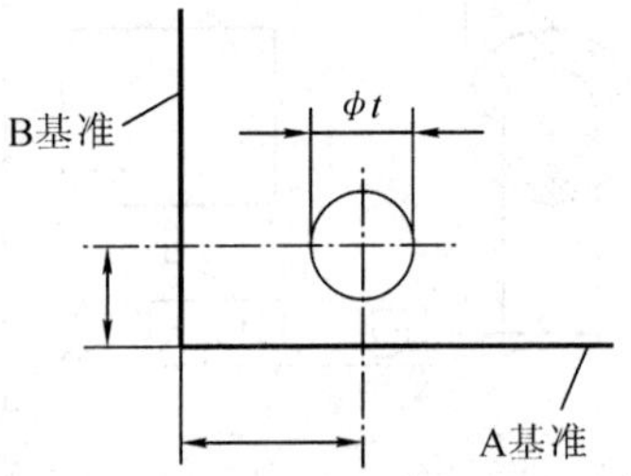 B基准 ϕt A基准 如果公差值前加注 $S\phi$，则公差带是直径为公差值 t 的球内的区域，球公差带的中心点的位置由相对于基准 A，B 和 C 的理论正确尺寸确定 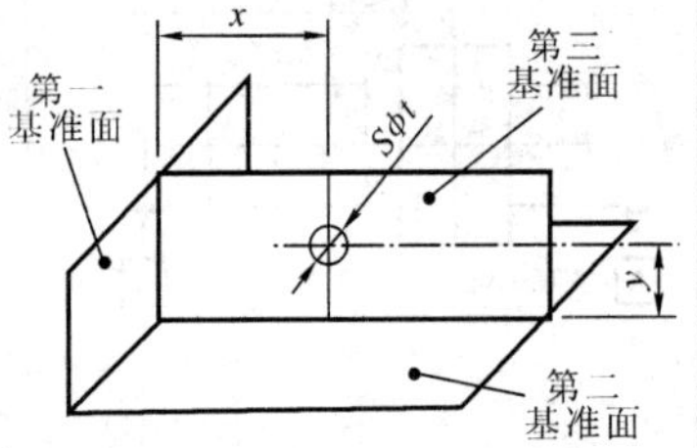 x 第一基准面 $S\phi t$ 第三基准面 y 第二基准面	固定	两个中心线的交点必须位于直径为公差值 0.3 的圆内，该圆的圆心位于相对基准 A 和 B 所确定的点的理想位置上 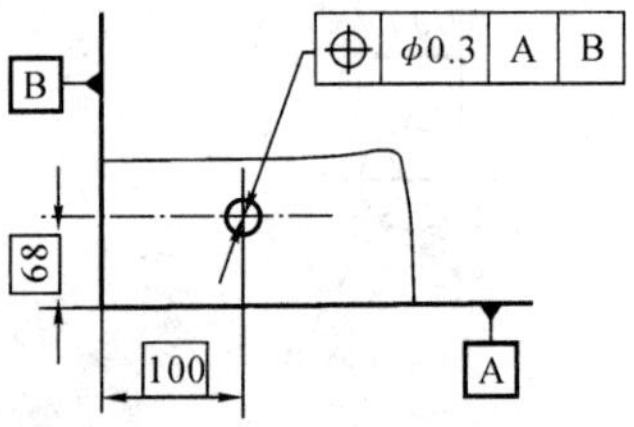 ϕ0.3 A B；B；68；100；A 被测球的球心必须位于直径为公差值 0.3 的球内。该球的球心位于相对基准 A，B，C 所确定的理想位置上 $S\phi$0.3 A B C；C；25；B；A；30 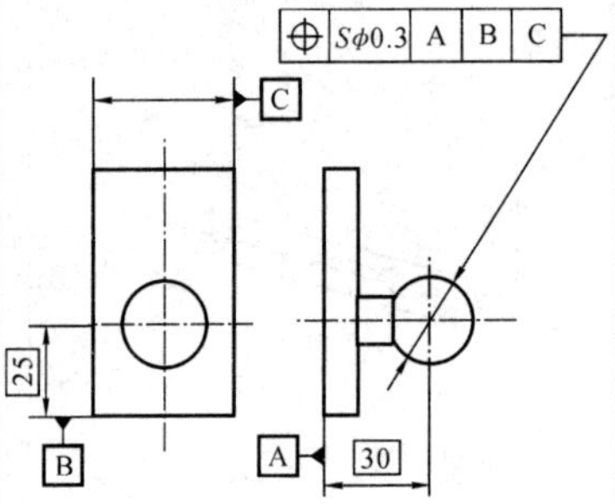	点的位置度
	2	线的位置度：它是直径为公差值 t 的圆柱面内的区域，该圆柱面的轴线的位置由基准平面 A，B，C 和理论正确尺寸确定 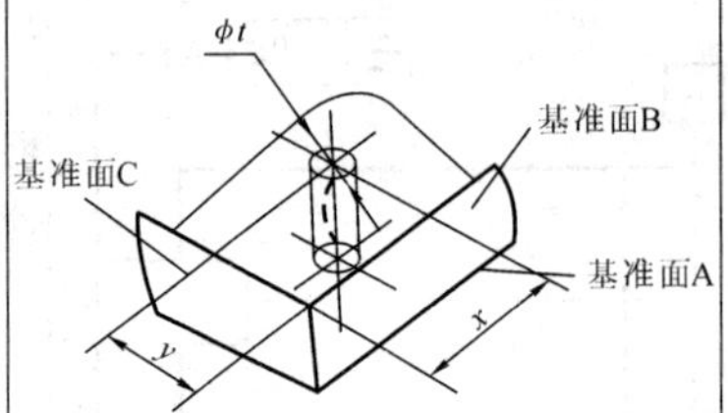 ϕt 基准面B 基准面C 基准面A y x	固定	被测轴线必须位于直径为公差值 0.1，且以相对于 A，B，C 基准表面（基准平面）所确定的理想位置为轴线的圆柱面内 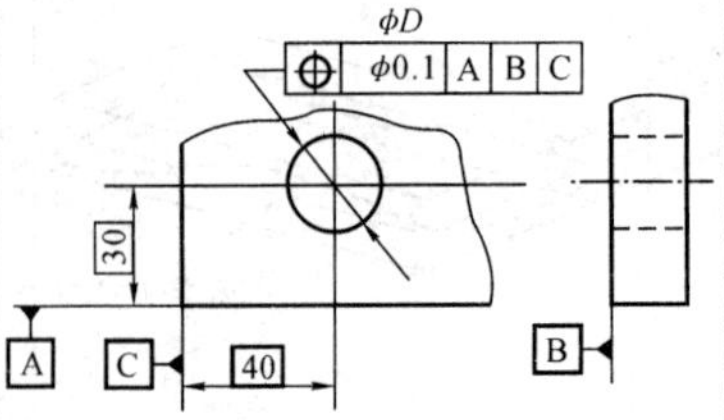 ϕD；ϕ0.1 A B C；30；A；C；40；B	线的位置度公差

续表

项目	序号	公差带形状和定义	公差带位置	图样标注和解释	说明
位置度	3	面的位置度:公差带距离为公差值 t,且以面的理想位置为中心,对称配置的两平行平面之间的区域,面的理想位置是相对于三基面体系的理论正确尺寸 x 基准面B 基准线A α t	固定	被测表面必须位于距离为公差值 0.05,且以基准线 A(基准轴线)和基准表面 B(基准平面)及理论正确尺寸所确定的理想位置对称配置的两平行平面之间 50 B φ 60° A ⌖ 0.05 A B	面位置度公差
线轮廓度	1	公差带是包络一系列直径为公差值 t 的圆的两包络线之间的区域,诸圆的圆心位于具有理论正确几何形状的线上 pφ b a $d=t$	固定	在平行于图样所示投影面的任一截面上,被测轮廓线必须位于包络一系列直径为公差值 0.05,且圆心位于具有理论正确几何形状的线上的两包络线之间 ⌒ 0.05 A 2×R8 8 R16 12 A 25	有基准的线轮廓度公差
面轮廓度	1	公差带是包络一系列直径为公差值 t 的球的两包络面之间的区域,诸球的球心应位于具有理论正确几何形状的面上 Sφd $d=t$	固定	被测轮廓面必须位于包络一系列球的两包络面之间,诸球的直径为公差值 0.03,且球心为具有理论正确几何形状的面上 ⌓ 0.03 A SR A	有基准的面轮廓度公差

3.4.4 跳动公差和公差带

跳动公差是用来限制跳动误差的，是指关联实际要素绕基准轴线回转一周或连续回转时所允许的最大跳动量。它是根据检测方式而规定的几何公差项目，兼有对被测实际要素在形状、方向与位置上的综合精度要求。

跳动公差带是关联被测实际要素在测量方向上，相对于基准允许的变动区域。它具有如下特点：

(1)跳动公差带与基准轴线具有确定的关系，与基准轴线同轴(径向圆跳动、径向全跳动、端面圆跳动、斜向圆跳动)或与基准轴线垂直(端面全跳动)，但位置随被测实际要素浮动。

(2)跳动公差综合限制被测要素的位置、方向和形状误差。

跳动公差分为圆跳动公差和全跳动公差。

(1)圆跳动公差。圆跳动公差是被测要素绕基准轴线作无轴向移动回转一周时，由位置固定的指示器在给定方向上所测得的最大与最小示值之差的允许值。根据指示器测量方向的不同，圆跳动可分为径向圆跳动、端面圆跳动和斜向圆跳动三项。

(2)全跳动公差。全跳动公差是被测要素绕基准轴线作无轴向移动连续回转，同时沿轴向或径向移动的指示器在给定方向上所测得的最大与最小示值之差的允许值。全跳动分为径向全跳动和端面全跳动。

表3-7为跳动公差项目、公差带及说明。

表3-7 跳动公差带(摘自GB/T 1182—2008) (mm)

项目	序号	公差带形状和定义	公差带位置	图样标注和解释	说明
圆跳动	1	公差带是在垂直基准轴线的任一测量平面内，半径差为公差值 t，且圆心在基准轴线上的两同心圆之间的区域 测量平面 t 基准轴线	方向确定，位置浮动	当被测要素围绕基准线A，B的公共轴线旋转一周时，在任一测量平面内的径向圆跳动量均不得大于0.1 ↗ 0.1 A—B A B	径向圆跳动

续表

项目	序号	公差带形状和定义	公差带位置	图样标注和解释	说明
圆跳动	2	公差带是在与基准同轴的任一半径位置的测量圆柱面上的、距离为 t 的两圆之间的区域 基准轴线 公差带 t 任意直径	方向确定，位置浮动	当被测面围绕基准线 D（基准轴线）旋转一周时，在任一测量平面内的轴向跳动量均不得大于 0.1 ↗ 0.1 D D	端面圆跳动
	3	公差带是在与基准同轴的任一测量圆锥面上，距离为 t 的两圆之间的区域；除另有规定外，其测量方向应与被侧面垂直 基准轴线 t 测量圆锥面	方向确定，位置浮动	当被测面绕基准线 A（基准轴线）旋转一周时，在任一测量圆锥面上的跳动量均不得大于 0.05 ↗ 0.05 A ϕd A	斜向圆跳动
全跳动	1	公差带是半径差为公差值 t，且与基准或公共基准同轴的两圆柱面之间的区域 基准轴线	方向确定，位置浮动	被测要素围绕公共基准线 A—B 连续旋转，同时测量仪器沿着轴向移动，被测要素上各点间的示值差均不得大于 0.2 ⌰ 0.2 A—B ϕd_1 ϕd ϕd_2 A B	径向全跳动

续表

项目	序号	公差带形状和定义	公差带位置	图样标注和解释	说明
全跳动	2	公差带是距离为公差值 t，且与基准垂直的两平行平面之间的区域 t 基准轴线	方向确定，位置浮动	被测零件绕基准轴线 A 作无轴向移动的连续旋转，同时指示表沿垂直基准轴线的方向作直线移动时，在整个端面上的跳动不大于 0.05 ϕd　0.05　A A	端面全跳动

3.5 几何误差检测原则

由于机械零件的功能及使用环境等的不同，被测零件的结构、尺寸和精度要求不同，检测时使用的设备及条件也不同，因此，对于同一几何公差项目，可使用不同的检测方法进行检测。

在国家标准 GB/T 1182—2008 规定的几何公差中，除跳动之外的其他项目均按几何概念定义，几何误差由最小区域的大小来确定。但是，从原理上讲，需要遵守相应的测量原理；另外，对实际被测要素确定最小区域往往难度较大，应从测量原理上寻求可行的几何误差测量方法。为了能够正确地检测几何误差，便于合理地选择测量方法、量具和仪器，国家标准 GB/T 1958—2004 归纳出一套检测几何误差的方案，规定了五种检测原则。

3.5.1 与理想要素比较原则

与理想要素比较的原则就是将被测实际要素与理想要素比较，从而获得几何误差的数值的测量方法。使用此原则所测得的结果与规定的误差定义一致，是一种检测几何误差的基本原则。

应用该原则有两个关键问题：一个是如何体现理想要素；另一个是如何测得与之比较的误差数据。取得理想要素是关键，因为它直接影响到检测精度和检测方法。

体现理想要素通常用模拟法，如图 3－32 所示，用刀口尺模拟理想直线，用精密平面模拟理想平面，用精密轴系回转的轨迹来模拟理想圆。在模拟中，模拟理想要素的误差将直接反映到测量值中，成为测量总误差中的重要组成部分，因此，模拟理想要素的形状应足够精确。

当获得误差数据时，有直接法和间接法两种。直接法可直接获得测量误差数据，例如，当检测平面度误差时，可采用平板模拟理想平面，通过百分表示值的摆动范围直接得到平面度误差值。间接法需要对获得的测量数据进行一定的处理方可得到误差值。例如，当用自准直仪检测直线度误差时，对所获得的数据进行必要的计算后才可得到直线度误差值。

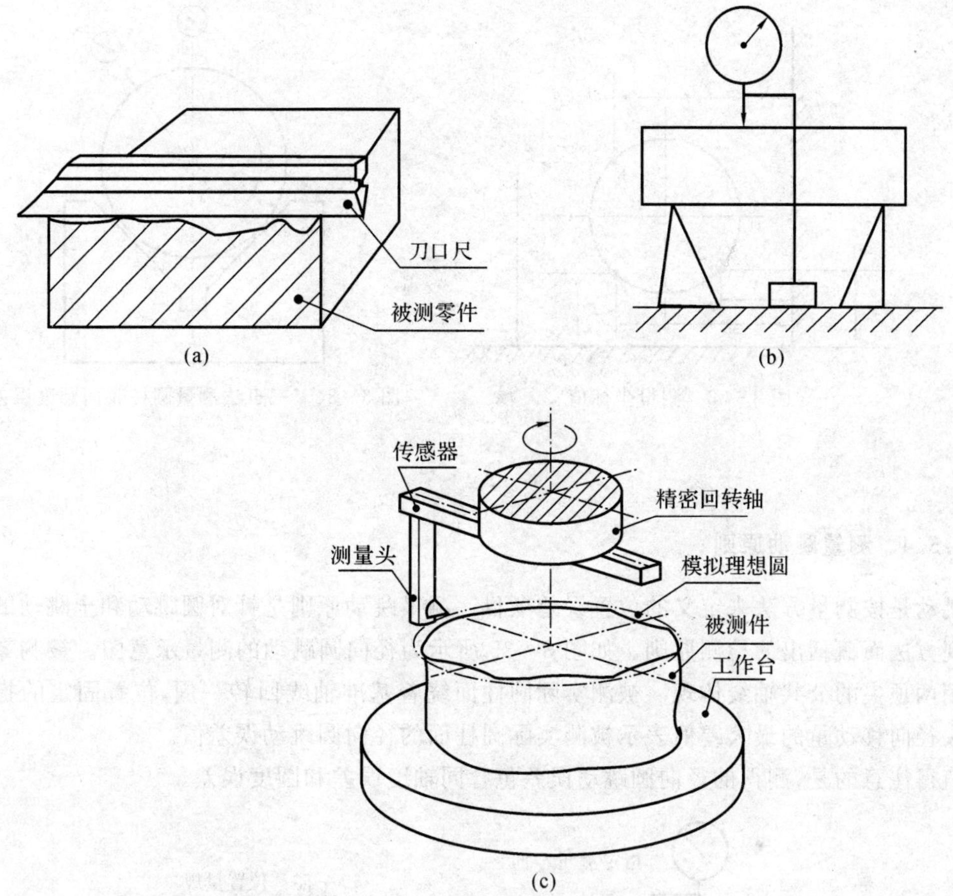

图 3-32　模拟法体现理想要素

(a)刀口尺模拟理想直线；(b)平板模拟理想平面；(c)圆度仪测量示意图

3.5.2　测量坐标值原则

测量坐标值原则就是测量被测要素的坐标值(如直角坐标值、极坐标值)，并经过数据处理的方法获得几何误差值。该原则适用于测量形状复杂的零件，由于数据处理较复杂，因此还没有得到普遍应用。如图 3-33 所示，通过坐标测量机测量圆周上三点的坐标值，然后经过计算得到该圆的圆心位置，并与理论位置进行比较得到其位置度误差值。

3.5.3　测量特征参数原则

测量特征参数原则是指测量被测实际要素上具有代表性的特征参数来表示几何误差值。如图 3-34 所示，采用三点测量法测量圆柱表面圆度误差。该法是在垂直于圆柱轴线的测量平面内测量圆柱表面直径方向的变化，找出检测值中的直径最大差值，来评定圆度误差值。

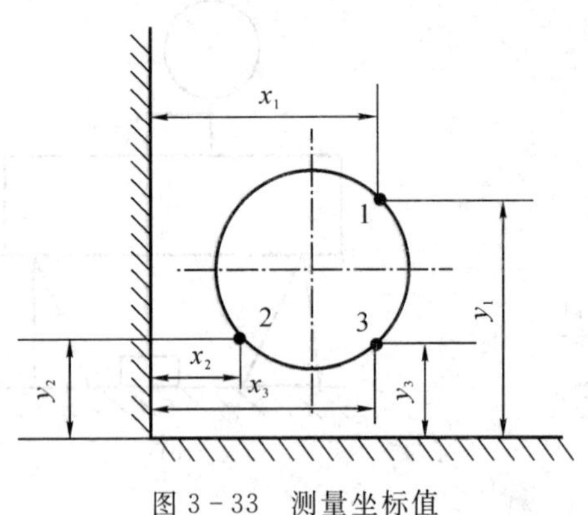

图 3-33 测量坐标值

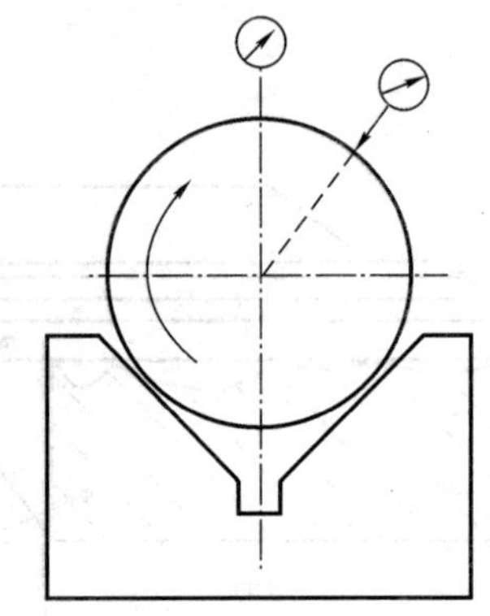

图 3-34 三点法测量圆柱表面圆度误差

3.5.4 测量跳动原则

跳动是按测量方法来定义的位置误差项目。测量跳动原则是针对圆跳动和全跳动的定义和实现方法而概括出的检测原则。如图 3-35 所示为径向圆跳动的测量示意图。被测零件的基准用两顶尖的公共轴线体现。被测实际圆柱面绕着基准轴线回转一周，位置固定的指示器的测头径向移动量的最大差值表示被测实际圆柱面的径向圆跳动误差值。

值得注意的是，测得的径向圆跳动误差包含同轴度误差和圆度误差。

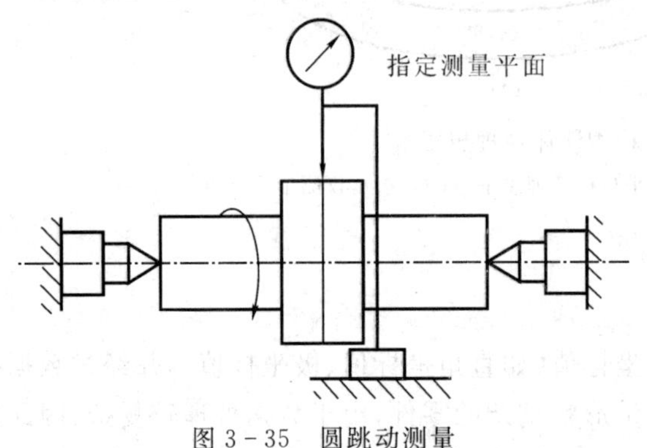

图 3-35 圆跳动测量

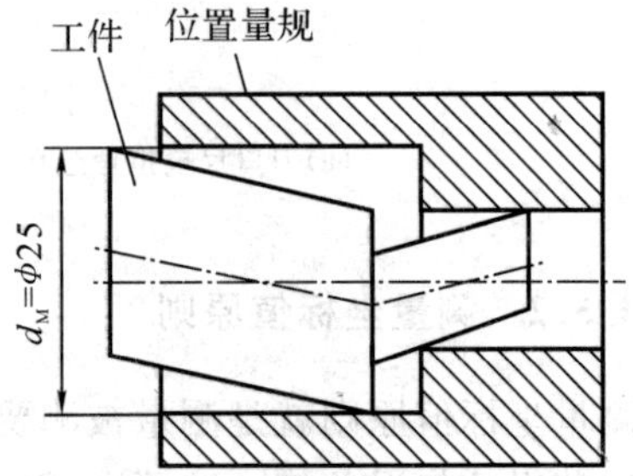

图 3-36 测量同轴度的位置量规

3.5.5 理想边界控制原则

理想边界控制原则是控制和检验被测实际要素是否超过理想边界，从而判断其合格与否的原则，它仅限于采用相关要求并用综合量规检验的场合。

此时的理想边界是指按包容要求或最大实体要求所确定的最大实体边界或最大实体实效边界，要求被测要素的实际轮廓不能超出该边界。

实际检测时，理想边界控制原则用光滑极限量规的通规或功能量规来模拟图样上给定的理想边界，若被测要素的实际轮廓能通过量规的检测，则表示合格，否则不合格。如图 3-36 所示为一个阶梯轴轴线同轴度量规，按边界控制原则检测轴的体外作用尺寸，被测件大端圆柱体(被测要素的实际轮廓)应遵守最大实体边界，即用 $d_M=\phi25$(最大实体尺寸)所确定的位置量规的测头(直径为 $\phi25$ 的理想圆柱孔)检测，若工件能通过量规则合格，否则不合格。

3.6　公差原则与公差要求

当同一被测要素既有尺寸公差又有几何公差时，确定尺寸公差与几何公差之间相互关系的原则称为公差原则。国家标准 GB/T 4249—2009《产品几何技术规范(GPS)公差原则》和 GB/T 16671—2009《产品几何技术规范(GPS) 几何公差 最大实体要求、最小实体要求和可逆要求》中规定，公差原则分为独立原则和相关要求。相关要求又分为包容要求、最大实体要求、最小实体要求和可逆要求，如图 3-37 所示。

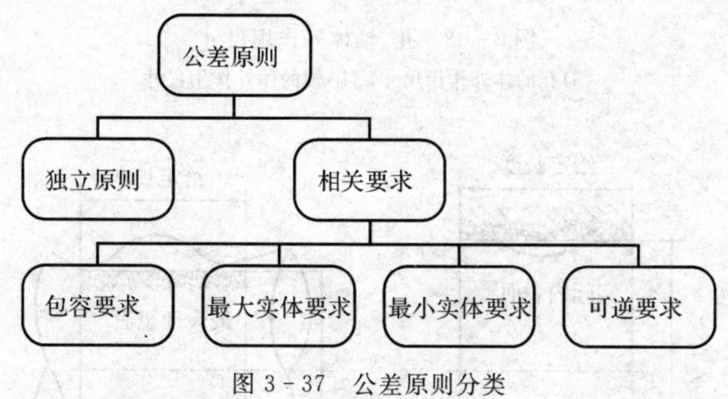

图 3-37　公差原则分类

3.6.1　有关术语及定义

1. 体外作用尺寸(D_{fe},d_{fe})

在被测要素的配合长度上，与实际内表面体外相接的最大理想面，或与实际外表面体外相接的最小理想面的直径或宽度称为体外作用尺寸，如图 3-38 所示。孔的体外作用尺寸用 D_{fe} 表示，轴的体外作用尺寸用 d_{fe} 表示。当孔、轴存在几何误差 $f_{几何}$ 时，其体外作用尺寸的理想面位于零件的实体之外。孔的体外作用尺寸小于或等于孔的实际尺寸，轴的体外作用尺寸大于或等于轴的实际尺寸，即

$$D_{fe}=D_a-f_{几何} \tag{3-1}$$

$$d_{fe}=d_a+f_{几何} \tag{3-2}$$

2. 体内作用尺寸(D_{fi},d_{fi})

在被测要素的配合长度上，与实际内表面体内相接的最小理想面，或与实际外表面体内相接的最大理想面的直径或宽度称为体内作用尺寸，如图 3-39 所示。

孔的体内作用尺寸用 D_{fi} 表示，轴的体内作用尺寸用 d_{fi} 表示。当孔、轴存在几何误差 $f_{几何}$ 时，其体内作用尺寸的理想面位于零件的实体内。孔的体内作用尺寸大于或等于孔的实际尺寸，轴的体内作用尺寸小于或等于轴的实际尺寸，即

$$D_{fi}=D_a+f_{几何} \tag{3-3}$$

$$d_{fi}=d_a-f_{几何} \tag{3-4}$$

【注意】作用尺寸是由实际尺寸和几何误差综合形成的，对于每个零件不尽相同。

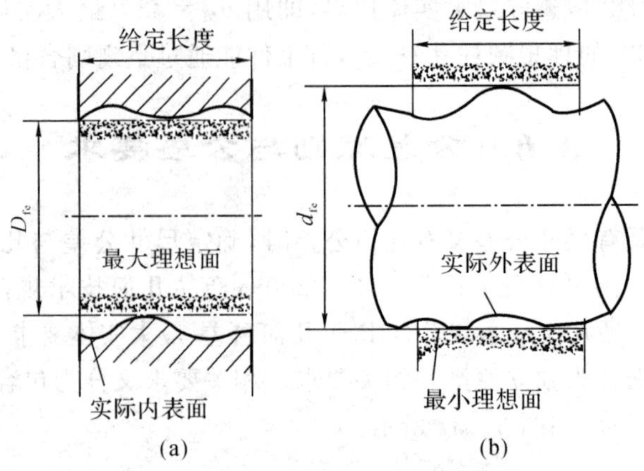

图 3-38　孔、轴体外作用尺寸

(a)孔的体外作用尺寸；(b)轴的体外作用尺寸

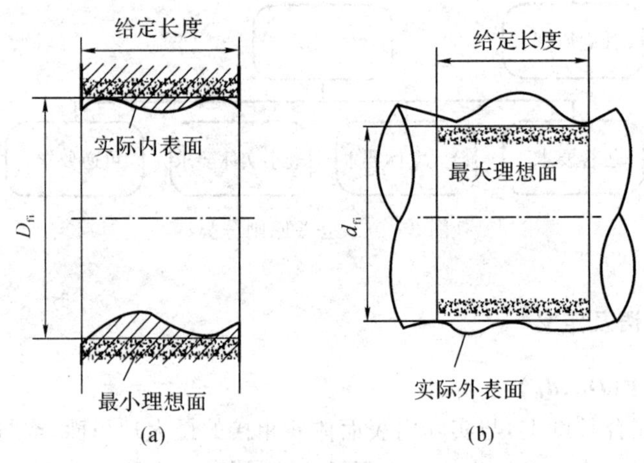

图 3-39　孔、轴体内作用尺寸

(a)孔的体内作用尺寸；(b)轴的体内作用尺寸

3. 最大实体状态(MMC)、最大实体尺寸(MMS)和最大实体边界(MMB)

实际要素在给定长度上处处位于尺寸极限之内，并具有实体最大(占有材料最多)时的状态称为最大实体状态。

最大实体状态下的尺寸称为最大实体尺寸。对于内表面，最大实体尺寸是其下极限尺寸，用 D_M 表示；对于外表面，最大实体尺寸是其上极限尺寸，用 d_M 表示。即

$$D_M = D_{min} \tag{3-5}$$

$$d_M = d_{max} \tag{3-6}$$

由设计给定的具有理想形状的极限包容面称为边界，边界的尺寸为极限包容面的直径或宽度。尺寸为最大实体尺寸的边界称为最大实体边界，用 MMB 表示。

4. 最小实体状态(LMC)、最小实体尺寸(LMS) 和最小实体边界(LMB)

实际要素在给定长度上处处位于尺寸极限之内，并具有实体最小(占有材料最少)时的状态称为最小实体状态。

最小实体状态下的尺寸称为最小实体尺寸。对于内表面，最小实体尺寸是其上极限尺寸，用 D_L 表示；对于外表面，最小实体尺寸是其下极限尺寸，用 d_L 表示。即

$$D_L = D_{max} \tag{3-7}$$

$$d_L = d_{min} \tag{3-8}$$

尺寸为最小实体尺寸的边界称为最小实体边界，用 LMB 表示。

5. 最大实体实效状态(MMVC)、最大实体实效尺寸(MMVS)和最大实体实效边界(MMVB)

实际要素在给定长度上处于最大实体状态，并且其中心要素的几何误差等于给定公差值时的综合极限状态称为最大实体实效状态。

最大实体实效状态下的体外作用尺寸称为最大实体实效尺寸。对于内表面，它等于最大实体尺寸减几何公差值 t，用 D_{MV} 表示；对于外表面，它等于最大实体尺寸加几何公差值 t，用 d_{MV} 表示。即

$$D_{MV} = D_M - t \tag{3-9}$$

$$d_{MV} = d_M + t \tag{3-10}$$

如图 3-40 所示为孔、轴最大实体实效状态和最大实体实效尺寸。

尺寸为最大实体实效尺寸的边界称为最大实体实效边界，用 MMVB 表示。

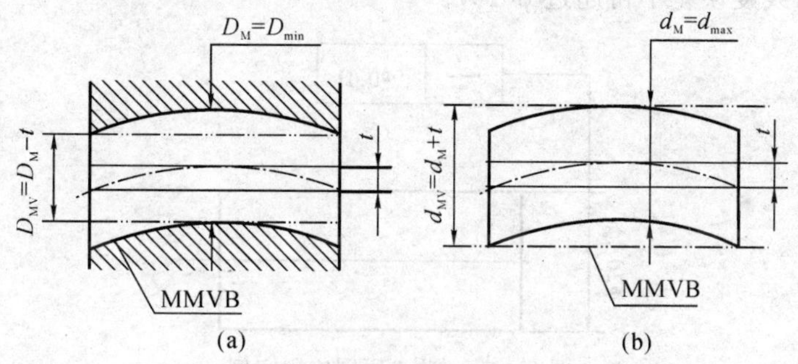

图 3-40　孔和轴的最大实体实效尺寸

(a) 孔的最大实体实效尺寸；(b) 轴的最大实体实效尺寸

6. 最小实体实效状态(LMVC)、最小实体实效尺寸(LMVS)和最小实体实效边界(LMVB)

实际要素在给定长度上处于最小实体状态，并且其中心要素的几何误差等于给定公差值时的综合极限状态称为最小实体实效状态。

最小实体实效状态下的体内作用尺寸称为最小实体实效尺寸。对于内表面，它等于最小实体尺寸加几何公差值 t，用 D_{LV} 表示；对于外表面，它等于最小实体尺寸减几何公差值 t，用 d_{LV} 表示。即

$$D_{LV} = D_L + t \tag{3-11}$$

$$d_{LV} = d_L - t \tag{3-12}$$

如图 3-41 所示为孔、轴最小实体实效状态和最小实体实效尺寸。

尺寸为最小实体实效尺寸的边界称为最小实体实效边界，用 LMVB 表示。

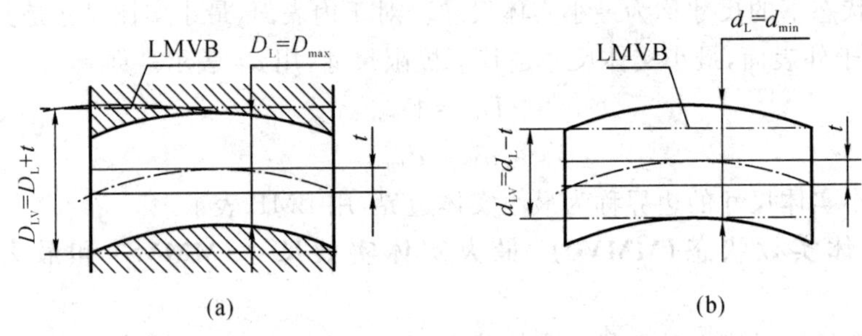

图 3-41 孔和轴的最小实体实效尺寸

(a) 孔的最小实体实效尺寸；(b) 轴的最小实体实效尺寸

3.6.2 独立原则

独立原则是指图样上所给定的尺寸公差和几何公差(形状、方向或位置公差)相互独立，应分别予以满足的公差原则。

如图 3-42 所示，标注时不需要附加任何表示相互关系的符号。图中表示其实际尺寸必须在 ϕ19.979 ～ ϕ20 内，而给定的直线度公差只能控制轴线的直线度误差，无论轴的实际尺寸如何变动，轴线的直线度误差不得超过 ϕ0.01。

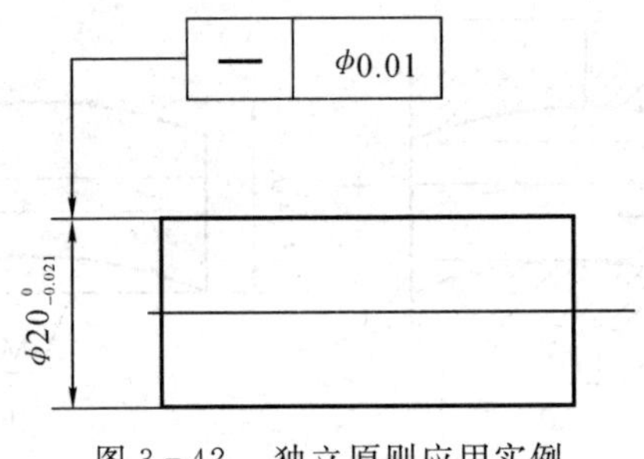

图 3-42 独立原则应用实例

对于绝大多数零件来说，其功能要求对要素的尺寸公差和几何公差的要求都是相互无关的，故独立原则是尺寸公差和几何公差相互关系遵循的基本原则。该原则常用于以下状况：

(1) 确保运动精度要求的部位。例如，机床导轨零件，要求严格保证直线运动的精度，为不受尺寸影响，结构上采用间隙调整装置。

(2) 确保间隙或过盈均匀，以保证密封或压合紧度的部位。例如，液压附件柱塞之间的同轴度要求。

(3) 影响旋转平衡、强度、质量、外观等，对尺寸精度要求不高的场合。例如，内燃机的高速飞轮外圆对安装孔轴线的同轴度要求很高，但尺寸精度要求不高。

3.6.3 包容要求(ER)

1. 包容要求的含义

采用包容要求的实际要素应遵守最大实体边界，即其体外作用尺寸不超出最大实体尺寸，且局部实际尺寸不超出最小实体尺寸。采用包容要求时的合格条件为：

对于内表面(孔)，有

$$D_{fe} \geqslant D_M = D_{min} \quad \text{且} \quad D_a \leqslant D_L = D_{max} \tag{3-13}$$

对于外表面(轴),有

$$d_{fe} \leqslant d_M = d_{max} \quad \text{且} \quad d_a \geqslant d_L = d_{min} \tag{3-14}$$

包容要求仅适用于单一要素,如圆柱表面或两平行表面。采用包容要求的要素,应在其尺寸极限偏差或公差带代号后加注符号"Ⓔ",如图 3-43(a) 所示。

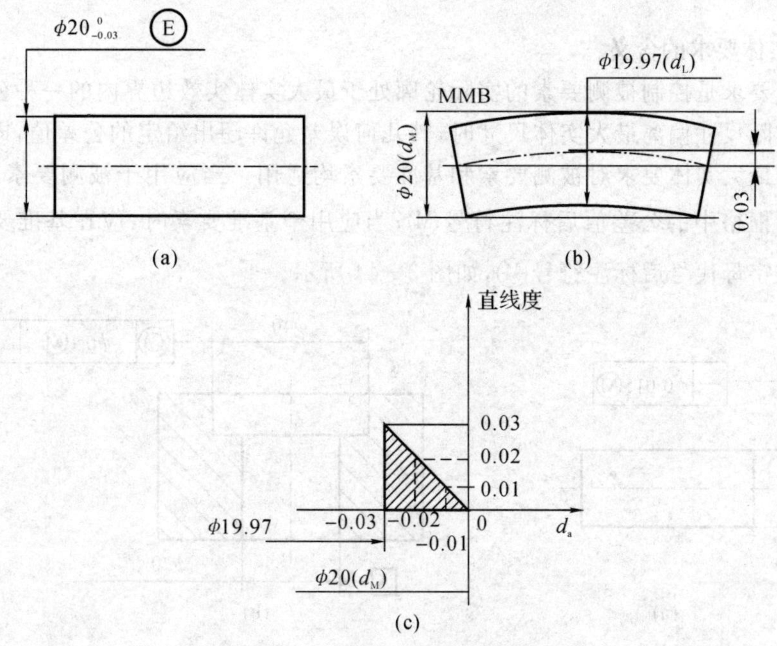

图 3-43　包容要求应用实例

(a) 图样标注;(b) 最大实体边界及最大直线度误差;(c) 直线度公差动态图

2. 包容要求的特点

当要素的实际尺寸处处为最大实体尺寸时,不允许有形状误差;当要素的实际尺寸偏离最大实体尺寸时,允许有形状误差,但形状误差与实际尺寸形成的体外作用尺寸不得超越最大实体边界,即形状误差受尺寸公差限制。

【例 3-1】　如图 3-43(a) 所示,轴的尺寸为 $\phi 20^{0}_{-0.03}$Ⓔ,采用包容要求,说明实际轴应满足什么条件。

【解】 (1) 实际轴必须在最大实体边界内,最大实体边界尺寸为直径等于 $\phi 20$ 的理想圆柱面,如图 3-43(b) 所示。

(2) 当轴各处的直径均为最大实体尺寸 $\phi 20$ 时,轴的直线度公差为零。

(3) 当轴的实际直径偏离最大实体尺寸 $\phi 20$ 时,轴允许有直线度误差,其允许的误差值就是轴的实际直径对其最大实体尺寸 $\phi 20$ 的偏离量。

(4) 当轴的直径均为最小实体尺寸 $\phi 19.97$ 时,轴允许的直线度误差达到最大值,即轴的尺寸公差为 0.03。

(5) 轴的直线度公差在 0 ～ 0.03 范围内变动,随轴的实际尺寸而定,如图 3-43(c) 所示。

3. 包容要求的应用

应用包容要求时,包括几何误差在内,零件的实际要素不会超过最大实体边界,因此能确保配合性质的要求。凡需要严格保证配合性质或配合精度的场合，都应采用包容要求。用最大实体尺寸综合控制零件的实际尺寸和形状误差，在间隙配合中，保证必要的最小间隙，以使得相配合的零件运转灵活；在过盈配合中，控制最大过盈量，既保证配合具有足够的连接强度，又避免过盈量过大而损坏零件。

3.6.4 最大实体要求(MMR)

1. 最大实体要求的含义

最大实体要求是控制被测要素的实际轮廓处于最大实体实效边界内的一种公差要求。当被测要素的实际尺寸偏离最大实体尺寸时，其几何误差允许超出给定的公差值，即几何误差值能得到补偿。最大实体要求对被测要素和基准要素均适用。当应用于被测要素时，应在被测要素几何公差框格中的公差值后标注符号Ⓜ；当应用于基准要素时，应在基准要素几何公差框格内的基准字母代号后标注符号Ⓜ，如图 3-44 所示。

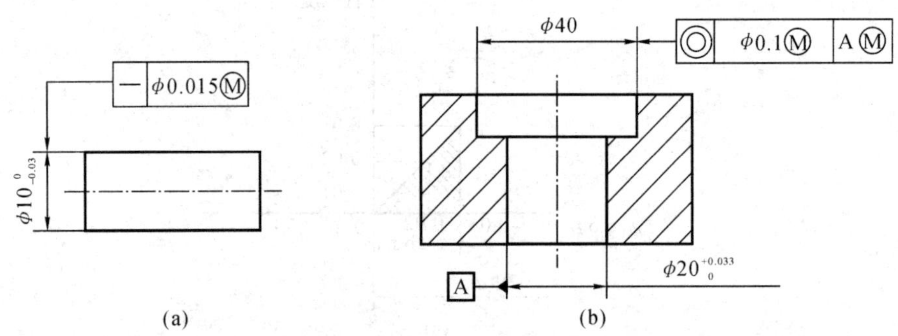

图 3-44 最大实体要求的标注

(a) 用于被测要素；(b) 同时用于被测要素和基准要素

2. 最大实体要求用于被测要素

当最大实体要求用于被测要素时，被测要素的几何公差是在该要素处于最大实体状态时给定的。当被测要素的实际轮廓偏离其最大实体状态，即实体尺寸偏离最大实体尺寸时，其几何公差值可以增大，所允许的几何误差为图样上给定的几何公差值与实际尺寸对最大实体尺寸的偏离量之和。

此时，被测要素的实际轮廓应遵守最大实体实效边界，即其体外作用尺寸不得超出最大实体实效尺寸，且其局部实际尺寸处于最大实体尺寸和最小实体尺寸之间。被测要素的合格条件为：

对于内表面(孔)，有

$$D_{fe} \geqslant D_{MV} = D_{min} - t \quad 且 \quad D_{min} \leqslant D_a \leqslant D_{max} \tag{3-15}$$

对于外表面(轴)，有

$$d_{fe} \leqslant d_{MV} = d_{max} + t \quad 且 \quad d_L = d_{min} \leqslant d_a \leqslant d_{max} = d_M \tag{3-16}$$

(1) 被测要素为单一要素。

【例 3-2】 如图 3-45(a) 所示，$\phi 20^{0}_{-0.3}$ 轴的轴线直线度公差采用最大实体要求。试分析实际轴线应该满足的条件。

【解】 轴的体外作用尺寸不得大于其最大实体实效尺寸 d_{MV}，即

$$d_{MV}=d_M+t=\phi 20+\phi 0.1=\phi 20.1$$

当轴处于最大实体状态时，其轴线的直线度公差为 $\phi 0.1$，如图 3-45(b) 所示；当轴偏离最大实体状态时，其轴线的直线度公差可以相应地增大。如图 3-45(c) 所示，当轴的实际尺寸处处为 $\phi 19.9$ 时，其轴线的直线度公差为 $t=\phi 0.1+\phi 0.1=\phi 0.2$；如图 3-45(d) 所示，当轴处于最小实体状态时，其轴线允许的直线度公差达到最大值，等于图样上所给定直线度公差值与轴的尺寸公差之和，即 $t=\phi 0.1+\phi 0.3=\phi 0.4$。

由此可知，采用最大实体要求时，轴线的直线度公差不是一个恒定值，而是随着实际尺寸的变化而变动的。如图 3-45(e) 所示为直线度公差随实际尺寸变化的动态公差图。

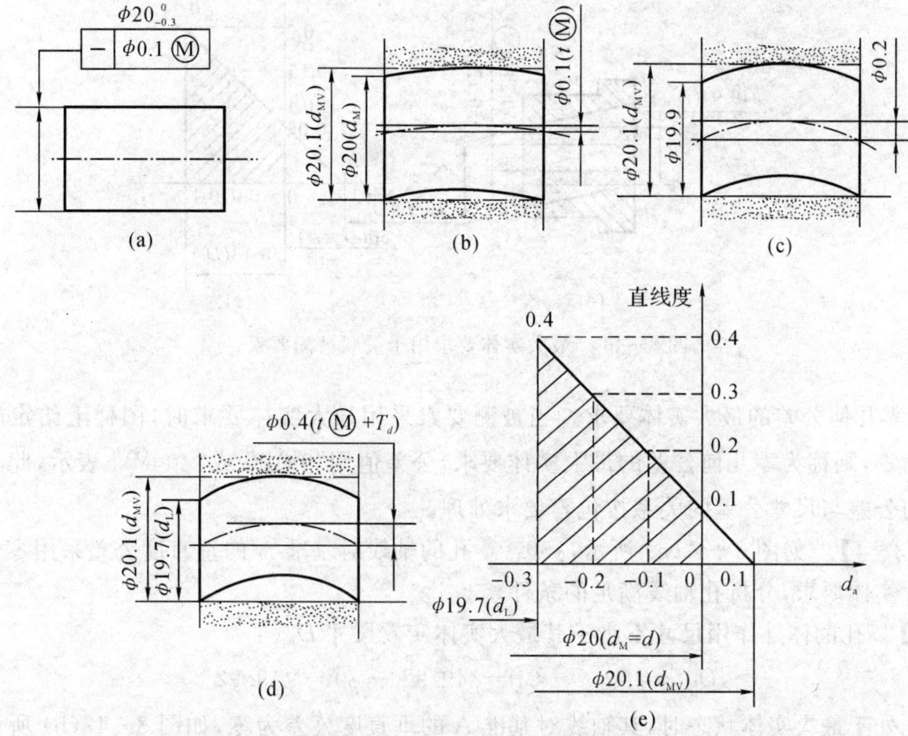

图 3-45　最大实体要求用于单一要素

(2) 被测要素为关联要素。

【例 3-3】　如图 3-46(a) 所示，$\phi 50^{+0.13}_{0}$ 孔的轴线对基准 A 的垂直度公差采用最大实体要求，试分析实际孔轴线满足的条件。

【解】　孔的体外作用尺寸不小于其最大实体实效尺寸 D_{MV}，即

$$D_{MV}=D_M-t=\phi 50-\phi 0.08=\phi 49.92$$

当孔处于最大实体状态时，其轴线对基准 A 的垂直度公差为 $\phi 0.08$，如图 3-46(b) 所示，当孔偏离最大实体状态时，其轴线对基准 A 的垂直度公差可以相应地增大。如图 3-46(c) 所示，当孔的实际尺寸处处为 $\phi 50.07$ 时，其轴线对基准 A 的垂直度公差为 $t=\phi 0.08+\phi 0.07=\phi 0.15$；如图 3-46(d) 所示，当孔处于最小实体状态时，其轴线允许的直线度公差达到最大值，等于图样上所给定直线度公差值与孔的尺寸公差之和，即 $t=\phi 0.08+\phi 0.13=\phi 0.21$。

由此可知，采用最大实体要求时，孔的轴线对基准 A 的垂直度公差也是随着孔的实际尺寸的变化而变动的，如图 3-45(e) 所示为垂直度公差随实际尺寸变化的动态公差图。

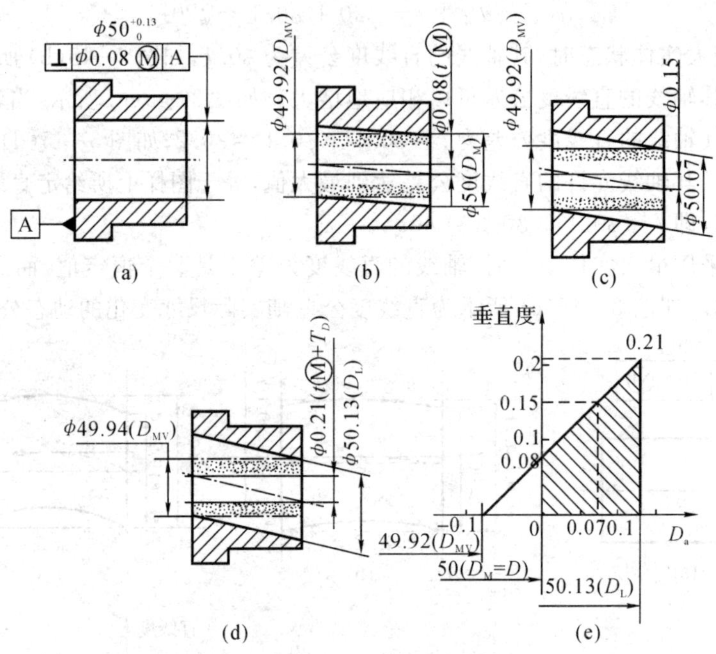

图 3-46　最大实体要求用于关联被测要素

(3) 零几何公差的最大实体要求。当被测要素采用最大实体要求时，图样上给定的几何公差值为零，则称为零几何公差的最大实体要求，公差值用"0 Ⓜ"或"ϕ0 Ⓜ"表示，此时被测要素几何公差与尺寸公差的关系按包容要求处理。

【例 3-4】　如图 3-47(a) 所示，$\phi50^{+0.13}_{-0.08}$ 孔的轴线对基准 A 的垂直度公差采用零几何公差的最大实体要求，分析孔轴线满足的条件。

【解】　孔的体外作用尺寸不小于其最大实体实效尺寸 D_{MV}：

$$D_{MV} = D_M - t \text{Ⓜ} = \phi49.92 - \phi0 = \phi49.92$$

当孔处于最大实体状态时，其轴线对基准 A 的垂直度公差为零，如图 3-47(b) 所示。当孔偏离最大实体状态时，允许轴线对基准 A 有垂直度误差。如图 3-47(c) 所示，当孔处于最小实体状态时，其轴线允许的直线度公差达到最大值，等于孔的尺寸公差，即 $t = \phi0.21$。

同样，孔的轴线对基准 A 的垂直度公差也是随着孔的实际尺寸的变化而变动的。如图 3-47(d) 所示为动态公差图，反映了孔的轴线对基准 A 的垂直度公差与孔的实际尺寸之间的关系。

3. 最大实体要求应用于基准要素

在图样上公差框格中基准字母后标注符号Ⓜ，表示最大实体要求用于基准要素。此时，基准要素应遵守相应的边界。若基准的实际轮廓偏离相应的边界，即其体外作用尺寸偏离相应的边界尺寸，则允许基准要素在一定范围内浮动，其浮动量等于基准要素的体外作用尺寸与其相应的边界尺寸之差。

当最大实体要求应用于基准要素时，基准要素应遵守的边界情况有以下两种：

(1) 基准要素本身采用最大实体要求，应遵守最大实体实效边界。在图样上，基准代号应标注在基准要素几何公差框格下方，如图 3-48 所示。

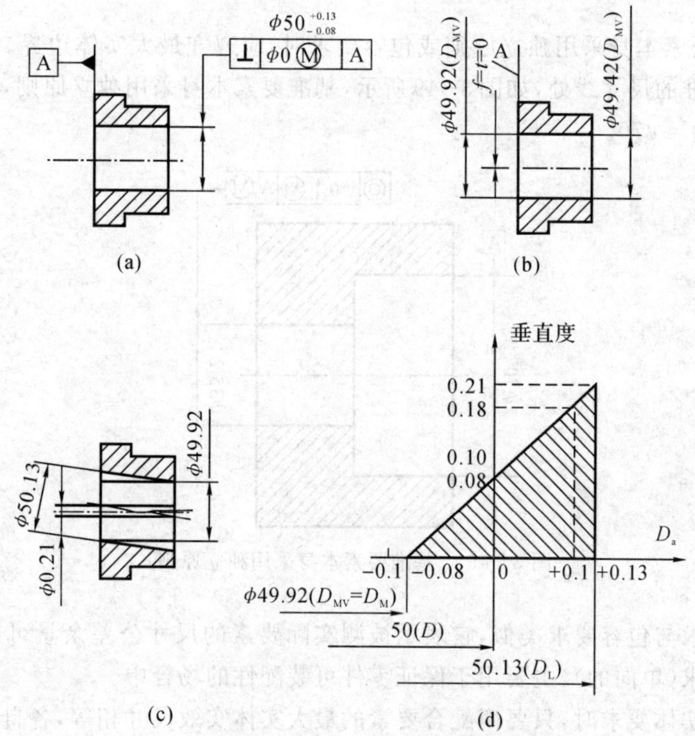

图3-47 零几何公差的最大实体要求

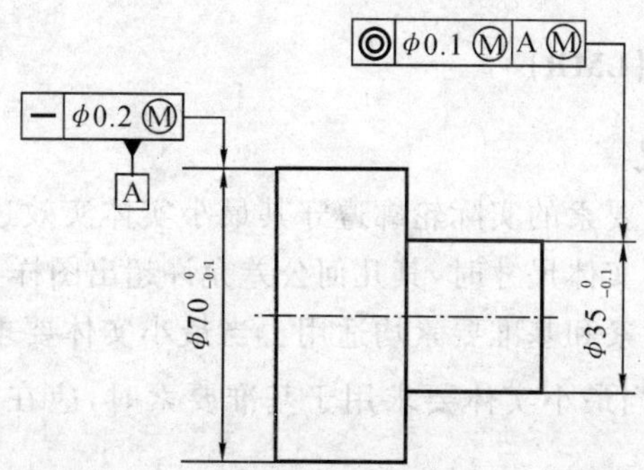

图3-48 基准要素本身采用最大实体要求

如图3-48所示，基准要素A本身轴线的直线度公差采用最大实体要求(φ0.2Ⓜ)，其遵守的最大实体实效边界尺寸为 $d_{MV}=d_M+t=\phi70+\phi0.2=\phi70.2$ 。

在基准要素处在最大实体实效状态的情况下，当关联被测实际要素处于最大实体状态时的同轴度公差为给出的公差值 φ0.1；在其实际尺寸偏离最大实体尺寸后，同轴度公差可获得增大，增大量为其实际尺寸与最大实体尺寸的偏离量；当实际尺寸处于最小实体尺寸时所获得的同轴度公差增大值达到其尺寸公差，即 φ0.1，此时位置公差达到最大，为 φ0.2。

当基准要素偏离最大实体实效状态时，允许基准要素在其偏离的区域内浮动，此浮动范围就是基准要素的体外作用尺寸与其最大实体实效尺寸之差。正是由于基准要素的这种浮动而放松了被测要素相对于基准的同轴度误差值，起到了对被测要素的给定同轴度公差值进行补偿的作用。

(2) 当基准要素本身采用独立原则或包容要求时，应遵守最大实体边界。在图样上，基准代号应标注在基准的尺寸线处，如图3-49所示，基准要素本身采用独立原则，其遵守的最大实体边界尺寸为 $D_M=\phi70$。

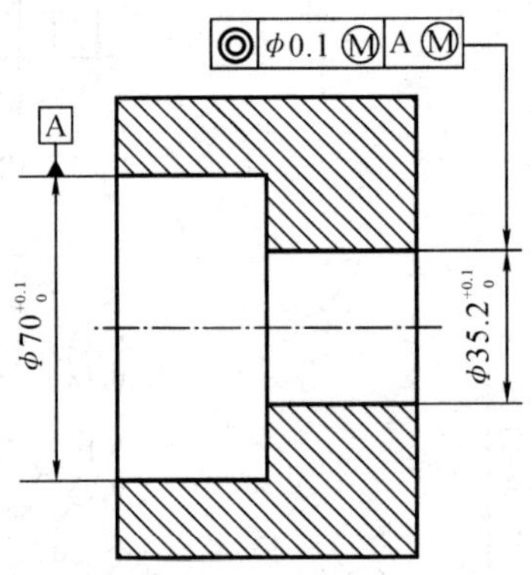

图3-49 基准要素本身采用独立原则

最大实体要求与包容要求类似，它表示被测实际要素的尺寸公差余量可以补偿给几何公差的一种相关要求(单向的)，主要用于保证零件可装配性的场合中。

当遵守最大实体要求时，只要两配合要素的最大实体实效尺寸相等，各自的体外作用尺寸都不超过最大实体实效边界，就肯定能保证自由装配；只要配合要素的实际尺寸能补偿，几何公差可超出给定值，就可最大限度地成为合格零件，增大成品率，提高产品的经济效益。

3.6.5 最小实体要求(LMR)

1. 最小实体要求的含义

最小实体要求是指被测要素的实际轮廓遵守其最小实体实效边界的一种公差要求，当被测要素的实际尺寸偏离最小实体尺寸时，其几何公差允许超出图样上所给定的公差值。

最小实体要求对被测要素和基准要素均适用。当最小实体要求用于被测要素时，应在给定的公差值后标注符号Ⓛ；当最小实体要求用于基准要素时，应在相应的基准字母代号后标注符号Ⓛ。

2. 最小实体要求用于被测要素

当最小实体要求用于被测要素时，被测要素的实际轮廓应遵守最小实体实效边界，即其体内作用尺寸不得超出最小实体实效尺寸，且其局部实际尺寸处于最大实体尺寸和最小实体尺寸之间。被测要素的合格条件为：

对于内表面(孔)，有

$$D_{fi} \leqslant D_{LV} \quad 且 \quad D_{min} \leqslant D_a \leqslant D_{max} \tag{3-17}$$

对于外表面(轴)，有

$$d_{fi} \geqslant d_{LV} \quad 且 \quad d_{min} \leqslant d_a \leqslant d_{max} \tag{3-18}$$

当被测要素采用最小实体要求时，图样上给定的几何公差值为零，则称为最小实体要求的零几何公差，用“0 Ⓛ”或“φ0 Ⓛ”表示，此时，被测要素的最小实体实效尺寸就等于被测要素的最小实体尺寸。

【例3-5】 如图3-50(a)所示，最小实体要求应用于孔$\phi 8^{+0.25}_{0}$的轴线对基准A的位置度公差，以保证孔与边缘之间的最小距离，试分析孔轴线应满足的条件。

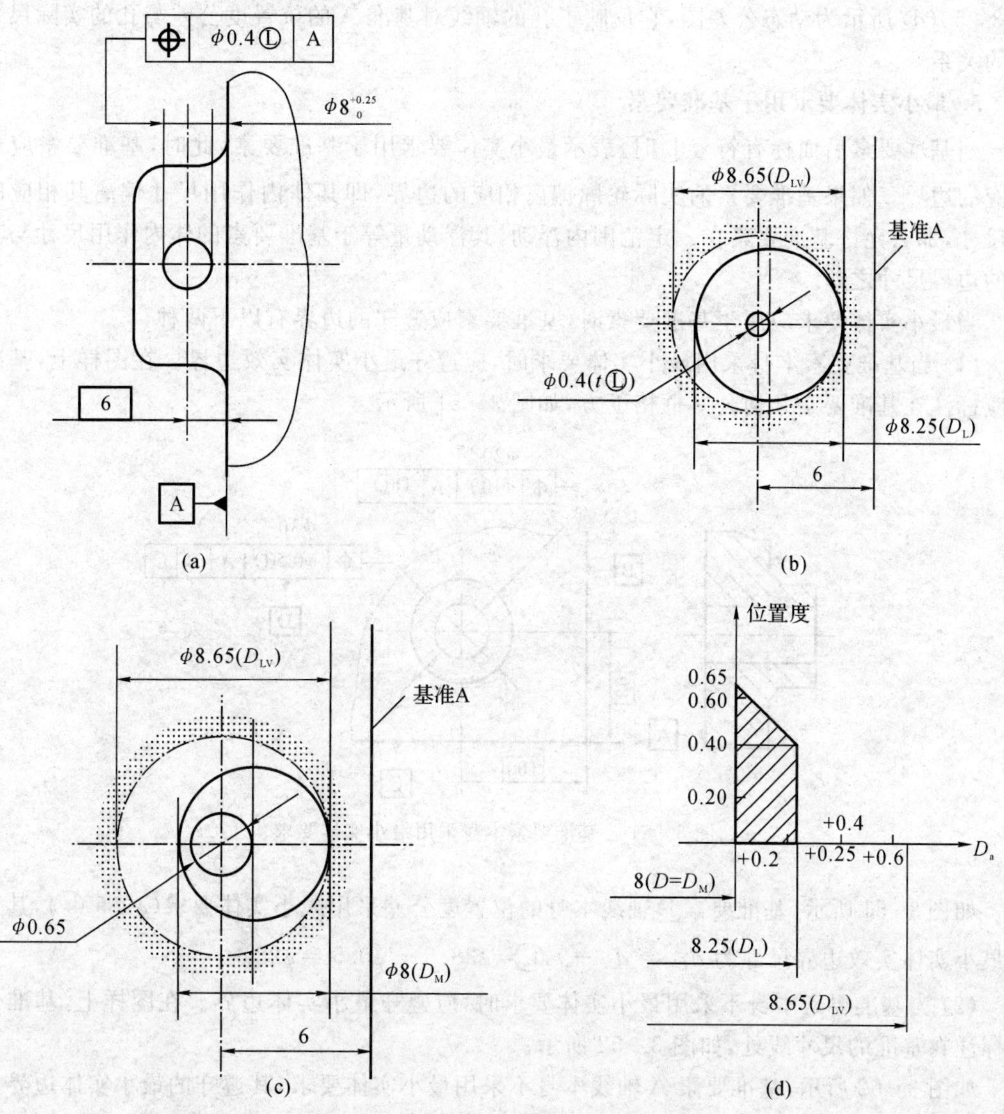

图3-50 最小实体要求用于被测要素

(a) 图样标注；(b) 孔处于最小实体状态；(c) 孔处于最大实体状态；(d) 动态公差图

【解】 孔的实际轮廓不超出最小实体实效边界，即其体内作用尺寸不大于其最小实体实效尺寸：

$$D_{LV} = D_L + t = \phi 8.25 + \phi 0.4 = \phi 8.65$$

当孔处于最小实体状态时，其轴线对基准A的位置度公差为$\phi 0.4$，如图3-50(b)所示。

如图3-50(c)所示，当孔偏离最小实体状态时，其轴线对基准A的位置度公差可以相应地增大。当孔处于最大实体状态时，其轴线允许的位置度公差达到最大值，等于图样上所给定的

位置度公差值与孔的尺寸公差之和，即

$$t=\phi0.4+\phi0.25=\phi0.65$$

由上可知，孔的轴线对基准A的位置度公差也是随着孔的实际尺寸的变化而变动的。如图3－50(d)所示为动态公差图，它反映了孔的轴线对基准A的位置度公差与孔的实际尺寸之间的关系。

3. 最小实体要求用于基准要素

当基准要素后面标有符号Ⓛ时，表示最小实体要求用于基准要素，此时，基准要素应遵守相应的边界。如果基准要素的实际轮廓偏离相应的边界，即其体内作用尺寸偏离其相应的边界尺寸，那么允许基准要素在一定范围内浮动，其浮动量等于基准要素的体内作用尺寸与其相应的边界尺寸之差。

当最小实体要求应用于基准要素时，基准要素应遵守的边界有以下两种：

(1) 当基准要素本身采用最小实体要求时，应遵守最小实体实效边界。在图样上，基准代号应标注在基准要素几何公差框格下方，如图3－51所示。

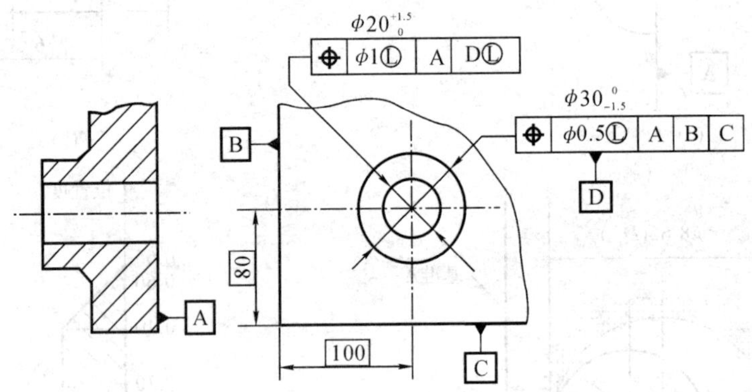

图3－51　基准要素本身采用最小实体要求

如图3－51所示，基准要素D轴线本身的位置度公差采用最小实体要求（$\phi0.5$ Ⓛ），其遵守的最小实体实效边界尺寸为$d_{LV}=d_L-t$ Ⓛ$=\phi28.5-\phi0.5=\phi28$。

(2) 当基准要素本身不采用最小实体要求时，应遵守最小实体边界。在图样上，基准代号应标注在基准的尺寸线处，如图3－52所示。

如图3－52所示，基准要素A轴线本身不采用最小实体要求，其遵守的最小实体边界尺寸为$d_L=\phi84.92$。

3.6.6　可逆要求(RR)

可逆要求是指最大实体要求和最小实体要求的附加要求，表示尺寸公差可以在实际几何误差小于几何公差之间的差值范围内增大。

当可逆要求用于最大实体要求时，称为可逆的最大实体要求。被测要素的实际轮廓应遵守其最大实体实效边界，在图样上标注时，将可逆要求的符号"Ⓡ"放置在最大实体要求符号"Ⓜ"之后。当可逆要求用于最小实体要求时，称为可逆的最小实体要求。被测要素的实际轮廓应遵守其最小实体实效边界，当在图样上标注时，将可逆要求的符号"Ⓡ"放置在最小实体要求符号“Ⓛ”之后。

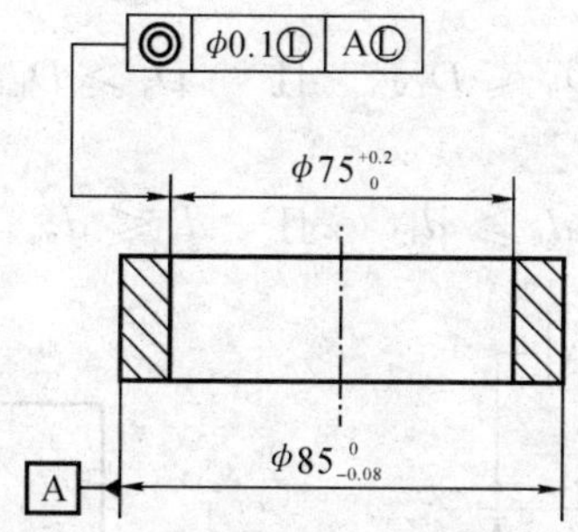

图3-52　基准要素本身不采用最小实体要求

1. 可逆要求用于最大实体要求

当采用可逆的最大实体要求时，被测要素的实际轮廓应遵守最大实体实效边界。当实际尺寸偏离最大实体尺寸时，几何误差可以得到补偿而大于图样上给定的几何公差值；而当几何误差值小于给定的几何公差值时，也允许实际尺寸超出最大实体尺寸；当几何误差为零时，允许尺寸的超出量最大，为几何公差值，从而实现尺寸公差与几何公差相互转换的可逆要求。被测要素的合格条件为：

对于内表面（孔），有

$$D_{fe} \geqslant D_{MV} \quad 且 \quad D_a \leqslant D_{max} \tag{3-19}$$

对于外表面（轴），有

$$d_{fe} \leqslant d_{MV} \quad 且 \quad d_a \geqslant d_{min} \tag{3-20}$$

【例3-6】　如图3-53(a)所示，$\phi 35_{-0.1}^{\ 0}$ 轴的轴线垂直度公差采用可逆的最大实体要求，试解释其含义。

【解】　轴的体外作用尺寸不得大于其最大实体实效尺寸，即

$$d_{MV} = d_M + t \text{ Ⓜ Ⓡ} = \phi 35 + \phi 0.2 = \phi 35.2$$

当轴处于最大实体状态时，其轴线的垂直度公差为 $\phi 0.2$，如图3-53(b)所示；若轴线的垂直度误差小于给定的几何公差值 $\phi 0.2$ 时，会有富余量 Δt 出现，即使实际尺寸增大 Δt，也不会超出边界，保证装配功能得以实现。当轴线的垂直度误差 $f=0$ 时，富余量 $\Delta t_{max} = \phi 0.2$，如图3-53(c)所示。此时尺寸公差可以获得最大的补偿值，使尺寸公差 $T=0.1$ 增加到 $T' = T + \Delta t_{max} = \phi 0.1 + \phi 0.2 = \phi 0.3$，如图3-53(d)所示。图3-53(e)所示为该轴的尺寸公差与轴线垂直度公差关系的动态公差图。

轴线的垂直度误差可在 $\phi 0 \sim \phi 0.3$ 之间变化，轴线的直径可在 $\phi 34.9 \sim \phi 35.2$ 之间变化。该轴的尺寸与轴线垂直度的合格条件为

$$d_{fe} \leqslant d_{MV} = d_M + t \text{ Ⓜ Ⓡ} = \phi 35 + \phi 0.2 = \phi 35.2 \quad 且 \quad d_a \geqslant d_L = d_{min} = \phi 34.9$$

2. 可逆要求用于最小实体要求

当采用可逆的最小实体要求时，被测要素的实际轮廓应遵守最小实体实效边界。当实际尺寸偏离最小实体尺寸时，几何误差可以得到补偿而大于图样上给定的几何公差值；而当几何误差值小于给定的几何公差值时，也允许被测要素的实际尺寸超出最小实体尺寸；当几何误差为零时，允许尺寸的超出量最大，为几何公差值，从而实现几何公差与尺寸公差相互转换的可

逆要求。被测要素的合格条件为：

对于内表面（孔），有

$$D_{fi} \leqslant D_{LV} \quad 且 \quad D_a \geqslant D_{min} \tag{3-21}$$

对于外表面（轴），有

$$d_{fi} \geqslant d_{LV} \quad 且 \quad d_a \leqslant d_{max} \tag{3-22}$$

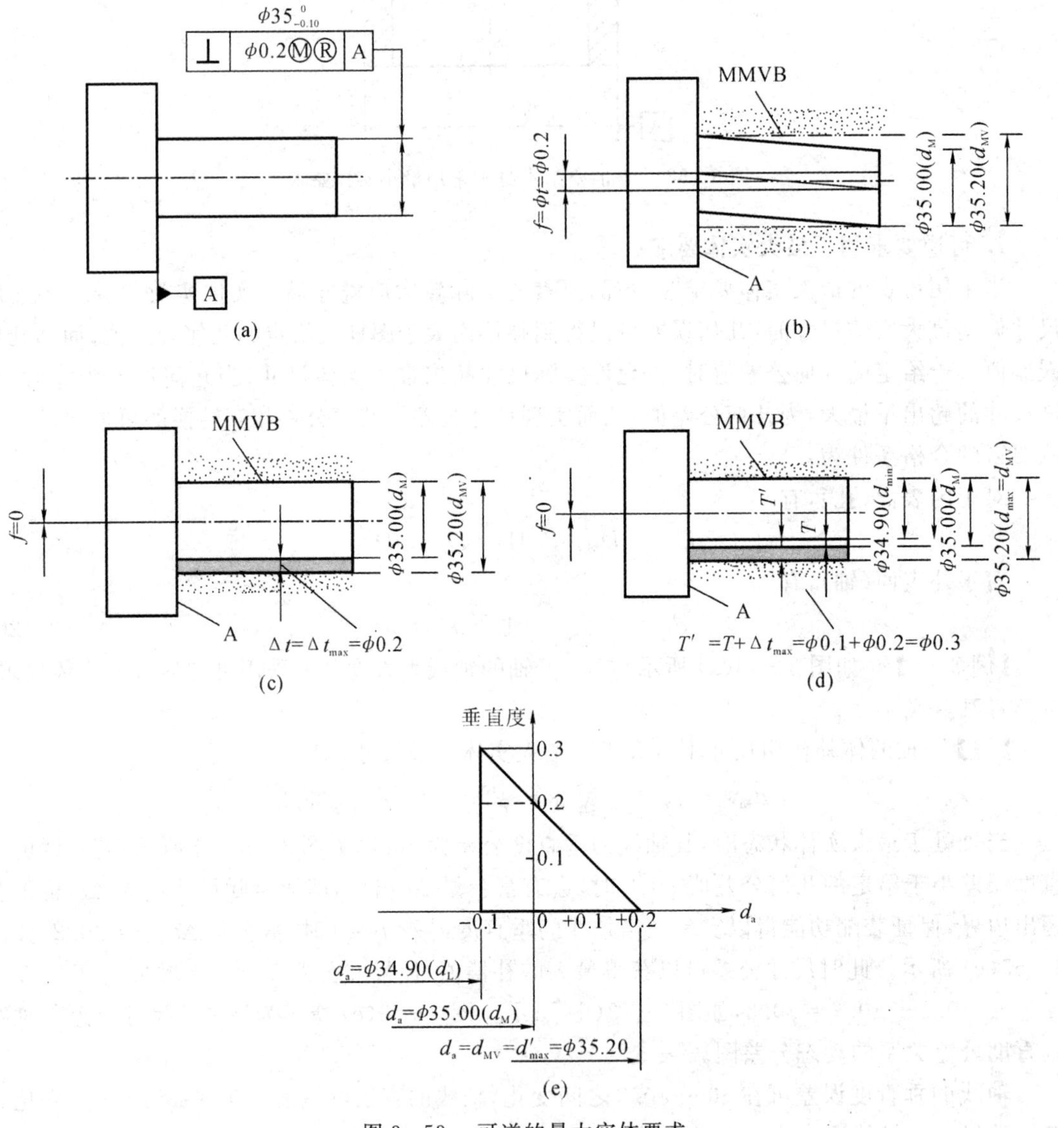

图 3-53　可逆的最大实体要求

【例 3-7】　如图 3-54(a) 所示，$\phi 8^{+0.25}_{0}$ 孔的轴线对基准平面 A 的位置度公差采用可逆的最小实体要求，试解释其含义。

【解】　孔的体内作用尺寸不得大于其最小实体实效尺寸为

$$D_{LV} = D_L + t \text{ Ⓛ Ⓡ} = \phi 8.25 + \phi 0.4 = \phi 8.65$$

当孔处于最小实体状态时，其轴线对基准 A 的位置度公差为 $\phi 0.4$，如图 3-54(b) 所示。

当孔处于最大实体状态时，其轴线对基准 A 的位置度公差为 $\phi 0.65$，如图 3-54(c) 所示。

当孔的轴线对基准 A 的位置度误差小于给定的几何公差值 $\phi 0.4$ 时，孔的尺寸公差可以相应地增大，即其实际尺寸可以超出(大于)其最小实体尺寸。当孔的位置度误差为零时，孔的实际尺寸可以达到最大值，即等于孔的最小实体实效尺寸 $\phi 8.65$，如图 3-54(d) 所示。图 3-54(e) 所示为该孔的尺寸与轴线对基准平面 A 的位置度公差之间的动态公差图。

该孔的尺寸与轴线对基准 A 的位置度的合格条件为

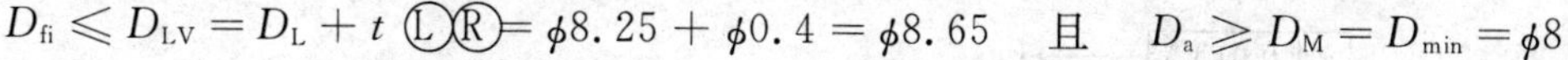

$$D_{fi} \leqslant D_{LV} = D_L + t \text{ Ⓛ Ⓡ} = \phi 8.25 + \phi 0.4 = \phi 8.65 \quad 且 \quad D_a \geqslant D_M = D_{min} = \phi 8$$

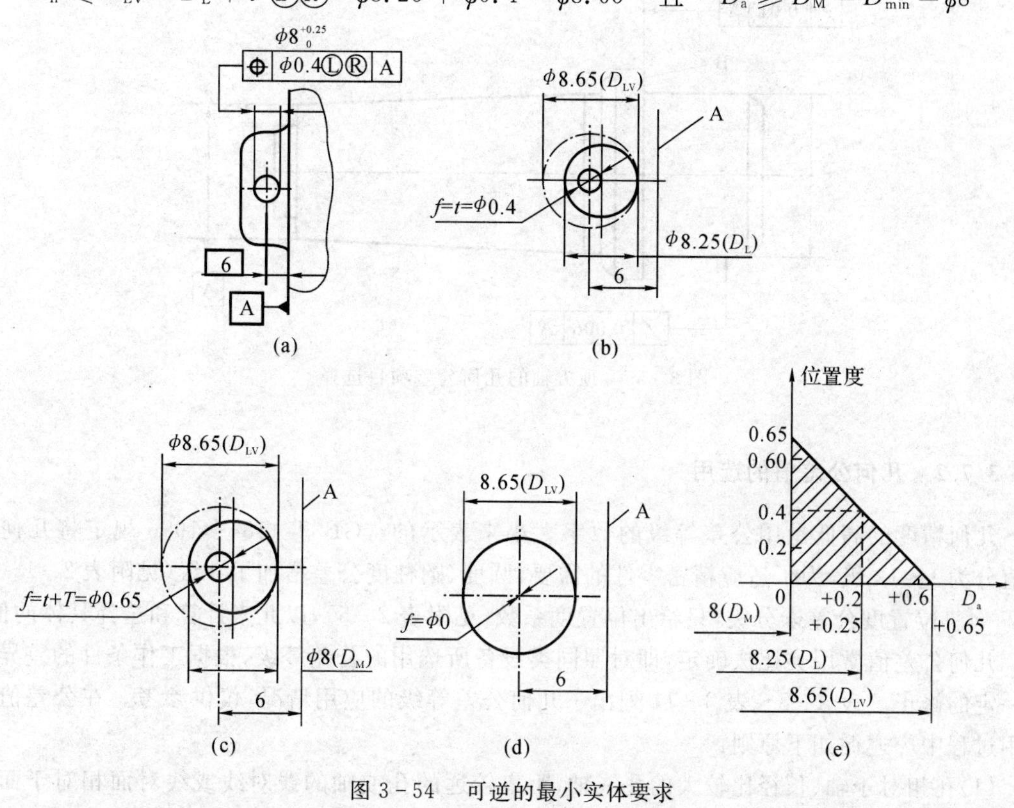

图 3-54　可逆的最小实体要求

3.7　几何公差的选用

3.7.1　几何公差项目的选用

几何公差是评定产品质量的重要指标。正确地选择几何公差项目和公差值，是一项复杂而又重要的技术工作。它不仅影响产品质量和寿命，而且关系着零件加工的难易程度、生产效率及经济效益。零件的几何特征、功能要求及检测手段等是选用几何公差项目的基本依据。

对于机床导轨零件，为了保证工作台运动的平稳性和较高的运动精度，应规定导轨的直线度公差；对于滚动轴承内、外圈及滚动体零件，在使用中为了保证滚动轴承的装配精度和旋转精度，应规定滚动轴承及轴承座的圆度公差或圆柱度公差；减速箱体上的孔组，为了保证齿轮副的运动精度及齿侧间隙的均匀性，应规定轴线的同轴度公差或平行度公差；对于凸轮、叶片等复杂型面类零件，为了保证运动精度及良好的动力学特性，应规定线、面轮廓度公差。

不同的几何公差项目其控制功能各不相同，有些是单一控制项目，如直线度、平面度、圆度等；有些是综合控制项目，如同轴度、垂直度、位置度及跳动等。选用时，在保证零件功能要求的条件下，尽可能减少几何公差项目，充分发挥综合控制项目的功能。对于轴类零件，规定其径向圆跳动或全跳动公差，既可以控制零件的圆度或圆柱度误差，又可以控制其同轴度误差，这样也便于检测。如图 3－55 所示，顶尖轴的 d_2 外圆柱面选用径向圆跳动代替同轴度公差；B 端面选用端面圆跳动代替垂直度公差。

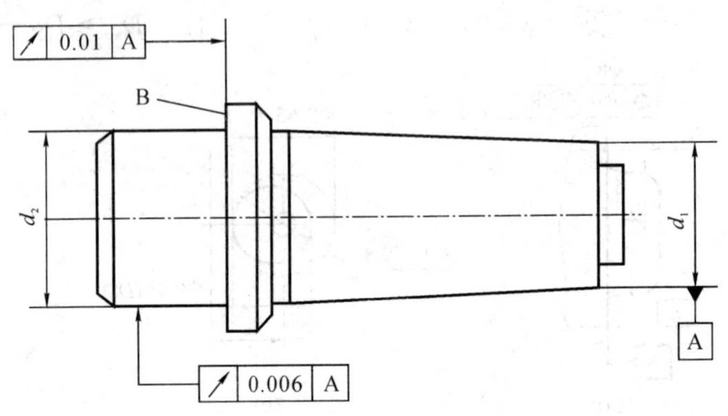

图 3－55　顶尖轴的几何公差项目选择

3.7.2　几何公差值的选用

几何精度的高低是用公差等级的数字大小来表示的。GB/T 1184—1996 规定将几何公差值分为 1～12 级，为了适应精密零件的需要，圆度、圆柱度公差增加了 0 级(见附表 2－1～附表 2－4。位置度公差未分级，只给出位置度系数(见附表 2－5)，以此来计算和选择具体的值。

几何公差值常用类比法确定，即对照同类设备所选用的公差等级，根据工作条件的差异进行一定的修正。表 3－8～表 3－11 列出了几何公差等级的应用情况，仅供参考。在公差值的选用过程中应遵循如下原则：

(1)孔相对于轴、长径比较大的孔或轴、距离较远的孔或轴的线对线或线对面相对于面对面的方向公差，公差等级应适当降低 1～2 级。

(2)对于同一被测平面，直线度公差值小于平面度公差值。

(3)对于同一被测要素，形状公差值小于位置公差值且小于尺寸公差值。

(4)对于同一基准体系、同一被测要素，方向公差值小于位置公差值。

(5)对于同一被测要素，单项公差项目的数值小于综合公差项目的数值。

表 3－8　直线度、平面度公差常用等级应用举例(摘自 GB/T 1184－1996)

公差等级	应用举例
5	1 级平板；2 级宽平尺；平面磨床的纵向导轨，垂直导轨；立柱导轨及工作台；液压龙门刨床和转塔车床床身导轨；柴油机进气、排气阀门导杆
6	普通机床导轨面，如卧式车床、龙门刨床、滚齿机、自动车床等的床身导轨；柴油机壳体结合面

续表

公差等级	应用举例
7	2级平板；机床主轴箱、摇臂钻床底座和工作台、镗床工作台；液压泵盖；减速器壳体结合面
8	机床箱体、齿轮变速箱体、车床溜板箱体、柴油机汽缸体结合面；连杆分离面；缸盖结合面、汽车发动机缸盖、曲轴箱结合面；液压管件和法兰连接面
9	3级平板；自动车床床身底面；摩托车曲轴箱体、汽车变速壳体结合面；手动机械的支撑面

表3-9　圆度、圆柱度公差常用等级应用举例(摘自GB/T 1184—1996)

公差等级	应用举例
5	1级计量仪器主轴；测杆圆柱面；陀螺仪轴颈；一般机床主轴轴颈及主轴轴承孔；柴油机、汽油机活塞、活塞销；与E级轴承配合的轴颈
6	仪表端盖、外圆柱面；一般机床主轴及前轴承孔；泵、压缩机的活塞；汽缸、汽油发动机凸轮轴；纺机锭子；减速传动轴轴颈；高速船用柴油机、拖拉机曲轴主轴颈；与E级滚动轴承配合的外壳孔；与G级滚动轴承配合的轴颈
7	大功率低速柴油机曲轴轴颈；活塞、活塞销、连杆、汽缸；高速柴油机箱体轴承孔；千斤顶或压力油缸活塞；机车传动轴；水泵及通用减速器转轴轴颈；与G级滚动轴承配合的外壳孔
8	低速发动机、大功率曲柄轴轴颈；气压机连杆盖、体；拖拉机汽缸、活塞；炼胶机冷铸轴辊；印刷机传墨辊；内燃机曲轴轴颈；柴油机凸轮轴承孔、凸轮轴；拖拉机、小型船用柴油机汽缸套
9	空气压缩机缸体；液压传动缸筒；通用机械杠杆与拉杆用套筒销子；拖拉机活塞环；套筒孔

表3-10　平行度、垂直度、倾斜度公差常用等级应用举例(摘自GB/T 1184—1996)

公差等级	应用举例
4,5	卧式车床导轨；重要支撑面；机床主轴孔对基准的平行度；精密机床重要零件、计量仪器、量具、模具的基准面和工作面；主轴箱体重要孔、通用减速器壳体孔；齿轮泵的油孔端面；发动机轴和离合器的凸缘；汽缸支撑端面；安装精密滚动轴承的壳体孔的凸肩
6,7,8	一般机床的基准面和工作面；压力机和锻锤的工作面；中等精度钻模的工作面；机床一般轴承孔对基准面的平行度；变速箱箱体孔；主轴花键对定心直径部位轴线的平行度；重型机械轴承盖端面；卷扬机、手动机械传动装置中的传动员；一般导轨；主轴箱体孔；刀架；砂轮架；汽缸配合面对基准轴线；活塞销孔对活塞中心线的垂直度；滚动轴承内、外圈端面对轴线的垂直度
9,10	低精度零件；重型机械滚动轴承端盖；柴油机、煤气发动机箱体曲轴孔、曲轴颈；花键轴和轴肩端面；皮带运输机法兰盘等端面对轴承的垂直度；手动卷扬机及传动装置中的轴承端面、减速器壳体平面

表 3-11　同轴度、对称度、径向跳动公差常用等级应用举例(摘自 GB/T 1184—1996)

公差等级	应用举例
5,6,7	应用范围广泛,用于几何精度要求较高、尺寸公差等级为 IT8 及高于 IT8 的零件。5 级常用于车床轴颈、计量仪器的测量杆、汽轮机主轴、柱塞油泵转子、高精度滚动轴承外圈、一般精度滚动轴承内圈、回转工作台端面圆跳动。7 级用于内燃机曲轴、凸轮轴、齿轮轴、水泵轴、汽车后轮输出轴、电动机转子、印刷机传墨辊的轴颈、键槽
8,9	常用于几何精度要求一般,尺寸公差等级为 IT9～IT11 的零件。8 级用于拖拉机发动机分配轴轴颈、与 9 级精度以下齿轮相配的轴、水泵叶轮、离心泵体、棉花精梳机前后滚子、键槽等。9 级用于内燃机汽缸套配合面、自行车中轴

3.7.3　未注几何公差的确定

为了简化制图,对一般机械加工和设备能够保证的几何精度,可不必在图样上注出几何公差,而应在技术要求或技术文件中注出标准号及公差等级代号。例如,未注几何公差按 GB/T 1184—H,表示采用 GB/T 1184 规定的 H 级未注几何公差值。未注几何公差的数值见附表 2-6～附表 2-9。

3.8　案例求解

案例 3-1 的求解过程如下。

【解】 如图 3-56 所示为减速器的输出轴,根据对该轴的功能要求,给出了有关几何公差。两轴颈 ϕ55j6 与 0 级滚动轴承内圈相配合,为了保证配合性质,采用包容要求;按 GB/T 275—1993 的规定,与 0 级滚动轴承配合的轴颈,为保证配合轴承的几何精度,在遵守包容要求的前提下,又进一步提出圆柱度公差 0.005 的要求;该两轴颈上安装滚动轴承后,将分别与减速器箱体的两孔配合,须限制两轴颈的同轴度误差,以免影响轴承外圈和箱体孔的配合,故又给出了两轴颈的径向圆跳动公差为 0.025(相当于公差等级 7 级)。ϕ62 处的两轴肩都是止推面,起定位作用。参照 GB/T 275—1993 规定,提出两轴肩相对于基准轴线 A—B 的端面圆跳动公差为 0.015。

ϕ56r6 和 ϕ45m6 分别与齿轮和带轮配合,为保证配合性质,也采用包容要求;为保证齿轮的正确啮合,对安装齿轮的 ϕ56r6 圆柱面还提出对基准 A—B 的径向圆跳动公差为 0.025 的要求。对 ϕ56r6 和 ϕ45m6 轴颈上的键槽 16N9 和 12N9 都提出了 8 级对称度公差,公差值为 0.02。

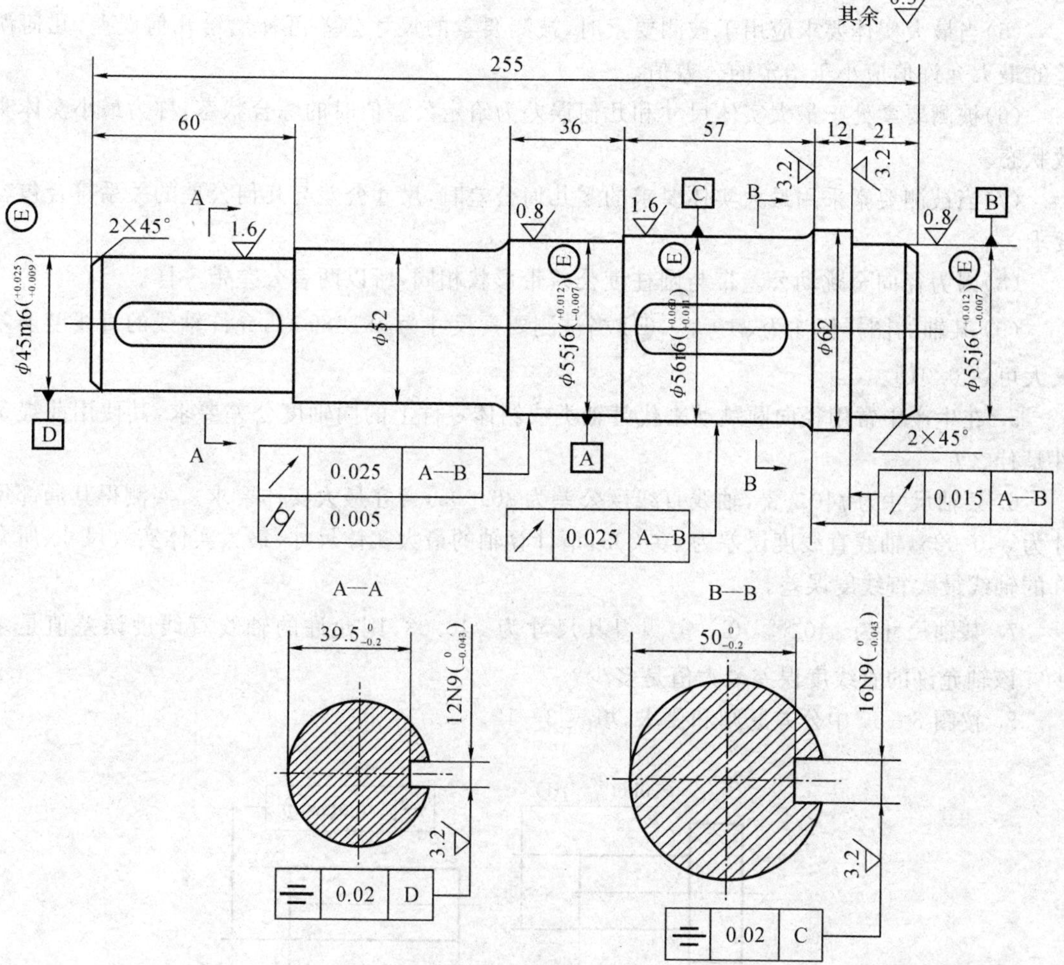

图 3 - 56　减速器输出轴的几何精度设计范例

实训习题与思考题

1. 几何公差带由哪些要素组成？试分析比较各项几何公差带的特点。

2. 什么是局部尺寸、最大(最小)实体尺寸？什么是体外作用尺寸、最大实体实效尺寸？它们之间有何联系与区别？

3. 公差原则有哪些？各自的含义是什么？如何标注？

4. 下述说法是否正确：

(1)某轴线对基准轴线的同轴度误差为 0.02,那么该轴线的直线度误差一定不大于 0.02。

(2)某平面的平面度误差为 0.05 ,那么该平面对基准轴线的端面全跳动误差不小于 0.05。

(3)当包容要求用于单一要素时,被测要素必须遵守最大实体实效边界。

(4)当尺寸公差与几何公差采用独立原则时,零件加工的实际尺寸和几何误差中有一项超差,则该零件不合格。

(5)当最大实体要求应用于被测要素时,被测要素的尺寸公差可补偿给几何误差,几何误差的最大允许值应小于给定的公差值。

(6)被测要素处于最大实体尺寸和几何误差为给定公差值时的综合状态,称为最小实体实效状态。

(7)当被测要素采用最大实体要求的零几何公差时,尺寸公差与几何公差的关系符合包容要求。

(8)因为径向全跳动公差带与圆柱度公差带形状相同,所以两者公差带一样。

(9)某轴的图样标注为$\phi 10_{-0.015}^{0}$Ⓔ,当被测要素尺寸为$\phi 9.989$时,允许轴线的直线度误差最大可达0.015。

5. 在生产中常用径向圆跳动来代替轴类或箱体零件上的同轴度公差要求,其使用前提条件是什么?

6. 某轴尺寸为$\phi 40_{+0.030}^{+0.041}$,轴线直线度公差为$\phi 0.005$,遵守最大实体要求。实测得其局部尺寸为$\phi 40.025$,轴线直线度误差为$\phi 0.003$,请计算轴的最大实体尺寸、最大实体实效尺寸、所允许的轴线最大直线度误差。

7. 某轴尺寸为$\phi 40_{+0.030}^{+0.041}$Ⓔ,实测得其尺寸为$\phi 40.03$,则允许的轴线直线度误差值是多少?该轴允许的直线度误差最大值是多少?

8. 按图3-57中公差原则和要求,填表3-12。

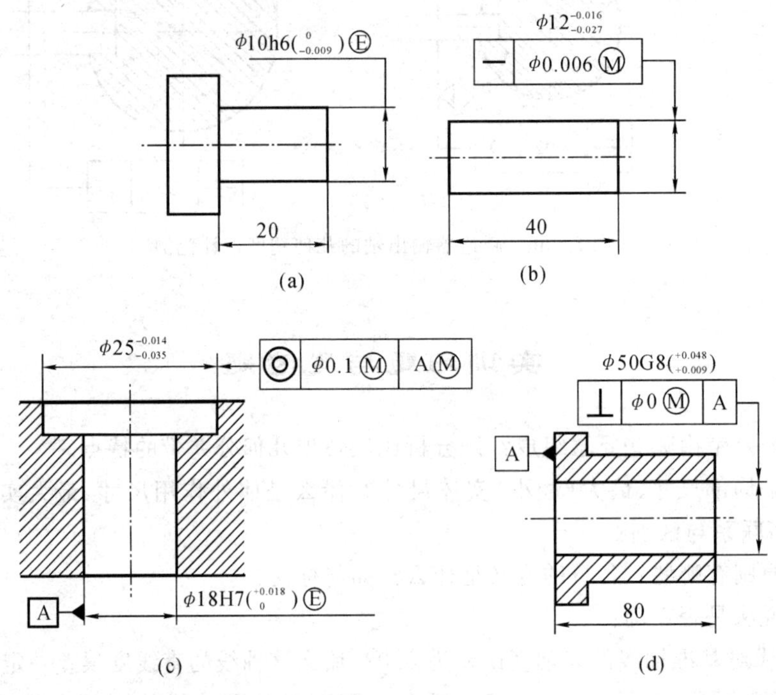

图3-57

表 3-12 公差原则或公差要求的内容

图号	最大实体尺寸	最小实体尺寸	最大实体状态时的几何公差值	可能补偿的最大几何公差值	边界名称及边界尺寸	对某一实际尺寸 D_a/d_a,几何误差的合格范围
(a)						
(b)						
(c)						
(d)						

9. 试将下列技术要求标注在图 3-58 上。

(1)2× ϕd 轴线对其公共轴线的同轴度公差均为 0.02。

(2)ϕD 轴线对 2× ϕd 公共轴线的垂直度公差为 0.01。

(3)ϕD 轴线对 2× ϕd 公共轴线的对称度公差为 0.02。

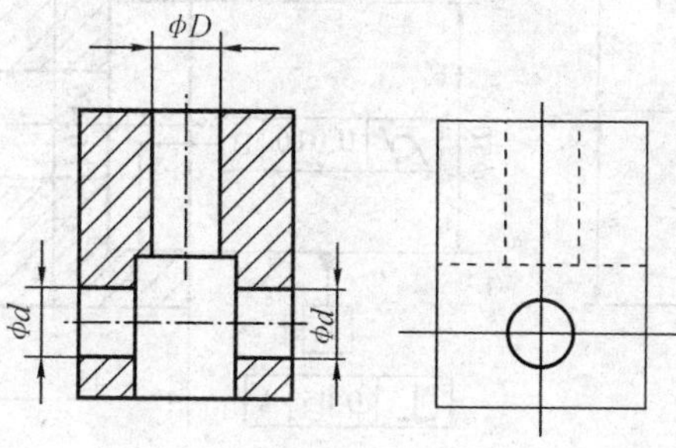

图 3-58

10. 将下列技术要求标注在图 3-59 上。

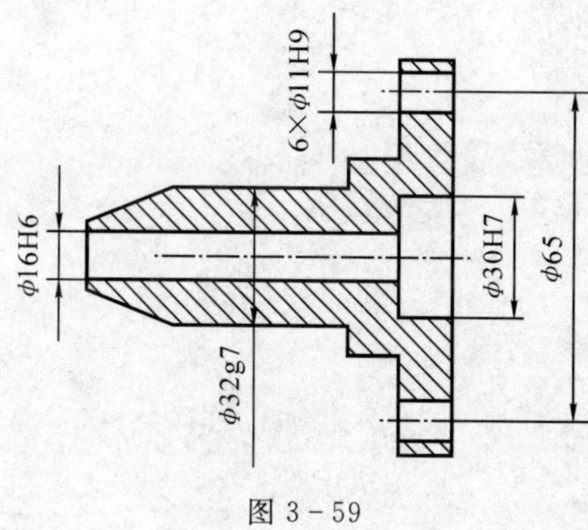

图 3-59

(1) ϕ30H7 孔的中心线对 ϕ16H6 孔的中心线同轴度公差为 0.04。

(2) 圆锥面对 ϕ16H6 孔的中心线的斜向圆跳动公差为 0.04。

(3) 6× ϕ11H9 孔的中心线对右端面和 ϕ30H7 孔的中心线的位置度公差为 0.1。

(4) 零件右端面对 ϕ30H7 孔的中心线的端面圆跳动公差为 0.05。

(5) ϕ32g7 外圆柱面对 ϕ30H7 孔的中心线的全跳动公差为 0.05。

11. 改正图 3-60 各图中几何公差标注上的错误(不得改变几何公差项目)。

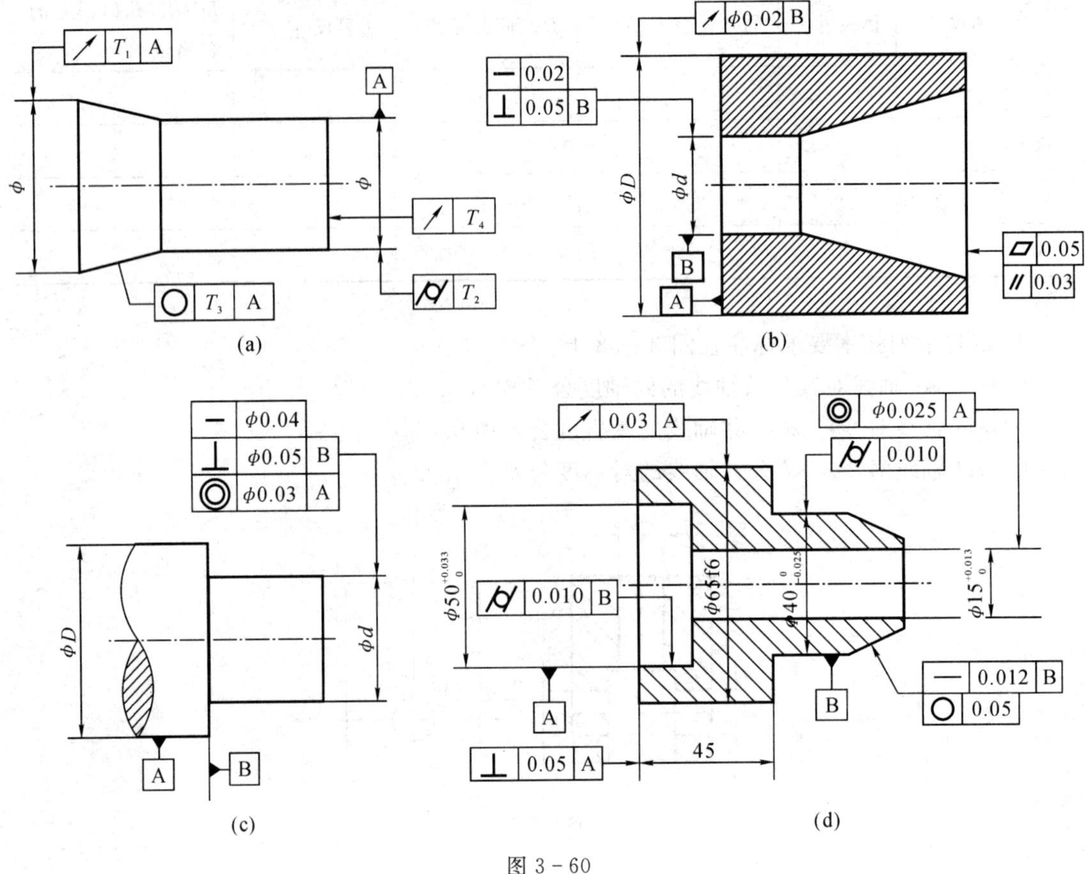

图 3-60

第4章 表面粗糙度

学习目标

了解表面粗糙度对零件加工制造的重要性；掌握表面粗糙度的概念，能够在图样上进行表面粗糙度的标注，并能读懂零件图样中已标注的表面粗糙度；理解表面粗糙度的基本术语、主要评定参数，以及检测方法。

案例导入

【案例4-1】 表面粗糙度设计与尺寸精度设计、几何公差设计一样，是所有机械零件精度设计时都需要面对的任务。如何进行表面粗糙度设计是本章要解决的问题。

【解题思路】 通过本章学习，可以正确地设计、确定机械零件表面粗糙度的评定参数及其允许值，并在图样上正确标注出来。案例求解过程详见4.2节和4.3节。

知识要点

表面粗糙度的概念；表面粗糙度的基本术语；表面粗糙度的主要评定参数；表面粗糙度参数的选用；表面粗糙度的标注；表面粗糙度的检测。

4.1 概 述

4.1.1 表面粗糙度的概念

在机械零件制造过程中，刀具或砂轮遗留的刀痕、切屑分离时的塑性变形和机床振动等因素，使得所获得的零件表面上，总会留下细微由微小间距和峰谷组成的凸凹不平，这些凸凹不平在粗加工后的表面用肉眼就能看到，精加工后的表面用放大镜或显微镜仍能观察到，如图4-1所示。这种零件表面具有的微小峰谷的高低程度和间距状况就叫做表面粗糙度，也称微观不平度。

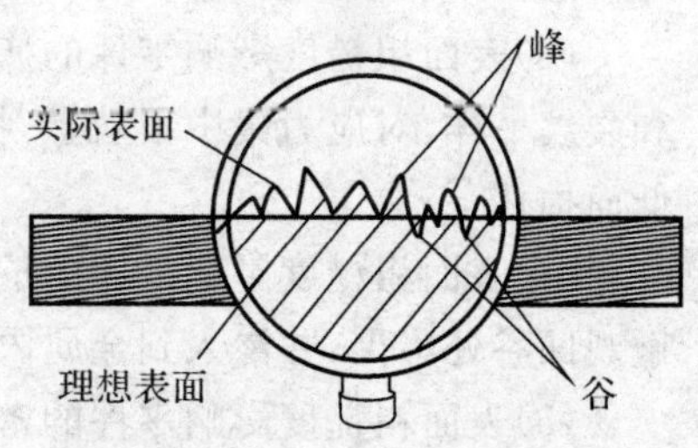

图4-1 表面粗糙度微观图

零件表面通常存在着叠加在一起的三种误差：宏观几何形状误差、表面波纹度和表面粗糙度。如图4-2所示，一般以其相邻两波峰或两波谷之间的距离(波距)加以区分：波距大于10的属于宏观几何形状误差，波距在1～10之间的属于表面波纹度，波距在1以下的属于微观几何形状误差——表面粗糙度。

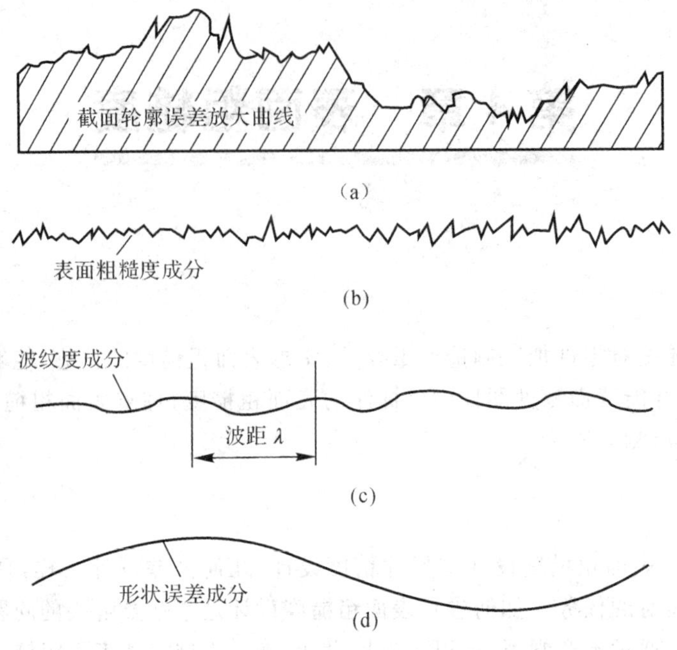

图 4-2　零件表面的几何形状误差

4.1.2　表面粗糙度对零件使用性能的影响

表面粗糙度的大小对机械零件的使用性能有很大的影响，主要表现在以下几个方面：

(1)表面粗糙度影响零件的耐磨性。表面越粗糙，两表面作相对运动时，只在轮廓的峰顶处发生接触，其有效接触面积越小，则压强越大，磨损就越快。但表面太光滑，又不利于润滑油的存储。

(2)表面粗糙度影响配合性质的稳定性。对间隙配合来说，表面越粗糙，就越易磨损，在工作过程中间隙逐渐增大；对过盈配合来说，则由于装配时微观凸峰被挤平，实际有效过盈减小，从而降低了联结强度；对于过渡配合，表面粗糙也会使配合变松。

(3)表面粗糙度影响零件的疲劳强度。粗糙零件的表面存在较大的波谷，它们像尖角缺口和裂纹一样，对应力集中很敏感，特别是当零件承受交变载荷作用时，会使零件的疲劳强度降低而损坏。

(4)表面粗糙度影响零件的抗腐蚀性。粗糙的表面易使腐蚀性气体或液体在零件表面的微观凹谷处集聚，并渗入到金属内层，造成表面腐蚀。

(5)表面粗糙度影响零件的密封性。粗糙的表面之间无法严密地贴合，气体或液体将会通过接触面间的缝隙渗漏。

(6)表面粗糙度影响零件的测量精度。零件被测表面和测量工具测量面的表面粗糙度都会直接影响测量的精度，尤其是在精密测量时。

此外，表面粗糙度对零件的镀涂层、导热性和接触电阻、反射能力和辐射性能、液体和气体流动的阻力、导体表面电流的流通等都会有不同程度的影响。

4.2　表面粗糙度的评定参数

我国对表面粗糙度标准进行了多次修订，由于参照的标准不同，某些基本概念和符号表达会有所差异。GB/T 3505—2009《产品几何技术规范 表面结构 轮廓法 表面结构的术语、定义及参数》是根据国际标准 ISO4287:1997《产品几何技术规范(GPS)表面结构:轮廓法术语、定义和表面结构参数》(1997 年版)对 GB/T 3505—2000《表面粗糙度 术语 表面及其参数》进行修订的。本章参照此新标准介绍表面粗糙度的相关内容，给出的相关数值选用自 GB/T 3505—2009《产品几何技术规范 表面结构 轮廓法 表面结构的术语、定义及参数》，GB/T 1031—2009《产品几何技术规范(GPS)表面结构 轮廓法 表面粗糙度参数及其数值》，以及 GB/T 131—2006《机械制图表面粗糙度符号、代号及其注法》。

4.2.1　表面粗糙度的基本术语

GB/T 3505—2009 规定了用轮廓法确定表面结构(粗糙度、波纹度和原始轮廓)的术语、定义和参数。表面轮廓指的是一个指定平面与实际表面垂直相交所得的轮廓线，如图 4－3 所示。

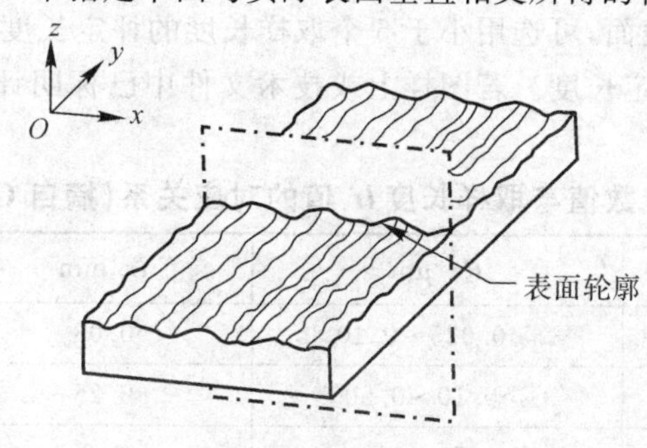

图 4－3　表面轮廓

表面粗糙度的被测对象是机械零件的表面轮廓。按照所取截面方向的不同，实际轮廓可分为横向实际轮廓和纵向实际轮廓，当测量评定表面粗糙度时，除非特别指明，通常是指横向实际轮廓。

1. 取样长度 *lr*

取样长度是用于判别被评定轮廓表面粗糙度在 Ox 轴上的一段基准线长度。取样长度应根据零件实际表面的形成情况及纹理特征，选取能反映表面粗糙度特征的那一段长度。当量取取样长度时，应根据实际表面轮廓的总的走向进行，并且至少包含 5 个以上的轮廓峰和谷。规定和选择取样长度是为了限制和减弱表面波纹度对表面粗糙度的测量结果的影响，使得到的粗糙度值能正确反映表面的粗糙度特性。

GB/T 1031—2009《表面粗糙度参数及其数值》给出了取样长度数值，是公比为 $10^{1/2}$ 的优先数派生系列(见表 4－1)。国标规定取样长度值应从该系列值中选取。

表 4－1　取样长度的数值　　(mm)

取样长度 lr	0.08	0.25	0.8	2.5	8	25

2. 评定长度 *ln*

评定表面粗糙度时，必须取一段能反映加工表面粗糙度特性的最小长度，它可包括一个或几个取样长度，这几个取样长度的总和称为评定长度。由于表面轮廓存在表面波纹度和形状误差，零件表面各部分的表面粗糙度不一定很均匀，在一个取样长度上往往不能合理地反映整个表面粗糙度特征，因此需要在表面上取几个取样长度来评定表面粗糙度，如图 4-4 所示。

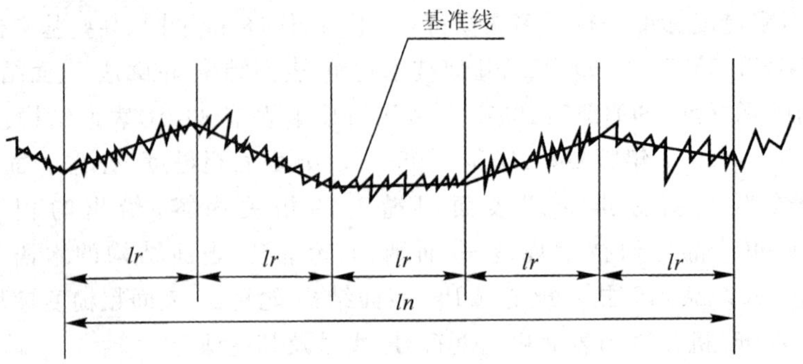

图 4-4　表面粗糙度的评定图

一般情况下，推荐按照国家标准 GB/T 1031—2009《表面粗糙度参数及其数值》选用对应的取样长度值(见表 4-2)，此时取样长度值的标注在图样或技术文件中可省略。当有特殊要求时，加工均匀性较好的表面，可选用小于 5 个取样长度的评定长度；均匀性较差的表面，可选用大于 5 个取样长度的评定长度。若图样上或技术文件中已标明评定长度值，则应按图样或技术文件中的规定执行。

表 4-2　*Ra*,*Rz* 参数值与取样长度 *lr* 值的对应关系(摘自 GB/T 1031—2009)

$Ra/\mu m$	$Rz/\mu m$	lr/mm	$ln=5lr$/mm
≥0.008～0.02	≥0.025～0.10	0.08	0.4
>0.02～0.1	>0.10～0.50	0.25	1.25
>0.1～2.0	>0.50～10.0	0.8	4.0
>2.0～10.0	>10.0～50.0	2.5	12.5
>10.0～80.0	>50.0～320	8.0	40.0

3. 轮廓中线(基准线)

轮廓中线是用来评定表面粗糙度参数给定的线，是表面粗糙度二维评定的基准。轮廓中线有下列两种：

(1)轮廓的最小二乘中线。它是具有几何轮廓形状并划分轮廓的基准线，在取样长度内使轮廓线上各点的轮廓偏距(轮廓线上的点与基准线之间的距离)的平方和为最小，如图 4-5 所示，即

$$\min\int_0^{ln} z_i^2\,dx$$

(2)轮廓的算术平均中线。它是几何轮廓形状在取样长度内与轮廓走向一致的基准线。在取样长度内由该线划分轮廓，使上、下两边的面积相等，如图 4-6 所示，即

$$\sum_{i=1}^{n} F_i = \sum_{i=1}^{n} F_i'$$

理论上最小二乘中线是唯一理想的基准线，但在实际应用中很难获得，因此一般用轮廓的

算术平均中线代替，且测量时可用一根位置近似的直线。

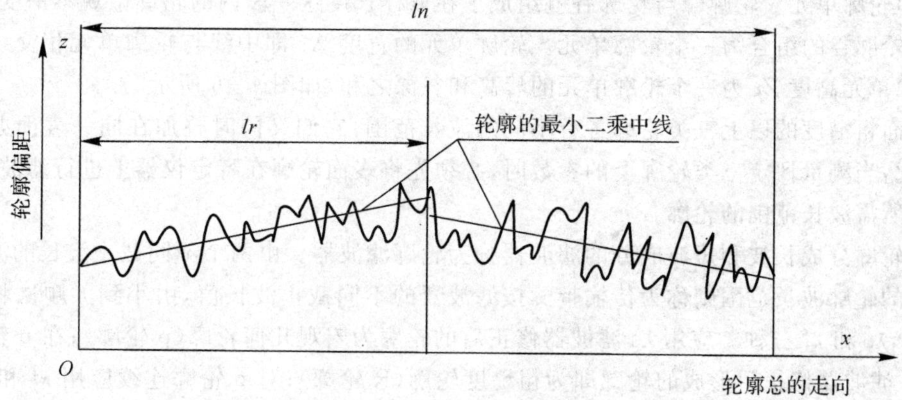

图 4－5　轮廓的最小二乘中线

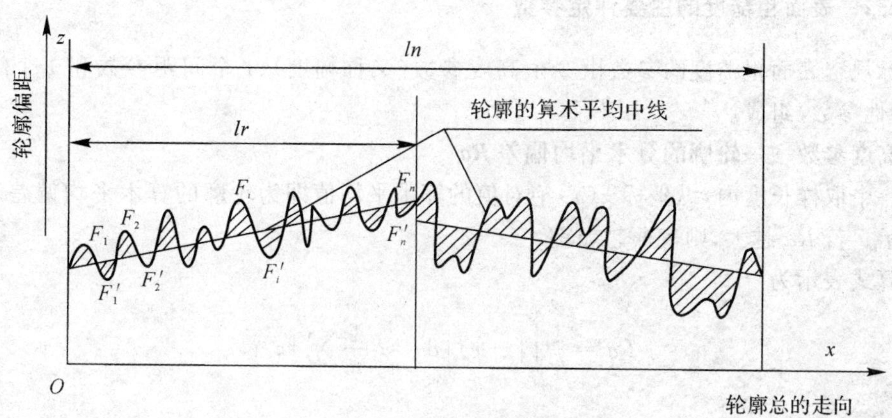

图 4－6　轮廓的算术平均中线

4. 几何参数

(1)轮廓峰。轮廓峰是指在取样长度内轮廓与中线相交，连接两相邻交点向外的轮廓部分，即是轮廓在中线以上的部分。轮廓峰高 Zp 为轮廓峰最高点到中线的距离，如图 4－7 所示。

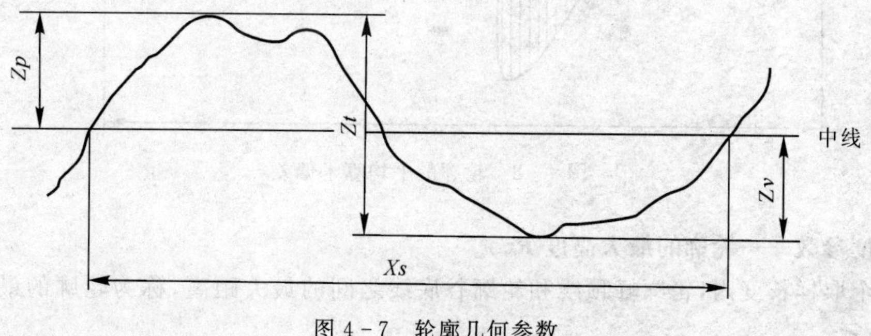

图 4－7　轮廓几何参数

(2)轮廓谷。轮廓谷是指在取样长度内，轮廓与中线相交，连接两相邻交点向内的轮廓部分，即轮廓在中线以下的部分。轮廓谷高 Zv 为轮廓谷最低点到中线的距离，如图 4－7 所示。

(3)轮廓单元。轮廓峰与轮廓谷就组成了在取样长度这一段内的轮廓微观不平度，相邻轮廓峰与轮廓谷的组合为一个轮廓单元。轮廓单元的宽度 Xs 即中线与轮廓单元相交线段的长度；轮廓单元高度 Zt 为一个轮廓单元的峰高和谷深之和，如图 4－6 所示。

表面粗糙度的以上三类轮廓各有不同的波长范围，它们又同时叠加在同一表面办公轮廓上，因此，当测量评定三类轮廓上的参数时，必须先将表面轮廓在特定仪器上进行滤波，以便分离获得所需波长范围的轮廓。

将轮廓分成长波和短波成分的滤波器称为轮廓滤波器。由两个不同截止波长的滤波器分离获得的轮廓波长范围则称为传输带。按滤波器的不同截止波长值，由小到大顺次将滤波器分为 λs，λc 和 λf 三种。应用 λs 滤波器修正后的轮廓为宏观几何轮廓（p 轮廓）；在 p 轮廓上再应用 λc 滤波器修正后形成的轮廓即为粗糙度轮廓（R 轮廓）；对 p 轮廓连续应用 λf 和 λc 滤波器后形成轮廓则为波纹度轮廓（w 轮廓）。

4.2.2 表面粗糙度的主要评定参数

国标规定表面粗糙度的参数由 2 个高度参数（又称幅度）、1 个间距参数和 1 个综合参数（形状特性参数）组成。

1. 高度参数——轮廓的算术平均偏差 *Ra*

在一个取样长度内，纵坐标 $z(x)$ 绝对值的算术平均值即为轮廓的算术平均偏差 Ra，如图 4－8所示。若 Ra 越大，则表面越粗糙。

用算式表示为

$$Ra = \frac{1}{lr}\int_{0}^{lr} |z(x)| \, dx \approx \frac{1}{n}\sum_{i=1}^{n} |z_i| \tag{4-1}$$

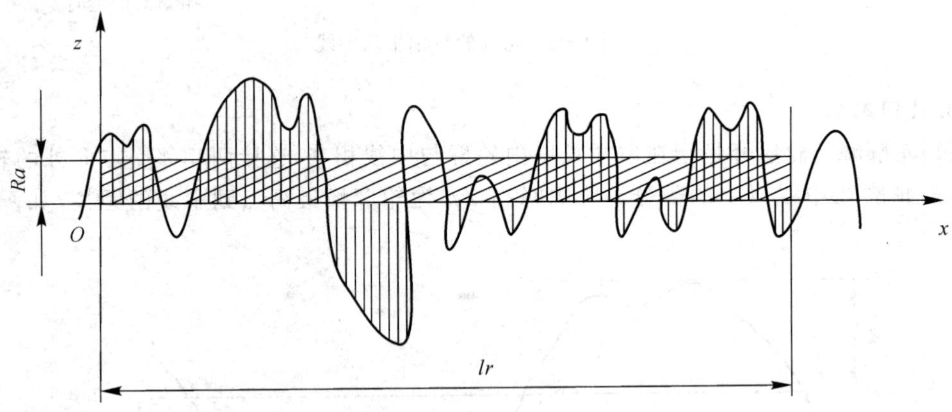

图 4－8　轮廓的平均算术偏差

2. 高度参数——轮廓的最大高度 *Rz*

在一个取样长度内，轮廓峰顶线和轮廓谷底线之间的最大距离，称为轮廓的最大高度，如图 4－9 所示。

用算式表示为

$$Rz = Zp_{\max} + Zv_{\max} \tag{4-2}$$

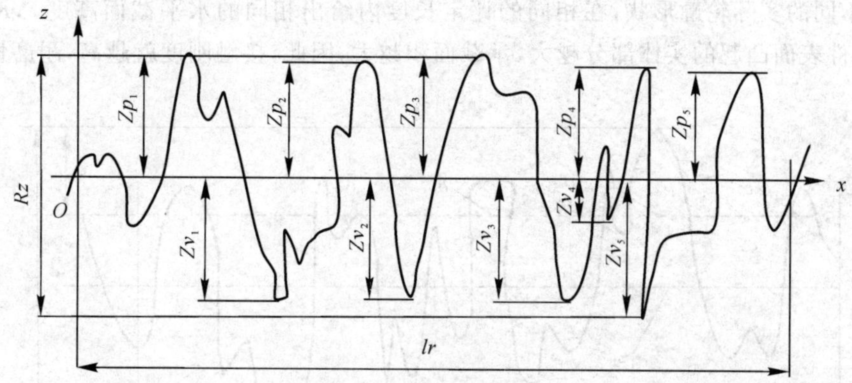

图 4-9　轮廓的最大高度

【注意】　在国标 GB/T 3035—1983 中，符号 Rz 曾用于指示“微观不平度的十点高度”。而现在使用中的一些表面粗糙度测量仪器大多测的还是以前的 Rz 参数，因此，当采用现行技术文件时必须小心慎重。

3. 间距参数——轮廓单元的平均宽度 *Rsm*

在一个取样长度内，轮廓单元宽度 Xs 的平均值即为轮廓单元的平均宽度 Rsm，如图 4-10 所示。

用算式表示为

$$Rsm = \frac{1}{m}\sum_{i=1}^{m} Xs_i \tag{4-3}$$

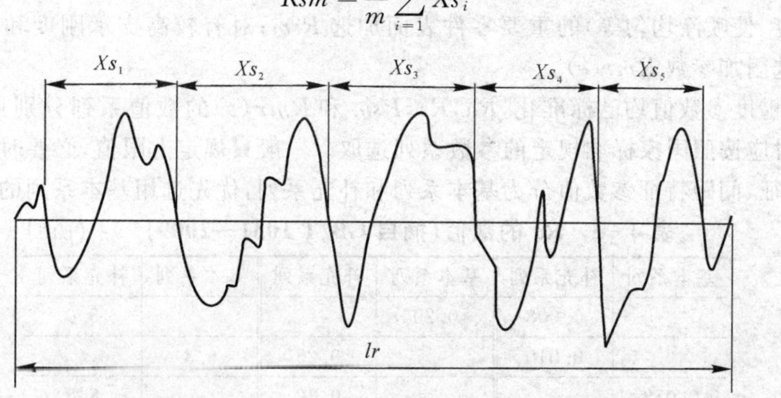

图 4-10　表面粗糙度轮廓单元的平均宽度

【注意】　若无特殊规定，缺省的高度分辨力应按照 Rz 的 10%选取。缺省的水平间距分辨力应按取样长度的 1%选取。上述两个条件都应满足。

4. 综合参数——轮廓的支承长度率 *Rmr*(*c*)

在给定水平截面高度 c 上，轮廓的实体材料长度 $Ml(c)$（即与轮廓相截所得各段截线长度 b_i 之和。）与评定长度 ln 的比率称为轮廓的支承长度率 $Rmr(c)$，如图 4-11 所示。

用算式表示为

$$Rmr(c) = \frac{Ml(c)}{ln} = \frac{\sum_{i=1}^{n} b_i}{ln} \tag{4-4}$$

轮廓的支承长度率 $Rmr(c)$ 与零件的实际轮廓形状有关，这是反映零件表面耐磨性的指标。对于不同的实际轮廓形状，在相同的评定长度内给出相同的水平截面高度 c，$Rmr(c)$ 越大，表示零件表面凸起的实体部分越大，承载面积越大，因此，接触刚度就越高，耐磨性就越好。

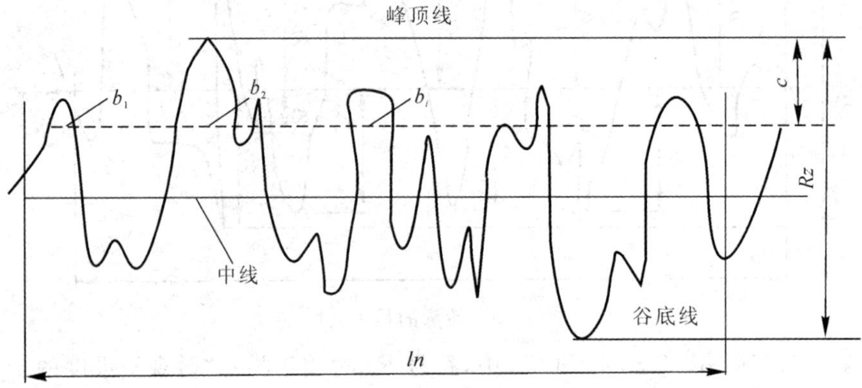

图 4－11　表面粗糙度轮廓的支承长度率

4.2.3　表面粗糙度参数的选用

前面所述高度(幅度)参数 Ra，Rz 是基本参数，Rsm，$Rmr(c)$ 是辅助参数。有表面粗糙度要求的表面必须选择一个高度参数，0.025～6.3 μm 推荐选用 Ra，因为 Ra 能充分合理地反映零件表面的粗糙度特征；对于其余特别粗糙或特别光滑的表面，考虑到工作和检测条件，则选用 Rz。辅助参数不能单独选用，只能作为高度参数的附加参数，在少数有特殊功能要求(如密封性、光亮度、使喷涂均匀等)的重要零件表面加选 Rsm；对有较高支承刚度和耐磨性要求的表面，可加选附加参数 $Rmr(c)$。

表面粗糙度参数值均已标准化，Ra，Rz，Rsm 和 $Rmr(c)$ 的数值系列分别见表 4－3～表 4－6，设计时应按照国家标准规定的参数系列选取。一般只规定上限值，必要时还须给出下限值。高度特征、间距特征参数值分为基本系列和补充系列，优先选用基本系列的参数值。

表 4－3　*Ra* 的数值(摘自 GB/T 1031—2009)　　(μm)

基本系列	补充系列	基本系列	补充系列	基本系列	补充系列
	0.008	0.20			5.0
	0.010		0.25	6.3	
0.012			0.32		8.0
	0.016	0.40			10.0
	0.020		0.50	12.5	
0.025			0.63		16.0
	0.32	0.80			20
	0.040		1.00	25	32
0.050	0.063	1.60	1.25		40
	0.080		2.0	50	
0.100			2.5		63
	0.125	3.2			80
	0.160		4.0	100	

表 4-4　*Rz* 的数值(摘自 GB/T 1031—2009)　　(μm)

基本系列	补充系列	基本系列	补充系列	基本系列	补充系列	基本系列	补充系列	基本系列	补充系列	基本系列	补充系列
0.025		0.20		1.60		12.5		100		800	
	0.032		0.25		2.0		16.0		125		1 000
	0.040		0.32		2.5		20		160		1 250
0.050		0.40		3.2		25		200		1 600	
	0.063		0.50		4.0		32		250		
	0.080		0.63		5.0		40		320		
0.100		0.80		6.3		50		400			
	0.125		1.00		8.0		63		500		
	0.160		1.25		10.0		80		630		

表 4-5　*Rsm* 的数值(摘自 GB/T 1031—2009)　　(μm)

基本系列	补充系列	基本系列	补充系列	基本系列	补充系列	基本系列	补充系列
	0.002	0.025			0.25		2.5
	0.003		0.32		0.32	3.2	
	0.004		0.040	0.40			4.0
	0.005	0.050			0.50		5.0
0.006			0.063		0.63	6.3	
	0.008		0.080	0.80			8.0
	0.010	0.100			1.00		10.0
0.012 5			0.125		1.25	12.5	
	0.016		0.160	1.60			
	0.020	0.20			2.0		

注：*Xs* 的最小间距规定为取样长度 *lr* 的 1%，轮廓峰(谷、单峰、单谷)的最小高度规定为 *Rz* 的 10%。

表 4-6　*Rmr*(*c*)的数值(摘自 GB/T 1031—2009)(μm)

10	15	20	25	30	40	50	60	70	80	90

注：选用 *Rmr*(*c*)参数时，必须同时给出轮廓水平截距 *c* 值，*c* 值可用微米(μm)或 *Rz* 的百分数系列表示。*Rz* 的百分数系列为 5%，10%，15%，25%，30%，40%，50%，60%，70%，80%，90%。

机械零件表面粗糙度 *Ra* 的选择方法有 3 种，即计算法、试验法和类比法。设计零件时，表面粗糙度数值的选择应用最普遍的是类比法，此法简便、迅速、有效，既能满足零件的使用要求，又能考虑到选用的总原则。具体选择时，可以参考下述原则。

(1)总的原则：在保证零件表面功能要求的前提下，尽量选用较大的表面粗糙度参数值(*Rmr*(*c*)除外)。

(2)在同一零件上,工作表面的粗糙度参数值应比非工作表面小。

(3)摩擦表面比非摩擦表面的粗糙度参数值小。如果摩擦表面的摩擦速度愈高,所受的单位压力愈大,则粗糙度参数值应愈高;滚动摩擦表面比滑动摩擦表面要求粗糙度参数值小。

(4)对间隙配合,配合间隙愈小,粗糙度参数值应愈小;对过盈配合,为保证连接强度的牢固可靠,载荷愈大,要求粗糙度参数值愈小。在一般情况下间隙配合比过盈配合粗糙度参数值要小。

(5)配合表面的粗糙度参数值应与其尺寸精度要求相当。当配合性质相同时,零件尺寸愈小,则其相应的粗糙度参数值愈小;同一精度等级,小尺寸比大尺寸的粗糙度参数值小,轴比孔的粗糙度参数值小(特别是 IT8～IT5 的精度)(见表 4－8)。

(6)受周期性载荷的表面及可能会发生应力集中的内圆角、沟槽处粗糙度高度参数值应较小。

(7)防腐蚀性、密封性要求高,或外形要求美观的表面应选用较小的粗糙度高度参数值。

【注意】 凡有关标准已对表面粗糙度做出规定的标准件或常用典型零件,例如与滚动轴承配合的轴颈和基座孔,与键配合的轴槽、轮毂槽的工作面等,应按相应的标准确定其表面粗糙度参数值。

在车间生产的实际运用中,常根据表面粗糙度样板和加工出来的零件表面进行比较,用肉眼或手指的感觉来判断零件表面粗糙度的等级(见表 4－7)。

表 4－7 表面粗糙度的表面状况、加工方法及应用举例

序号	$Ra/\mu m$	表面状况	加工方法	应用举例
1	≤50	明显可见的刀痕	粗车、镗、刨、钻	粗加工后的表面,焊接前的焊缝、粗钻孔壁等
2	≤12.5	可见刀痕	粗车、刨、铣、钻	一般非配合表面,如轴的端面、倒角、齿轮及皮带轮的侧面、键槽的非工作表面,减重孔眼表面
3	≤6.3	可见加工痕迹	车、镗、刨、钻、铣、锉、磨、粗铰、铣齿	不重要零件的配合表面,如支柱、支架、外壳、衬套、轴、盖等的端面。紧固件的自由表面,紧固件通孔的表面,内、外花键等非定心表面,不作为计量基准的齿轮顶圈圆表面等
4	≤3.2	微见加工痕迹	车、镗、刨、铣、刮 1～2 点/cm^2、拉、磨、锉、滚压、铣齿	半精加工表面,如箱体、外壳、端盖等零件的端面。要求有定心及配合特性的固定支承面,如定心的轴肩、键和键槽的工作表面。不重要的紧固螺纹的表面。需要滚花或氧化处理的表面
5	≤1.6	看不清加工痕迹	车、镗、刨、铣、铰、拉、磨、滚压、铣齿	接近于精加工表面,安装直径超过 80 的 G 级轴承的外壳孔,普通精度齿轮的齿面、定位销孔、V 型带轮的表面、外径定心的内花键外径、轴承盖的定中心凸肩表面

续　表

序号	$Ra/\mu m$	表面状况	加工方法	应用举例
6	≤0.8	可辨加工痕迹的方向	车、镗、拉、磨、立铣、精铰、滚压	要求保证定心及配合特性的表面，如锥销与圆柱销的表面，与 G 级精度滚动轴承相配合的轴径和外壳孔，中速转动的轴径，直径超过 80 的 E，D 级滚动轴承配合的轴径及外壳孔，内、外花键的定心内径，外花键键侧及定心外径，磨削的齿轮表面等
7	≤0.4	微辨加工痕迹的方向	铰、磨、镗、拉、刮 3～10 点/cm^2、滚压	要求长期保持配合性质稳定的配合表面，IT7 级的轴、孔配合表面，精度较高的齿轮表面，受变应力作用的重要零件，与橡胶密封件接触的轴的表面
8	≤0.2	不可辨加工痕迹的方向	布轮磨、磨、研磨、超级加工	保证零件的疲劳强度、防腐性和耐久性，并在工作时不破坏配合性质的表面，如轴径表面、要求气密的表面和支承表面、圆锥定心表面等
9	≤0.1	暗光泽面	超级加工	工作时承受较大变应力作用的重要零件的表面。保证精确定心的锥体表面。液压传动用的孔表面。汽缸套的内表面、活塞销的外表面、仪器导轨面、阀的工作面
10	≤0.05	亮光泽面	超级加工	保证高度气密性的接合表面，如活塞、柱塞和汽缸内表面，摩擦离合器的摩擦表面。对同轴度有精确要求的孔和轴。滚动导轨中的钢球或滚子和高速摩擦的工作表面
11	≤0.025	镜状光泽面	超级加工	高压柱塞泵中柱塞和柱塞套的配合表面，中等精度仪器零件配合表面，尺寸大于 120 的 IT6 级孔用量规、尺寸小于 120 的 IT7～IT9 级轴用和孔用量规测量表面
12	≤0.012	雾状镜面	超级加工	块规的工作表面、高精度测量仪器的测量面、高精度仪器摩擦机构的支承表面

还可以根据表 4－8 的经验推荐值选用表面粗糙度。

表 4－8　表面粗糙度 *Ra* 的推荐选用值　　(μm)

应用场合 \ 基本尺寸/mm		≤50		50～120		120～150	
	公差等级	轴	孔	轴	孔	轴	孔
经常装拆零件的配合表面	$IT5/\mu m$	≤0.2	≤0.4	≤0.4	≤0.8	≤0.4	≤0.8
	$IT6/\mu m$	≤0.4	≤0.8	≤0.8	≤1.6	≤0.8	≤1.6
	$IT7/\mu m$	≤0.8		≤1.6		≤1.6	
	$IT8/\mu m$	≤0.8	≤1.6	≤1.6	≤3.2	≤1.6	≤3.2

续 表

应用场合 \ 基本尺寸/mm			≤50		50～120		120～150	
过盈配合	压入装配	IT5/μm	≤0.2	≤0.4	≤0.4	≤0.8	≤0.4	≤0.8
		IT6～IT7/μm	≤0.4	≤0.8	≤0.8	≤1.6	≤1.6	
		IT8/μm	≤0.8	≤1.6	≤1.6	≤3.2	≤3.2	
	热装	-	≤0.8	≤1.6	≤1.6	≤3.2	≤1.6	≤3.2

应用场合	公差等级	轴	孔
滑动轴承的配合表面	IT6～IT9/μm	≤0.8	≤1.6
	IT10～IT12/μm	≤1.6	≤3.2
	液体湿摩擦条件/μm	≤0.4	≤0.8

应用场合	密封结合	对中结合	其他
圆锥结合的工作面	≤0.4	≤1.6	≤6.3

应用场合	密封形式	速度/(m/s)		
		≤3	3～5	≥5
密封材料处的孔、轴表面	橡胶密封圈/μm	0.8～1.6（抛光）	0.4～0.8（抛光）	0.2～0.4（抛光）
	毛毡密封/μm	0.8～1.6(抛光)		
	迷宫式/μm	3.2～6.3		
	涂油槽式/μm	3.2～6.3		

应用场合		径向跳动	2.5	4	6	10	16	25
精密定心零件的配合表面	IT5～IT8/μm	轴	≤0.05	≤0.1	≤0.1	≤0.2	≤0.4	≤0.8
		孔	≤0.1	≤0.2	≤0.2	≤0.4	≤0..8	≤1.6

应用场合	带轮直径/mm		
	≤120	120～315	>315
V带和平带轮工作表面	1.6 μm	3.2 μm	6.3 μm

应用场合	类型	有垫圈	无垫圈
箱体分界面（减速箱）	需要密封/μm	3.2～6.3	0.8～1.6
	不需要密封/μm	6.3～12.5	

4.3　表面粗糙度的标注

4.3.1　表面粗糙度的符号与代号

1. 表面粗糙度的符号

表面粗糙度的评定参数及其数值确定后，须按 GB/T 131—2006《机械制图　表面粗糙度符号、代号及其注法》的规定，在零件图上正确地标出（图样上所标注的表面粗糙度符号、代号是该表面完工后的要求）。

表面粗糙度的基本图形符号由两条夹角为 60°的不等长细实线构成，在图样上表示零件粗糙度的图形符号有 5 类，如表 4－9 所示。

表 4－9　表面粗糙度的符号及意义（摘自 GB/T 131－2006）

符号	意义及说明
	基本符号：表示未指定工艺方法的表面。当不加注有关说明（如表面处理、局部热处理等）时，仅适用于简化代号标注
	扩展图形符号，即基本符号加一短画线：表示用去除材料的方法获得的表面，例如：车、铣、钻、磨、剪切、抛光、腐蚀、电火花加工、气割等
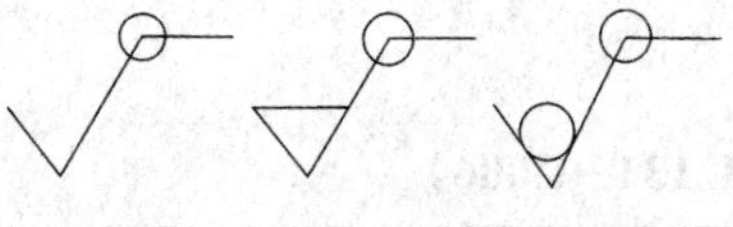	基本符号加一小圆：表示表面是用不去除材料的方法获得，例如，铸、锻、冲压变形、热轧、冷轧、粉末冶金等；或者用于保持原供应状况的表面（包括保持上道工序的状况）
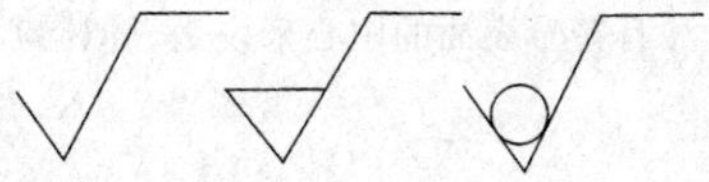	在上述 3 个图形符号的长边上加以横线，表示完整符号，用来标注表面粗糙度的补充信息
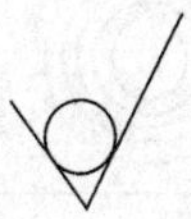	在完整符号上加一个小圆，表示在图样某个视图上构成封闭轮廓的各表面都具有相同的表面粗糙度要求。它应标注在图样中工件的封闭轮廓线上

2. 表面粗糙度的代号

表面粗糙度的完整符号由单一要求（参数代号、数值）及各项补充要求组成。补充要求只在需要时标注，补充要求包括传输带、加工工艺、取样长度、表面纹理及方向、加工余量等。这些要求应注写在指定位置上。GB/T 131—1993 与 GB/T 131—2006 在注写位置上有区别，且其所代表的意义也有所不同（见表 4－10）。

表 4-10 GB/T 131—1993 与 GB/T 131—2006 在注写位置上的差异

GB/T 131—1993	GB/T 131—2006
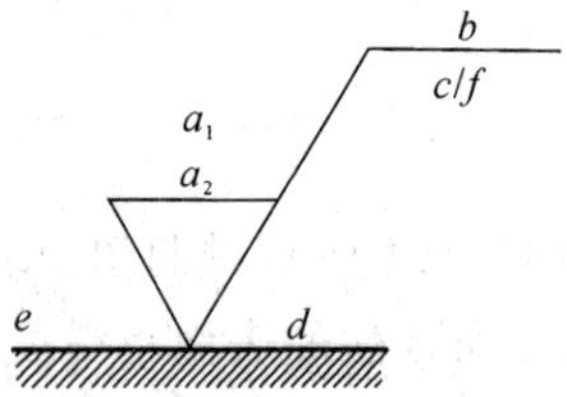 b c/f a_1 a_2 e d	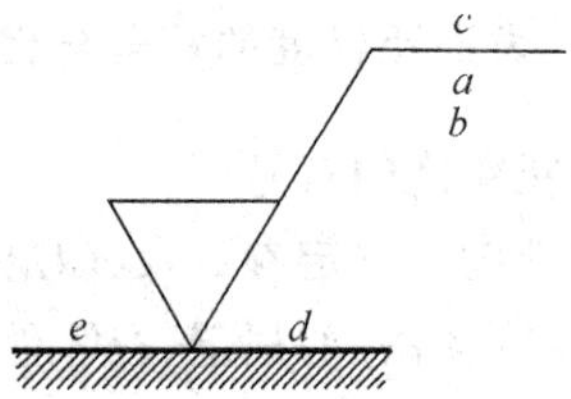 c a b e d
a——粗糙度高度参数代号及其数值(单位:μm,参数代号 *Ra* 省略); *b*——加工方法、镀覆、涂覆、表面处理或其他说明等; *c*——取样长度(单位:mm),符合规定时可以省略不注; *d*——表面纹理方向代号(表面纹理方向的符号见表 4-11); *e*——加工余量(单位:mm); *f*——粗糙度间距参数或 *s* 的参数与数值(单位:mm),或者支承长度率(%)与 *c* 的参数与数值。粗糙度参数值前必须注出相应的参数符号	*a*——注写传输带或取样长度(单位:mm)以及表面粗糙度的单一要求(参数代号 *Ra* 不能省略); *b*——注写第二个表面粗糙度要求;依次纵向排列可注写第三个或更多个表面粗糙度要求; *c*——注写加工方法、镀覆、涂覆、表面处理或其他加工工艺要求等; *d*——注写表面纹理及方向符号"=,M,R"等(表面纹理的标注见表 4-11); *e*——注写加工余量(单位:mm)

表面纹理的标注见表 4-11。

表 4-11 表面纹理的标注(摘自 GB/T 131—2006)

符号	示意图及说明	符号	示意图及说明
=	纹理方向平行于注有符号的视图投影面 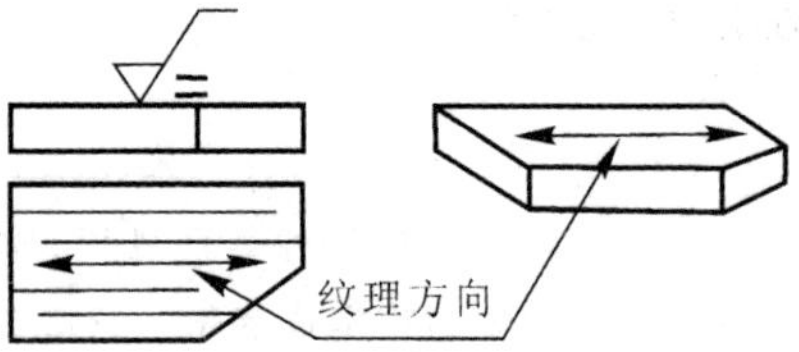 = 纹理方向	C	纹理对于注有符号表面的中心来说是近似同心圆 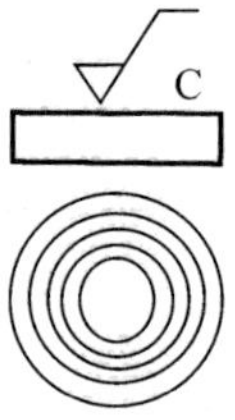 C
⊥	纹理方向垂直于注有符号的视图投影面 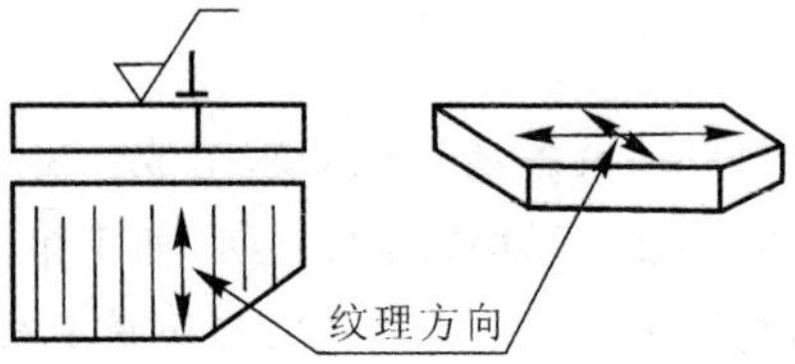 ⊥ 纹理方向	R	纹理对于注有符号表面的中心来说是近似放射形 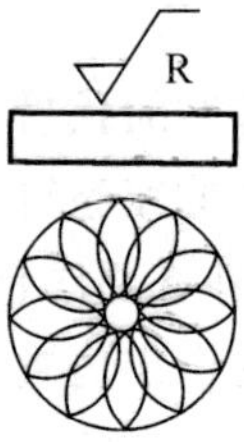 R

续　表

符号	示意图及说明	符号	示意图及说明
×	纹理对注有符号的视图投影面是两个相交的方向 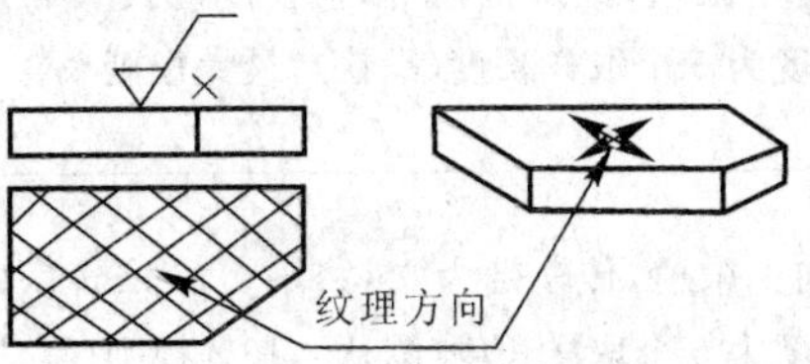 × 纹理方向	P	纹理无方向或呈凸起的细粒状 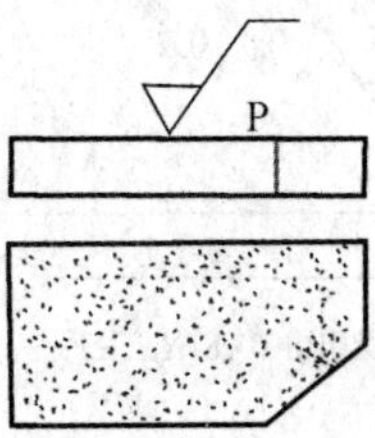 P
M	纹理呈多方向 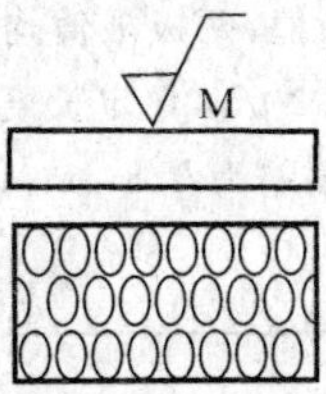 M		

4.3.2　表面粗糙度的标注

1. 表面粗糙度参数的标注

在 GB/T 131—2006 中，表面粗糙度的标注要注意以下方面：

(1)代号中如果没有标注传输带，则采用默认的传输带，传输带标注为短波滤波器截止波长 λs(默认)，长波滤波器截止波长 λc(单位：mm)，用“－”隔开。传输带后面应有“/”与参数代号分开。

(2)当评定长度内的取样长度等于 $5lr$(默认值)时，可省略标注，否则应在相应参数代号之后、数值之前标注取样长度个数。

(3)数值标注遵循两个规则：16％规则(默认)和最大规则。若采用 16％规则在图样上标注的是参数的上限值或下限值，在表示表面粗糙度参数的所有实测值中超出规定值的个数少于总数的 16％；若采用最大规则，则应在参数代号后加上“max”，表示表面粗糙度参数的所有实测值不得超出规定值。

(4)如果表面粗糙度参数值采用 16％规则，须加注极限代号“U”(上限值，为默认值)或“L”(下限值)。如果同一参数具有双向极限(既有上限，又有下限)要求，在不引起歧义的情况下，可不加注 U，L。标注示例如表 4－12 所示。

表 4－12　表面粗糙度参数标注示例(摘自 GB/T 131—2006)

符号示例	说明
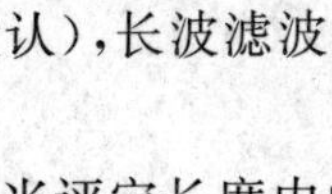 Rz0.4	表示不允许去除材料，单向上限值，默认传输带，粗糙度的最大高度为 0.4 μm，评定长度为 5 个取样长度(默认)，16％规则(默认)

续　表

符号示例	说明
$Rz_{max}0.2$	表示去除材料，单向上限值，默认传输带，粗糙度的最大高度的最大值为 0.2 μm，评定长度为 5 个取样长度（默认），最大规则
0.008~0.8/Ra 3.2	表示去除材料，单向上限值，传输带为 0.008～0.8 mm，算数平均偏差为 3.2 μm，评定长度为 5 个取样长度（默认），16％规则（默认）
U Ra_{max}3.2 L Ra0.8	表示不允许去除材料，双向极限值，两极限值均使用默认传输带，上限值：算数平均偏差的最大值为 3.2 μm，评定长度为 5 个取样长度（默认），最大规则；下限值：算数平均偏差为 0.8 μm，评定长度为 5 个取样长度（默认），16％规则（默认）

2. 表面粗糙度在图样中的标注方法

表面粗糙度的图样标注要求：每一表面只标注一次，其注写和读取方向与尺寸的注写和读取方向一致，如图 4－12 所示。

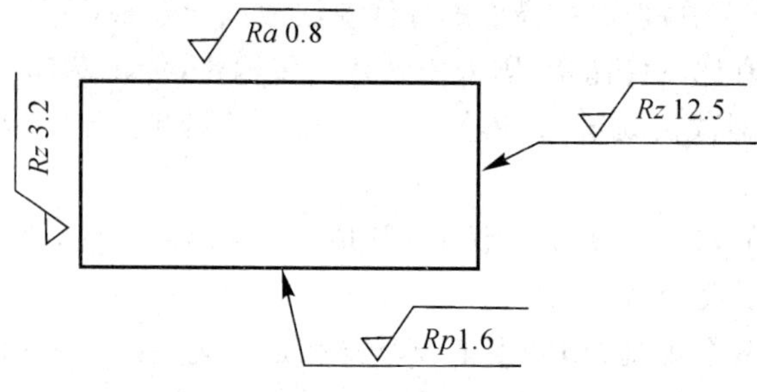

图 4－12　表面粗糙度的注写方向

（1）标注在轮廓线上或指引线上。符号、代号一般注在图样的可见轮廓线、尺寸界限、引出线或它们的延长线上，符号的尖端必须从材料外指向并接触被测表面。必要时，表面粗糙度符号也可用带箭头或黑点的指引线引出标注，如图 4－13 和图 4－14 所示。

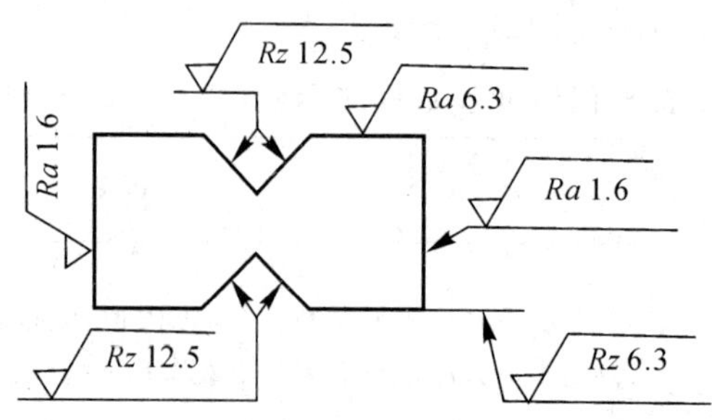

图 4－13　表面粗糙度在轮廓线上的标注示例

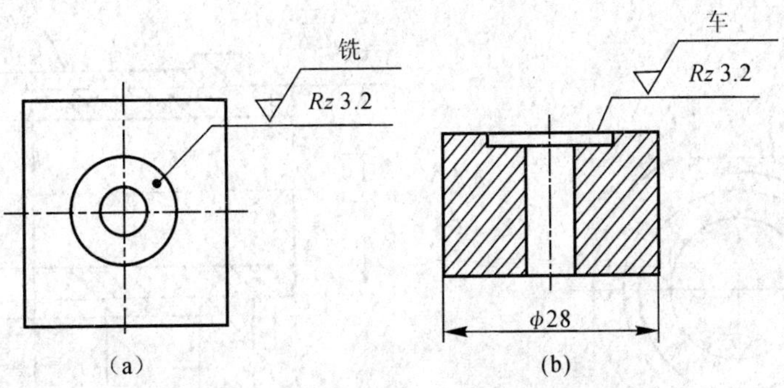

图 4－14　指引线引出的表面粗糙度标注示例

(2)标注在特征尺寸的尺寸线上。当不致引起误解时，表面粗糙度符号、代号可标注在给定的尺寸线上，如图 4－15 所示。

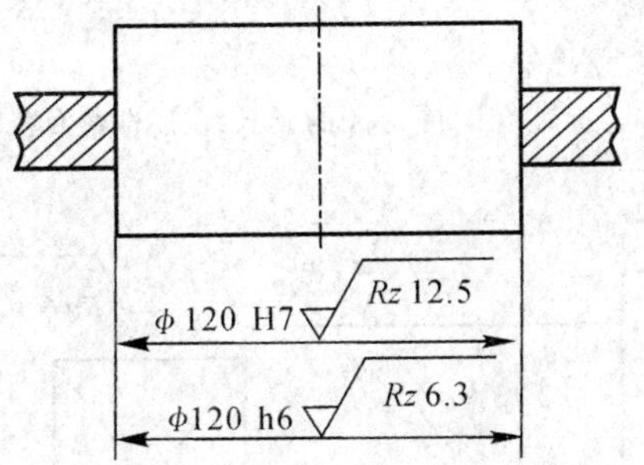

图 4－15　给定尺寸线上的表面粗糙度标注示例

(3)标注在几何公差框格上。表面粗糙度符号、代号可标注在几何公差框格的上方，如图 4－16 所示。

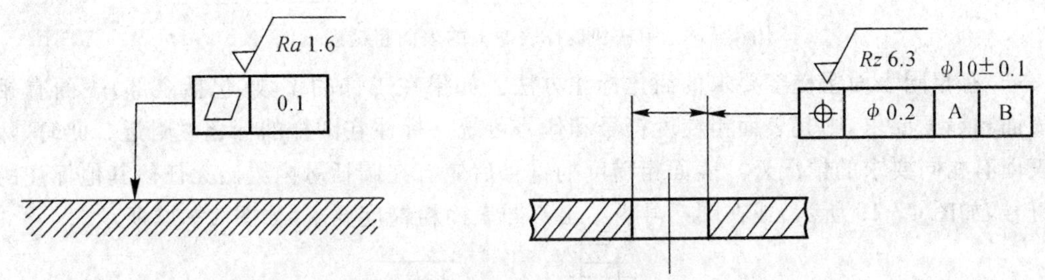

图 4－16　表面粗糙度标注在几何公差框格上方的示例

(4)标注在延长线上。表面粗糙度符号、代号可直接标注在延长线上，或用带箭头的指引线引出标注，如图 4－13 和图 4－17 所示。

(5)标注在圆柱和棱柱表面上。圆柱和棱柱表面上的表面粗糙度符号、代号只标注一次，如图 4－17 所示。如果每个棱柱表面有不同的表面粗糙度要求，则应分别标注，如图4－18 所示。

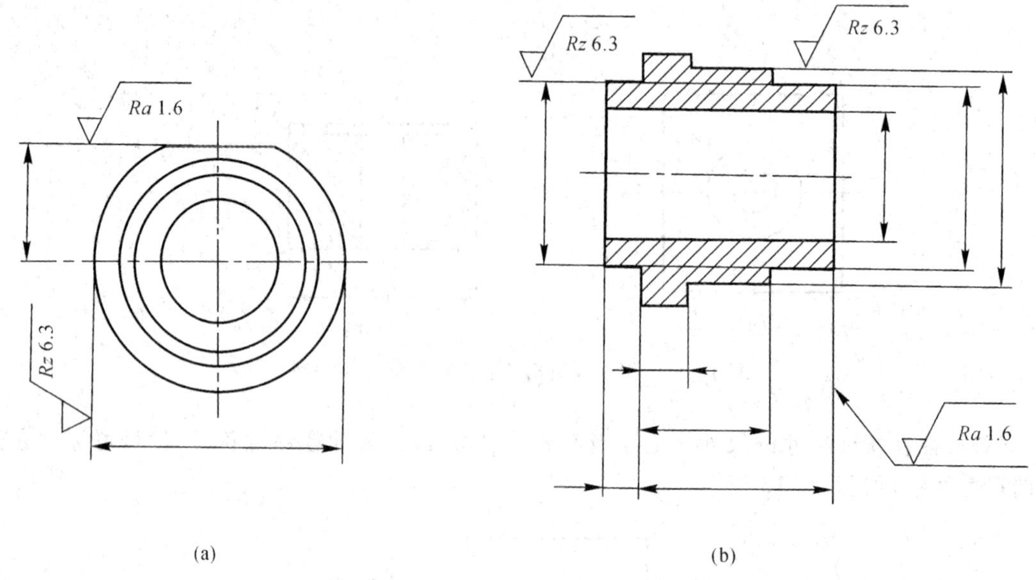

图 4-17 标注在圆柱特征的延长线上的表面粗糙度示例

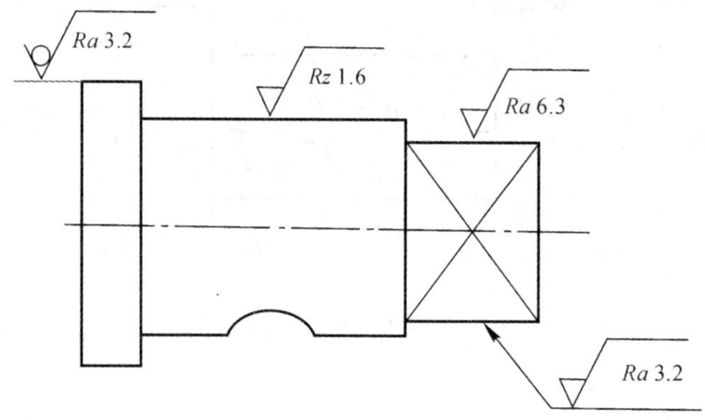

图 4-18 圆柱和棱柱表面上的表面粗糙度示例

(6)有相同表面粗糙度要求的简化标注方法。如果在工件的多数(包括全部)表面有相同的表面粗糙度要求,则其表面粗糙度符号和代号可统一标注在图样的标题栏附近。此时(除全部表面有相同要求的情况外),表面粗糙度的符号后应有在圆括号内给出无任何其他标注的基本符号,如图 4-19 所示;或在圆括号内给出不同表面粗糙度要求,如图 4-20 所示。

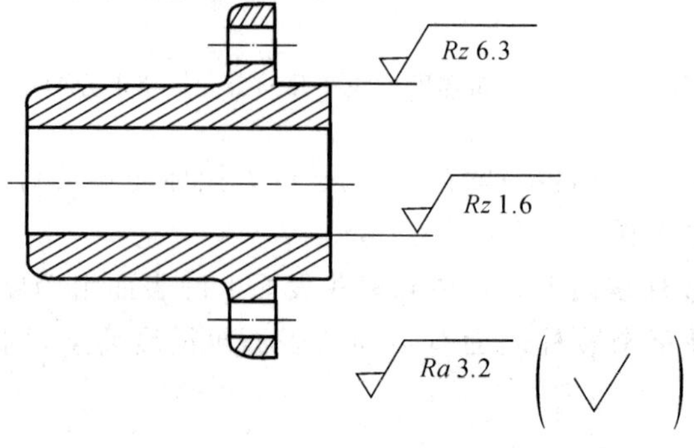

图 4-19 多数表面有相同要求的简化注法(一)

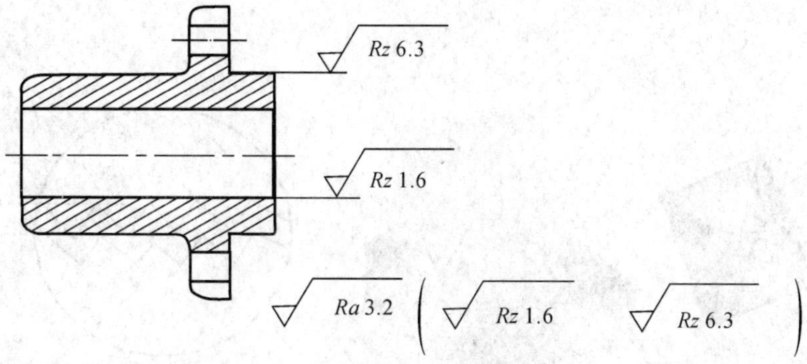

图 4-20　多数表面有相同要求的简化注法(二)

两图的表面粗糙度标注意义：除内孔和右端外圆两个表面外，其余所有表面的粗糙度为去除材料的加工工艺，单向上限值，默认传输带，算数平均偏差为 3.2 μm，评定长度为 5 个取样长度(默认)，16%规则(默认)。

4.4　表面粗糙度的检测

零件完工后，其表面的粗糙度是否满足使用要求，需要进行检测。本节将介绍表面粗糙度检测的基本原则和方法。

1. 检测的基本原则

(1)测量方向的选择。对于表面粗糙度，若未指定测量截面的方向，则应在高度参数最大值的方向进行测量，一般来说也就是在垂直于表面加工纹理方向的截面上测量。

(2)表面缺陷的摒弃。表面粗糙度不包括沟槽、气孔、砂眼、擦伤、划痕等缺陷。

(3)测量部位的选择。在若干有代表性的区段上测量。

2. 测量方法

表面粗糙度的常用检测方法有光切法、比较法、干涉法、针描法(轮廓法)、印模法等。

(1)用光切显微镜测量——光切法。光切显微镜又称双管显微镜。它可以测量切削加工的金属零件外圆表面，以及规则表面(车、铣、刨等)的 Rz。测量的范围一般为 0.5～50 μm。光切显微镜工作原理如图 4-21 所示。

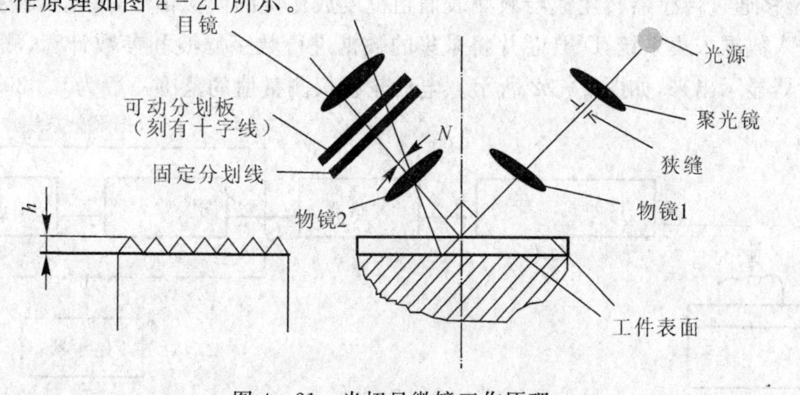

图 4-21　光切显微镜工作原理

(a)测量装置结构简图；

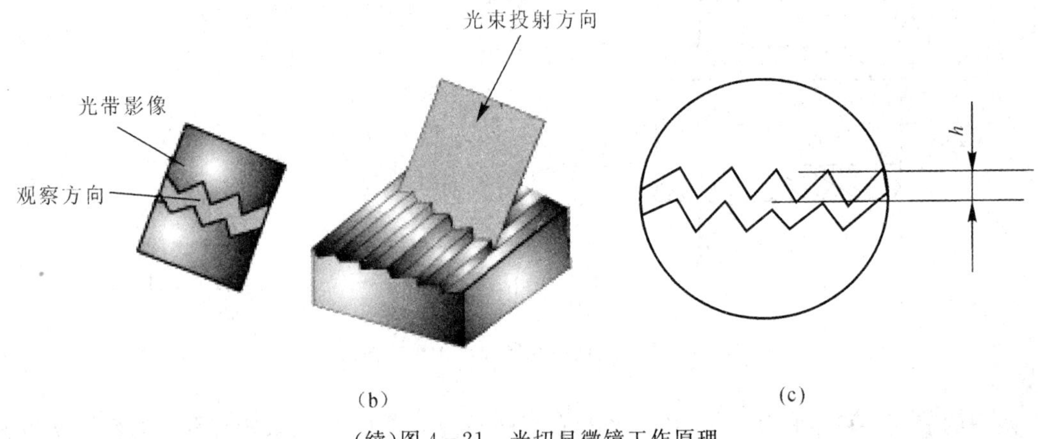

(b)　　　　(c)

(续)图 4-21　光切显微镜工作原理

(b)光线与工件表面相交图;(c)目镜视野图

由光源发出的光线经聚光镜、狭缝及物镜 1 后,以 45°的方向投射到被测工件表面上,形成一束平行光带。由于被测表面粗糙不平,因此峰、谷分别产生反射,经物镜 2 成像在可动分划板上,从目镜中就可直接观察到一条齿状亮带,通过目镜、分划板与测微器,可测出距离 N。被测表面的微观不平度的峰谷高度 h 为

$$h = N\cos 45^{\circ}/V$$

式中,V 为观察镜管的物镜放大倍数。

(2)用粗糙度样块比较——比较法。用比较法检验表面粗糙度是生产车间常用的方法。它是将被测表面与标有一定高度参数的粗糙度样块进行比较来评定表面粗糙度。比较法可用目测主观直接判断或借助于放大镜、显微镜比较或凭触觉来判断表面粗糙度。此方法简单易行,但只能做定性分析,评定精度较低,仅适用于表面粗糙度要求不高的零件表面的评定。

(3)用干涉显微镜测量——干涉法。干涉显微镜是利用光波干涉原理测量表面粗糙度。干涉显微镜主要用来测量两个参数。测量的范围一般为 1～0.03 μm。

(4)用电动轮廓仪测量——针描法。针描法测量表面粗糙度的原理是当测量工件表面粗糙度时,将传感器放在工件被测表面上,由仪器内部的驱动机构带动传感器沿被测表面作等速滑行,传感器通过内置的锐利触针感受被测表面的粗糙度,此时工件被测表面的粗糙度引起触针产生位移,该位移通过传感器转化成与被测表面粗糙度成比例的模拟信号,该信号经过放大及电平转换之后进入数据采集系统,DSP 芯片将采集的数据进行数字滤波和参数计算,测量结果 Ra 值在液晶显示器显示出来,如图 4-22 所示。电动轮廓仪测量值的范围一般为 0.025～6.3 μm。

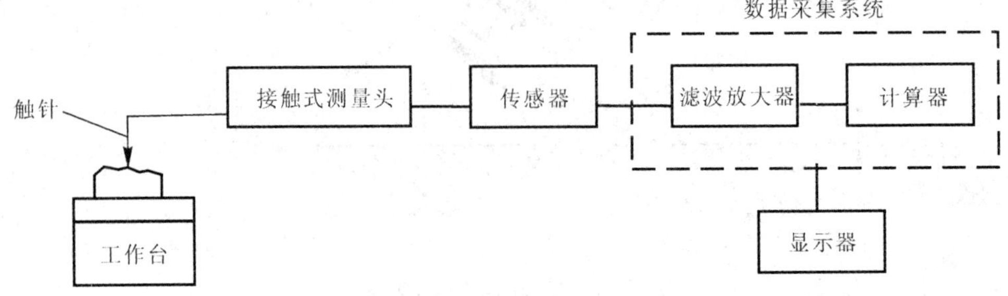

图 4-22 针描法测量原理框图

针描法能够直接读出 Ra 的数值，还能测量平面、孔和圆弧面等各种形状的表面粗糙度，性能比较完善的电动轮廓仪可以测量 Ra，Rz，Rsm，$Rmr(c)$ 等各参数。因其测量方便，迅速可靠，故得到广泛应用。

(5)对复制印模表面进行测量——印模法。对于大零件的内表面，也有采用印模法进行测量的，即用石蜡、低熔点合金（锡铅等）或其他印模材料等，将被测表面印模下来，然后对复制印模表面进行测量。

由于印模材料不可能充满谷底，其测量值略有缩小，可查阅有关资料或自行实验得出修正系数，并在计算中加以修正。

表面粗糙度新旧标准的参数符号比较见附表 4－13。

附表 4－13　表面粗糙度新旧标准的参数符号比较

基本术语			参　数		
基本术语	2009 版	1983 版	基本术语	2009 版	1983 版
取样长度	lr	l	轮廓的最大高度	Rz	Ry
纵坐标值	Z	y	轮廓单元的平均宽度	Rsm	Sm
轮廓峰高	Zp	yp	轮廓支承长度率	$Rmr(c)$	tp
轮廓谷深	Zv	yv	微观不平度十点高度		Rz
轮廓单元宽度	Xs	S			

实训习题与思考题

一、选择题

1. 表面粗糙度符号或代号不应标注在(　　)。

A. 虚线上　　B. 可见轮廓线上

C. 尺寸界限上　　D. 引出线或它们的延长线上

2. 表面粗糙度评定参数中(　　)更能充分反映被测表面的实际情况。

A. Ra　　B. Rz

C. Zt　　D. Rsm

3. 表面粗糙度值越小，则零件的(　　)。

A. 加工容易　　B. 耐磨性好

C. 抗疲劳强度差　　D. 传动灵敏性差

4. 表面粗糙度是指(　　)

A. 表面波纹度　　　　　　B. 表面微观的几何形状误差
C. 表面宏观的几何形状误差　D. 几何形状误差

二、判断题

1. 同一公差等级，孔的表面粗糙度值应比轴的小。（　）
2. 轮廓最大高度就是指在一个取样长度内最大轮廓峰的高度。（　）
3. 轮廓最小二乘中线是唯一理想的基准线，但很难获得，可用轮廓算术平均中线代替。（　）
4. 参数 Ra，Rz 均可反映微观集合形状高度方面特性，可互相替换使用。（　）
5. 表面粗糙度值越大，则零件的表面越光滑。（　）

三、简答题

1. 表面粗糙度的含义是什么？它与形状误差和表面波纹度有何区别？
2. 规定取样长度和评定长度的目的是什么？
3. 国家标准中规定了哪些表面粗糙度的评定参数？它们各有什么特点？
4. 在一般情况下，ϕ50H7 和 ϕ100H7 相比，ϕ40H6/f5 和 ϕ40H6/s5 相比，哪个应选用较小的粗糙度值？

典型机械零部件
精度设计篇

第5章　滚动轴承公差与配合

学习目标

初步了解滚动轴承的结构;掌握滚动轴承内、外径的公差带特点;理解影响滚动轴承配合的因素;能够进行轴承配合件的尺寸公差与配合及其几何公差、表面粗糙度的选择使用。

案例导入

【案例5-1】　试用类比法确定与一直齿圆柱齿轮减速器的小齿轮轴所装轴承配合的轴颈和外壳孔的公差带,并确定孔、轴的形位公差值和表面粗糙度值,并在图上标注出来。

【解题思路】　根据所给条件,计算出当量径向动负荷 P_r,然后查本章相应表格即可。具体解题步骤详见5.3.3节。

知识要点

滚动轴承的结构;滚动轴承的内、外径公差特点;滚动轴承配合件的尺寸公差与配合;影响滚动轴承配合的因素;滚动轴承的配合件的几何公差及表面粗糙度。

5.1　概　　述

滚动轴承是一种将运转的轴与轴承座之间的滑动摩擦变为滚动摩擦,从而减少摩擦损失的精密机械元件,是机械制造业中应用广泛的一种标准部件。

5.1.1　滚动轴承的结构

滚动轴承一般由外圈、内圈、滚动体和保持架组成,如图5-1所示。

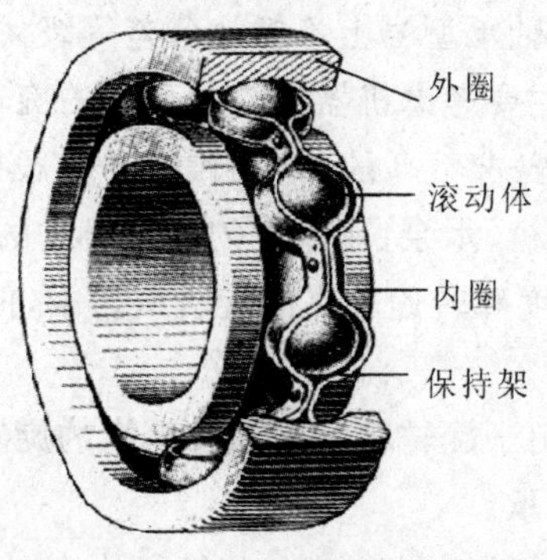

图5-1　滚动轴承结构示意图

滚动轴承内圈的作用是与轴相配合并与轴一起旋转；其外圈装在外壳孔中，与轴承座相配合，起支撑作用；在内圈的外周和外圈的内周上均制有滚道，当内、外圈相对转动时，滚动体即在内、外圈的滚道上滚动，其形状大小和数量直接影响着滚动轴承的使用性能和寿命；滚动体由保持架隔开，能使滚动体均匀分布于滚道上，避免相互摩擦，起到防止滚动体脱落、引导滚动体旋转的作用。

5.1.2 滚动轴承的基本特点

滚动轴承具有尺寸标准化，使用维护方便，摩擦阻力小，功率消耗小，机械效率高，工作可靠，启动性能好，轴向尺寸小，在中等速度下承载能力较高等优点。与滑动轴承相比，滚动轴承具有径向尺寸较大、减振能力较差、高速时寿命低、声响较大以及成本较高的缺点。自行车的前轴、中轴和后轴上都装有滚动承轴。

5.2 滚动轴承的公差带的特点

滚动轴承的互换性分为外互换性和内互换性。滚动轴承与配合零件之间的互换性称为外互换性，也就是本节要讨论的滚动轴承内孔与轴颈的配合，以及滚动轴承外圈与外壳孔的配合；滚动轴承内部各零件之间的配合称为内互换性，例如，轴承内、外圈与滚动体的配合。本章对此不作叙述。

5.2.1 滚动轴承的精度等级及其应用

滚动轴承按尺寸精度和旋转精度分级。滚动轴承的尺寸精度是指轴承内圈内径 d、外圈外径 D、内圈宽度 B、外圈宽度 C 的制造精度和装配高度 T 的精度。评定滚动轴承旋转精度的参数有成套轴承内、外圈的径向跳动 K_{ia} 和 K_{ea}，成套轴承内、外圈端面对滚道的轴向跳动 S_{ia} 和 S_{ea}，成套轴承外圈凸缘背面轴向跳动 S_{ea1}，内圈端面对内孔的垂直度 S_d，外圈外表面对端面的垂直度 S_D，外圈外表面对凸缘背面的垂直度 S_{D1} 等。不同公差等级、不同结构的滚动轴承对其尺寸精度和旋转精度的评定参数有不同要求，具体可查阅相应的国家标准。

GB/T 307.3—2005 将向心轴承的精度分为 5 级。其名称和代号由低到高分别为普通级 0、高级 6(6x)、精密级 5、超精密级 4 及最精密级 2。

凡属普通级的轴承，一般在轴承型号上不标注公差等级代号。

滚动轴承精度等级的选择主要考虑机器对轴承部件的旋转精度和转速的要求。

普通级 0：应用于旋转精度要求不高的、中等转速的一般机构中，例如，普通机床、汽车和拖拉机的变速机构，以及普通电机、水泵、压缩机的旋转机构的轴承。

高级 6(6x)：应用于旋转精度和转速较高的旋转机构中，例如，普通机床的主轴轴承，精密机床传动轴使用的轴承。

精密级 5 和超精密级 4：应用于旋转精度高和转速高的旋转机构中，例如，精密机床的主轴轴承，精密仪器和机械使用的轴承。

最精密级 2：应用于旋转精度和转速很高的旋转机构中，例如，精密坐标镗床的主轴轴承、高精度仪器和高转速机构中使用的轴承。

5.2.2　滚动轴承内、外径公差带特点

国家标准规定，当滚动轴承与其他零件配合时，是以滚动轴承作为配合基准件来选择基准制；当滚动轴承内孔与轴颈的配合时，以内圈内孔为基准孔，采用基孔制；当滚动轴承外圈与外壳孔的配合时，以外圈外圆为基准轴，采用基轴制。

由于滚动轴承内、外圈均为薄壁结构，因此制造和存放时易变形，但在装配后如果这种变形不大，容易得到矫正。为了便于制造，允许有一定的变形。为保证轴承与配合零件的配合性质，所限制的仅是内、外径在其单一平面内的平均直径，即滚动轴承的配合尺寸 $D_{mp}(d_{mp})$。

外径　$$D_{mp}=(D_{s_{max}}+D_{s_{min}})/2$$

内径　$$d_{mp}=(d_{s_{max}}+d_{s_{min}})/2$$

式中　$D_{s_{max}}, D_{s_{min}}$ —— 外圈加工后测得的最大、最小单一外径；

$d_{s_{max}}, d_{s_{min}}$ —— 内圈加工后测得的最大、最小单一内径。

对于 0，6，5 级向心轴承，由于精度等级要求相对较低，国家标准中只规定单一平面平均外径偏差 ΔD_{mp} 和单一平面平均内径偏差 Δd_{mp}。而对精度等级相对较高的 4，2 级向心轴承，为限制其变形，国家标准中既规定单一平面平均外径偏差 ΔD_{mp} 和单一平面平均内径偏差 Δd_{mp}，同时还规定了单一外径和单一内径的极限尺寸 ΔD_s 和 Δd_s。滚动轴承内、外圈尺寸的极限偏差见表 5-1 和表 5-2。

表 5-1　向心轴承的外圈尺寸极限偏差（摘自 GB/T307.1—2005）

外圈尺寸公差 /μm

精度等级 / 基本尺寸 D/mm		0		6		5		4				2				0,6,5,4,2	
		ΔD_{mp}		ΔD_{mp}		ΔD_{mp}		ΔD_{mp}		ΔD_s		ΔD_{mp}		ΔD_s		ΔD_s	
大于	至	上偏差	下偏差	上偏差	下偏差	上偏差	下偏差	上偏差	下偏差	上偏差	下偏差	上偏差	下偏差	上偏差	下偏差	上偏差	下偏差
18	30	0	−9	0	−8	0	−6	0	−5	0	−5	0	−4	0	4		
30	50	0	−11	0	−9	0	−7	0	−6	0	−6	0	−4	0	4		
50	80	0	−13	0	−11	0	−9	0	−7	0	−7	0	−4	0	−4		
80	120	0	−15	0	−13	0	−10	0	−8	0	−8	0	−5	0	−5	与同一轴承内圈的 ΔB_s 相同	
120	150	0	−18	0	−15	0	−11	0	−9	0	−9	0	−5	0	−5		
150	180	0	−25	0	−18	0	−13	0	−10	0	−10	0	−7	0	−7		
180	250	0	−30	0	−20	0	−15	0	−11	0	−11	0	−8	0	−8		
250	315	0	−35	0	−25	0	−18	0	−13	0	−13	0	−8	0	−8		
315	400	0	−40	0	−28	0	−20	0	−15	0	−15	0	−10	0	10		

国标规定，轴承内、外圈单一平面内的平均直径 $D_{mp}(d_{mp})$ 的公差带都单向偏置在零线下方，即上偏差为 0，下偏差为负值，如图 5-2 所示。

国家标准这样规定，主要是考虑到，一般情况下，轴承内圈与其配合轴同步旋转，必须有一

定的过盈量，但为拆卸方便和防止内圈应力过大产生较大变形，过盈量不宜过大。因此，轴承内圈与轴颈的配合虽为基孔制，但根据其公差带特点可知，轴承内圈与轴颈的配合比相应光滑圆柱体的轴按基孔制形成的配合要紧一些。

表 5-2　向心轴承的内圈尺寸极限偏差(摘自 GB/T 307.1—2005)

内圈尺寸公差 /μm																	
精度等级		0		6		5		4				2				0,6,5,4,2	
基本尺寸 D/mm		Δd_{mp}		Δd_{mp}		Δd_{mp}		Δd_{mp}		Δd_s		Δd_{mp}		Δd_s		ΔB_s	
大于	至	上偏差	下偏差	上偏差	下偏差	上偏差	下偏差	上偏差	下偏差	上偏差	下偏差	上偏差	下偏差	上偏差	下偏差	上偏差	下偏差
18	30	0	−10	0	−8	0	−6	0	−5	0	−5	0	−2.5	0	−2.5	0	−120
30	50	0	−12	0	−10	0	−8	0	−6	0	−6	0	−2.5	0	−2.5	0	−120
50	80	0	−15	0	−12	0	−9	0	−7	0	−7	0	−4	0	−4	0	−150
80	120	0	−20	0	−15	0	−10	0	−8	0	−8	0	−5	0	−5	0	−200
120	150	0	−25	0	−18	0	−13	0	−10	0	−10	0	−7	0	−7	0	−250
150	180	0	−25	0	−18	0	−13	0	−10	0	−10	0	−7	0	−7	0	−250
180	250	0	−30	0	−22	0	−15	0	−12	0	−12	0	−8	0	−8	0	−300

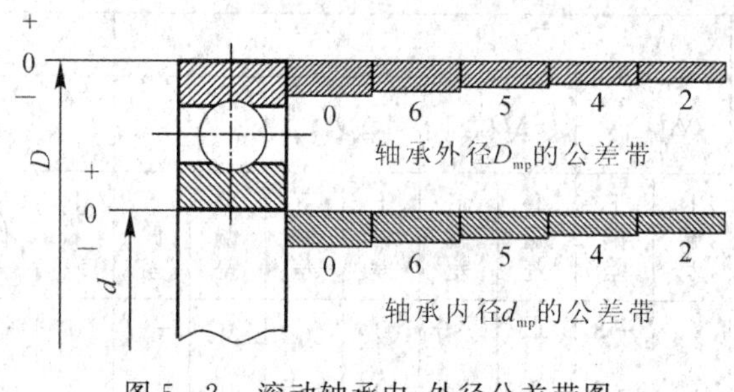

图 5-2　滚动轴承内、外径公差带图

5.3　滚动轴承与轴颈和外壳孔的配合及应用

要使滚动轴承工作平稳，噪声小，除了对滚动轴承本身要求具有一定的制造精度以外，与滚动轴承相配合的轴颈和外壳孔的尺寸公差、几何公差及表面粗糙度也都有要求。

5.3.1　滚动轴承配合件的尺寸公差与配合

国家标准 GB/T 275—1993 推荐了与 0,6,5,4 级轴承相配合的轴颈和外壳孔的公差带(见表 5-3)。

轴承内径和外径本身的公差带在制造时就已确定，因而它们与轴颈、外壳孔的配合性质要由轴颈和外壳孔的公差带决定。国标 GB/T 275—1993 所规定的轴颈和外壳孔的公差带分别为 17 种和 16 种，如图 5－3 和图 5－4 所示。

表 5－3　滚动轴承配合件的公差带

轴承精度	轴颈公差带		外壳孔公差带		
	过渡配合	过盈配合	间隙配合	过渡配合	过盈配合
0	g8，h7，g6，h6，j6，js6，g5，h5，j5	k6，m6，n6，p6，r6，k5，m5	H8，G7，H7，H6	J7，JS7，K7，M7，N7，J6，JS6，K6，M6，N6	P7，P6
6	g6，h6，j6，js6，g5，h5，j5	k6，m6，n6，p6，r6，k5，m5	H8，G7，H7，H6	J7，JS7，K7，M7，N7，J6，JS6，K6，M6，N6	P7，P6
5	h5，j5，js5	k6，m6，k5，m5	H6	JS6，K6，M6	
4	h5，js5，h4	k5，m5		K6	

注：① 孔 N6 与 0 级精度轴承（外径 $D < 150$）和 6 级精度轴承（外径 $D < 315$）的配合为过盈配合；

② 轴 r6 用于内径 $d > 120 \sim 150$；轴 r7 用于内径 $d > 180 \sim 500$。

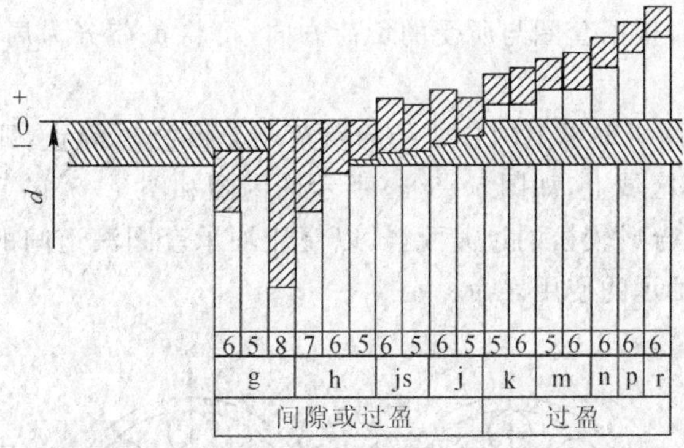

图 5－3　轴承内圈孔与轴颈配合的常用公差带图

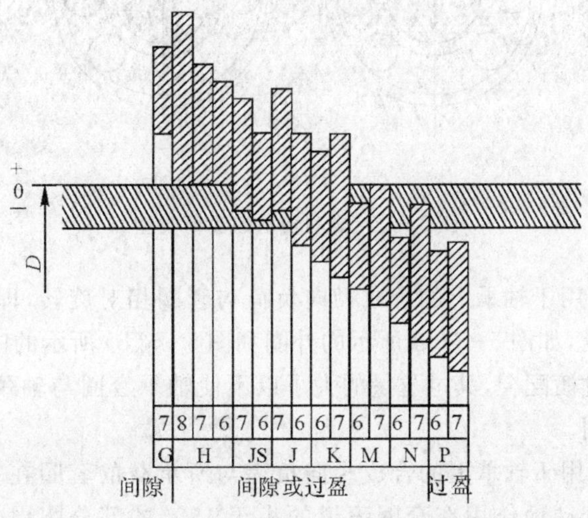

图 5－4　轴承外圈轴与外壳孔配合的常用公差带图

由于轴承的结构特点和功能要求,其公差配合与一般光滑圆柱配合不同。对于轴承内圈与轴颈的配合,与GB/T 1801—1999中基孔制的同名配合相比要紧一些,g5,g6,h5,h6等常用轴承内圈孔与轴颈的配合都变为过渡配合(在GB/T 1801—1999基孔制中为间隙配合),而k5,k6,m5,m6等配合则已变为过盈配合(在GB/T 1801—1999基孔制中为过渡配合)。轴承外圈与外壳孔的配合与GB/T 1801—1999中基轴制的同名配合相比同样要紧一些,尺寸公差有所不同,但配合性质基本一致。

5.3.2 滚动轴承配合的选用

正确选用滚动轴承的配合,能使机器获得良好的工作性能,延长轴承使用寿命,并且缩短维修时间,减少维修费用,提高机器的运转率。

影响滚动轴承配合公差带选用的因素较多,如轴承的工作条件(负荷类型、负荷大小、温度条件、旋转精度、轴向游隙),配合零件的结构、材料及安装与拆卸的要求等。

1. 径向负荷的性质

作用在轴承上的径向负荷,通常是由定向负荷(如皮带拉力或齿轮作用力)和旋转负荷(如机件的离心力)合成的。

滚动轴承在使用中,根据套圈与所受的负荷方向,可将负荷分为局部负荷、循环负荷和摆动负荷三类。

(1) 局部负荷。作用于轴承上的合成径向负荷与套圈相对静止,即负荷方向始终不变地作用在套圈滚道的局部区域上,如图5-5(a)所示的内圈和图5-5(b)所示的外圈所承受的负荷。通常采用小间隙配合或较松的过渡配合,以便让轴承套圈滚道间的摩擦力矩带动轴承套圈缓慢转位,可以延长轴承的使用寿命。

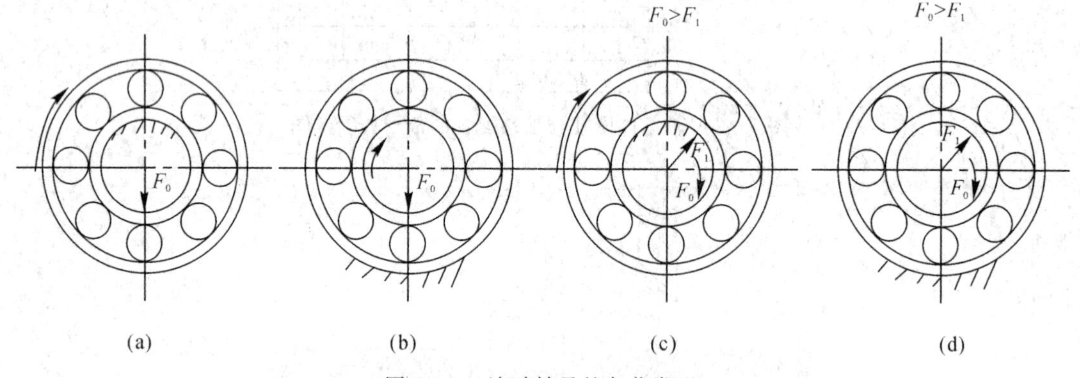

图5-5 滚动轴承的负荷类型

(2) 循环负荷。作用于轴承上的合成径向负荷与套圈相对旋转,即合成径向负荷顺次作用在套圈的整个圆周上,如图5-5(a)所示的外圈和图5-5(b)所示的内圈所承受的负荷。通常采用过盈或较紧的过渡配合,其过盈量的大小以不使轴承套圈与轴颈或外壳孔的配合表面间出现爬行现象为原则。

(3) 摆动负荷。作用于轴承上的合成径向负荷与所承载的套圈在一定区域内相对摆动,即合成径向负荷经常变动地作用在套圈滚道的小于180°的部分圆周上,如图5-5(c)和图5-5(d)所示。受摆动负荷的套圈与轴(或轴承孔)采用与循环负荷相同或比循环负荷稍松一些的配合。如当在车床上车偏心零件而未加配重平衡时，其主轴前轴承的外圈就是承受摆动负荷，内圈承受循环负荷，如图 5 - 5(d) 所示。

轴承套圈承受的负荷类型不同，选择轴承配合的松紧程度也应不同。承受局部负荷的套圈，局部滚道始终受力，磨损集中，其配合应选松些(选择较松的过渡配合或具有极小间隙的间隙配合)。这是为了让套圈在振动、冲击和摩擦力矩的带动下缓慢转位，以充分利用全部滚道并使磨损均匀，从而延长轴承的寿命。但配合也不能过松，否则会引起套圈在相配件上滑动而使结合面磨损。对于旋转精度及速度有要求的场合(如机床主轴和电机轴上的轴承)，则不允许套圈转位，以免影响支承精度。

承受循环负荷的套圈，滚道各点循环受力，磨损均匀，其配合应选择紧些(选较紧的过渡配合或过盈量较小的过盈配合)。因为套圈与轴颈或外壳孔之间工作时不允许产生相对滑动以免结合面磨损，并且要求在全圆周上具有稳固的支承，以保证负荷能最佳分布，从而充分发挥轴承的承载力。但配合的过盈量也不能太大，否则会使轴承内部的游隙减少以至完全消失，产生过大的接触应力，影响轴承的工作性能。承受摆动负荷的套圈，其配合松紧介于循环负荷与局部负荷之间。

2. 负荷的大小

轴承在负荷的作用下，套圈会发生变形，使配合面受力不均匀，甚至引起松动。因此，当受重负荷时配合应紧些，当受轻负荷时配合应松些。一般地，负荷的大小可以用当量径向动负荷 P_r 与轴承的额定负荷 C_r(数据可以从有关手册中查找) 的比值来分类。

轻负荷：$P_r \leqslant 0.07C_r$；

正常负荷：$0.07C_r < P_r \leqslant 0.15C_r$；

重负荷：$P_r > 0.15C_r$。

承受较重的负荷或冲击负荷时，将引起轴承较大的变形，使结合面间实际过盈减小和轴承内部的实际间隙增大，这时为了使轴承运转正常，应选较大的过盈配合。同理，承受较轻的负荷，可选较小的过盈配合。

当轴承内圈受循环负荷时，与轴颈配合的最小过盈量为

$$\delta_{\min计算} = -\frac{13F_r k}{b\ 10^6} \tag{5-1}$$

式中　F_r —— 轴承承受的最大径向负荷(kN)；

k —— 与轴承系列相关的系数：轻系列 $k = 2.8$，中系列 $k = 2.3$，重系列 $k = 2.0$；

b —— 轴承内圈的配合宽度(mm)，$b = B - 2r$，B 为轴承宽度，r 为内圈倒角。

为避免套圈破裂，必须按不超出套圈允许的强度计算其最大过盈为

$$\delta_{\max计算} = -\frac{5.7kd\,[\sigma_p]}{(k-1)\times 10^3} \tag{5-2}$$

式中　$[\sigma_p]$ —— 允许的拉应力(10^5 Pa)，轴承钢的拉应力 $[\sigma_p] \approx 400 \times 10^5$ Pa；

d —— 轴承内圈内径(mm)；

k —— 与前述含义相同。

在已选定轴承的精度等级和型号后，可根据计算得到的 $Y_{\min计算}$，从国标中查出轴承内径平均直径 d_{mp} 的公差带，选取轴的公差带代号以及最接近计算结果的配合。

在设计工作中，选择轴承的配合通常采用类比法，有时为了安全起见，才用计算法校核。

3. 游隙的选择

游隙是将一个套圈固定，另一套圈沿径向或轴向的最大活动量，它是滚动轴承能否正常工作的一个重要因素，分为轴向游隙和径向游隙。一般来说，径向游隙越大，轴向游隙也越大，反之亦然。游隙可保证滚动体正常运转和润滑以及补偿轴的热伸长。选择适当的游隙，可使负荷在轴承滚动体之间合理分布，也可限制轴（或外壳）的轴向和径向位移。若游隙过大，使用中承载的滚动体数目减少而单个滚动体负荷增加，会减低旋转精度和寿命引起的振动和噪声；若游隙过小则加剧磨损和发热，同样减低轴承寿命。因此，选用轴承时，必须选择适当的轴承游隙。

在 GB/T 4604—2006《滚动轴承 径向游隙》中，滚动轴承径向游隙共分 5 组：2 组、0 组、3 组、4 组、5 组，游隙值依次由小到大，其中，0 组为标准游隙，也称基本径向游隙组，应优先选用。基本径向游隙组适用于一般的运转条件、常规温度及常用的过盈配合；在高温、高速、低噪声、低摩擦等特殊条件下工作的轴承则宜选用大于基本组的径向游隙，配合的过盈量也应较大；对精密主轴、机床主轴用轴承等宜选用小于基本组的径向游隙，配合的过盈量则应较小；另外对于滚子轴承可保持少量的工作游隙。最后，轴承装机后的工作游隙，要比安装前的原始游隙小，因为轴承要承受一定的负荷旋转，还有轴承配合和负荷所产生的弹性变形量。

4. 其他影响配合的因素

（1）温度的影响。轴承工作时，由于摩擦发热和其他热源的影响，套圈的温度经常高于与之相配合件的温度。轴承的内圈可能因热胀而使配合变松；外圈会因热胀而使配合变紧。因此，选择配合时应考虑温度的影响。轴承工作温度高于 100℃ 时，应对选用的配合适当修正。

（2）旋转精度和转速的影响。当轴承的旋转精度要求较高且所受负荷较大时，为消除弹性变形和振动的影响，应避免采用带间隙的配合，但也不能太紧。负荷较小的高精度轴承，为避免相配件形状误差对旋转精度的影响，与轴或孔的配合一般要有小的间隙。当轴承转速过高，且又承受冲击负荷时，轴承与轴颈及外壳孔的配合最好都选过盈配合。轴承转速越高，应选用愈紧的配合（过盈），以消除旋转不平稳而产生的振动和噪声。

（3）公差等级的协调。轴颈和外壳孔的公差等级应与轴承的公差等级相协调。一般与 0 级和 6 级轴承配合的轴颈要选择 IT6，外壳孔选择 IT7；当机器对旋转精度和运转平稳性要求较高时，要选择较高等级（如 5 级、4 级）的轴承，与之配合的轴颈和外壳孔也要选择相应较高的公差等级（轴颈可选择 IT5，外壳孔可选 IT6）。

（4）轴颈与外壳孔的结构与材料。轴一般为钢制实心或厚壁空心件，外壳材料为铸钢或铸铁。

剖分式外壳孔与轴承的配合比整体式外壳孔的配合要稍松些，以避免将轴承夹紧变形；薄壁外壳或空心轴与轴承的配合要比厚壁外壳或实心轴的配合紧些，以保证足够的连接强度。

（5）轴承的安装与拆卸。一般轴承当安装时应随着轴承尺寸的增大，过盈配合的过盈量需随之增大，间隙配合的间隙随之增大；为方便轴承的安装与拆卸，对大型或特大型轴承须采用较松配合。

一般采用类比法选择并查表确定与滚动轴承相配合的轴颈和外壳孔的尺寸公差带。表 5-4 ～ 表 5-7 列出了向心轴承、推力轴承分别与轴颈、外壳孔的常用配合。其他轴承与轴颈、外壳孔的配合在需要时可查 GB/T 275—1993。

表 5－4　向心轴承和外壳孔的配合 孔公差带代号(摘自 GB/T 275—1993)

运转状态		负荷状态	其他状况	公差带①	
说明	举例			球轴承	滚子轴承
固定外圈负荷	一般机械、铁路、机车车辆轴箱、电动机、泵、曲轴主轴承	轻、正常、重	轴向易移动，可采用剖分式外壳	H7，G7②	
		冲击	轴向能移动，可采用整体或剖分式外壳	J7，JS7	
摆动负荷		轻、正常			
		正常、重	轴向不移动，采用整体式外壳	K7	
		冲击		M7	
旋转外圈负荷	张紧滑轮、轮毂轴承	轻		J7	K7
		正常		K7，M7	M7，N7
		重		—	N7，P7

注：① 并列公差带随尺寸的增大从左至右选择，对旋转精度有较高要求时，可相应提高一个公差等级；② 不适用于剖分式外壳。

表 5－5　向心轴承(圆柱孔)和轴的配合 轴公差带代号(摘自 GB/T 275—1993)

运转状态		负荷状态	深沟球轴承、调心球轴承和角接触轴承	圆柱滚子轴承和圆锥滚子轴承	调心滚子轴承	公差带
说明	举例		轴承公称内径/mm			
旋转内圈负荷或摆动负荷	一般通用机械、电动机、机床主轴、泵、内燃机、直齿轮传动装置、铁路机车车辆轴箱、破碎机等	轻负荷	≤18	—	—	h5
			>18～100	≤40	≤40	j6①
			>100～200	>40～140	>40～100	k6①
			—	>140～200	>100～200	m6①
		正常负荷	≤18	—	—	j5 js5
			>18～100	≤40	≤40	k5②
			>100～140	>40～100	>40～65	m5②
			>140～200	>100～140	>65～100	m6
			>200～280	>140～200	>100～140	n6
			—	>200～400	>140～280	p6
			—	—	>280～500	r6
		重负荷	—	>50～140	>50～100	n6
				>140～200	>100～140	p6③
				>200	>140～200	r6
				—	>200	r7

续表

运转状态		负荷状态	深沟球轴承、调心球轴承和角接触轴承	圆柱滚子轴承和圆锥滚子轴承	调心滚子轴承	公差带
说明	举例		轴承公称内径 /mm			
固定的内圈负荷	静止轴上的各种轮子、张紧轮、绳轮、振动筛、惯性振动器	所有负荷	所有尺寸			f6 g6① h6 j6
仅有轴向负荷			所有尺寸			j6,js6

注:① 凡对精度有较高要求的场合,应用 j5,k5,m5,g5 代替 j6,k6,m6,g6;② 圆锥滚子和角接触轴承配合对游隙影响不大,可用 k6,m6 代替 k5,m5;③ 重负荷下轴承游隙应选大于基本组的滚子轴承。

表 5-6 推力轴承和轴的配合 轴公差带代号(摘自 GB/T 275—1993)

运转状态	负荷状态	推力轴承和滚子轴承	推力调心滚子轴承②	公差带
		轴承公称内径 /mm		
仅有轴向负荷		所有尺寸		j6,js6
固定的轴圈负荷	径向和轴向联合负荷	— —	≤250 >250	j6 js6
旋转的轴圈负荷或摆动负荷	径向和轴向联合负荷	— — —	≤200 >200~400 >400	k6① m6① n6①

注:① 要求较小过盈时,可分别用 j6,k6,m6 代替 k6,m6,n6;② 也包括推力圆锥滚子轴承、推力角接触轴承。

表 5-7 推力轴承和外壳的配合 孔公差带代号(摘自 GB/T 275—1993)

运转状态	负荷状态	轴承类型	公差带	备注
仅有轴向负荷		推力球轴承	H8	—
		推力圆柱、圆锥滚子轴承	H7	—
		推力调心滚子轴承	—	外壳孔与座圈间间隙为 0.001D(D 为轴承的公称外径)
固定的轴圈负荷	径向和轴向联合负荷	推力角接触球轴承、推力圆锥滚子轴承、推力调心滚子轴承	H7	—
旋转的轴圈负荷或摆动负荷			K7	普通使用条件
			M7	有较大径向负荷时

5.3.3　滚动轴承配合件的几何公差及表面粗糙度的选择

为了保证轴承的正常运转，除了正确地选择轴承与轴颈及箱体孔的公差等级及配合外，还应对轴颈和外壳孔的几何公差及表面粗糙度提出要求。形状公差主要是轴颈和外壳孔的表面圆柱度要求；位置公差主要是轴肩和外壳孔端面的全跳动公差（见表 5－8）。

表 5－8　与滚动轴承配合的轴和外壳孔的几何公差（摘自 GB/T 275—1993）

基本尺寸 mm		圆柱度				端面圆跳动			
		轴颈		外壳孔		轴肩		外壳孔肩	
		滚动轴承精度等级							
		0	6(6x)	0	6(6x)	0	6(6x)	0	6(6x)
大于	到	公差值 /μm							
0	6	2.5	1.5	4	2.5	5	3	8	5
6	10	2.5	1.5	4	2.5	6	4	10	6
10	18	3.0	2.0	5	3.0	8	5	12	8
18	30	4.0	2.5	6	4.0	10	6	15	10
30	50	4.0	2.5	7	4.0	12	8	20	12
50	80	5.0	3.0	8	5.0	15	10	25	15
80	120	6.0	4.0	10	6.0	15	10	25	15
120	180	8.0	5.0	12	8.0	20	12	30	20
180	250	10.0	7.0	14	10.0	20	12	30	20
250	315	12.0	8.0	16	12.0	25	15	40	25
315	400	13.0	9.0	18	13.0	25	15	40	25
400	500	15.0	10.0	20	15.0	25	15	40	25

规定几何公差的原因是，如果轴颈和外壳孔存在较大的形状误差，使用时套圈将产生滚动变形。轴肩和外壳孔端面为安装轴承的轴向定位面，若存在较大的跳动，轴承安装后会产生歪斜，将导致滚动体与滚道接触不良，使得轴承在旋转中产生振动和噪声，影响运动精度，造成局部磨损。

轴颈和外壳孔的表面粗糙度值的高低直接影响着配合质量和连接强度，即配合的可靠度，因此，凡是与轴承内、外圈配合的表面通常都对表面粗糙度提出较高的要求（见表 5－9）。

表 5-9　与滚动轴承配合面的表面粗糙度(摘自 GB/T 275—1993)

轴或轴承座直径 /mm		轴或外壳配合表面直径公差等级								
		IT7			IT6			IT5		
		表面粗糙度 /μm								
大于	到	*Rz*	*Ra*		*Rz*	*Ra*		*Rz*	*Ra*	
			磨	车		磨	车		磨	车
0	80	10	1.6	3.2	6.3	0.8	1.6	4	0.4	0.8
80	500	16	1.6	3.2	10	1.6	3.2	6.3	0.8	1.6
端面		25	3.2	6.3	25	3.2	6.3	10	1.6	3.2

【案例 5-1】　有一直齿圆柱齿轮减速器，小齿轮轴要求有较高的旋转精度，所装轴承为 6 级单列深沟球轴承，尺寸为 $d=50$，$D=110$，宽度 $B=27$，额定动负荷 $C_r=48\ 400$ N，轴承承受的当量径向动负荷 $P_r=5$ kN。试用类比法确定与轴承配合的轴颈和外壳孔的公差带，并确定孔、轴的几何公差值和表面粗糙度值，在图上标注出来。

【解】 (1) 按给定条件，$0.07C_r < P_r = 5\ 000 < 0.15C_r$，属正常负荷。但减速器工作有时会受冲击负荷。

(2) 由于受固定负荷的影响，轴承内圈与轴一起旋转，外圈一般固定安装在剖分式壳体中。查表 5-4 得轴颈公差带为 ϕ50m5(轴承基孔制)；查表 5-5 得外壳孔公差带为 ϕ110J7(轴承基轴制)，由于小齿轮轴要求有较高的旋转精度，可提高一个标准公差等级，选择 ϕ110J6 较适合。

(3) 查表 5-8，根据相应的尺寸，可得圆柱度公差值：轴颈为 2.5 μm，外壳孔为 6.0 μm；端面圆跳动公差值：轴肩为 8 μm，外壳孔肩为 15 μm。

(4) 查表 5-9，根据相应的标准公差等级，得粗糙度参数值(*Ra*)：轴颈为 0.4 μm，外壳孔为 1.6 μm；轴肩端面为 1.6 μm，外壳孔端面为 3.2 μm。

(5) 在图上标注所选的各项公差值，如图 5-6 所示。

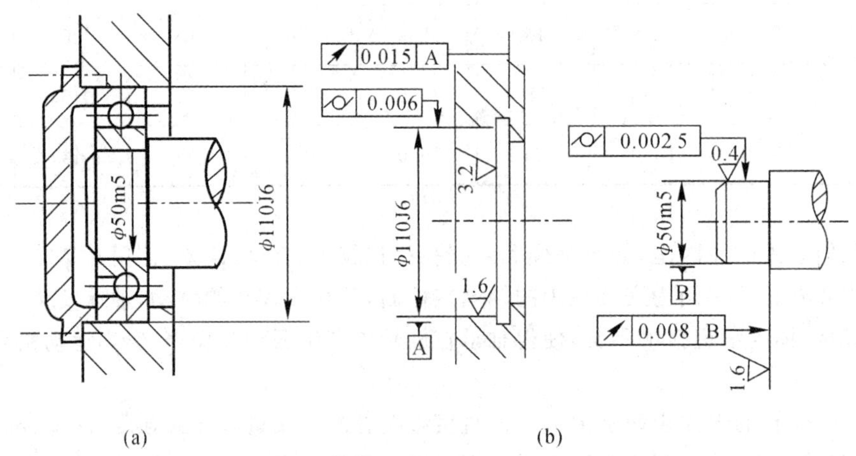

图 5-6　轴承与轴颈和外壳孔的配合及公差标注

(a) 小齿轮轴部分装配图；(b) 轴颈和外壳孔的公差标注

实训习题与思考题

一、选择题

1. 滚动轴承外圈与基本偏差为 H 的外壳孔形成(　　)配合。

A. 间隙　　B. 过盈

C. 过渡　　D. 间隙或过盈

2. 不属于作用在滚动轴承上的负荷种类是(　　)。

A. 局部负荷　　B. 循环负荷

C. 摆动负荷　　D. 周期负荷

二、判断题

1. 滚动轴承内圈采用基轴制,外圈采用基孔制。(　　)

2. 滚动轴承外圈与基本偏差为 H 的外壳孔形成间隙配合。(　　)

3. 滚动轴承内圈与轴的配合一般采用间隙配合。(　　)

三、简答题

1. 滚动轴承的精度有哪几个等级?大致应用在哪些场合?

2. 滚动轴承与轴、外壳孔配合,采用何种基准制?

3. 滚动轴承的配合选择要考虑哪些主要因素?

四、计算题

1. 一 6 级 6308 深沟球轴承,内径为 $40_{-0.010}^{\ 0}$,外径为 $90_{-0.013}^{\ 0}$,与之配合的轴颈公差带为 j6,外壳孔公差带为 Js7。试绘出两对配合的公差带示意图,并计算它们的的极限间隙或过盈。

2. 某机床主轴上安装 309P6 的向心球轴承,内径 $d=45$,$D=90$,该轴承的额定动负荷为 18 100 N,承受一个 2 000 N 的固定径向负荷,内圈随轴一起旋转,外圈静止。试确定 ① 轴颈与外壳孔的公差带代号;② 轴颈与外壳孔的几何公差与表面粗糙度值;③ 将所选公差带代号和各项公差仿照图 5-6 所示标注在图样上。

第6章　普通螺纹的公差与配合

学习目标

了解普通螺纹的基本几何参数，能够较好地理解螺纹的误差构成及判定方法；熟悉普通螺纹的公差配合体系，并能正确运用螺纹的公差配合进行精度设计及标注。

案例导入

【案例6-1】　某型内燃机连杆大端与轴承瓦盖需用普通螺栓紧固连接，用以承受工作时曲轴之反力，设计螺栓公称直径 $d=14$，螺距 $p=2$。试用螺纹的公差配合体系制定其精度，并用符号表示出来。

【解题思路】　为满足互换性要求，选取标准螺纹。其工作情况要求选用能够承受冲击动载荷的紧固型螺纹，并且螺纹应具有良好的旋合性，接触良好，不得有过大的间隙。

作为一名设计人员，案例中的普通螺纹精度要求如何用普通螺纹的公差与配合体系表达？怎样验证、检验所制造的螺栓、螺孔是否满足设计要求？

在学习过本章内容后，读者就可回答上面的问题。

知识要点

普通螺纹的几何特点及几何参数概念；螺纹中径综合公差；螺纹公差配合体系；螺纹误差种类；螺纹误差合格的判定。

6.1　普通螺纹的种类、基本牙型及主要几何参数

6.1.1　螺纹的种类、特点

在机械设计及制造中，常用的螺纹根据用途可以分为如下三类。

(1) 紧固螺纹(普通螺纹)。该螺纹用于连接或紧固零件。使用时要求内、外螺纹间有较好的旋合性及连接的可靠性。

(2) 传动螺纹。该螺纹用于传递力、运动或位移。这类螺纹牙型有梯形、矩形及三角形的圆柱螺纹。使用时要求传动准确、可靠，螺纹接触良好。例如对丝杠类，要求传动比恒定；对测微螺纹类，要求传递运动准确，螺纹间隙引起的回程误差要小。

(3) 紧密螺纹。该螺纹用于密封的螺纹结合，主要要求是结合紧密，不泄漏，旋合后不再拆卸。这类螺纹包括管螺纹、锥螺纹、锥管螺纹等。其公称直径规定为管子内径，结合时内、外螺纹公称直径相等，牙型没有间隙，近似于圆柱极限公差与配合中的过盈或过渡配合。

螺纹按结构特点及牙型分为普通螺纹、矩形螺纹、梯形螺纹、三角螺纹等。

普通螺纹按螺距分为粗牙螺纹和细牙螺纹。一般作为连接或紧固时选粗牙螺纹；细牙螺纹连接强度高、自锁性好，可用于薄壁零件或承受动载荷的连接中，亦用于精密机构的调整装置上。普通螺纹使用最为广泛，其公差与配合也最有代表性。

6.1.2　普通螺纹的主要几何参数

国家标准《普通螺纹 基本牙型》(GB/T 192—2003)、《螺纹术语》(GB/T 14791—1993) 规定了普通螺纹的牙型、术语及几何参数。

普通螺纹的基本牙型为标准三角形顶部截去 $H/8$、底部截去 $H/4$ 的标准形状。其主要几何参数有基本大、小径，基本中径、螺距以及牙型半角等，如图 6-1 所示。

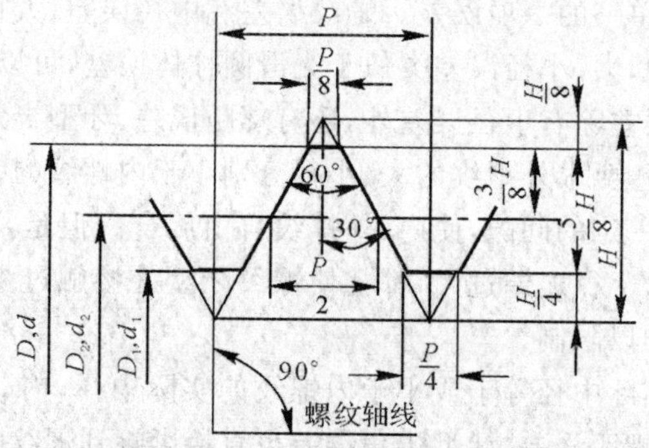

图 6-1　普通螺纹的基本牙型

(1) 基本大径 D,d。它是与外螺纹牙顶或内螺纹牙底相重合的假想圆柱体的直径。基本大径又称为公称直径，是普通螺纹重要的几何参数，其数值已标准化、系列化，具体见附录 6-1。在案例 6-1 中，对于公称直径 $d=14$，螺距 $p=2$ 的值，一般可表示为 M14 × 2。

(2) 基本小径 d_1,D_1。它是与外螺纹牙底或内螺纹牙顶相重合的假想圆柱体的直径。

(3) 基本中径 d_2,D_2。它是一个假想圆柱的直径，该圆柱的素线通过牙型上沟槽和凸起两者宽度相等的地方。此假想圆柱称为中径圆柱。

(4) 螺距 P。螺距 P 为相邻牙在中线上对应点间的距离。每一公称直径的螺纹，可以有几种不同规格的螺距，其中较大的一个称为粗牙，其余均称为细牙。

(5) 牙型半角 $\alpha/2$。它是指在螺纹牙型上，牙侧与螺纹轴线的垂线间的夹角。普通螺纹牙型半角的公称值 $\bar{a}/2=30°$。

(6) 螺纹旋合长度。它是螺纹旋合长度为两配合内、外螺纹轴线方向相互旋合部分的长度。

对于普通螺纹，其内、外螺纹几何参数有如下关系：

对于基本中径，内、外螺纹中径尺寸是相同的，即

$$D_2=d_2,\quad D_2=D-2\times\frac{3}{8}H,\quad d_2=d-2\times\frac{3}{8}H$$

式中，H 为原始三角形的高，即 $H=\frac{\sqrt{3}}{2}P=0.866\ 025\ 404\ P$。

对于小径，内、外螺纹公称直径也是相同的，即

$$D_1 = d_1, \quad D_1 = D - 2 \times \frac{5}{8}H, \quad d_1 = d - 2 \times \frac{5}{8}H$$

螺纹大径的基本尺寸代表了螺纹的公称直径。普通内、外螺纹的公称直径是相同的，即$D=d$。

6.2 普通螺纹的误差构成及对互换性的影响

6.2.1 中径误差对互换性的影响

从使用性能来看，首先要求螺纹能够顺利旋合，同时要满足强度要求。螺纹的误差与光滑圆柱体误差不同，它不是单一的一项误差。螺纹误差有中径误差、大径误差、小径误差、螺距误差以及牙型半角误差五项，大、小径误差类似于光滑圆柱体误差，可以分别保证。

影响螺纹旋合性的误差除有中径误差外，还有螺距误差、牙型半角误差。

就螺纹使用要求分析，要求外螺纹的大、小径分别小于内螺纹的大、小径，这样可以保证相配的螺纹大、小径处均有一定的间隙，使内、外螺纹自由旋合。但是，如果外螺纹的大、小径之差过小，或者内螺纹的大、小径之差过大，都会使螺纹牙型处接触过少而影响连接强度，因此，必须对中径的加工误差加以限制。

但并不是外螺纹的实际中径等于或小于内螺纹的实际中径，内、外螺纹就可以自由旋合，这是因为除中径误差外，螺距误差、牙型半角误差也直接影响到螺纹的旋合性。

6.2.2 螺距误差对互换性的影响

螺距误差对螺纹的旋合性的影响如图 6-2(a) 所示。图中，假定内螺纹具有基本牙型，内、外螺纹的中径及牙型半角都相同，仅外螺纹螺距有误差。结果，内、外螺纹的牙型在旋合时产生干涉(图中阴影部分)，外螺纹将不能自由旋入内螺纹。为了使螺距有误差的外螺纹仍可自由旋入标准内螺纹，在制造中应将外螺纹实际中径减小 f_P(或将标准内螺纹加大 f_P)，如图 6-2(b) 所示。f_P 即为螺距误差折算到中径上的值，称为螺距误差的中径补偿值。

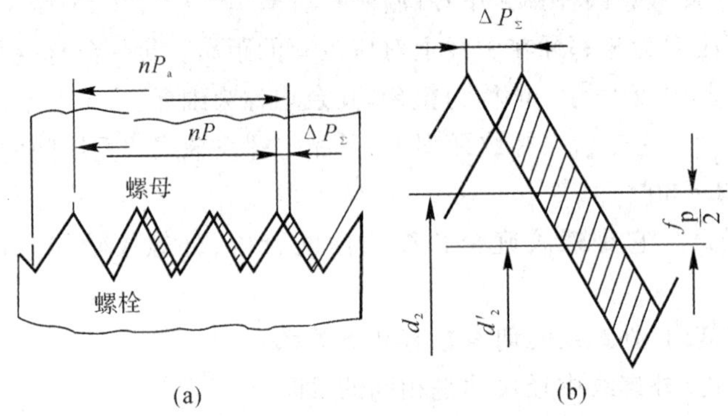

图 6-2 螺距误差对旋合性的影响

从图 6-2 可导出

$$\Delta P_\Sigma = | nP_a - nP |$$

$$f_P = |\ \Delta P_\Sigma\ |\ \tan\alpha/2 \quad 取\frac{\alpha}{2}=30°$$

则

$$f_P = 1.732\ |\ \Delta P_\Sigma\ | \tag{6-1}$$

同理，当内螺纹螺距有误差时，为了保证旋合性，应将其实际中径加大 f_P（或者将与之配合的标准外螺纹中径减少 f_P）。

6.2.3　牙型半角误差对互换性的影响

牙型半角误差是指牙型半角的实际值对公称值的偏离。它主要是由于加工时切削刀具本身的角度误差及安装误差等因素造成的。牙型半角误差也影响内、外螺纹连接时的旋合性和接触均匀性。如图 6-3 所示为一理想内螺纹与仅有牙型半角误差的外螺纹结合时，螺纹牙型间发生干涉的情形。

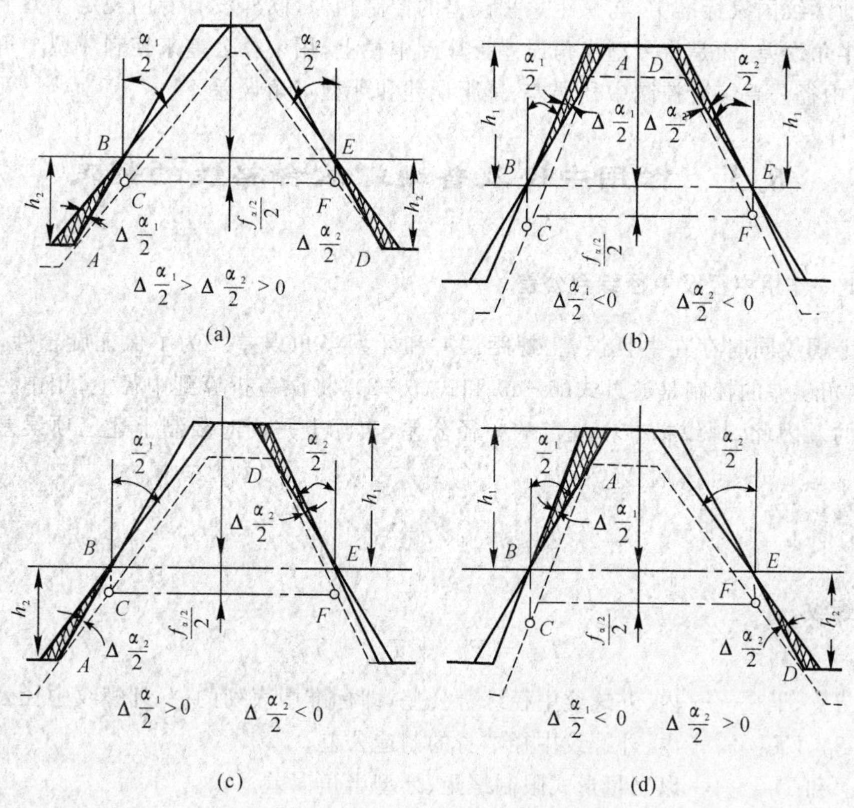

图 6-3　半角误差对旋合性的影响

当实际牙型半角大于牙型半角公称值时，干涉发生在外螺纹牙根；当外螺纹实际牙型半角小于牙型半角公称值时，干涉发生在外螺纹牙顶。欲摆脱干涉，必须将外螺纹中径减小一个数值 $f_{\alpha/2}$，其减小量 $f_{\alpha/2}$ 称为牙型半角误差的中径补偿量。即将牙型半角误差折算到中径上。根据图 6-3 所示，可推导出公式

$$f_{\frac{\alpha}{2}} = \frac{P}{4}\left(K_1\left|\Delta\frac{\alpha_1}{2}\right| + K_2\left|\Delta\frac{\alpha_2}{2}\right|\right)$$

式中　P—— 螺距；

$\Delta \frac{\alpha_1}{2}$—— 左侧牙型半角误差；

$\Delta \frac{\alpha_2}{2}$—— 右侧牙型半角误差。

若 P 以 mm 计，$\Delta \frac{\alpha_1}{2}$ 和 $\Delta \frac{\alpha_2}{2}$ 以(′)计，$f_{\alpha/2}$ 以 μm 表示，则上式可写为

$$f_{\frac{\alpha}{2}} = 0.073P\left(K_1\left|\Delta \frac{\alpha_1}{2}\right| + K_2\left|\Delta \frac{\alpha_2}{2}\right|\right) \tag{6-2}$$

牙型半角误差可分四种情况，如图 6-3 所示。式(6-2) 对于外螺纹，当牙型半角均为正时，K_1，K_2 均为 2；当牙型半角误差均为负时，K_1，K_2 均为 3；对于内螺纹，当牙型半角误差均为正时，K_1，K_2 均为 3；当牙型半角均为负时，K_1，K_2 均为 2。

在普通螺纹国家标准中，与螺距累积误差的控制相似，同样没有专门规定牙型半角公差以限制牙型半角误差，而是将牙型半角误差折算到中径上，用中径公差来控制牙型半角的制造误差。可见，中径公差综合控制中径误差、螺距误差和牙型半角误差。

6.3 作用中径及普通螺纹合格性的判定

6.3.1 作用中径及中径综合公差

实际上螺纹同时存在中径误差、螺距误差和牙型半角误差。为了保证旋合性，对普通螺纹，牙型半角误差的控制是通过式(6-1) 和式(6-2)，将误差折算到中径上，用中径综合公差予以控制的。因此，螺纹标准中规定的中径公差，实际上是同时限制上述三项误差的综合公差。即：

对外螺纹，有

$$T_{d_2} = T_{d'_2} + T_{f_P} + T_{f_{\frac{\alpha}{2}}} \tag{6-3}$$

对内螺纹，有

$$T_{D_2} = T_{D'_2} + T_{f_P} + T_{f_{\frac{\alpha}{2}}} \tag{6-4}$$

式中　T_{D_2}，T_{d_2} —— 内、外螺纹中径综合公差，即标准中表列的内、外螺纹中径公差；

$T_{D'_2}$，$T_{d'_2}$ —— 内、外螺纹中径本身的制造公差；

T_{f_P} 和 $T_{f_{\alpha/2}}$ —— 以当量形式限制螺距、牙型半角误差。

既然中径公差是一项综合公差，即它综合控制中径误差、螺距误差、牙型半角误差，那么，在这三项误差间就存在相互补偿的关系，即在其中某项参数误差较大时，可适当提高其他参数的精度进行补偿，以满足中径总公差的要求。从这种意义上讲，中径公差是相关公差。如像在公差配合中引入作用尺寸概念一样，在螺纹结合中引入作用中径概念。它由实际中径与螺距误差、牙型半角误差的中径当量决定，是一个假想的螺纹中径：

对外螺纹，有

$$d_{2m} = d_{2a} + (f_p + f_{\frac{\alpha}{2}}) \tag{6-5}$$

对内螺纹，有

$$D_{2m} = D_{2a} - (f_p + f_{\frac{\alpha}{2}}) \tag{6-6}$$

式中　D_{2m}，d_{2m} —— 内、外螺纹的作用中径；

D_{2a}，d_{2a} —— 内、外螺纹的实际中径。

因此，作用中径是在规定的旋合长度内，与含有螺距误差与牙型半角误差的实际螺纹外接的，具有基本牙型的假想螺纹的中径，如图 6-4 所示。

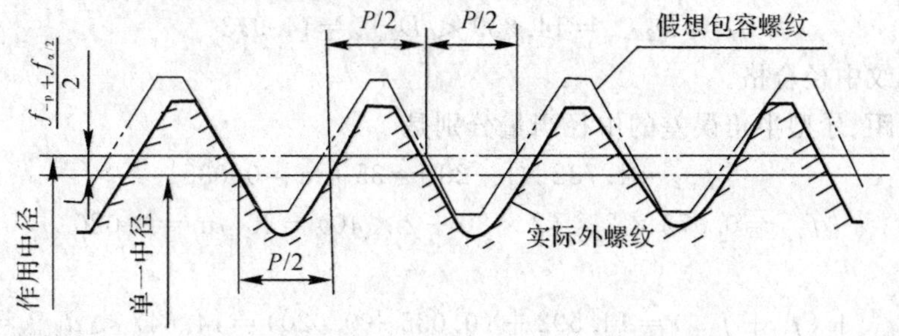

图 6-4　螺距螺纹作用中径与单一中径

螺纹的实际中径，在测量中用螺纹的单一中径代替。单一中径是一个假想圆柱的直径，该圆柱的母线通过牙型上沟槽宽度等于基本螺距一半的地方，如图 6-4 所示。

6.3.2　普通螺纹合格性的判定条件

在螺纹连接中，为保证内、外螺纹的正常旋合，必须使外螺纹的作用中径不大于内螺纹的作用中径，即 $D_{2m} \geqslant d_{2m}$。为此，必须使内、外螺纹的作用中径不超出其最大实体中径，内、外螺纹的单一中径（实际中径）不超出最小实际中径，这是泰勒原则在螺纹上的再现，也是普通螺纹中径的合格判定条件。

对外螺纹，有

$$\begin{aligned} d_{2m} &\leqslant d_{2max} \\ d_{2单一} &\geqslant d_{2min} \end{aligned} \tag{6-7}$$

对内螺纹，有

$$\begin{aligned} D_{2m} &\geqslant D_{2min} \\ D_{2单一} &\leqslant D_{2max} \end{aligned} \tag{6-8}$$

【例 6-1】　某螺纹副设计为 M16-6H/6g，加工完后实测为内、外螺纹的单一中径 $d_{2单一}=14.592$，$D_{2单一}=14.839$；内螺纹的螺距累积误差，$\Delta P_{\Sigma}=+50\ \mu m$，牙型半角误差 $\Delta\frac{\alpha_1}{2}=+50'$，$\Delta\frac{\alpha_2}{2}=-1°$；外螺纹的螺距累积误差 $\Delta P_{\Sigma}=-20\ \mu m$，牙型半角误差 $\Delta\frac{\alpha_1}{2}=+30'$，$\Delta\frac{\alpha_2}{2}=+40'$。问：此螺纹副是否合格，能否旋合？

【解】　由普通螺纹基本尺寸及 GB/T 197—2003 普通螺纹公差与配合表（见附表 3-1～附表 3-7）中查得 M16-6H/6g 的螺距 $P=2$，中径基本尺寸 D_2，d_2 为 14.701。内螺纹中径下偏差 EI＝0，中径公差 $T_{D_2}=212\ \mu m$；外螺纹中径上偏差 es＝－38 μm，中径公差值 $T_{d_2}=160\ \mu m$。故可知

$$D_{2max}=14.913,\quad D_{2min}=14.701$$

$$d_{2max}=14.663,\quad d_{2min}=14.503$$

内螺纹螺距、牙型半角误差的中径当量分别是

$$f_p = 1.732 \times 50 = 87\ \mu m = 0.087$$

$$f_{\alpha/2} = 0.073 \times 2 \times (3 \times 50 + 2 \times |-60|) = 39\ \mu m = 0.039$$

故得

$$D_{2m} = D_{2单一} - (f_p + f_{\alpha/2}) = 14.839 - (0.087 + 0.039) = 14.713 > D_{2min} = 14.701$$

$$D_{2单一} = 14.839 < D_{2max} = 14.913$$

所以，内、外螺纹中径合格。

外螺纹螺距、牙型半角误差的中径当量分别是

$$f_{\alpha/2} = 1.732 \times |-20| = 35\ \mu m = 0.035$$

$$f_{\alpha/2} = 0.073 \times 2 \times (2 \times 30 + 2 \times 40) = 20\ \mu m = 0.020$$

故得

$$d_{2m} = d_{2单一} + (f_p + f_{\alpha/2}) = 14.592 + (0.035 + 0.020) = 14.647 < d_{2max} = 14.663$$

$$d_{2单一} = 14.592 > d_{2min} = 14.503$$

所以，外螺纹中径合格。

又因

$$D_{2m} = 14.713 > d_{2m} = 14.647$$

故此螺纹副可以旋合。其公差与配合图解如图 6-5 所示。

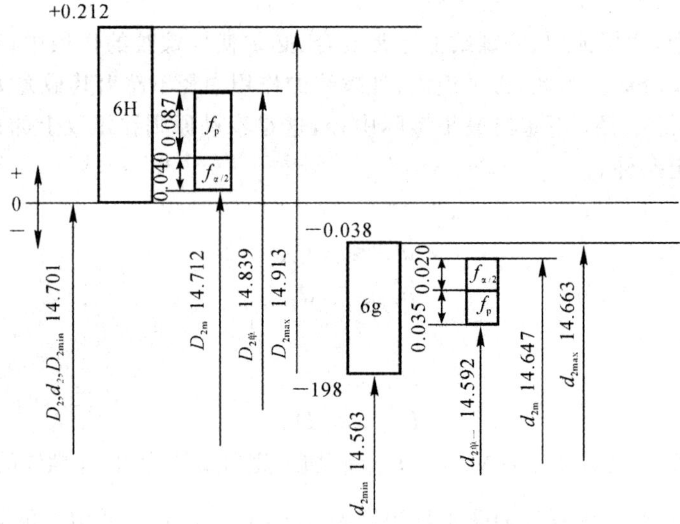

图 6-5 螺纹公差图解

6.4 普通螺纹的公差与配合体系

6.4.1 普通螺纹公差标准的基本结构

国家标准《普通螺纹 公差》(GB/T 197—2003) 中规定了普通螺纹的中径、顶径公差，而没有规定螺距、牙型半角公差，其误差由中径综合公差控制，底径误差由刀具控制。

国家标准把构成公差带的两个独立基本要素 —— 公差带的大小、公差带的位置 —— 进行了标准化。

如同圆柱公差与配合一样，普通螺纹公差带的大小由公差等级确定，公差带的位置由基本偏差确定。考虑到螺纹旋合长度对螺纹精度的影响，将同一直径的螺纹旋合长度分为 S(短)、N(中)、L(长) 三组。各组旋合长度与螺纹公差带组合形成精密、中等、粗糙三组。

普通螺纹的公差等级、基本偏差及旋合长度的基本结构如图 6-6 所示。

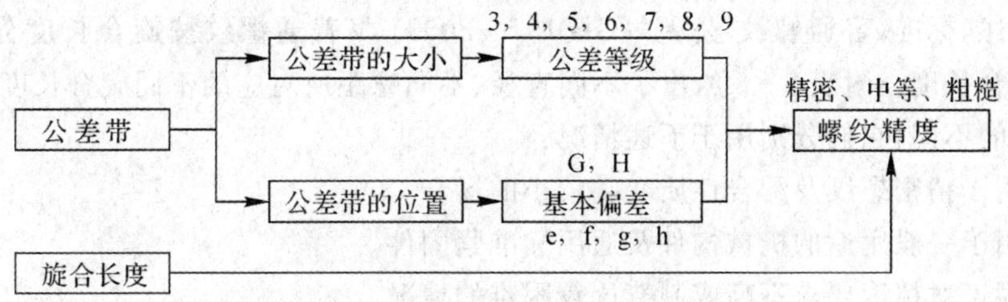

图 6-6　普通螺纹的公差等级及偏差结构

6.4.2　普通螺纹公差带大小和公差等级

螺纹中径、顶径公差带是以垂直于螺纹轴线方向给出和计量的，它的大小由公差等级确定，螺纹公差等级系列如附表 3-2 ～ 附表 3-7，其中 6 级为基本级。

一般来说，为保证螺纹的旋合性，中径公差不大于同级的顶径公差；为达到工艺等价性，内螺纹中径公差是同一公差等级外螺纹中径公差的 1.32 倍。普通螺纹中径、顶径的公差等级可按表 6-1 选取。

表 6-1　普通螺纹的公差等级(摘自 GB/T 197—2003)

螺纹直径	公差等级
外螺纹中径 d_2	3,4,5,6,7,8,9
外螺纹大径 d	4,6,8
内螺纹中径 D_2	4,5,6,7,8
内螺纹小径 D_1	4,5,6,7,8

普通内、外螺纹中径、顶径的公差数值如附表 3-3 ～ 附表 3-6 所示。

6.4.3　普通螺纹公差带位置和基本偏差

普通螺纹公差带的位置由基本偏差确定。

考虑到不同要求，标准中对内螺纹规定了 H 和 G 两种基本偏差，对外螺纹规定了 e,f,g,h 四种基本偏差。基本偏差系列如图 6-7 所示。

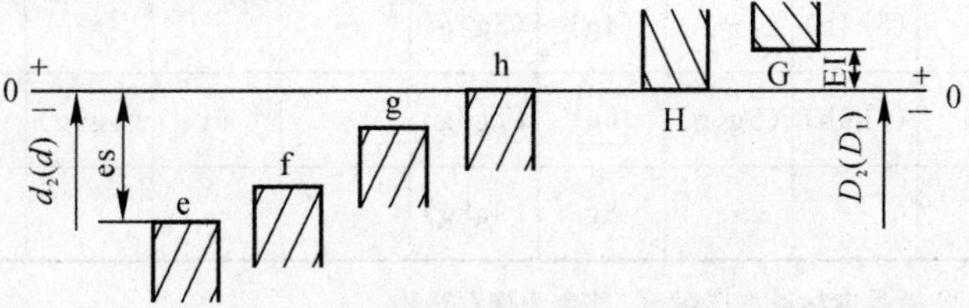

图 6-7　内、外螺纹的基本偏差

普通螺纹的基本偏差数值如附表3-4所示。中径和顶径的另一极限偏差由基本偏差与公差值确定。

6.4.4 普通螺纹的旋合长度与螺纹精度

如前所述，标准《普通螺纹 公差》(GB 197—2003) 将普通螺纹按旋合长度分为三组，即短、中、长旋合长度。附表 3-8 给出了不同直径、不同螺距所对应的不同旋合长度的数值。根据使用场合的不同，它们分别用于下述情况：

精密：用于精密螺纹及配合性质变动较小的场合。

中等：用于一般用途的机械构件及通用标准紧固件。

粗糙：用于对精度要求不高或制造比较困难的情况。

6.5 普通螺纹公差配合精度的选择

根据螺纹配合的要求，将公差等级和公差位置组合，可得到各种螺纹公差带。但为了减少刀具、量具的规格，表6-2、表6-3列出了内、外螺纹的选用公差带，除特殊情况外，设计时只宜选用表中所列的内、外螺纹公差带。

表 6-2 内螺纹选用公差带

精度	公差带位置 H			公差带位置 G		
	S	N	L	S	N	L
精密	4H	5H	6H	—	—	—
中等	5H	6H	7H	(5G)	6G	(7G)
粗糙	—	7H	8H	—	(7G)	(8G)

注：① 方框内为优先选用；② 括号内尽量不选用；③ 其余推荐选用。

当表 6-2、表 6-3 中只有一个公差带代号时，表示顶径公差带与中径公差带相同；当有两个公差带代号时，前一个表示中径公差带，后一个表示顶径公差带。

表 6-3 外螺纹选用公差带

精度	公差带位置 h			公差带位置 g			公差带位置 f			公差带位置 e		
	S	N	L	S	N	L	S	N	L	S	N	L
精密	(3h4h)	4h	(5h4h)	—	(4g)	(5g4g)	—	—	—	—	—	—
中等	(5h6h)	6h	(7h6h)	(5g6g)	6g	(7g6g)		6f	(5g6g)	—	6e	(7e6e)
粗糙	—	—	—		8g	(9g8g)	—	—		—	(8e)	(9e8e)

注：① 方框内为优先选用；② 括号内尽量不选用；③ 其余为推荐选用。

考虑到螺距误差的影响，当旋合长度加长时，应给予较大的公差；当旋合长度减短时，可减小公差。因此，在同一螺纹精度下，旋合长度不同，中径应采用不同的公差等级，S 组比 N 组高一级，N 组比 L 组高一级。

内螺纹的小径公差多数与中径公差取相同等级，并随旋合长度缩短或加长而提高或降低一级。

外螺纹的大径公差，在 N 组与中径公差取相同等级；在 S 组比中径公差低一级；在 L 组比中径公差高一级。

内、外螺纹的选用公差带可以任意组合。为了保证足够的接触精度，完工后的零件最好组合成 H/g，H/h 或 G/h 的配合。对直径小于或等于 1.4 的螺纹采用 5H/6h，4H/6h 或更紧密的配合。

对需要涂镀保护层的螺纹，镀前一般应按规定的公差带制造。如无特殊规定，镀后螺纹的实际轮廓的任何点均不应超过 H，h 所确定的最大实体牙型。

【案例 6-1】　根据案例导入部分的分析，进行精度设计如下。

【解】　考虑该螺纹需要耐冲击，旋合性好，间隙小，因此按中等精度设计；公差带位置按要求需要间隙小的配合，因此，选最小间隙为 0 的 H/h 配合。查表 6-2、表 6-3 得，内螺纹选方框中的 6H，外螺纹（连杆螺栓）选 6h；顶径公差带与中径公差带相同，结果可表示为 M14×2—6H/6h；螺纹按中等旋合长度计算，不必标出。

其公差数值查本章后普通螺纹附表系列得：

中径基本尺寸：$D_2 = d_2 = 12.701$；

内螺纹中径：下偏差 EI＝0，公差 $T_{D_2} = 212\ \mu m$；

外螺纹：上偏差 es＝0，公差值 $T_{d_2} = 160\ \mu m$，公差带图如图 6-8 所示。

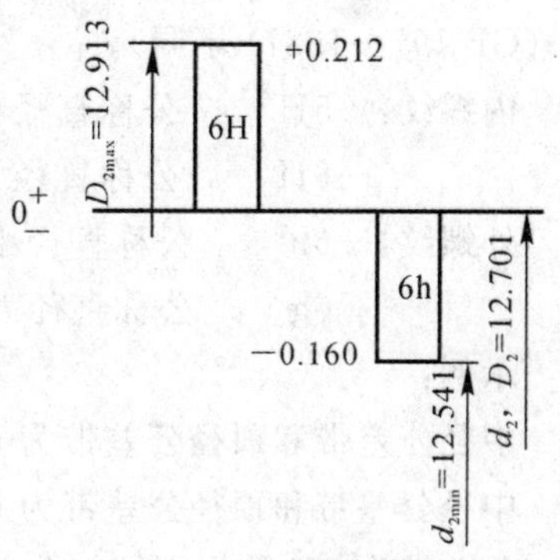

图 6-8　案例 6-1 内、外中径公差带图

6.6　普通螺纹公差与配合标记

完整的螺纹标记由特征代号、尺寸代号、公差带代号及其他必须要做进一步说明的个别信息组成。

公差带代号包含中径公差带代号和顶径公差带代号。中径公差带代号在前，顶径公差带代号在后。各直径的公差带代号由表示公差等级的数值和表示公差带位置的字母（内螺纹用大写字母；外螺纹用小写字母）组成。如果中径公差带代号与顶径公差带代号相同，则应只标注一个公差带代号。螺纹尺寸与公差带间用“—”号分开。

示例：

中径公差带为 5g、顶径公差带为 6g 的细牙外螺纹：M10×1—5g6g；

中径公差带为 5H、顶径公差带为 6H 的细牙内螺纹：M10×1—5H6H；

中径公差带和顶径公差带为 6H 的细牙内螺纹：M10×1—6H；

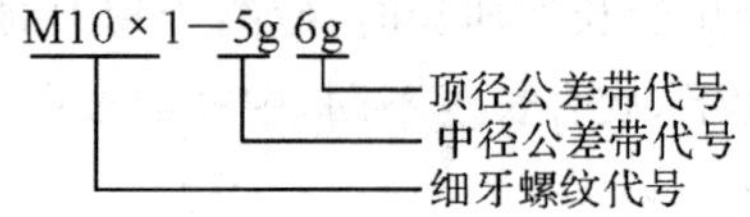

表示内、外螺纹配合时，内螺纹公差带代号在前，外螺纹公差带代号在后，中间用斜线分开。例如：

公差带为 6H 的内螺纹与公差带为 5g6g 的外螺纹组成配合：M20 × 2 － 6H/5g6g。

对短旋合长度组和长旋合长度组的螺纹，宜在公差带代号后分别标注"S"和"L"代号。旋合长度代号与公差带间用"—"号分开。中等旋合长度组螺纹不标注旋合长度代号(N)。

示例：

短旋合长度的内螺纹：M20 × 2 － 5H － S；

长旋合长度的内、外螺纹结合：M10 － 7H/7g6g － L；

中等旋合长度的外螺纹(粗牙、中等精度的 6g 公差带)：M10。

在下列情况下，中等精度螺纹不标注其公差代号(注意：它们与旧国标《普通螺纹 公差》(GB 197—1981) 不同)。

内螺纹：—5H　　公称直径小于和等于 1.4mm 时；

　　　　—6H　　公称直径大于和等于 1.6mm 时；

外螺纹：—6h　　公称直径小于和等于 1.4mm 时；

　　　　—6g　　公称直径大于和等于 1.6mm 时。

示例：

中径公差带和顶径公差带为 6g、中等精度的粗牙外螺纹：M10；

中径公差带和顶径公差带为 6H、中等精度粗牙内螺纹：M10；

公差带为 6H 的内螺纹与公差带为 6g 的外螺纹组成配合(中等精度、粗牙)：M10。

实训习题与思考题

1. 为什么说细牙螺纹自锁性好？

2. 一对可以自由旋合的螺纹，其基本尺寸参数有何要求？

3. 影响普通螺纹旋合性的有哪几项误差？

4. 什么是作用中径？什么是实际中径？

5. 对紧固螺纹，为什么不单独规定螺距公差及牙型半角公差？

6. 怎样用泰勒原则判断普通螺纹的合格与否？

7. 假定螺纹的实际中径在中径极限尺寸范围内，是否就此可以断定该螺纹为合格品？为什么？

8. 试说明下列普通螺纹标注中各代号的含义：

(1)M20 × 2 － 6h；

(2)M24 × 2 － 6H/5g6g；

(3)M24 × 2 － 5g6g － 20。

9. 查表决定螺栓 M24 × 2 － 6h 的外径和中径的极限尺寸并绘出其公差带图。

10. 有一螺纹配合 M12×1.5－6H/6g 的螺栓，已知某种加工方法所产生的误差为：

内螺纹：实际中径为 11.105，螺距累积误差$\Delta P_{\Sigma}=+0.03$，牙型半角误差 $\Delta\frac{\alpha_1}{2}=-1°10'$，$\Delta\frac{\alpha_2}{2}=+1°30'$；

外螺纹：实际中径为 11.008，螺距累积误差$\Delta P_{\Sigma}=-40\ \mu m$，牙型半角误差 $\Delta\frac{\alpha_1}{2}=+40'$，$\Delta\frac{\alpha_2}{2}=-1°$。

试问：

(1) 内、外螺纹的中径是否合格？

(2) 它们能否在不产生过盈的条件下自由旋合？

11. 今测得某螺栓 M16×2－6g 的单一中径为 $d_2=14.6$，螺距累积误差$\Delta P_{\Sigma}=35\ \mu m$，牙型半角误差 $\Delta\frac{\alpha_1}{2}=-50'$，$\Delta\frac{\alpha_2}{2}=40'$。试问：此螺栓是否合格？若不合格，能否修复？怎样修复？

第7章　键和花键结合的精度设计

学习目标

了解平键连接公差配合的特点；掌握平键连接的公差与配合、几何公差和表面粗糙度的选用与标注；了解矩形花键连接的定心方式和公差配合的特点；掌握矩形花键连接的公差与配合、几何公差和表面粗糙度的选用与标注。

案例导入

【案例7-1】　平键连接的精度设计。

传动轴与齿轮孔常常采用平键连接。例如，某齿轮孔与传动轴的配合采用 $\phi 56H7/r6$，根据GB/T 1095—2003确定键槽宽为 $b=16$，槽深 $t_1=6$。平键连接体现在键宽与轴键槽、轮毂键槽之间具有配合性质，如图7-1所示。

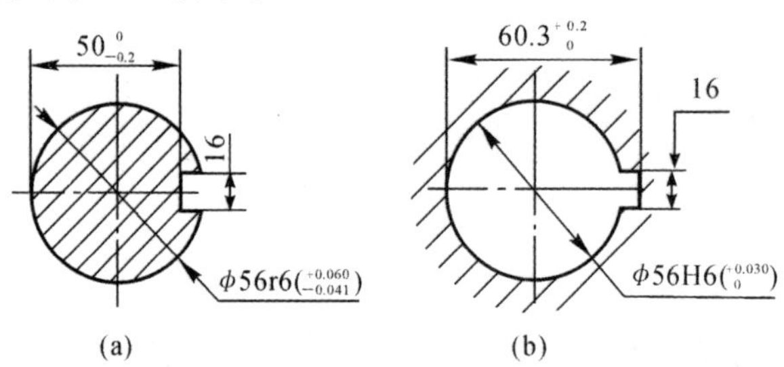

图7-1　某平键连接的键槽结构及尺寸

(a) 轴键槽；(b) 轮毂键槽

【解题思路】　平键连接精度设计的主要任务是设计确定键和键槽的尺寸公差带与配合，设计确定键槽的几何公差项目和公差值，设计确定键槽工作表面的表面粗糙度参数允许值。本案例的解答详见7.2.1节例7-1。

【案例7-2】　矩形花键连接的精度设计。

【解题思路】　花键连接的精度设计是在内花键、外花键的键数和尺寸规格确定之后，设计确定内、外花键的尺寸公差带与配合，以及内、外花键的几何公差及花键表面的表面粗糙度参数允许值。矩形花键连接的精度设计过程详见7.3节。

知识要点

平键连接的公差与配合应用特点；矩形花键连接的公差与配合应用特点；键连接、花键连接所采用的配合制。

7.1 概　　述

键连接属于可拆卸刚性连接，在机电产品中应用广泛，常用于轴与轴上的传动件（如齿轮、带轮、联轴器等）之间的可拆卸连接，用以传递转矩和运动。当配合件之间要求作轴向相对移动时，键连接还可以起导向作用，如在机床变速箱中，通过齿轮沿花键轴的轴向移动来实现变速换挡。键连接分为单键连接与花键连接。

为了满足键连接的使用要求，保证其互换性，本章介绍平键连接和矩形花键的公差配合及精度设计。

7.2 平键连接的公差配合

7.2.1 平键连接的使用要求

1. 平键连接的结构特点

采用单键连接时，在孔、轴上均加工有键槽，即轮毂键槽和轴键槽，通过单键连接在一起。按其结构形状单键分为四种：① 平键，包括普通平键和导向平键；② 半圆键；③ 切向键；④ 楔键，包括普通楔键和钩头楔键。其中以平键连接应用最广泛，其次为半圆键。

平键连接是由键、轴键槽、轮毂键槽构成的。平键连接结构如图 7-2 所示。

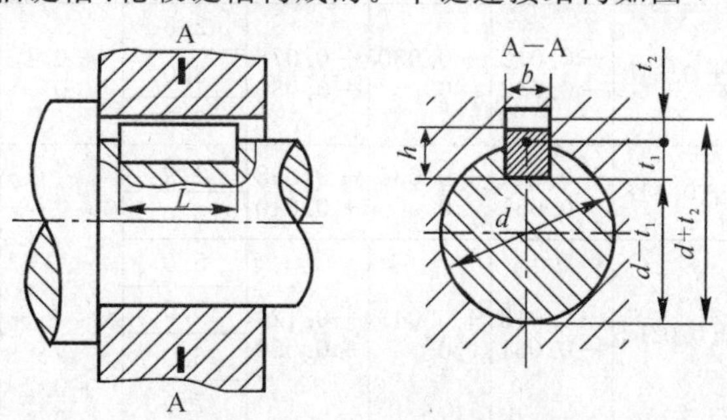

图 7-2　平键连接结构

键槽的主要尺寸如图 7-3 所示。

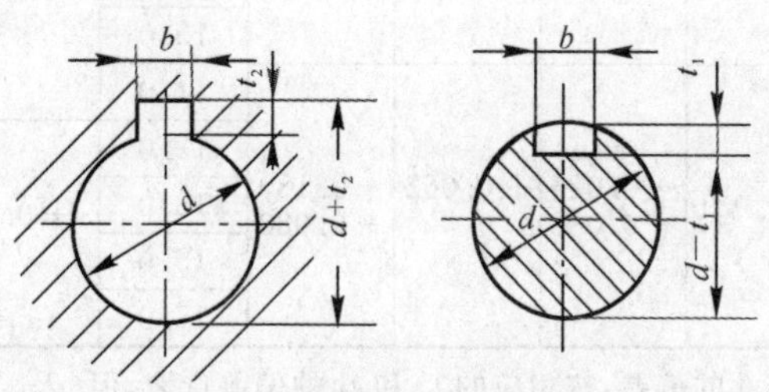

图 7-3　键槽的主要尺寸

平键和键槽连接的主要尺寸有键宽及键槽宽 b，键长 L，键高 h，轴槽深 t_1，轮毂槽深 t_2。键连接工作时，是通过键的侧面与轴槽和轮毂槽的侧面相互接触来传递转矩的，因此，键宽和轴槽、轮毂槽的宽度尺寸 b 是键连接的配合尺寸，决定配合性质，其余尺寸都属于非配合尺寸。

2. 键连接的使用要求

当键传递转矩和运动时，主要是键侧面承受转矩和运动的，键侧面受到挤压应力和剪应力的作用。根据这些特点，对键连接有如下使用要求：

(1) 键与键槽的侧面应有充分大的有效接触面积，以保证可靠地承受传递转矩负荷。

(2) 键与键槽结合要牢靠，不可松脱。

(3) 对导向键，键与键槽应留有滑动间隙，同时要满足导向精度要求。

7.2.2 平键连接的公差配合特点

1. 尺寸公差

国家标准《平键 键槽的剖面尺寸》(GB/T 1095—2003) 规定的普通平键、键槽尺寸与公差见表 7-1。

表 7-1 普通平键、键槽尺寸与公差(摘自 GB/T 1095—2003) (mm)

键尺寸 $b\times h$	键槽										
	宽度 b						深度				半径 r
	基本尺寸	极限偏差					轴 t_1		毂 t_2		
		正常连接		紧密连接	松连接		基本尺寸	极限偏差	基本尺寸	极限偏差	
		轴 N9	毂 JS9	轴和毂 P9	轴 H9	毂 D10					min max
4×4	4	0 −0.030	±0.015	−0.012 −0.042	+0.030 0	+0.078 +0.030	2.5	+0.1 0	1.8	+0.1 0	0.16 0.25
5×5	5						3.0		2.3		
6×6	6						3.5		2.8		
8×7	8	0 −0.036	±0.018	−0.015 −0.051	+0.036 0	+0.098 +0.040	4.0	+0.2 0	3.3	+0.2 0	
10×8	10						5.0		3.3		0.25 0.40
12×8	12	0 −0.043	±0.021 5	−0.018 −0.061	+0.043 0	+0.120 +0.050	5.0		3.3		
14×9	14						5.5		3.8		
16×10	16						6.0		4.3		
18×11	18						7.0		4.4		
20×12	20	0 −0.052	±0.026	−0.022 −0.074	+0.052 0	+0.149 +0.065	7.5		4.9		0.40 0.60
22×14	22						9.0		5.4		
25×14	25						9.0		5.4		
28×16	28						10.0		6.4		
32×18	32	0 −0.062	±0.031	−0.026 −0.088	+0.062 0	+0.180 +0.080	11.0		7.4		
36×22	36						12.0	+0.3 0	8.4	+0.3 0	0.70 1.00
40×22	40						13.0		9.4		
45×25	45						15.0		10.4		
50×28	50						17.0		11.4		

注：$(d-t_1)$ 和 $(d-t_2)$ 两组尺寸的偏差，按相应的 t_1 和 t_2 的偏差选取，但 $(d-t_1)$ 的偏差应取负号(−)。

2. 普通平键结合的公差带与配合及其选用

(1) 键连接的配合制。在平键连接中，键为标准件，而且键的侧面是主要配合面，它与轴和轮毂两个零件的键槽侧面接触配合，且往往两者有不同的配合，属于多件配合。因此，键连接的配合制采用基轴制。

(2) 平键连接的公差带与配合。键连接配合种类较少，按照配合的松紧程度，普通平键连接分为松连接、正常连接和紧密连接三种配合形式，半圆键连接分为一般连接和较紧连接，分别用于不同的场合，主要要求比较确定的间隙或过盈。

键的公差与配合已经标准化，符合光滑圆柱体结合的有关标准规定。国家标准《平键 键槽的剖面尺寸》(GB/T 1095—2003) 对键宽只规定了一种公差带 h8。通过对平键的轴槽宽及轮毂槽宽规定了三种不同的公差带，构成三种配合，以满足不同的配合性质要求和各种不同的用途。

国家标准规定的键宽与轴槽宽和轮毂宽 b 的公差带与配合如图 7-4 所示。

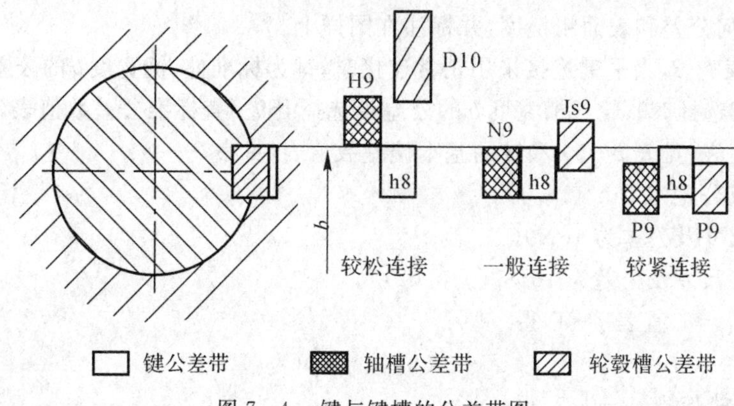

图 7-4　键与键槽的公差带图

平键与键槽的公差带、配合性质及其应用见表 7-2。

表 7-2　平键与键槽的公差带、配合性质及其应用

键的类型	配合种类	尺寸 b 的公差			配合性质及应用
		键	轴槽	轮毂槽	
平键	松连接	h8	H9	D10	键在轴上及轮毂中均能滑动。主要用于导向平键上，轮毂需在轴上作轴向移动
	正常连接		N9	JS9	键在轴上及轮毂中固定。用于传递载荷不大的场合，一般机械制造中应用广泛
	紧密连接		P9	P9	键在轴上及轮毂中固定，且较正常连接更紧。主要用于传递重载、冲击载荷及双向传递转矩的场合
半圆键	一般连接		N9	JS9	定位及传递转矩
	较紧连接		P9		

国家标准还规定了键连接其他尺寸的公差带，键高 h 的公差带为 h11；键长 L 和轴槽长的公差带分别为 h14 和 H14；轴槽深 t_1 和毂槽深 t_2 均为未注公差尺寸(见表 7-1)。

7.2.3　普通平键结合的几何公差和表面粗糙度及选用

为了保证键和键槽的装配对中性以及工作面负荷均匀性，国标规定了轴键槽对称面对轴的轴线的对称度公差、轮毂槽对称面对孔的轴线的对称度公差，特别是当采用紧密连接时，为了避免装配困难，更要控制键槽的对称度。对称度的公差等级按 GB/T 1184—1996 中的 7～9

级公差选取，键宽 b 为基本尺寸。

当键长与键宽之比 $L/b \geqslant 8$ 时，应当控制键宽两侧面在键长方向上的平行度公差，键宽两侧面平行度的公差等级按键宽 b 选择 5 ~ 7 级精度。当 $b \leqslant 6$ 时按 7 级精度，当 $b \geqslant 8 \sim 36$ 时按 6 级精度，当 $b \geqslant 40$ 时按 5 级精度。

键槽配合表面（两侧面）的表面粗糙度 Ra 上限值一般取 1.6 ~ 3.2 μm，非配合表面 Ra 上限值取 6.3 ~ 12.5 μm。

【例 7-1】 某传动轴与齿轮孔采用平键连接，连接方式选用正常连接，齿轮孔与传动轴的配合采用 ϕ56H7/r6，根据 GB/T 1095—2003 确定键槽宽为 $b=16$，槽深 $t_1=6$。设计确定键槽的尺寸公差、几何公差和表面粗糙度，并标注在图样上。

【解】 查表 7-2，当平键连接采用正常连接时，键为标准件，键宽度 b 的公差带为 h8，轴槽宽度 b 的公差带选择 N9，轮毂槽宽度 b 的公差带选择 JS9。查标准公差数值表（见表 2-1）、孔的基本偏差数值表（见表 2-5）和轴的基本偏差数值表（见表 2-4）：

键宽尺寸及公差为 $16\text{h8}(_{-0.027}^{\ 0})$；

轴槽宽度尺寸及公差为 $16\text{N9}(_{-0.043}^{\ 0})$；

轮毂槽宽度尺寸及公差为 16JS9(±0.021)。

由轴槽深 $t_1=6$，查表 7-1，得

$$d-t_1(_{-0..2}^{\ 0})=50(_{-0.2}^{\ 0})$$

查表 7-1，轮毂槽 $t_2=4.3$，得

$$d-t_2(_{-0..2}^{\ 0})=60.3(_{\ 0}^{+0.2})$$

与键相配合的轴键槽和轮毂键槽的剖面尺寸公差、几何公差和表面粗糙度的标注如图 7-5 所示。

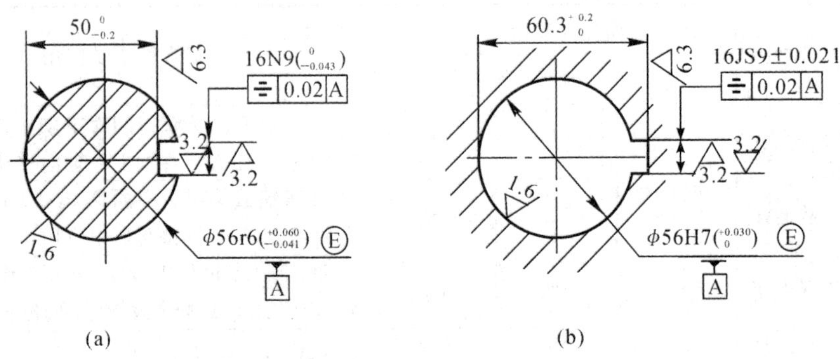

图 7-5 键槽尺寸、几何公差和表面粗糙度标注

(a) 轴键槽； (b) 轮毂键槽

为了保证齿轮孔与传动轴配合 ϕ56H7/r6 的配合性质，传动轴 ϕ56r6、轮毂孔 ϕ56H7 分别都采用了包容要求。

7.3 花键连接的公差配合

7.3.1 花键连接的使用要求

花键分为内花键（花键孔）和外花键（花键轴），花键连接是花键孔与花键（轴）的结合，如

图 7-6 所示。花键连接是把键和轴、键槽和轮毂做成一个整体的连接件，既可以是固定连接，也可以是滑动连接。

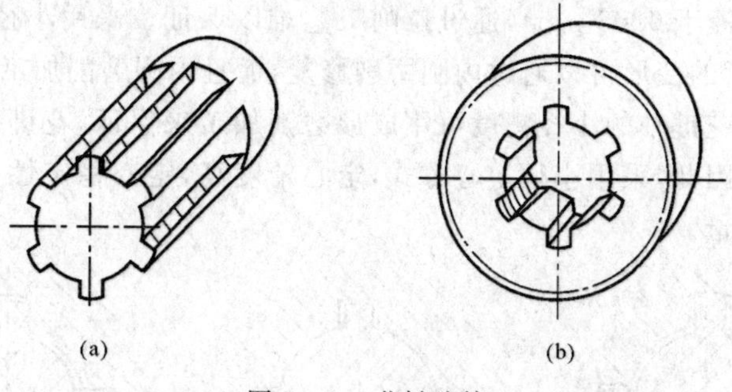

图 7-6　花键连接

(a) 花键轴；(b) 花键孔

花键连接是由周向均布多个键齿的花键轴与带有相应键齿槽的轮毂孔相配而成的。花键齿的侧面为工作面，工作时有多个键齿同时传递转矩，因此，花键连接的承载能力比单键连接的承载力高得多。花键连接的导向性好，齿根处的应力集中较小，适用于传递载荷大、定心精度要求高或者经常需要滑移的连接。

花键连接也是靠键侧传递转矩和运动的一种结构形式，其主要使用要求有以下几点：

(1) 保证连接可靠，传递一定的转矩。

(2) 保证内、外花键连接后具有较高的同轴度，达到较高的定心精度。

(3) 保证滑动连接的导向精度。

按齿形状轮廓的不同，花键可分为矩形花键、渐开线花键和三角形花键等，其中，矩形花键应用最为广泛，渐开线花键多用于承受动载荷且传递运动精度要求较高的场合，三角形花键多用于传递运动的场合。本节只介绍矩形花键连接的精度设计。

7.3.2　花键连接的定心方式

矩形花键连接的主要参数有键数 N、大径 D、小径 d、键宽与键槽宽 B 等，如图 7-7 所示。

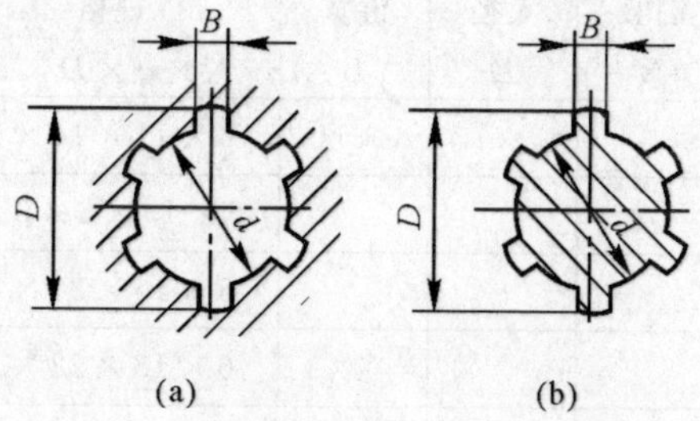

图 7-7　矩形花键连接的主要几何参数

(a) 内花键；(b) 外花键

保证花键连接的配合性质就能保证内、外花键连接的同轴度。确定内、外花键连接配合性质时的结合面就是定心表面。花键连接有三个结合面，即大径表面、小径表面和键侧面；花键连接有三种定心方式，即大径定心、小径定心和键侧面定心，如图 7-8 所示。国家标准《矩形花键 尺寸、公差和检验》(GB/T 1144—2001) 规定矩形花键配合只按小径定心一种方式。

大径定心在工艺上难以实现。内花键定心表面的精度靠拉刀保证，当内花键定心表面硬度要求较高(40HRC 以上)时，热处理后的变形难以用拉刀修正；当内花键定心表面粗糙度要求较高时(Ra 值小于等于 0.63 μm)，通过拉削工艺难以保证。采用小径定心时，当表面硬度要求较高时，热处理后的变形可以通过内圆磨削修复，而且内圆磨削加工可以达到更高的尺寸精度和表面粗糙度。花键轴的小径精度可用成形磨削加工来保证，花键孔的小径也可用一般内圆磨削进行修正。因此，采用小径定心方式，定心精度高，定心稳定性好，使用寿命长，有利于提高产品性能和质量。

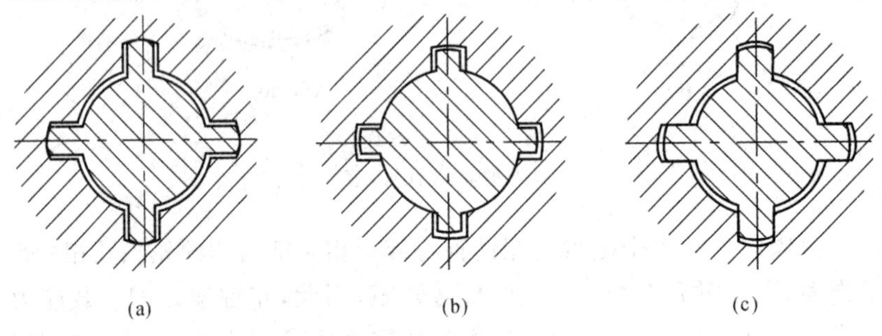

(a)　　(b)　　(c)

图 7-8　矩形花键的定心方式

(a) 大径定心；(b) 小径定心；(c) 键侧面定心

7.3.3　矩形花键的公差与配合

花键的配合已经标准化、系列化。国家标准《矩形花键 尺寸、公差和检验》(GB/T 1144—2001)对矩形花键的尺寸系列、定心方式、尺寸精度、几何公差、表面粗糙度等做了规定。

1. 尺寸系列

为了便于加工和测量，矩形花键的键数 N 规定为偶数，有 6,8,10 三种。按照承载能力分为轻、中两个尺寸系列，共 35 个规格(见表 7-3)。

表 7-3　矩形花键的尺寸系列(摘自 GB/T 1144—2001)　(mm)

小径 d	轻系列				中系列			
	规格 $N\times d\times D\times B$	键数 N	大径 D	键宽 B	规格 $N\times d\times D\times B$	键数 N	大径 D	键宽 B
11					6×11×14×3	6	14	3
13					6×13×6×3.5	6	16	3.5
16					6×16×20×4	6	20	4
18					6×18×22×5	6	22	5
21					6×21×25×5	6	25	5
23	6×23×26×6	6	26	6	6×23×28×6	6	28	6
26	6×26×30×6	6	26	6	6×26×32×6	6	32	6
28	6×28×32×7	6	32	7	6×28×34×7	6	34	7
32	6×32×36×6	6	36	6	8×32×38×6	8	38	6
36	8×36×40×7	8	40	7	8×36×42×7	8	42	7

轻系列的键高尺寸较小，承载能力也较弱。中系列的键高尺寸较大，承载能力强。

2. 矩形花键的公差配合

定心尺寸(d)的精度要求较高，以保证定心精度。非定心尺寸(D)可按较低的精度。由于键侧面和键槽侧面要传递转矩，并起导向作用，所以键和键槽都有较高的尺寸精度。

国家标准规定，矩形花键连接的配合制采用基孔制，以减少拉刀和花键综合检验量规的数量。

国家标准对矩形花键规定了一般用和精密传动用两种连接精度，每种精度的矩形花键连接都有滑动、紧滑动和固定三种装配形式。前两种装配形式在工作过程中，既可传递转矩，花键孔还可在花键轴上相对移动，第三种只用于传递转矩，花键孔在花键轴上无轴向移动。通过改变花键轴的小径和键宽的尺寸公差带即可得到不同的装配形式和配合性质。

矩形花键的尺寸公差带见表 7－4。

表 7－4　矩形花键的尺寸公差带(摘自 GB/T 1144—2001)

用途	内花键				外花键			装配形式
	小径 d	大径 D	键宽 B		小径 d	大径 D	键宽 B	
			拉削后不热处理	拉削后热处理				
一般用	H7	H10	H9	H11	f7	a11	d10	滑动
					g7		f9	紧滑动
					h7		h10	固定
精密传动用	H5		H7,H9		f5		d8	滑动
					g5		f7	紧滑动
					h5		h8	固定
	H6				f6		d8	滑动
					g6		f7	紧滑动
					h6		h8	固定

3. 花键的几何公差要求

根据花键的公差配合及检测项目要求，对花键规定了两种情况下的几何公差项目。

(1) 小径 d。因为小径是花键连接的定心尺寸，必须保证其配合性质，所以，内、外花键小径定心表面的形状公差与尺寸公差的关系应遵守包容要求 Ⓔ。

(2) 花键的位置度公差。为了控制内、外花键的等分度误差，一般应当规定位置度公差，并且采用最大实体要求，如图 7－9 所示。

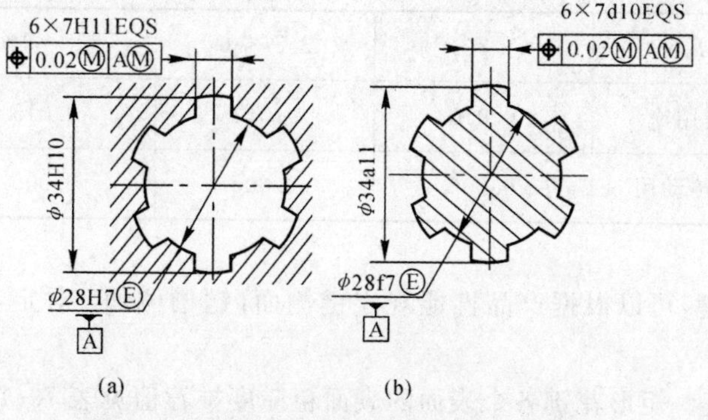

图 7－9　花键的尺寸公差及位置度公差标注

(a) 内花键；(b) 外花键

国家标准规定的矩形花键的位置度公差见表 7-5。

表 7-5 矩形花键的位置度公差(摘自 GB/T 1144—2001) (mm)

键槽宽或键宽 B		3	3.5 ~ 6	7 ~ 10	12 ~ 16
		t_1			
键槽宽		0.010	0.015	0.020	0.025
键宽	滑动、固定	0.010	0.015	0.020	0.025
	紧滑动	0.006	0.010	0.013	0.016

为了保证装配性和键侧受力均匀，规定花键的位置度公差应遵守最大实体要求Ⓜ，即不能超过最大实体实效边界。此时可用综合极限量规检查。

(3) 花键的对称度公差。当单件、小批量生产时，规定对称度公差和等分度公差，并遵守独立原则，采用单项检验法检测花键，如图 7-10 所示。

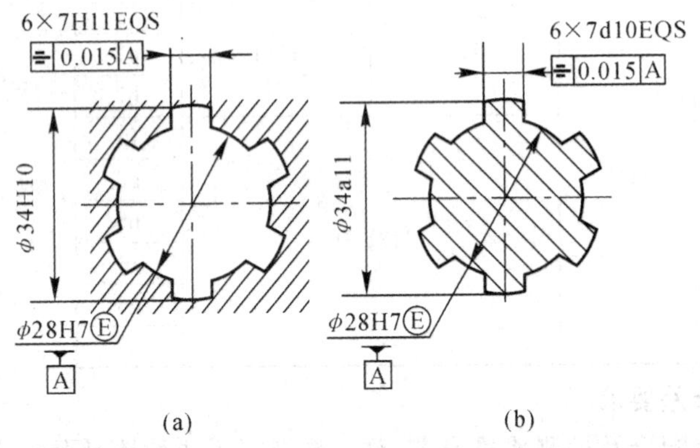

图 7-10 花键的尺寸公差与对称度公差标注

(a) 内花键； (b) 外花键

花键对称度公差的数值可按表 7-6 取值，等分度公差的取值与对称度公差相同。

表 7-6 花键对称度公差(摘自 GB/T 1144—2001) (mm)

键槽宽或键宽 B		3	3.5 ~ 6	7 ~ 10	12 ~ 18
t_1	一般用途	0.010	0.012	0.015	0.018
	精密传动用	0.006	0.008	0.009	0.011

对于较长的花键，可以根据产品性能规定键侧面(键槽侧面) 对定心表面轴线的平行度公差。

(4) 表面粗糙度。矩形花键各个表面的表面粗糙度推荐值见表 7-7。

表 7－7　矩形花键各个表面的表面粗糙度 *Ra* 推荐值(摘自 GB/T 1144—2001) (μm)

加工表面	内花键	外花键
小径	6.3	3.2
大径	0.8	0.8
键侧面	3.2	0.8

矩形花键在零件图和装配图上的标注如图 7－11 所示。

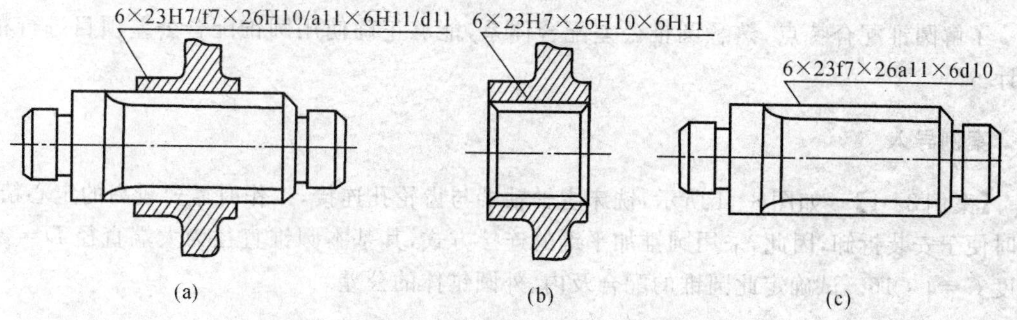

图 7－11　矩形花键在零件图和装配图上的标注

(a) 装配图；(b) 内花键；(c) 外花键

实训习题与思考题

1. 平键连接时，平键与键槽的配合分为哪几种？如何选用？

2. 平键连接时选用哪种配合制(基准制)？矩形花键连接时选用哪种配合制(基准制)？

3. 为什么对矩形花键只规定了小径定心一种定心方式？

4. 除了规定尺寸公差外，对矩形内、外花键还规定了哪些几何公差？

5. ϕ30H8 孔与 ϕ30k7 轴配合，用平键连接以传递转矩，已知 $b=8, h=7, t_1=3.3$。确定键与键槽宽的极限配合，标注槽宽与槽深的基本尺寸与极限偏差。

6. 查表确定矩形花键连接 $6\times 26\,\frac{\mathrm{H7}}{\mathrm{f7}}\times 30\,\frac{\mathrm{H10}}{\mathrm{a11}}\times 6\,\frac{\mathrm{H9}}{\mathrm{d10}}$ 的公差与配合。

第 8 章　圆锥公差配合

学习目标

了解圆锥配合特点，熟悉圆锥公差配合体系，能够正确使用圆锥配合公差项目进行精度设计。

案例导入

【案例 8-1】　如图 8-1 所示，铣床主轴轴端与齿轮孔连接，工作时需要较高的定心精度，同时便于安装拆卸，因此，采用圆锥加平键的连接方式，其基本圆锥直径为大端直径 $D=\phi80$，锥度 $C=1:16$。试确定此圆锥的配合及内、外圆锥体的公差。

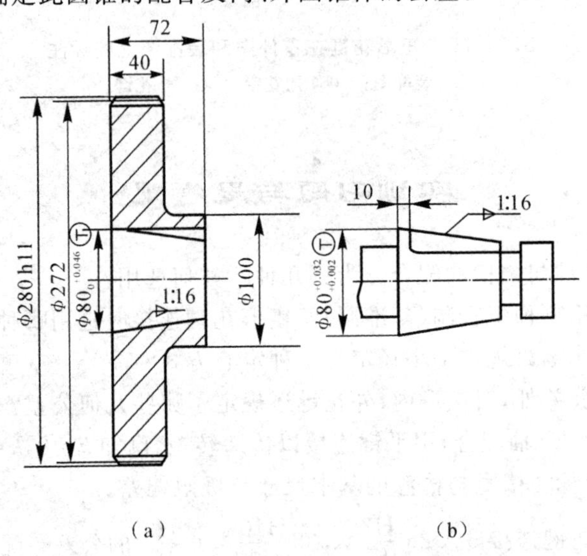

图 8-1　齿轮与主轴的内、外圆锥连接

(a) 圆锥孔齿轮；(b) 圆锥轴

知识要点

圆锥的术语及定义，圆锥公差配合的特点，圆锥公差配合体系，圆锥公差配合精度设计。

8.1　圆锥术语及定义

国家标准《锥度和锥角系列》(GB/T 157—1989) 和《圆锥公差》(GB/T 11334—1989) 分别规定了圆锥和圆锥公差的术语及定义、圆锥公差的项目、给定方法和公差系列。

(1) 圆锥表面。与轴线成一定角度，且一端相交于轴线的一条直线(母线)，围绕着该轴线旋转形成的表面为圆锥表面，如图 8－2(a) 所示。

(2) 圆锥。由圆锥表面与一定尺寸所限定的几何体。它分为外圆锥和内圆锥，如图 8－2(b)、图 8－2(c) 所示。

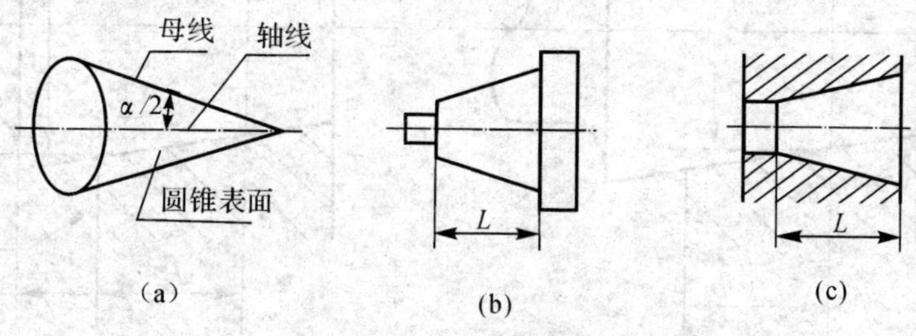

图 8－2　圆锥定义

(a) 圆锥表面；(b) 外圆锥；(c) 内圆锥

(3) 圆锥角。圆锥角是指在通过圆锥轴线的截面内，两条素线间的夹角，如图 8－3 所示。

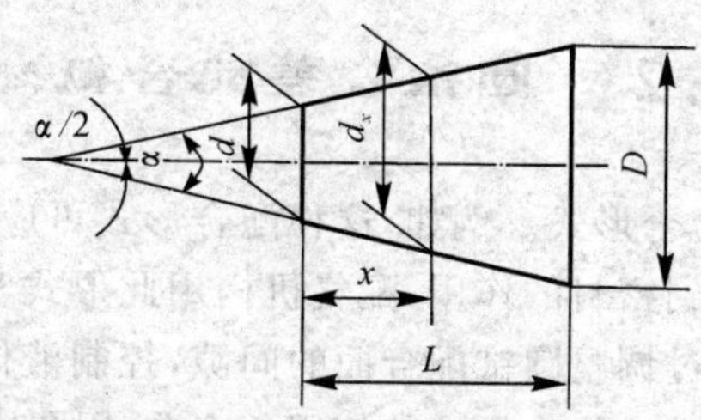

图 8－3　圆锥角、圆锥直径和圆锥长度

(4) 圆锥直径。如图 8－3 所示，垂直圆锥轴线的截面直径称为圆锥直径，它可分为最大圆锥直径 D、最小圆锥直径 d 和给定截面圆锥直径 d_x(该截面距离端面一定距离 x)。

(5) 锥度 C。如图 8－3 所示，在同一圆锥上一个较大圆锥直径减去另一个较小圆锥直径所得之差，与这两个圆锥直径所在两截面间的轴向距离之比为锥度，即

$$C=\frac{D-d}{L}$$

锥度 C 与圆锥角 α 的关系为

$$C=2\tan\frac{\alpha}{2}=1:\frac{1}{2}\cot\frac{\alpha}{2}$$

锥度 C 常以比例或分数的形式表示，例如 $C=1:5$，1/5，7：24，20％。

(6) 基面距 E_a。如图 8－4 所示，外圆锥基面(通常为轴肩)与内圆锥基面(通常为端面)之间的距离称为基面距。基面距用来确定内圆锥与外圆锥的轴向相对位置。基面距的位置取决于所选的圆锥结合的基本直径。圆锥结合的基本直径是指内圆锥的大端直径 D 或外圆锥的小端直径 d。若以外圆锥的小端直径 d 为基本直径，则基面距的位置在小端；若以内圆锥的大端直径 D 为基本直径，则基面距的位置在圆锥的大端。

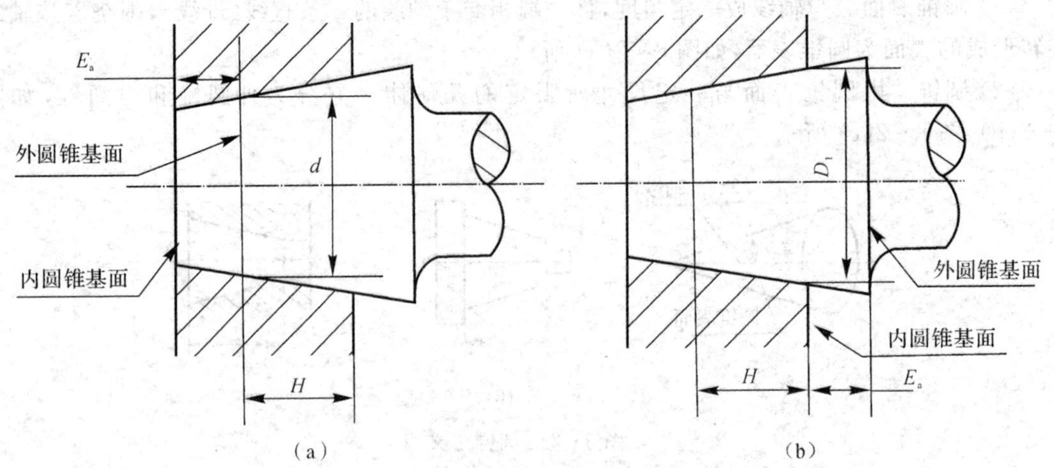

图 8-4 圆锥基面距的位置

(a) 基面距在小端；(b) 基面距在大端

8.2 圆锥公差配合概述

圆锥配合是一种常见的配合形式。例如，这种配合形式可应用在内燃机配气机构阀门与阀座的配合中，锥面在这里起到密封的作用，配气机构用此形式实现气道的开启或关闭；在液压系统中的液压阀与阀座，通过调整圆锥配合面的间隙，控制液体压力或流量；铣床主轴用圆锥配合，可以起到定心和传递动力的作用。从使用角度看，用圆锥配合，可以起到定心、调整配合间隙、密封和传递动力的作用，而且这种配合便于拆卸。总之，圆锥配合是一种重要的配合形式，在很多方面具有光滑圆柱体配合所不具有的优点。

8.2.1 圆锥配合的特点

圆锥配合是指通过相互结合的内、外圆锥规定的轴向位置来形成间隙或过盈。

与光滑圆柱体配合相比较，圆锥配合不是单一尺寸配合，影响圆锥配合精度的不仅仅是圆锥直径尺寸误差，而且还有圆锥角误差。圆锥配合的特点如下：

(1) 能保证结合件自动定心。它不仅能使结合件的轴线很好地重合，而且经多次装拆也不受影响。

(2) 配合间隙或过盈的大小可以调整。在圆锥配合中，通过调整内、外圆锥的轴向相对位置，可以改变其配合间隙或过盈的大小，得到不同的配合性质。

(3) 配合紧密而且便于拆卸。要求在使用中有一定过盈，而在装配时又有一定间隙，这对于圆柱结合是难以办到的。但在圆锥配合中，轴向拉紧内、外圆锥，可以完全消除间隙，乃至形成一定过盈；而将内、外圆锥沿轴向放松，又很容易拆卸。由于配合紧密，圆锥配合具有良好的密封性，可防止漏气、漏水或漏油。当有足够的过盈时，圆锥结合还具有自锁性，能够传递一定的转矩，甚至可以取代花键结合，使传动装置结构简单、紧凑。

8.2.2 圆锥配合类型

根据结合的形式，圆锥配合可分为结构型圆锥配合和位移型圆锥配合。

1. 结构型圆锥配合

由内、外圆锥的结构、基准平面之间的尺寸确定装配的最终位置而获得的配合称为结构型圆锥配合。

用结构型圆锥配合可以得到间隙配合、过渡配合或过盈配合。这种配合作用方向主要在轴向方向，如锥形轴承间的配合。结构型圆锥配合如图 8－5 所示。

2. 位移型圆锥配合

由内、外圆锥实际初始位置（P_0）开始，作一定的相对轴向位移（E_a）而获得的配合称为位移型圆锥配合。

用位移型圆锥配合可以得到间隙配合或过盈配合。间隙或过盈是在垂直于圆锥表面方向起作用，但按垂直于圆锥轴线方向给定并测量，如锥柄刀具用锥面传递动力这种形式。位移型配合如图 8－6 所示。

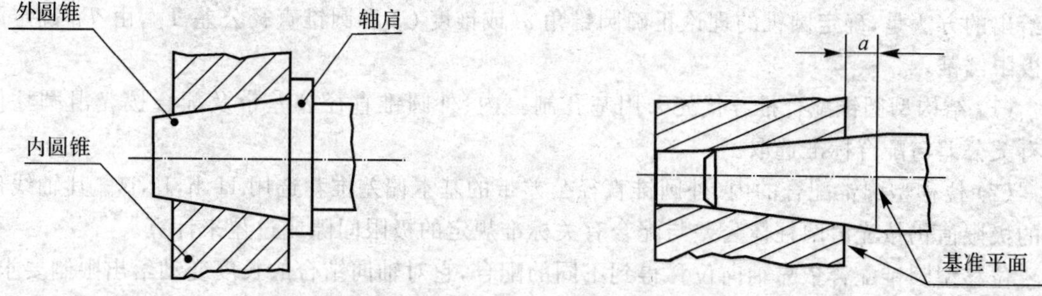

图 8－5　结构型圆锥配合

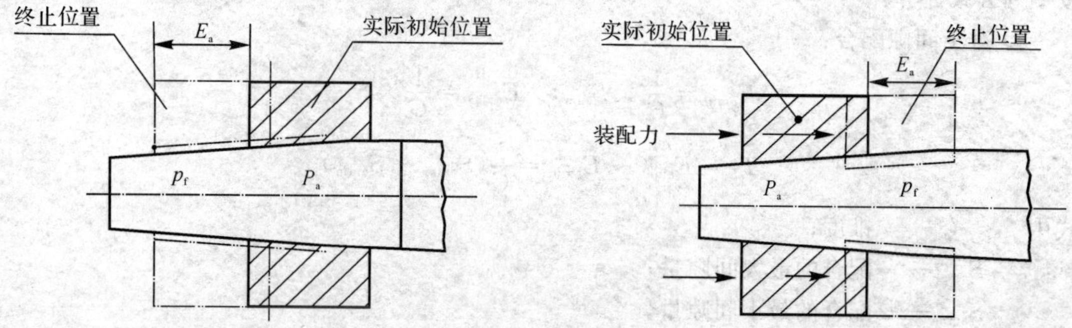

图 8－6　位移型圆锥配合

8.3　圆 锥 配 合

8.3.1　圆锥配合的使用要求

(1) 沿圆锥结合面在长度上，内、外圆锥表面接触要均匀。为此，要求内、外圆锥的锥度保持一致。若锥度误差太大，则不仅内、外圆锥表面的接触不均匀，对于有相对运动的圆锥配合会减小实际支承面积，使磨损加剧；对于紧密圆锥结合会降低密封性；对于具有过盈的圆锥配合会降低其所能传递的转矩。影响圆锥表面接触均匀性的主要因素是内、外圆锥的圆锥角误差，素线的直线度误差及圆度误差。

(2) 基面距 E_a 的变化应在规定的范围内。如图 8-4 所示，对于位移型圆锥配合，若基面距 E_a 增大，则内、外圆锥表面的配合长度 H 减小，就会影响其结合的稳定性和传递转矩的大小；若 E_a 减小，则补偿磨损的圆锥表面范围减小。使基面距变动的主要因素是圆锥直径偏差和圆锥角偏差。

(3) 保证预定的配合性质（松紧程度）。在内、外圆锥直径与圆锥角符合要求的前提下，可通过调整两者的轴向相对位置来达到预定的结合性质。

8.3.2 圆锥配合的标准

国家标准《圆锥配合》(GB/T 12360—1990) 规定了圆锥配合的形成、术语及定义和一般规定。它适用于锥度 C 从 1∶3 至 1∶500，长度 L 从 6 至 630，直径至 500 光滑圆锥的配合。其公差给出的方法是，确定圆锥的理论正确圆锥角 α（或锥度 C）和圆锥直径公差 T_D，由 T_D 确定两个极限圆锥。

(1) 结构型圆锥配合推荐优先采用基孔制。内、外圆锥直径公差带及配合按光滑圆柱体的有关公差与配合标准选取。

(2) 位移型圆锥配合的内、外圆锥直径公差带的基本偏差推荐选用 H，h，Js，js。其轴线位移的极限值仍按光滑圆柱体公差与配合有关标准规定的极限间隙或过盈来计算。

位移型圆锥配合依靠轴向位移得到不同的配合，它对轴向结合的长度变动给出限制要求，并且制定了公差标准。位移型圆锥配合的轴向位移极限值（E_{amin}，E_{amax}）和轴向位移公差（T_E）按下列公式计算：

1) 对于间隙配合：

$$E_{amin}=\frac{1}{C}\times S_{min},\quad E_{amax}=\frac{1}{C}\times S_{max}$$

$$T_E=E_{amax}-E_{amin}=\frac{1}{C}(S_{amax}-S_{amin})$$

式中 C —— 锥度；

S_{amax} —— 配合的最大间隙量；

S_{amin} —— 配合的最小间隙量。

2) 对于过盈配合：

$$E_{amin}=\frac{1}{C}\times \delta_{min},\quad E_{amax}=\frac{1}{C}\times \delta_{max}$$

$$T_E=E_{amax}-E_{amin}=\frac{1}{C}(\delta_{amax}-\delta_{amin})$$

式中 C —— 锥度；

δ_{amax} —— 配合的最大过盈量；

δ_{amin} —— 配合的最小过盈量。

圆锥配合的质量及其使用性能，主要取决于内、外圆锥的圆锥角偏差、圆锥直径偏差及形状误差的大小。

当进行圆锥配合精度设计时，对于一般用途的圆锥配合，可以只规定圆锥直径公差，形状误差应在直径公差带内，圆锥角偏差也由直径公差加以限制。

当对圆锥结合质量要求较高时，仍可只规定其直径公差，但在图纸上应注明圆锥的圆度和素线直线度误差允许占直径公差的比例。

当圆锥结合质量要求很高时，应分别单独规定圆锥角公差及其形状公差。

【案例 8-1】 求解过程。

【解】 由于此圆锥配合采用圆锥加平键的连接形式，即主要靠平键传递转矩，因而圆锥面主要起定位作用。所以圆锥配合按结构型圆锥配合设计，其公差可用基本锥度法控制，即只须给出圆锥的理论正确圆锥角 α（或锥度 C）和圆锥直径公差 T_D。此时，锥角误差和圆锥形状误差都由圆锥直径公差 T_D 来控制。

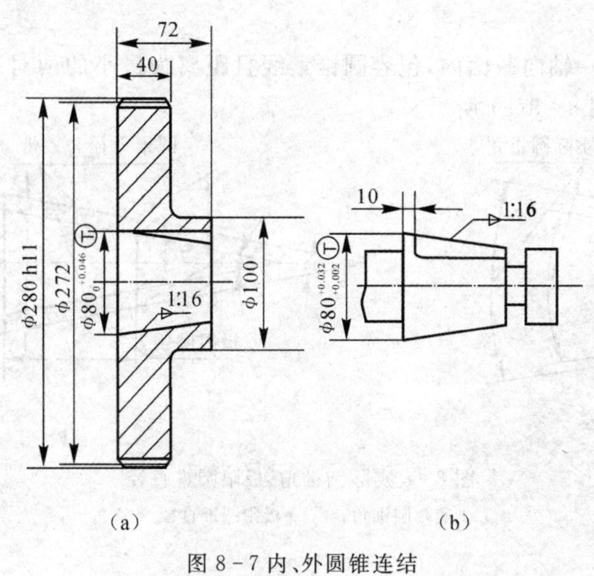

图 8-7 内、外圆锥连结

(a) 圆锥孔齿轮；(b) 圆锥轴

(1) 确定配合基准。对于结构型圆锥配合，标准推荐优先采用基孔制，则内圆锥之直径的基本偏差取 H。

(2) 确定公差等级。圆锥直径的标准公差一般为 IT5 ～ IT8 级。从满足使用要求和加工的经济性出发，外圆锥直径选择标准公差 IT7 级，内圆锥直径公差选择标准公差 IT8 级。

(3) 确定圆锥配合。由圆锥直径误差影响分析可知，为使内、外圆锥体配合时轴向位移量变化最小，则外圆锥直径的基本偏差可选 k（由光滑圆柱体配合的尺寸公差表查得）即可满足要求。此时，查表可得内圆锥直径为 $\phi 80\text{H}8=\phi 80_{0}^{+0.046}$，外圆锥直径为 $\phi 80\text{k}7=\phi 80_{+0.002}^{+0.032}$。

由于圆锥角和圆锥的形状误差都控制在直径公差带内，标注时应在圆锥直径的极限偏差后面加符号“Ⓣ”，如图 8-7 所示。

8.4 圆锥公差配合体系

8.4.1 圆锥公差的主要参数

有关圆锥公差的术语及定义规定了圆锥的直径公差、锥角公差、形状公差及给定截面直径公差等，它适应于锥度 C 从 1∶3～1∶500、圆锥长度 L 从 6～630 的光滑圆锥工件。

1. 基本圆锥

设计给定的圆锥称为基本圆锥，如图 8-3 所示。基本圆锥可用两种形式确定：

(1) 一个基本圆锥直径(最大圆锥直径 D、最小圆锥直径 d 或给定截面圆锥直径 d_x)、基本圆锥长度 L、基本圆锥角 α 或基本锥度 C。

(2) 两个基本圆锥直径和基本圆锥长度 L。

2. 实际圆锥

实际存在并通过测量所得的圆锥称为实际圆锥，其直径即为实际圆锥直径。

3. 实际圆锥角

在实际圆锥的任一轴向截面内，包容圆锥素线且距离为最小的两对平行直线之间的夹角称为实际圆锥角，如图 8-8(a) 所示。

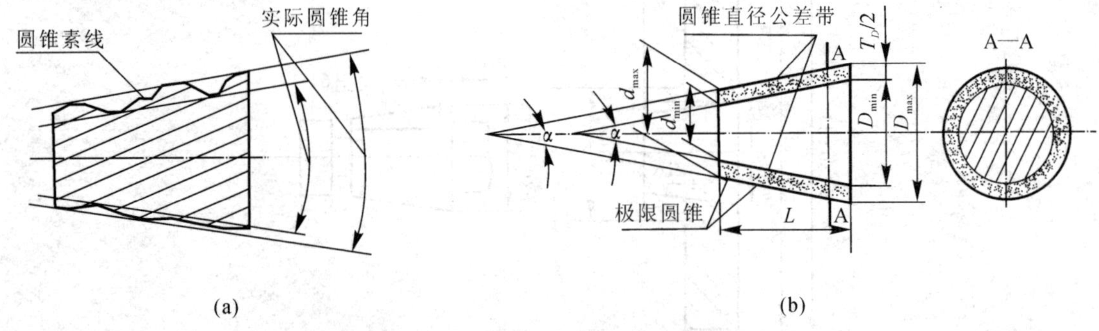

图 8-8 实际圆锥角、极限圆锥直径

(a) 实际圆锥角；(b) 极限圆锥直径

4. 极限圆锥

与基本圆锥共轴且圆锥角相等，直径分别为最大极限尺寸和最小极限尺寸的两个圆锥称为极限圆锥。在垂直圆锥轴线的任一截面上，这两个圆锥的直径差相等，其相应的直径即为极限圆锥直径，如图 8-8(b) 所示的 D_{max}，D_{min}，d_{max}，d_{min}。

5. 圆锥直径公差

圆锥直径公差分为圆锥直径公差和给定截面圆锥直径公差两种。

(1) 圆锥直径公差 T_D。它是作用于圆锥全长上圆锥直径的允许变动量。用示意图表示在轴向截面内的圆锥直径公差带为两个极限圆锥所限定的区域，如图 8-8(b) 所示。

(2) 给定截面圆锥直径公差 T_{DS}。它是在垂直圆锥轴线的给定截面内的圆锥直径的允许变动量。它仅使用于给定截面。其公差带为在给定的圆锥截面内，由两个同心圆所限定的区域，如图 8-9 所示。

一般情况下，不规定给定截面圆锥直径公差 T_{DS}，只有当零件的功能和制造上有特殊需要时，才给出此项公差，但还必须同时给出圆锥角公差 AT_α。圆锥角公差带如图 8-10 所示。

圆锥直径公差 T_D 是以基本圆锥直径(一般取最大圆锥直径 D) 为基本尺寸，按光滑圆柱体极限公差的标准规定选取的，若为给定截面圆锥直径公差 T_{DS}，则以给定截面圆锥直径 d_x 为基本尺寸，选取办法与 T_D 相同。

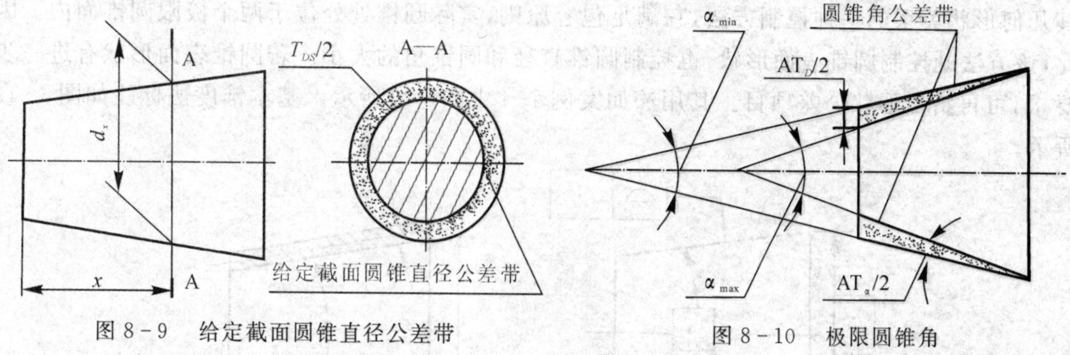

图 8-9　给定截面圆锥直径公差带　　　　图 8-10　极限圆锥角

【例 8-1】　有一外圆锥，已知大端直径 $D=85$，公差等级为 IT7，选基本偏差为 js，试确定圆锥大端直径的极限偏差。

【解】　大端直径公差按 $\phi 85js7$，查极限与配合有关表格（见第 2 章）得

$$\phi 85js7 = \phi 85^{+0.0175}_{-0.0175}$$

6. 圆锥角公差 AT（AT_α 或 AT_D）

圆锥角公差为圆锥角所允许的变动量，其公差带为两个极限圆锥角所限定的区域，如图 8-10 所示。

圆锥角公差可用角度值 AT_α 或线长度 AT_D 两种形式表示。

(1)AT_α—— 以角度单位微弧度（μrad）、或以度（°）、分（′）、秒（″）表示。

(2)AT_D—— 以长度单位微米（μm）表示。

AT_α 和 AT_D 的关系为 $AT_D = AT_\alpha \times L \times 10^3$，$L$ 单位为 mm。

圆锥角公差 AT 共分 12 个公差等级，用 AT1，AT2，…，AT12 表示。圆锥角公差的数值见附表 4-1。

有时用圆锥直径公差 T_D 限制圆锥角的误差比较方便，当衡量其圆锥角误差的大小时，应以圆锥长度为 100 、圆锥直径公差为 T_D 时的最大圆锥角允许误差 $\Delta\alpha_{max}$ 值为准。当长度不为 100 时，可将数值乘以 $100/L$（L 单位为 mm），再与附表 4-2 中的数值比较。

【例 8-2】　L 为 50，选 AT7，查附表 4-1 得 AT_α 为 315μrad 或 1′05″，则

$$AT_D = AT_\alpha \times L \times 10^{-3} = 315 \times 50 \times 10^{-3} = 15.75\ \mu m$$

取线长度 AT_D 为 15.8 μm。

8.4.2　圆锥公差使用方法及标注

与光滑圆柱体配合有所不同，圆锥配合不但与它配合的直径公差有关，而且还与圆锥角的公差有关，它是比圆柱体配合更复杂的一种配合形式。影响圆锥精度的有直径误差、圆锥角误差以及形状误差。对圆锥精度的控制有面轮廓度法、基本锥度法以及圆锥公差法三种。

1. 面轮廓度法

它是将圆锥看做曲面，用形位公差中的面轮廓度控制其误差。这种方法几何意义明确，方法简单，为一般常用的方法。面轮廓度法标注如图 8-11 所示。

2. 基本锥度法

基本锥度法常用于有配合要求的结构型内、外圆锥中，基本锥度法是表示圆锥尺寸公差与

其几何形状关系的一种控制方法，它满足包容原则，实际圆锥处处位于两个极限圆锥面内。因此，该方法既控制圆锥表面形状，也控制圆锥直径和圆锥角的大小。若圆锥表面形状有进一步要求，可再给出形状公差项目。其用法如案例 8-1 中图 8-7 所示。基本锥度法标注如图 8-12 所示。

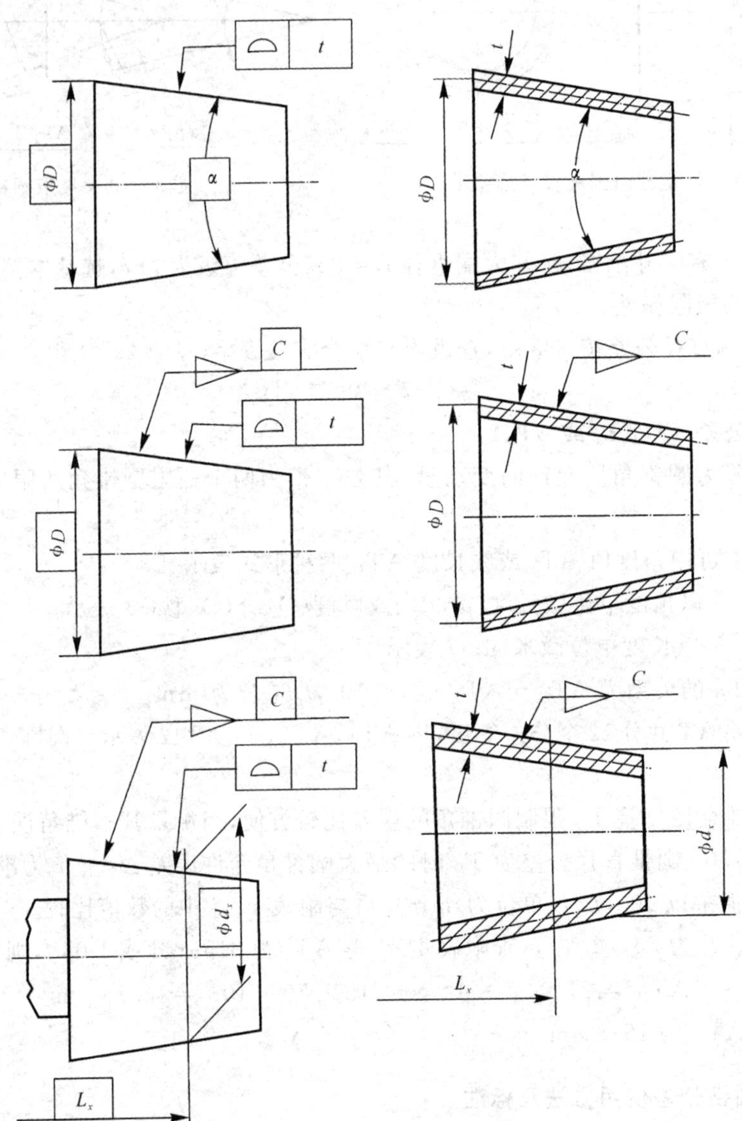

图 8-11　面轮廓度法控制

3. 公差锥度法

公差锥度法仅适用于对给定截面圆锥直径有较高要求和有密封性要求及非配合的圆锥，例如发动机配气机构中的气门锥面。

公差锥度法是直接给定有关圆锥要素的公差，即同时给出圆锥直径公差和圆锥角公差 AT，不构成两同轴圆锥面公差带的控制方法。此时，给定截面圆锥直径公差仅控制该截面圆锥直径偏差，不再控制圆锥偏差，T_{DS} 和 AT 各自分别控制，分别满足要求。公差锥度法标注如图 8-13 所示。

如图 8－13(a) 所示，该圆锥的最大圆锥直径应由 $\phi D+T_D/2$ 和 $\phi D-T_D/2$ 确定；锥角应在 24°30′ 与 25°30′ 之间变化；圆锥的素线直线度公差要求为 t。这些要求应各自独立地考虑。

如图 8－13(b) 所示，该圆锥的给定截面圆锥直径应由 $\phi d_x+T_{DS}/2$ 和 $\phi d_x-T_{DS}/2$ 确定；锥角应在 25°—AT8/2 与 25°＋AT8/2 之间变化。这些要求应各自独立地考虑。

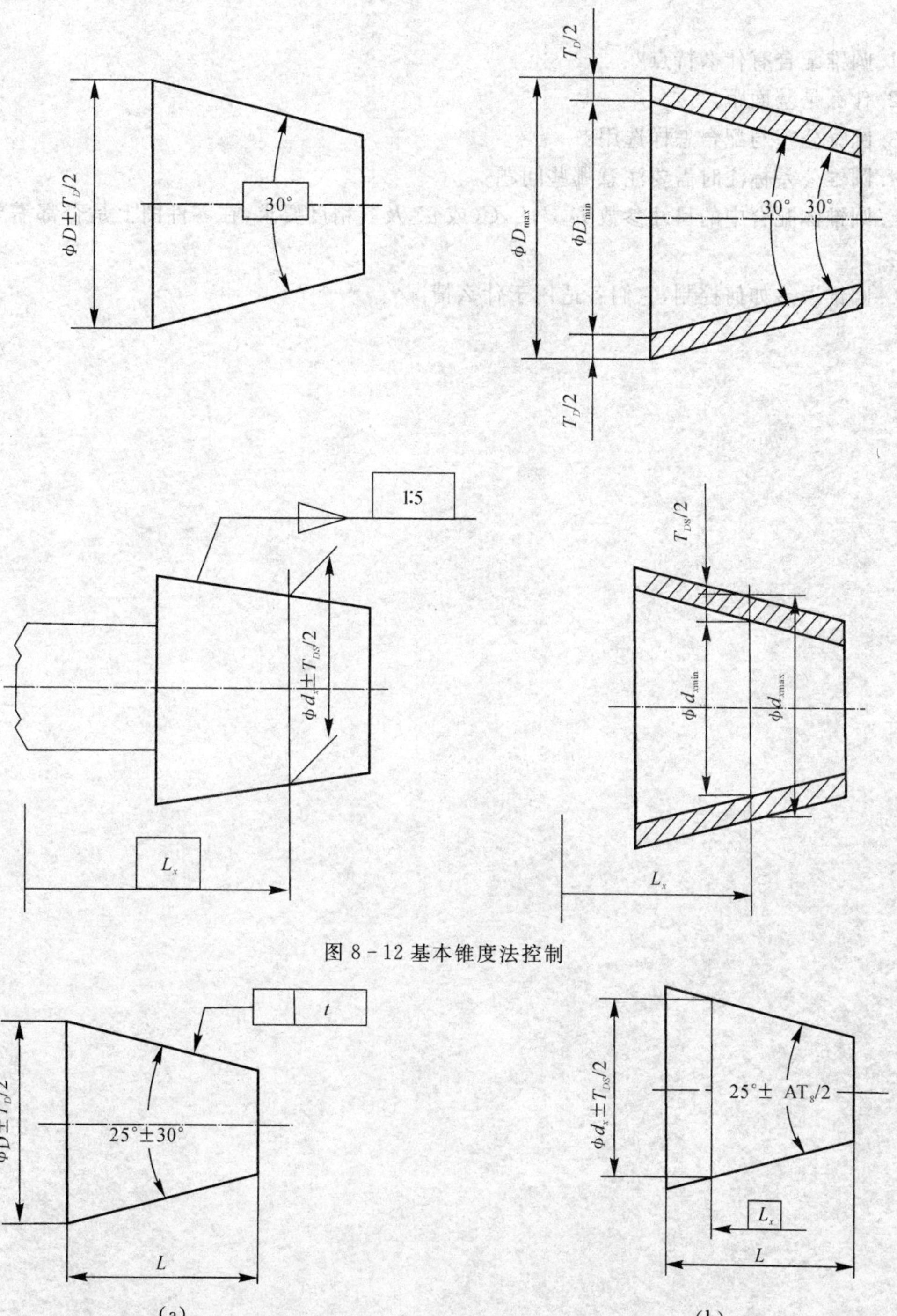

图 8－12 基本锥度法控制

图 8－13 公差锥度法控制

一般情况可直接用面轮廓度法控制圆锥误差；当采用结构型圆锥配合时，可用基本锥度法；当圆锥为非配合圆锥或精度要求较高时，则采用公差锥度法控制。

实训习题与思考题

1.圆锥配合有什么特点？

2.什么是基面距？

3.圆锥公差与配合怎样选用？

4.圆锥公差标注时需要注意哪些问题？

5.圆锥体配合中的尺寸参数 D,d,L,C(或 α) 及其精度要求，在零件图上是否都需要标注出来？

6.圆锥误差如何控制，它们各适用于什么情况？

第9章 齿轮传动精度设计

学习目标

正确理解渐开线圆柱齿轮传动的主要使用要求；了解齿轮加工误差产生的原因及误差特性；理解和掌握圆柱齿轮传动精度的评定指标；掌握齿轮公差项目的代号、定义及其对齿轮工作性能的影响；了解齿轮副的精度要求；了解影响齿轮副齿侧间隙的因素及保证侧隙的方法；了解齿轮坯的精度要求；了解精度等级和检验项目的选择原则；掌握渐开线圆柱齿轮传动精度设计的基本方法和设计过程。

案例导入

【案例9-1】 渐开线直齿圆柱齿轮精度设计。

【解题思路】 齿轮传动机构设计应当解决以下基本问题：齿轮传动的选型，传动链的布置，传动系统级数的确定，传动比的分配，齿轮几何参数的设计确定，结构设计，刚度和强度计算，传动精度设计。齿轮传动的工作原理和结构参数设计计算在机械原理和机械设计课程中学习。通过本章学习，主要解决齿轮传动的精度设计。

齿轮传动系统的结构和参数复杂。齿轮传动精度设计的任务包括单个齿轮精度项目及其公差值的选择、齿轮副精度项目及其公差值的选择、齿轮坯公差设计等。案例求解过程详见9.7节。

知识要点

齿轮传动的主要使用要求；齿轮加工误差的来源；单个齿轮的偏差项目及其选择；齿轮副的偏差项目及其选择；齿轮精度设计方法和步骤。

9.1 齿轮传动的主要使用要求

齿轮传动是一种重要的机械传动形式，用于传递运动和动力。由于齿轮传动具有结构紧凑、传动比恒定、传动效率高、使用寿命长及维护保养方便等特点，齿轮传动在各类机械装置中的应用非常广泛。齿轮传动的工作性能、承载能力、使用寿命等均与齿轮的制造精度和装配精度紧密相关。

齿轮与齿轮副的互换性除了可装配性外，作为传动件，更为重要的是以下四项使用要求。

1. 传递运动的准确性(运动精度)

传递运动的准确性要求齿轮传动在一转范围内，传动比的变化要小。为了保证齿轮传动的运动精度，应限制齿轮一转中的最大转角误差，以保证从动轮与主动轮运动的准确协调。

2. 传动平稳性(平稳性精度)

传动平稳性要求齿轮在转过一个齿距角的范围内，其瞬时传动比变化要小，即要求齿轮运转平稳,减小冲击、振动和噪声。齿轮在啮合传动过程中,如果瞬时传动比反复频繁变化,就会引起冲击、振动和噪声。

为保证传动的平稳性要求,应控制齿轮在转过一个齿距角范围内转角误差的最大值,控制换齿传动时的转角误差。

3. 齿面载荷分布的均匀性(接触精度)

载荷分布均匀性要求当齿轮啮合传动时,工作齿面接触良好,在全齿宽和全齿高上承载均匀,载荷分布要均匀,接触良好,使齿轮具有较高的承载能力和使用寿命。避免载荷集中于局部区域而引起应力集中,造成齿面局部磨损甚至折齿,影响齿轮的使用寿命。

4. 齿轮副的齿侧间隙(传动侧隙)

齿轮在啮合传动过程中,必须保证齿轮副始终处于单面啮合状态,工作齿面必须保持接触,以传递运动和动力,而非工作齿面之间则必须留有合理的间隙,即齿侧间隙(简称为侧隙)。

一方面,侧隙是为了补偿齿轮的制造和变形误差,即用以补偿齿轮的加工误差、装配误差以及齿轮承载受力后产生的弹性变形和热变形,防止齿轮传动发生卡死或烧伤现象,保证齿轮正常传动;另一方面,侧隙是为了储存润滑油,用于在齿面上形成润滑油膜,以保持良好的润滑。但对工作时有正反转的齿轮传动,侧隙过大会引起回程误差和反转冲击。

齿轮传动的四项使用要求中,前三项使用要求是针对齿轮本身提出的使用要求,第四项是对齿轮副的,它是独立于精度之外的另一类要求,无论齿轮精度如何,都应根据齿轮传动的工作条件确定适当的侧隙。

不同用途和不同工作条件下的齿轮传动,对上述四项使用要求的侧重点不同。对机械装置中常用的齿轮,如机床、通用减速器、汽车、内燃机及拖拉机上用的齿轮,通常对上述前三项使用要求差不多。而有些用途的齿轮则可能对某一项或某几项有特殊和更高要求,如测量仪器上分度机构和精密机床分度机构上的齿轮主要要求传递运动的准确性,如果需要正反转还应要求较小的侧隙以减小空回误差;低速、重载齿轮传动(如起重机、轧钢机、重型机械等)对载荷分布均匀性要求高,对侧隙要求较大;对中速中载和高速轻载齿轮(如汽车变速装置等)主要要求传动平稳性;对高速重载齿轮(如航空发动机和汽轮机减速器)则对传递运动准确性、传动平稳性和载荷分布均匀性的要求都很高,而且要求有较小的侧隙。

齿轮传动精度设计的任务就是合理确定齿轮的精度和侧隙。为了保证齿轮传动质量,就要规定相应的公差。齿轮传动的四项使用要求是确定齿轮和齿轮副公差项目的依据。

9.2 齿轮传动的主要误差源分析

9.2.1 齿轮传动的主要误差源

齿轮传动由齿轮副、传动轴、滚动轴承与箱体共同组成。由于组成齿轮传动装置的这些主要零件在制造和装配中不可避免地存在误差,因此必然会影响齿轮传动的质量。凡是采用齿轮传动的机械产品,其工作性能、承载能力和使用寿命等都与齿轮的制造精度和装配精度密切相关。齿轮传动精度与齿轮、传动轴、箱体和滚动轴承等零部件精度以及安装精度有关。

齿轮是一种多参数的传动零件,影响齿轮传动使用要求的误差主要来源于齿轮制造和齿轮副安装两个方面。齿轮制造误差来源于由机床、夹具和刀具组成的加工工艺系统;而齿轮副安装误差主要来自箱体、齿轮支承件、轴、轴套等的制造和装配误差。

9.2.2　齿轮加工误差简要分析

齿轮加工误差与加工方法有关。齿轮的切削加工方法较多,按照齿廓成形原理可分为仿形法和展成法。仿形法是通过逐齿间断分度来完成整个齿轮齿圈的加工,而且切齿刀具的刀刃形状与被加工齿轮的渐开线齿廓相同,如用成形铣刀铣齿、成形磨齿等。展成法是通过专用齿轮加工机床的展成运动形成渐开线齿面,如滚齿、插齿、磨齿、剃齿、珩齿、研齿等。齿轮加工通常采用展成法。

齿轮在加工过程中总是存在加工误差。齿轮制造误差主要包括齿坯的制造与安装误差、安装调整误差、齿轮加工机床误差、刀具的制造与安装误差和夹具误差等。各种加工方法都有多种复杂的工艺误差因素,其误差规律也不尽相同。如图 9-1 所示,以滚齿加工为例讨论齿轮加工误差的主要来源。

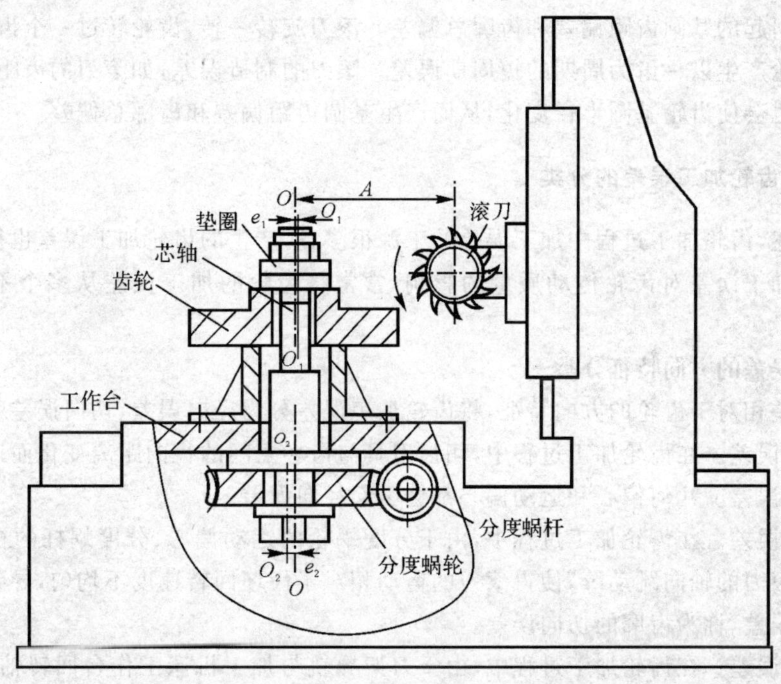

图 9-1　滚齿加工示意图

在滚齿加工过程中,主要存在以下四项误差:

1. 几何偏心

几何偏心是指齿坯在机床上安装后,齿坯基准孔轴线 O_1O_1 与机床工作台回转轴线 OO 不重合而产生的安装偏心 e_1,如图 9-1 所示。几何偏心将导致齿轮齿圈的基准轴线与齿轮工作时的旋转轴线不重合。在滚齿加工过程中,几何偏心造成齿坯基准孔轴线与滚刀的距离发生变化,使切出的齿轮轮齿一边短而宽,另外一边窄而长,齿面位置相对于齿轮基准中心在径向发生变化,使被加工齿轮产生径向偏差,产生径向跳动。

2. 运动偏心

滚齿加工时,由于齿轮加工机床分度蜗轮本身的制造误差以及安装偏心会影响到被加工齿轮，使齿轮产生运动偏心，如图 9－1 所示。机床分度蜗轮轴线 O_2O_2 与机床工作台回转轴线 OO 不重合就形成了运动偏心 e_2。

齿轮在加工过程中，分度蜗杆匀速旋转，蜗杆与蜗轮啮合节点的线速度相同，但由于运动偏心使得蜗轮上啮合节点的半径不断改变，使分度蜗轮和齿坯产生不均匀回转，角速度以一转为周期不断变化。齿坯的不均匀回转使被加工齿廓沿切向产生位移和变形，导致齿距分布不均匀。运动偏心并不产生径向偏差，而是使齿轮产生切向偏差。

3. 滚齿机传动链的高频误差

当存在机床传动链误差(如分度蜗杆的安装误差)时，由于分度蜗杆转速高，使得分度蜗轮产生短周期的角速度变化，会使被加工齿轮齿面产生波纹，造成实际齿廓形状与标准的渐开线齿廓形状的差异，即齿廓总偏差。

4. 滚刀的加工误差和安装误差

滚齿加工时，滚刀安装误差会使滚刀与被加工齿轮的啮合点脱离正常啮合线，使齿轮产生由基圆误差引起的基圆齿距偏差和齿廓总偏差。滚刀旋转一转，齿轮转过一个齿，因而滚刀安装误差使齿轮产生以一齿为周期的短周期误差。滚刀的制造误差，如滚刀的齿距和齿形误差、刃磨误差等也会使齿轮基圆半径变化，从而产生基圆齿距偏差和齿廓总偏差。

9.2.3　齿轮加工误差的分类

如前所述，齿轮加工过程中加工误差的来源很多，所产生的齿轮加工误差也很多。为了研究分析齿轮加工误差对齿轮传动质量的影响，常常将齿轮的加工误差从多个不同角度进行分类。

1. 按照误差的方向特征分类

按照误差相对于齿轮的方向特征，将齿轮加工误差分为径向误差、切向误差和轴向误差。

(1)径向误差。在齿轮加工过程中，切齿刀具与齿坯之间的径向距离变化而产生的加工偏差，称为径向误差。几何偏心和运动偏心都会引起径向误差。

(2)切向误差。在齿轮加工过程中，由于分度蜗轮的运动偏心、分度蜗杆的径向跳动和轴向跳动以及滚刀的轴向跳动等，使得滚刀的运动相对于齿坯回转速度不均匀，导致齿廓沿切线方向产生的误差，称为齿廓的切向误差。

(3)轴向误差。在齿轮加工过程中，由于刀架导轨与加工机床工作台回转轴线不平行、齿坯安装歪斜等原因，使得切齿刀具沿被加工齿轮轴线方向进给运动偏斜而产生的加工误差，称为轴向误差。

2. 按照误差的周期或频率特征分类

齿轮为圆周分度零件，其误差具有周期性，按照误差在齿轮一转中出现的周期或频率，将齿轮加工误差分为长周期误差和短周期误差。

(1)长周期误差(低频误差)。以齿轮一转为周期的长周期误差，它主要影响传递运动的准确性，如图 9－2(a)所示。

(2)短周期误差(高频误差)。以齿轮一齿为周期的短周期误差，它主要影响工作平稳性，如图 9－2(b)所示。

实际齿轮同时存在长周期误差和短周期误差，如图 9－2(c)所示。

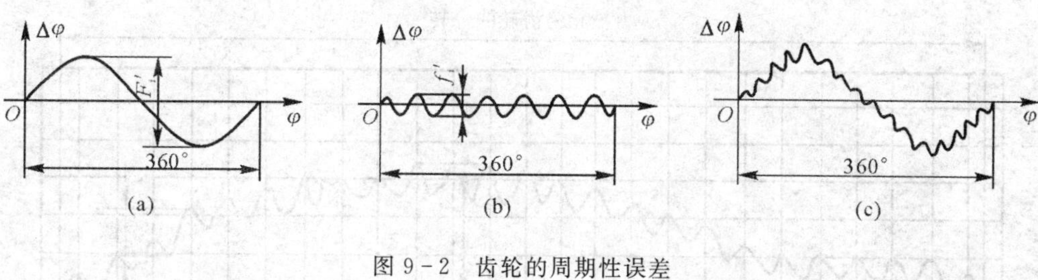

图 9-2　齿轮的周期性误差

3. 按照误差在轮齿上的表现特征分类

按照误差在齿轮轮齿上不同部位的表现特征，将齿轮加工误差分为齿廓误差、齿距误差、齿向误差和齿厚误差。

4. 按照包含误差因素的多少分类

按照包含误差因素的多少，将齿轮加工误差分为单项误差和综合误差。

9.3　渐开线圆柱齿轮精度的评定指标

渐开线圆柱齿轮精度国家标准(GB/T 10095.1～2—2008)所规定的渐开线圆柱齿轮精度的评定参数可分为轮齿同侧齿面偏差、径向综合偏差和径向跳动(见表 9-1)。

表 9-1　渐开线圆柱齿轮精度评定参数一览表

单个齿轮轮齿同侧齿面偏差	齿距偏差	单个齿距偏差 f_{Pt}，齿距累积偏差 F_{Pk}，齿距累积总偏差 F_P
	齿廓偏差	齿廓总偏差 F_α，齿廓形状偏差 $f_{f\alpha}$，齿廓倾斜偏差 $f_{H\alpha}$
	螺旋线偏差	螺旋线总偏差 F_β，螺旋线形状偏差 $f_{f\beta}$，螺旋线倾斜偏差 $f_{H\beta}$
	切向综合偏差	切向综合总偏差 F_i'，一齿切向综合偏差 f_i'
径向综合偏差和径向跳动	径向综合总偏差 F_i''，一齿径向综合偏差 f_i''，径向跳动 F_r	

国家标准将齿轮误差、偏差统称为齿轮偏差，而且偏差和公差用同一个符号表示，如 F_α 既表示齿廓总偏差，又表示齿廓总公差。单项要素测量所用的偏差符号用 f 加上相应的下标表示；由若干单项要素偏差组合而成的累积或总偏差符号则用 F 加上相应的下标表示。

9.3.1　轮齿同侧齿面偏差

1. 切向综合偏差

(1)切向综合总偏差 F_i'。切向综合总偏差是指被测齿轮与理想精确的测量齿轮单面啮合检验时，在被测齿轮一转内，齿轮分度圆上实际圆周位移与理论圆周位移的最大差值，即在齿轮的同侧齿面处于单面啮合状态下测得的齿轮一转内转角误差的总幅度值，它以分度圆弧长计值，如图 9-3 所示。

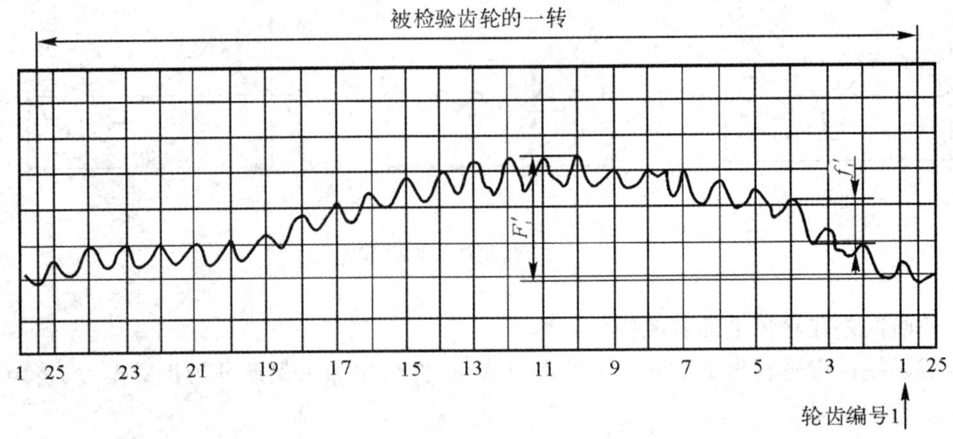

图 9-3　切向综合总偏差和一齿切向综合偏差

理想精确的测量齿轮简称为测量齿轮,是精度远高于被测齿轮的工具齿轮。被测量或评定的齿轮也称为产品齿轮。

切向综合总偏差是几何偏心、运动偏心等各种加工误差的综合反映,是评定齿轮传递运动准确性的最佳综合评定指标,但不是必检项目,仅限于评定高精度齿轮。

(2)一齿切向综合偏差 f_i'。一齿切向综合偏差是指实测齿轮与理想精确的测量齿轮单面啮合时,在被测齿轮一转中对应一个齿距角(360°/z)内,实际转角与公称转角之差的最大幅度值,以分度圆弧长计值(见图 9-3)。它是齿轮切向综合偏差曲线上小波纹中幅值最大的那一段所代表的误差。

一齿切向综合偏差主要是由刀具制造误差和安装误差以及机床传动链的短周期误差引起的,它反映齿轮工作时引起振动、冲击和噪声等的高频运动误差的大小,是齿轮的齿形、齿距等各项短周期误差综合结果的反映。在齿轮一转中,会多次重复出现每个齿距角内转角的变化,影响齿轮传动的平稳性。因此,一齿切向综合偏差是齿轮传动平稳性的评定指标,也属于综合性指标。

切向综合偏差和一齿切向综合偏差通常用单面啮合综合检查仪(单啮仪)测量,实测齿轮与测量齿轮处于无载的单面啮合状态,比较接近齿轮传动的实际工作状态。但单啮仪结构复杂,价格昂贵,适用于较重要的齿轮的检测。

2. 齿距偏差

渐开线圆柱齿轮轮齿同侧齿面的齿距偏差反映位置变化,它直接反映了一个齿距和一转内任意个齿距的最大变化即转角误差,是几何偏心和运动偏心的综合结果,因而可以比较全面地反映齿轮的传递运动准确性和传动平稳性,是综合性的评定项目。齿距偏差一般在齿距比较仪上检验。

齿距偏差包括单个齿距偏差、齿距累积偏差及齿距累积总偏差。

(1)单个齿距偏差 f_{Pt}。单个齿距偏差是指在齿轮的端平面上,在接近齿高中部的一个与齿轮轴线同心的圆上,实际齿距与理论齿距(公称齿距)的代数差(见图 9-4、图 9-5)。

单个齿距偏差是齿轮几何精度最基本的偏差项目之一,反映了轮齿在圆周上分布的均匀性,用来控制齿轮一个齿距角内的分度精度,它影响齿轮工作的平稳性。当实际齿距大于公称齿距时，f_{Pt} 为正，否则为负。f_{Pt} 无论正负，都会影响齿轮啮合和换齿过程的传动平稳性。

(2)齿距累积偏差 F_{Pk}。齿距累积偏差是指在齿轮的端平面上，在接近齿高中部的一个与齿轮轴线同心的圆上，任意 k 个齿距的实际弧长与公称弧长的代数差(见图 9-4、图 9-5)。

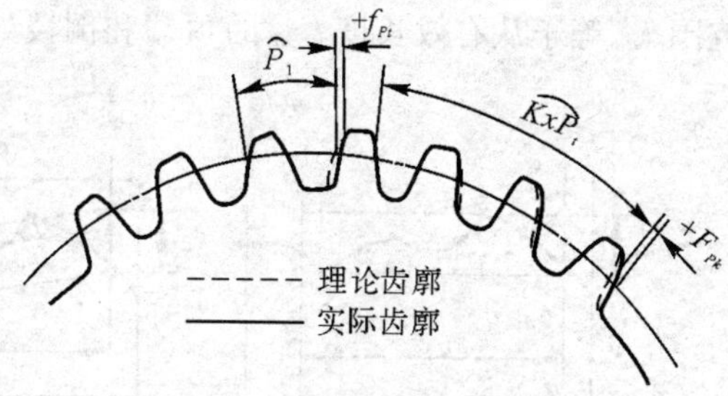

图 9-4　单个齿距偏差和齿距累积偏差($F_{Pk}=F_{P3}$)

F_{Pk} 反映在齿轮局部圆周上的齿距累积偏差，即多齿数齿轮的齿距累积总误差在整个齿圈上分布的均匀性。如果在较少齿数上齿距累积偏差过大，在实际工作中将产生很大的加速度和动载荷以及振动、冲击和噪声，影响齿轮传动的平稳性，这对高速齿轮尤为重要。

k 个齿距累积偏差 F_{Pk} 等于所含 k 个齿距的单个齿距偏差之代数和，通常取 $k=z/8$(z 为齿数)。对特殊应用的高速齿轮，还要检验较小的弧段，取更小的 k 值。

国家标准规定，齿距累积极限偏差 $\pm F_{Pk}$ 适用于齿距数 $k=2\sim z/8$。

(3)齿距累积总偏差 F_P。齿距累积总偏差是指在齿轮端平面上，在接近齿高中部的一个与齿轮轴线同心的圆上，任意两个同侧齿面($k=1\sim z$)间实际弧长与公称弧长之差中的最大绝对值，即任意 k 个齿距累积偏差的最大绝对值。齿距积累总偏差等于齿距累积偏差曲线的总幅值，如图 9-5 所示。

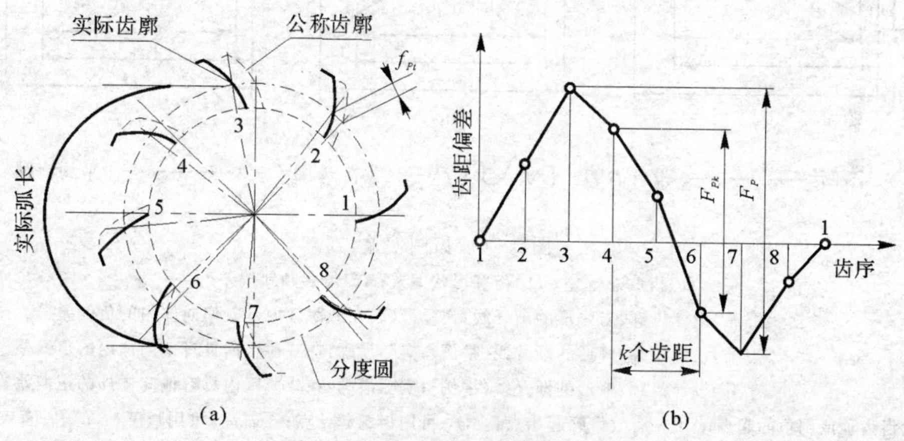

图 9-5　齿距偏差和齿距累积总偏差

(a)截面误差图；(b)齿距累积偏差曲线

齿距积累总偏差能较全面地反映齿轮一转过程中传动比的变化，是评价齿轮运动精度的综合指标，但 F_P 和 F_{Pk} 不如 F_i' 全面。

3. 齿廓偏差

渐开线齿轮的齿廓反映形状变化。实际齿廓偏离设计齿廓的量称为齿廓偏差，它在端平面内且垂直于渐开线齿廓的方向计值(见图 9-6)。设计齿廓是指符合设计规定的齿廓，当无特别规定时是指端面齿廓。齿廓曲线图包括实际齿廓迹线、设计齿廓迹线和平均齿廓迹线。

齿廓工作部分通常为理论渐开线。在近代齿轮设计中，对于高速齿轮传动，为了减小基圆齿距偏差和轮齿弹性变形引起的冲击、振动和噪声，常采用以理论渐开线齿廓为基础的修正齿廓，如修缘齿形、凸齿形等，因而，设计齿廓可为渐开线齿廓或修形齿廓(见图 9-6)。齿廓计值范围 L_α 等于从有效长度 L_{AE} 的顶端和倒棱处减去 8%。

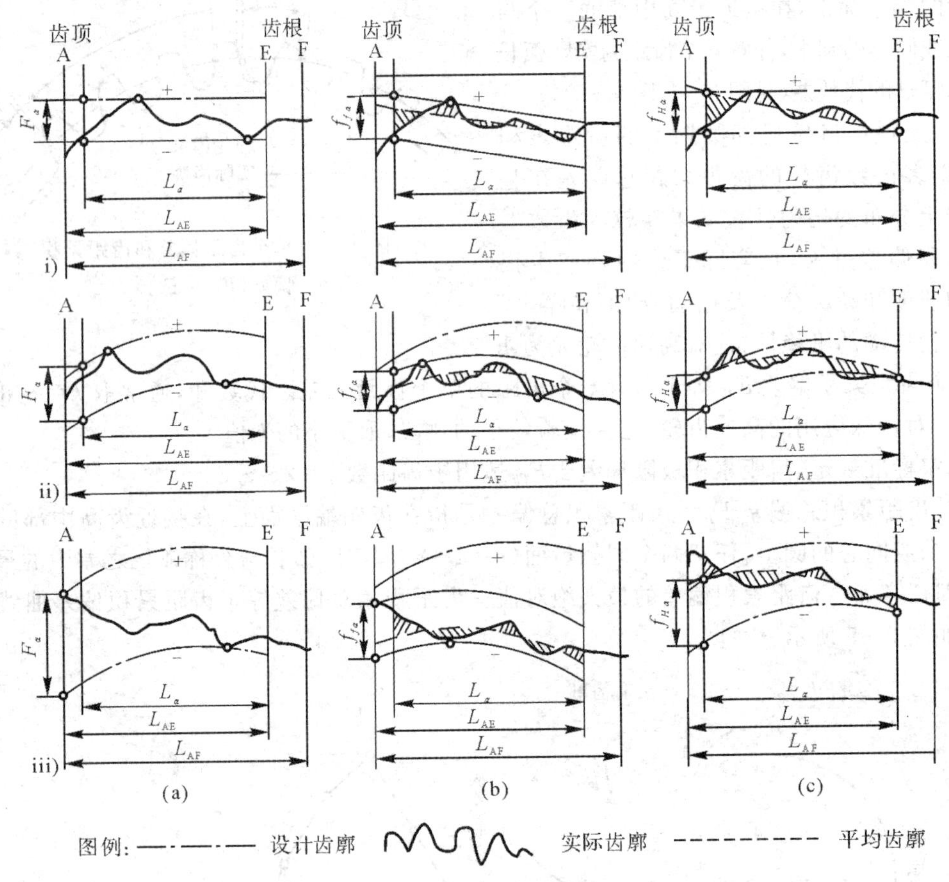

图 9-6　齿廓偏差

(a)齿廓总偏差；(b)齿廓形状偏差；(c)齿廓倾斜偏差

注：ⅰ)设计齿廓：未修形的渐开线；实际齿廓：在减薄区内具有偏向体内的负偏差。

ⅱ)设计齿廓：修形的渐开线(举例)；实际齿廓：在减薄区内具有偏向体内的负偏差。

ⅲ)设计齿廓：修形的渐开线(举例)；实际齿廓：在减薄区内具有偏向体外的正偏差。

A—轮齿齿顶或倒角的起点；　E—有效齿廓起始点；　F—可用齿廓起始点；　L_{AF}—可用长度；　L_{AE}—有效长度

渐开线圆柱齿轮轮齿同侧齿面的齿廓偏差用于控制实际齿廓对设计齿廓的变动，包括齿廓总偏差、齿廓形状偏差和齿廓倾斜偏差。

(1)齿廓总偏差 F_α。齿廓总偏差是指在计值范围 L_α 内，包容实际齿廓迹线的两条设计齿廓迹线间的距离，如图 9-6(a)所示。

齿廓总偏差主要影响齿轮传动平稳性，这是因为具有齿廓总偏差的齿轮，其齿廓不是标准的渐开线，不能保证瞬时传动比为常数，易产生振动、冲击和噪声。

(2)齿廓形状偏差 $f_{f\alpha}$。齿廓形状偏差是指在计值范围内，包容实际齿廓迹线的两条与平均齿廓迹线完全相同的曲线间的距离，且两条曲线与平均齿廓迹线的距离为常数，如图 9-6(b)所示。平均齿廓迹线是指设计齿廓迹线的纵坐标减去一条斜直线的纵坐标后得到的一条迹线，使得在计值范围内，实际齿廓迹线对平均齿廓迹线偏差的平方和最小。

(3)齿廓倾斜偏差 $f_{H\alpha}$。在计值范围的两端与平均齿廓迹线相交的两条设计轮廓迹线之间的距离，如图 9-6(c)所示。齿廓倾斜偏差主要由压力角偏差引起。

齿轮质量分等时只须检验 F_α 即可，为了某些目的也可检测 $f_{f\alpha}$ 和 $f_{H\alpha}$。

齿廓偏差的测量方法有展成法(如用渐开线检查仪等)、坐标法(如用万能齿轮测量仪、齿轮测量中心、坐标测量机等)和啮合法。渐开线检查仪分为单圆盘式和万能式两类，其基本原理都是利用精密机构产生正确的渐开线轨迹与实际齿廓进行比较，以确定齿廓形状偏差。

4. 螺旋线偏差

在端面基圆切线方向上测得的实际螺旋线偏离设计螺旋线的量称为螺旋线偏差，如图 9-7 所示。

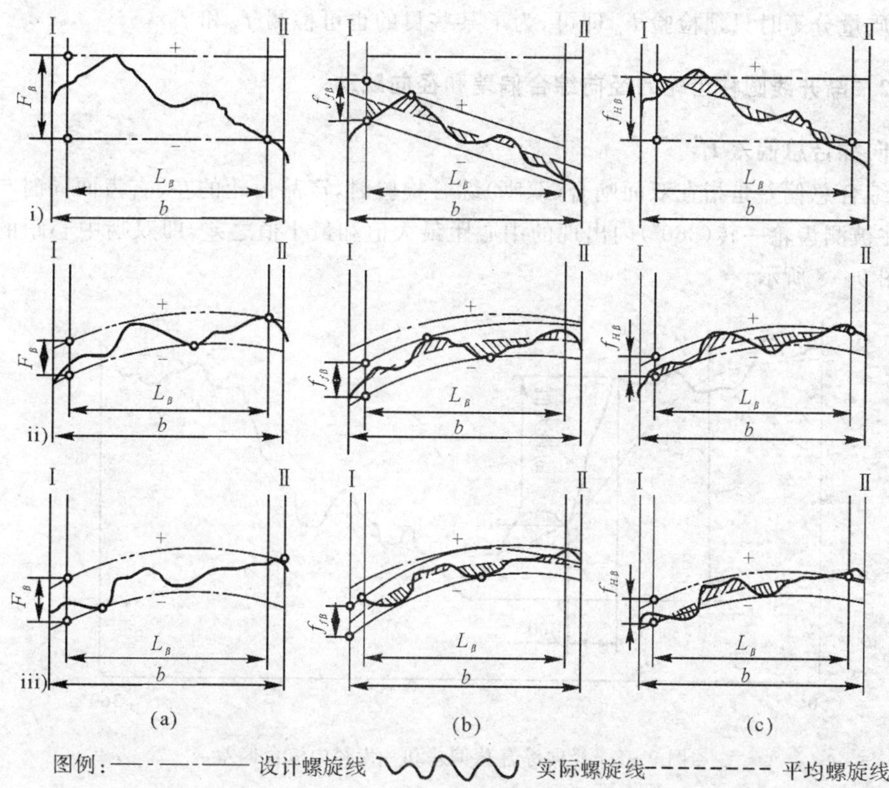

图 9-7　螺旋线偏差

(a)螺旋线总偏差；(b)螺旋线形状偏差；(c)螺旋线倾斜偏差

注：ⅰ)设计螺旋线：未修形的螺旋线；实际螺旋线：在减薄区内具有偏向体内的负偏差。

ⅱ)设计螺旋线：修形的螺旋线(举例)；实际螺旋线：在减薄区内具有偏向体内的负偏差。

ⅲ)设计螺旋线：修形的螺旋线(举例)；实际螺旋线：在减薄区内具有偏向体外的正偏差。

设计螺旋线为符合设计规定的螺旋线。螺旋线曲线图包括实际螺旋线迹线、设计螺旋线迹线和平均螺旋线迹线。螺旋线计值范围 L_β 等于迹线长度两端各减去 5% 的迹线长度，但减去量不超过一个模数。

螺旋线偏差包括螺旋线总偏差、螺旋线形状偏差和螺旋线倾斜偏差，它影响齿轮啮合过程中的接触状况，影响齿面载荷分布的均匀性。螺旋线偏差用于评定轴向重合度 $\varepsilon_\beta > 1.25$ 的宽斜齿轮及人字齿轮，它适用于大功率、高速高精度宽斜齿轮传动。

(1)螺旋线总偏差 F_β。螺旋线总偏差是指在计值范围 L_β内,包容实际螺旋线迹线的两条设计螺旋线迹线间的距离,如图 9-7(a)所示。对于渐开线直齿圆柱齿轮,螺旋角 $\beta=0$,此时 F_β 称为齿向偏差。

可在螺旋线检查仪上测量未修形螺旋线的斜齿轮螺旋线偏差。

(2)螺旋线形状偏差 $f_{f\beta}$。螺旋线形状偏差是指在计值范围内,包容实际螺旋线迹线的两条与平均螺旋线迹线完全相同的曲线间的距离,且两条曲线与平均螺旋线迹线的距离为常数,如图 9-7(b)所示。

(3)螺旋线倾斜偏差 $f_{H\beta}$。螺旋线倾料偏差是指在计值范围内的两端与平均螺旋线迹线相交的设计螺旋线迹线间的距离,如图 9-7(c)所示。

齿轮质量分等时只须检验 F_β 即可,为了某些目的也可检测 $f_{f\beta}$和 $f_{H\beta}$。

9.3.2 渐开线圆柱齿轮的径向综合偏差和径向跳动

1. 径向综合总偏差 F_i''

径向综合总偏差是指在双面啮合(双啮)综合检验时,产品齿轮的左、右齿面同时与测量齿轮接触,在被测齿轮一转(360°)内出现的中心距最大值和最小值之差,即双啮中心距的最大变动量,如图 9-8 所示。

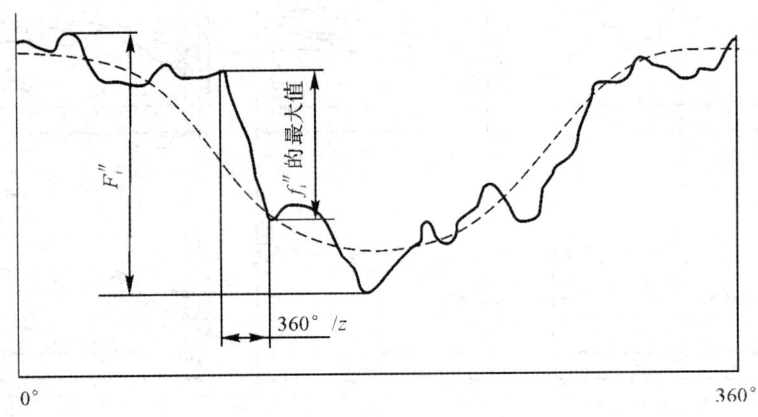

图 9-8 径向综合总偏差和一齿径向综合偏差

若被测齿轮的齿廓存在径向误差及一些短周期误差(如齿廓形状偏差、基圆齿距偏差等),与测量齿轮保持双面啮合转动时,其中心距就会在转动过程中不断改变,因此,径向综合偏差主要反映由几何偏心引起的径向误差及一些短周期误差。但由于径向综合总偏差只能反映齿轮的径向误差,不能反映切向误差,故不能像 F_i'那样确切和充分地反映齿轮的运动精度。

2. 一齿径向综合偏差 f_i''

一齿径向综合偏差是指被测齿轮与测量齿轮双面啮合时,在被测齿轮一个齿距角(360°/z)内,双啮中心距的最大变动量(见图 9-8)。f_i''反映了基圆齿距偏差和齿廓形状偏差,属于综合性项目。产品齿轮所有轮齿的 f_i''最大值不应超过一齿径向综合公差 f_i''。

径向综合偏差和一齿径向综合偏差采用齿轮双面啮合检查仪(双啮仪)进行测量,如图 9-9 所示。在测量径向综合总偏差时可同时得到一齿径向综合偏差。径向综合偏差的测量值受测量齿轮的精度以及产品齿轮与测量齿轮的总重合度的影响。

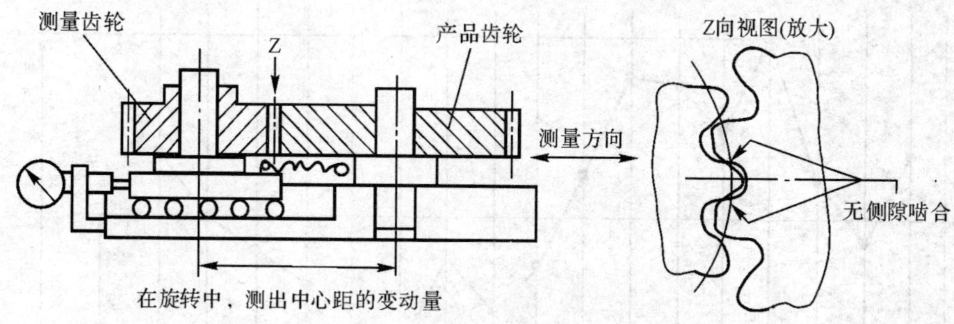

图 9-9　用齿轮双面啮合检查仪测量径向综合偏差

由于双面啮合综合测量时的啮合情况与切齿时的啮合情况相似，因而能够反映齿轮坯和刀具安装调整误差，测量所用的双啮仪远比单啮仪简单，操作方便，测量效率高，故在中等精度大批量生产中应用比较普遍。

由于一齿径向综合偏差测量时受左、右齿面的共同影响，因而它不如一齿切向综合偏差反映那么全面，不适用于验收高精度的齿轮。

3. 轮齿的径向跳动 F_r

轮齿的径向跳动是指一个适当的测头(球形、圆柱形、砧形等)，在齿轮旋转时逐齿放置于每个齿槽中，测头相对于齿轮的基准轴线的最大和最小径向距离之差。检查中，测头在近似齿高中部与左、右齿面同时接触，如图 9-10 所示。

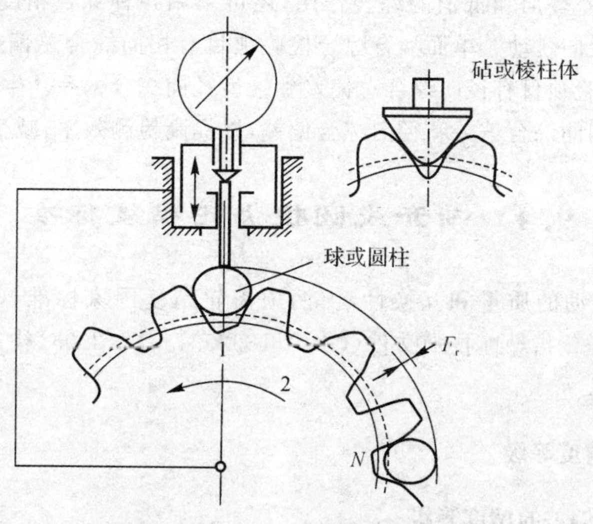

图 9-10　轮齿径向跳动测量原理

径向跳动主要是由齿轮的轴线和基准孔的中心线的几何偏心引起的，当几何偏心为 e 时，$F_r=2e$。由几何偏心引起的误差是沿齿轮径向产生的，故属于径向误差。径向跳动是以齿轮一转为周期的，故属于长周期误差。根据测量结果可绘出径向跳动曲线，如图 9-11 所示。通过径向跳动曲线可以反映几何偏心与径向跳动的关系。

径向跳动使得齿轮的齿距(或齿厚)不相等，从而引起齿距累积偏差，导致齿轮在一转过程中时快时慢，产生加速度变化，影响传递运动的准确性。

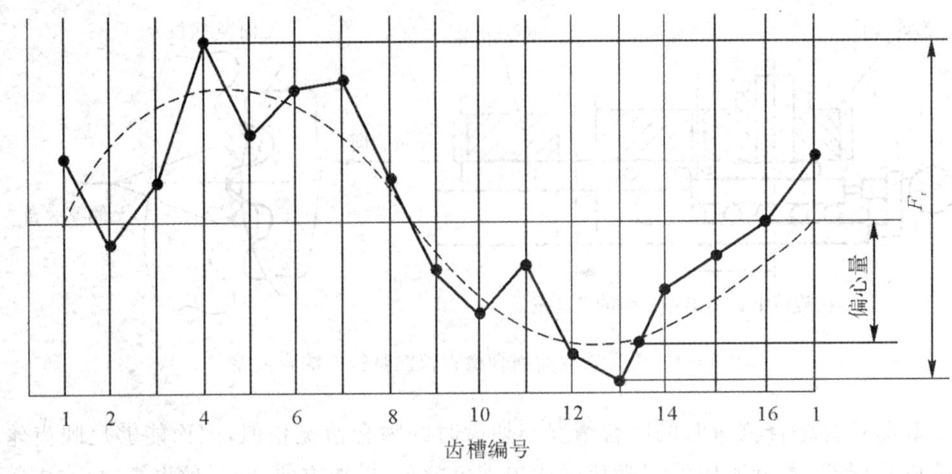

图 9-11　齿轮径向跳动曲线

综上所述，齿轮的精度指标分为单项指标和多项指标两类，齿轮的检验项目相应地也可分为单项检验项目和综合检验项目。齿距偏差、齿廓偏差及螺旋线偏差是渐开线齿面影响齿轮传动要求（除合理侧隙外）的形状、位置和方向等的单项几何参数偏差，单个齿距偏差、齿廓总偏差、螺旋线总偏差等属于单项检验项目。结合企业贯彻旧标准的经验和我国齿轮制造现状，单项检验还包括径向跳动和齿厚偏差。

考虑到各单项误差叠加和抵消的综合作用，还可采用各种综合精度指标，如切向综合偏差、径向综合偏差和径向跳动。单面啮合综合检验项目有切向综合总偏差和一齿切向综合偏差。双面啮合综合检验项目有径向综合总偏差和一齿径向综合偏差。生产批量较大时宜采用综合性检验项目，如切向综合偏差和径向综合偏差，以提高检测效率，减少测量费用。

9.4　渐开线圆柱齿轮精度标准

为了保证齿轮传动的质量和互换性，由两项齿轮精度国家标准（GB/T 10095.1～2—2008）和四项国家标准化指导性技术文件（GB/Z 18620.1～4—2008）构成了现行的渐开线圆柱齿轮精度标准体系。

9.4.1　齿轮的精度等级

1. 轮齿同侧齿面偏差的精度等级

对分度圆直径为 5～10 000、模数（法向模数）为 0.5～70、齿宽为 4～1 000 的渐开线圆柱齿轮的同侧齿面公差，包括切向综合公差、一齿切向综合公差、单个齿距极限偏差、齿距累积极限偏差、齿距累积总公差、齿廓总公差和螺旋线总公差，GB/T 10095.1—2008 规定了 0，1～12 共 13 个精度等级，其中 0 级最高，12 级最低。

2. 径向综合偏差的精度等级

对分度圆直径为 5～1 000、模数（法向模数）为 0.2～10 的渐开线圆柱齿轮的径向综合总公差和一齿径向综合公差，GB/T 10095.2—2008 规定了 4～12 共 9 个精度等级，其中 4 级最高，12 级最低。

3. 径向跳动的精度等级

对于分度圆直径为 5～10 000、模数（法向模数）为 0.5～70 的渐开线圆柱齿轮的径向跳动，GB/T 10095.2—2008 中推荐了 0，1～12 共 13 个精度等级，其中 0 级最高，12 级最低。

齿轮精度等级中，0～2 级精度要求非常高，目前一般尚无制造和测量手段，属于有待发展级；3～5 级为高精度等级；6～8 级为中等精度等级，使用最为广泛；9 级为较低精度等级；10～12 级为低精度等级。

9.4.2 齿轮公差值的计算公式和标准值

GB/T 10095.1～2—2008 规定，5 级精度为齿轮的基本精度等级，是计算其他等级偏差允许值（公差）的基础，公差表格中其他精度等级的公差数值是用对 5 级精度规定的齿轮偏差允许值计算公式乘以齿轮精度的分级公比计算出来的。GB/T 10095.1～2—2008 给出的 5 级精度齿轮各种偏差允许值（公差）的计算公式（见表 9－2）。两相邻精度等级的级间公比为 $\sqrt{2}$。5 级精度未圆整的计算值乘以 $\sqrt{2}^{(Q-5)}$，即可得任一精度等级 Q 的待求值。

表 9－2　5 级精度齿轮各种偏差允许值（公差）的计算公式

齿轮偏差	偏差允许值计算公式
单个齿距偏差	$\pm f_{Pt} = 0.3(m_n + 0.4\sqrt{d}) + 4$
齿距累积偏差	$\pm F_{Pk} = f_{Pt} + 1.6\sqrt{(k-1)m_n}$
齿距累积总偏差	$F_P = 0.3m_n + 1.25\sqrt{d} + 7$
齿廓总偏差	$F_\alpha = 3.2\sqrt{m_n} + 0.22\sqrt{d} + 0.7$
螺旋线总偏差	$F_\beta = 0.1\sqrt{d} + 0.63\sqrt{b} + 4.2$
一齿切向综合偏差	$f'_i = K(9 + 0.3m_n + 3.2\sqrt{m_n} + 0.34\sqrt{d})$ 当总重合度 $\varepsilon_r < 4$ 时，$K = 0.2\left(\frac{\varepsilon_r + 4}{\varepsilon_r}\right)$；当 $\varepsilon_r \geqslant 4$ 时，$K = 0.4$
切向综合总偏差	$F'_i = F_P + f'_i$
齿廓形状偏差	$f_{f\alpha} = 2.5\sqrt{m_n} + 0.17\sqrt{d} + 0.5$
齿廓倾斜偏差	$\pm f_{H\alpha} = 2\sqrt{m_n} + 0.14\sqrt{d} + 0.5$
螺旋线形状偏差	$f_{f\beta} = 0.07\sqrt{d} + 0.45\sqrt{b} + 3$
螺旋线倾斜偏差	$\pm f_{H\beta} = 0.07\sqrt{d} + 0.45\sqrt{b} + 3$
径向综合总偏差	$F''_i = 3.2m_n + 1.01\sqrt{d} + 6.4$
一齿径向综合偏差	$f''_i = 2.96m_n + 0.01\sqrt{d} + 0.8$
径向跳动公差	$F_r = 0.8F_P = 0.24m_n + 1.0\sqrt{d} + 5.6$

表 9-2 中，m_n 表示法向模数，d 表示分度圆直径，b 表示齿宽。如无另行规定，在不考虑齿顶和齿端倒角情况下，m_n 与 b 可认为是名义值。当齿轮参数不在给定的范围内或供需双方同意时，可在公式中代入实际的齿轮参数。

国家标准中各级精度齿轮规定的各个项目的偏差允许值由表9-2中公式计算并圆整后得到(见附表 5-1 ～ 附表 5-11)。

标准中没有给出 F_{Pk} 的极限偏差数值表，而是给出了 5 级精度齿轮 F_{Pk} 的计算公式，它可通过计算得到。不同精度等级的 f'_i/k 见附表 5-8。

9.5 齿轮副的精度和侧隙

9.5.1 齿轮副精度的评定指标

齿轮副的安装调整误差同样也会影响齿轮传动的使用性能和质量，因此，必须规定齿轮副的精度指标，对齿轮副的偏差加以控制。

1. 齿轮副的中心距极限偏差 $\pm f_a$

齿轮副的公称中心距是在考虑了最小侧隙及两齿轮的齿顶和其相啮合的非渐开线齿廓齿根部分的干涉后确定的，应对中心距规定适当的公差。齿轮副的中心距偏差是指在齿轮副齿宽中间平面内，实际中心距与公称中心距之差，如图 9-12 所示。

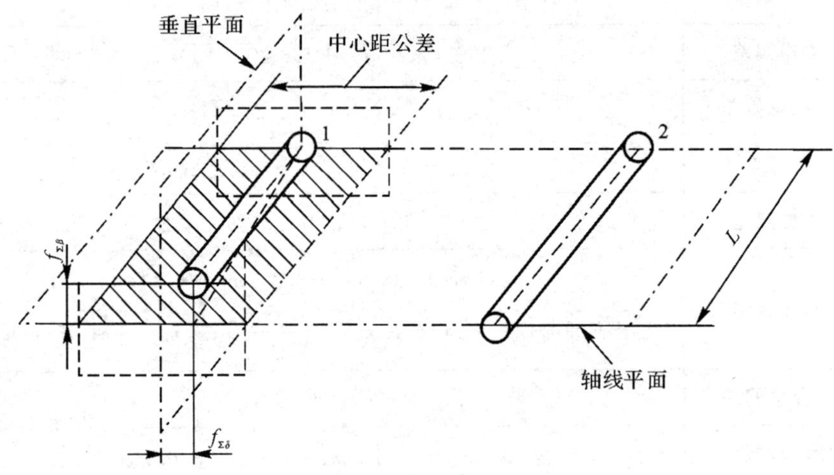

图 9-12 齿轮副轴线平行度偏差和中心距偏差

齿轮副的中心距极限偏差不仅影响齿轮副的侧隙，而且会影响齿轮的重合度，特别是当齿轮传动处于单向承载运转而不经常反转时，中心距偏差主要取决于重合度。

GB/Z 18620.3—2008 未提供中心距极限偏差，可借鉴有关成熟产品的设计来确定，或参考 GB/T 10095—1988 提供的中心距极限偏差(见表 9-3)。

表 9-3　齿轮副中心距极限偏差(摘自 GB/T 10095—1988)　(μm)

中心距 a/mm \ 齿轮精度等级	5～6	7～8	9～10
6～10	7.5	11	18
10～18	9	13.5	21.5
18～30	10.5	16.5	26
30～50	12.5	19.5	31
50～80	15	23	37
80～120	17.5	27	43.5
120～180	20	31.5	50
180～250	23	36	57.5
250～315	26	40.5	65
315～400	28.5	44.5	70
400～500	31.5	48.5	77.5

2. 轴线平行度偏差($f_{\Sigma\delta}$, $f_{\Sigma\beta}$)

如果一对啮合的圆柱齿轮的两条轴线不平行，则形成空间异面(交叉)直线，这将影响齿轮的接触精度，因此必须加以控制。由于轴线平行度偏差的影响与其向量的方向有关，GB/Z 18620.3—2008 对轴线平面内的偏差 $f_{\Sigma\delta}$ 和垂直平面上的偏差 $f_{\Sigma\beta}$ 做了不同的规定(见图9-12)。

轴线平面内的平行度偏差 $f_{\Sigma\delta}$ 是指，在两轴线的公共平面上测量，此公共平面由两轴承跨距中较长的一个 L 和另一根轴上的一个轴承来确定。如果两个轴承的跨距相同，则用小齿轮轴和大齿轮轴的一个轴承确定。在与轴线公共平面相垂直的交错轴平面上来测量垂直平面上的平行度偏差 $f_{\Sigma\beta}$。

轴线平面内的平行度偏差影响螺旋线啮合偏差，其影响是工作压力角的正弦函数，而垂直平面上的平行度偏差的影响则是工作压力角的余弦函数，因而在一定量的垂直平面上，由于偏差所导致的啮合偏差要比同样大小的轴线平面内的偏差所导致的啮合偏差大 2～3 倍，故应对轴线平面内的偏差和垂直平面上的偏差分别规定不同的最大推荐值。

轴线平行度偏差的推荐最大值为

$$f_{\Sigma\beta}=0.5(L/b)F_{\beta} \tag{9-1}$$

$$f_{\Sigma\delta}=2f_{\Sigma\beta} \tag{9-2}$$

式中　L—— 轴承间距即轴承跨距；

　　b—— 齿宽。

3. 接触斑点

检测刚安装好(在箱体内或试验台上)的产品齿轮副以轻微制动下运转所产生的接触斑点，可评估轮齿间的载荷分布。接触斑点分布示意图如图 9-13 所示。

接触痕迹的大小在齿面展开图上沿齿高、齿长两个方向用百分数计算。

沿齿高方向的接触斑点主要影响工作平稳性，沿齿长方向的接触斑点主要影响齿轮副的承载能力。齿轮副的接触斑点综合反映了齿轮副的加工误差和安装误差，是齿轮副接触精度的综合评定指标。

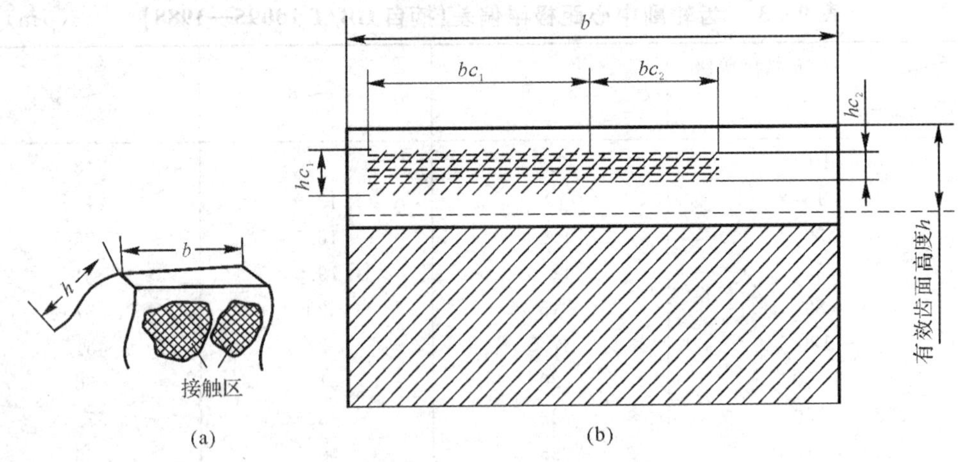

bc_1— 接触斑点的较大长度(%)；bc_2— 接触斑点的较小长度(%)；

hc_1— 接触斑点的较大高度(%)；hc_2— 接触斑点的较小高度(%)

图 9-13 接触斑点分布示意图

(a) 接触斑点； (b) 接触斑点分布

作为定量和定性控制齿轮齿长方向配合精度的方法，接触斑点常用于工作现场没有检查仪及大齿轮不能装在现有检查仪上的场合。附表 5-16 给出了直齿轮装配后齿轮副接触斑点的最低要求。

9.5.2 齿轮副的侧隙

1. 侧隙及其分类

在齿轮啮合传动中侧隙会随着速度、温度和负载等而变化。在静态可测量的条件下，必须有足够的侧隙，以保证在带负载运行于最不利的工作条件下仍有足够的侧隙。

齿轮副的侧隙是指在节圆上齿槽宽度超过相啮合的轮齿齿厚的量，它是在端平面上或啮合平面(基圆切平面) 上计算和规定的。齿轮副的侧隙通常分为法向侧隙和圆周侧隙，如图 9-14(a) 所示。

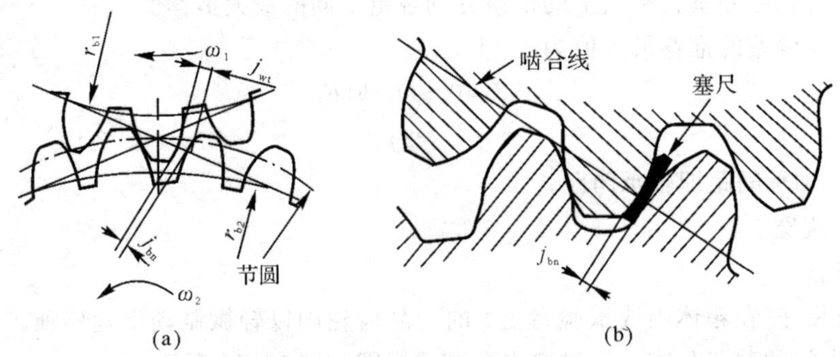

图 9-14 齿轮副侧隙

(a) 侧隙定义；(b) 用塞尺测量侧隙(法向平面)

法向侧隙 j_{bn} 是指当两个齿轮的工作齿面啮合时，其非工作齿面之间的最短距离，可在法平面或沿啮合线方向上测量。法向侧隙可用塞尺直接测量，如图 9-14(b) 所示。

圆周侧隙 j_{wt} 是指当固定两相啮合齿轮中的一个，另一个齿轮所能转过的节圆弧长的最大值，可沿圆周方向用指示表测得。理论上法向侧隙和圆周侧隙的关系为

$$j_{bn} = j_{wt} \cos \alpha_{wt} \cos \beta_b \tag{9-3}$$

式中　α_{wt}—— 端面工作压力角；

β_b—— 基圆螺旋角。

齿轮副的实际侧隙值与小齿轮实际齿厚 s_1、大齿轮实际齿厚 s_2、齿轮副中心距 a 以及安装和应用情况有关，还受齿轮的形状和位置偏差以及轴线平行度偏差等的影响。

2. 最小法向侧隙 $j_{bn\,min}$ 的确定

最小法向侧隙 $j_{bn\,min}$ 是指当一个齿轮的齿以最大允许实效齿厚与另一个也具有最大允许实效齿厚的相配齿在最紧的允许中心距相啮合时，在静态条件下存在的最小保证侧隙。

在齿轮传动设计中，必须保证有足够的最小法向侧隙 $j_{bn\,min}$，以确保齿轮机构正常工作，保证良好的润滑，避免因安装误差和温升而引起卡死现象。确定齿轮副最小法向侧隙一般有以下三种方法。

(1) 经验法。参考国内外同类产品中齿轮副的侧隙值来确定最小侧隙。

(2) 计算法。根据齿轮副的工作条件，如工作速度、温度、负载、润滑等条件来计算齿轮副最小侧隙。

为补偿由温度变化引起的齿轮及箱体热变形所必需的最小侧隙 $j_{bn\,min\,1}$ 为

$$j_{bn\,min\,1} = 1\,000a(\alpha_1 \Delta t_1 - \alpha_2 \Delta t_2) 2\sin\alpha_n \tag{9-4}$$

式中　a—— 齿轮副中心距(mm)；

α_1, α_2—— 齿轮及箱体材料的线胀系数；

$\Delta t_1, \Delta t_2$—— 齿轮温度 t_1、箱体温度 t_2 与标准温度(20℃)之差；

α_n—— 法向压力角。

为保证正常润滑所必需的最小侧隙 $j_{bn\,min\,2}$，取决于润滑方式及工作速度，其取值见表9-4。

表 9-4　最小侧隙 $j_{bn\,min\,2}$ 推荐值　(μm)

润滑方式	齿轮圆周速度 /(m·s^{-1})			
	≤10	>10～25	>25～60	>60
喷油	$10m_n$	$20m_n$	$30m_n$	$30 \sim 50m_n$
油池润滑	$(5 \sim 10)m_n$			

注：m_n 为法向模数(mm)。

最小法向侧隙 $j_{bn\,min}$ 为

$$j_{bn\,min} = j_{bn\,min\,1} + j_{bn\,min\,2} \tag{9-5}$$

(3) 查表法。GB/Z 18620.2—2008 列出了用黑色金属材料制造齿轮和箱体的工业传动装置推荐的最小法向侧隙，工作时节圆线速度小于 15 m/s，其箱体、轴和轴承都采用常用的商业制造公差的齿轮传动，最小法向侧隙的计算公式为

$$j_{bn\,min} = (2/3)(0.06 + 0.000\,5a_i + 0.03m_n) \tag{9-6}$$

式中　a_i—— 齿轮副中心距；

m_n—— 齿轮法向模数。

按式(9-6)计算得到的最小法向侧隙推荐值见表9-5。

表9-5　对大、中模数齿轮最小侧隙 $j_{bn\min}$ 的推荐值(摘自GB/Z 18620.2—2008)

(mm)

m_n	最小中心距 a_i					
	50	100	200	400	800	1 600
1.5	0.09	0.11	—	—	—	—
2	0.10	0.12	0.15	—	—	—
3	0.12	0.14	0.17	0.24	—	—
5	—	0.18	0.21	0.28	—	—
8	—	0.24	0.27	0.34	0.47	—
12	—	—	0.35	0.42	0.55	—
18	—	—	—	0.54	0.67	0.94

为了获得齿轮副最小法向侧隙,必须削薄齿厚,其最小削薄量(即齿厚上偏差值)为

$$E_{sns1}+E_{sns2}=-j_{bn}/\cos\alpha_n \tag{9-7}$$

式中　E_{sns1},E_{sns2}—— 小齿轮、大齿轮的齿厚上偏差。

3. 齿厚极限偏差的计算

为了得到必要的齿侧间隙,可采用基中心距制和基齿厚制两种方法。国家标准规定,齿轮轮齿与配对齿轮轮齿的配合采用基中心距制,即在中心距一定的前提条件下,通过控制齿厚的办法获得必要的侧隙。

单个齿轮的齿厚会影响齿轮副侧隙。假定齿轮在最小中心距时与一个理想的相配齿轮啮合,所需的最小侧隙对应于最大齿厚,通常从最大齿厚开始减小齿厚来增大侧隙。对任何检测方法,所规定的最大齿厚必须减小,以确保径向跳动及其他切齿时误差变化对检测结果的影响,不致增加最大实效齿厚;也必须规定减小的最小齿厚,使所选择的齿厚公差能实现经济的齿轮制造。

齿厚偏差是指分度圆柱面上实际齿厚与公称齿厚之差,对斜齿轮则是指法向齿厚,如图9-15所示。可以用齿厚游标卡尺或精度更高的光学测齿仪来测量齿厚。GB/T 10095.1～2—2008均未规定齿厚偏差,GB/Z 18620.2—2008也未推荐齿厚极限偏差。

(1) 齿厚上偏差 E_{sns} 的计算。为了保证获得最小侧隙 $j_{bn\min}$,应当保证齿厚具有最小减薄量。齿厚的最小减薄量由齿厚上偏差反映。

当确定齿厚上偏差时,应同时考虑最小法向侧隙 $j_{bn\min}$ 以及中心距偏差、齿轮和齿轮副的加工及安装误差。计算公式为

$$E_{sns1}+E_{sns2}=-2f_a\tan\alpha_n-\frac{j_{bn\min}+J_n}{\cos\alpha_n} \tag{9-8}$$

式中　E_{sns1},E_{sns2}—— 小齿轮、大齿轮的齿厚上偏差;

f_a—— 中心距偏差;

J_n—— 齿轮加工误差和齿轮副安装误差对侧隙减小的补偿量,即

$$J_n=\sqrt{f_{Pb1}^2+f_{Pb2}^2+2(F_\beta\cos\alpha_n)^2+(F_{\Sigma\delta}\sin\alpha_n)^2+(F_{\Sigma\beta}\cos\alpha_n)^2} \tag{9-9}$$

$$f_{Pb1}=f_{Pt1}\cos\alpha_n \tag{9-10}$$

$$f_{Pb2}=f_{Pt2}\cos\alpha_n \tag{9-11}$$

式中　f_{Pb1}，f_{Pb2}—— 小齿轮、大齿轮的基圆齿距极限偏差；

F_β—— 小齿轮、大齿轮的螺旋线总公差；

$f_{\Sigma\delta}$，$f_{\Sigma\beta}$—— 齿轮副轴线平行度偏差；

α_n—— 法向压力角。

求得大、小齿轮的上偏差之和后，可按等值分配法或不等值分配法确定大、小齿轮的齿厚上偏差。一般使大齿轮齿厚的减薄量大一些，使小齿轮齿厚的减薄量小一些，以使大、小齿轮的强度匹配。当进行齿轮承载能力计算时，需要验算加工后的齿厚是否会变薄，如果 $|E_{sni}/m_n|>0.05$，在任何情况下都会出现变薄现象。

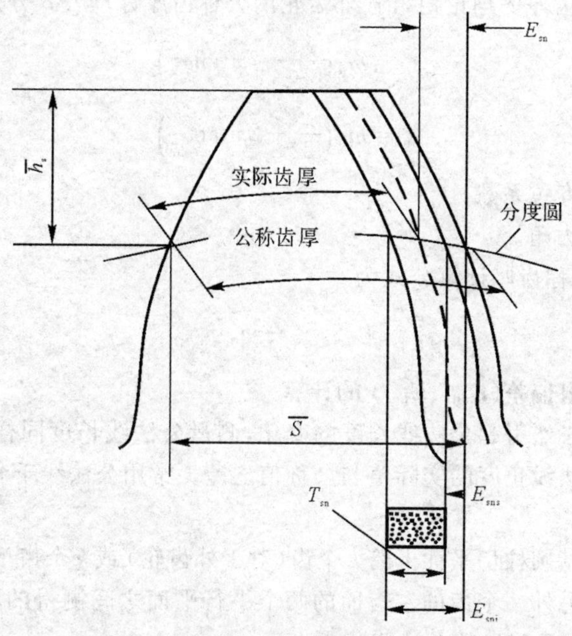

图 9-15　齿厚偏差

通常取主动轮和从动轮的齿厚上偏差相等，则由式(9-8)可推得

$$E_{sns}=E_{sns1}=E_{sns2}=-(|f_a|\tan\alpha_n+\frac{j_{bn\min}+J_n}{2\cos\alpha_n}) \tag{9-12}$$

(2) 法向齿厚公差 T_{sn} 的确定。最大侧隙不会影响齿轮传动性能和承载能力，因此，在很多应用场合允许较大的齿厚公差或工作侧隙，以获得较经济的制造成本。法向齿厚公差的选择基本上与齿轮精度无关，主要由制造设备控制。除非十分必要，不应使齿厚公差过小，否则将增加齿轮制造成本。当出于工作运行的原因必须控制最大侧隙时，则需仔细研究各影响因素，并仔细确定有关齿轮的精度等级、中心距公差和测量方法。可采用 GB/Z 18620.2—2008 附表 5-11 提供的方法计算法向齿厚公差。

法向齿厚公差可按下式计算

$$T_{sn}=(\sqrt{F_r^2+b_r^2})2\tan\alpha_n \tag{9-13}$$

式中　F_r—— 径向跳动公差；

b_r—— 切齿径向进给公差，可按表 9-6 选取。

表 9-6　切齿径向进给公差

齿轮精度等级	4	5	6	7	8	9
b_r	1.26IT7	IT8	1.26IT8	IT9	1.26IT9	IT10

注:公差值(IT 值)按分度圆直径尺寸查标准公差数值表(表 2-1)。

(3) 齿厚下偏差的计算。法向齿厚公差 T_{sn} 和齿厚上偏差 E_{sns} 确定后,即可得到齿厚下偏差为

$$E_{sni} = E_{sns} - T_{sn} \tag{9-14}$$

4. 公称齿厚的计算

公称齿厚 s_n 是指齿厚的理论值,内、外齿轮的公称齿厚计算公式分别为

$$s_n = m_n\left(\frac{\pi}{2} - 2x\tan\alpha_n\right) \tag{9-15}$$

$$s_n = m_n\left(\frac{\pi}{2} + 2x\tan\alpha_n\right) \tag{9-16}$$

式中　x—— 齿轮的变位系数;

α_n—— 法向压力角。

对于标准齿轮,公称齿厚计算公式为

$$s_n = \frac{\pi}{2}m_n \tag{9-17}$$

5. 公法线长度极限偏差(E_{bns},E_{bni})的计算

齿轮齿厚的变化必然引起公法线长度的变化,测量公法线长度同样也可以控制侧隙。公法线长度偏差是指公法线长度的实际值与公称值之差。常用公法线千分尺或公法线指示卡规来测量公法线长度。

公法线长度是指基圆柱切平面上跨 k 个齿(对于外齿轮)或 k 个齿槽(对于内齿轮)在接触到一个齿的右齿面和另外一个齿的左齿面的两个平行平面之间测得的距离。对标准齿轮,公法线长度的公称值 W_k 及跨齿数 k 计算公式为

$$W_k = m[1.476(2k-1) + 0.014z] \tag{9-18}$$

$$k = \frac{z}{9} + 0.5 \tag{9-19}$$

式中　m—— 齿轮的模数;

k—— 跨齿数;

z—— 齿轮的齿数。

公法线长度上偏差 E_{bns} 和下偏差 E_{bni} 可由齿厚极限偏差根据下式计算

$$E_{bns} = E_{sns}\cos\alpha_n - 0.72F_r\sin\alpha_n \tag{9-20}$$

$$E_{bni} = E_{sni}\cos\alpha_n - 0.72F_r\sin\alpha_n \tag{9-21}$$

与测量齿厚偏差不同,公法线长度偏差测量简便,不受齿顶圆误差的影响,因而公法线长度偏差常用于代替齿厚偏差。

9.6　渐开线圆柱齿轮精度设计和选用

齿轮精度设计主要包括选择齿轮精度等级，选择齿轮的检验项目，确定最小侧隙，计算齿厚极限偏差或公法线长度极限偏差，确定齿坯尺寸公差、几何公差和表面粗糙度，绘制齿轮工作图。

9.6.1　齿轮精度等级的确定

确定齿轮精度等级的主要依据是齿轮的用途、使用要求、传递功率、工作条件及其他技术条件，同时考虑切齿工艺及经济性。当选用精度等级时，应认真分析齿轮传动的功能要求和工作条件，如齿轮的用途、运动精度、工作速度、是否正反转、振动和噪声、传动功率、负荷、润滑条件、持续工作时间和寿命等。

齿轮精度等级的选用方法有计算法和类比法。

1. 计算法

根据传动机构最终达到的精度要求，即整个传动链末端元件传动精度的要求，应用传动链方法计算出允许的转角误差（推算出 F'_i），计算和分配各级齿轮副的传动精度，确定齿轮的运动精度等级；根据机械动力学和机械振动学，考虑振动、噪声及圆周速度，计算确定传动平稳性的精度等级；在强度计算或寿命计算的基础上确定承载能力的精度等级。

影响齿轮传动精度的因素不仅有齿轮本身的制造精度，还有安装误差的影响，因而很难计算出准确的精度等级，计算结果只能作为参考，故计算法仅适用于极少数高精度的重要齿轮和特殊精密机构使用的齿轮。

2. 类比法（经验法）

参考现有的用途和工作条件方面相似的、并且已证实可靠的类似产品或机构的齿轮精度等级，根据新设计齿轮的具体工作要求、精度要求、生产条件和工作条件等进行适当修正调整，或采用相同的精度等级，或选取稍高或稍低的精度等级。

通常采用类比法来确定齿轮的精度等级。表 9－7 给出了部分齿轮精度等级的应用，可供设计时参考。

表 9－7　机械设备中采用的齿轮精度等级

产品或机构	精度等级	产品或机构	精度等级
精密仪器、测量齿轮	2～5	通用减速器	6～9
汽轮机、透平机	3～6	拖拉机、载重汽车	6～9
金属切削机床	3～8	轧钢机	6～10
航空发动机	4～8	起重机械	7～10
轻型汽车、汽车底盘、机车	5～8	矿用绞车	8～10
内燃机车	6～7	农用机械	8～11

机械装置中的绝大多数齿轮既传递运动又传递功率，其精度等级与圆周速度密切相关，因此，可按齿轮的工作圆周速度来选用精度等级（见表 9－8）。

表 9-8　不同圆周速度下齿轮精度等级的应用情况

工作条件	圆周速度 /(m·s⁻¹)		应用情况	精度等级
	直齿	斜齿		
机床	>30	>50	高精度和精密的分度链末端的齿轮	4
	>15～30	>30～50	一般精度分度链末端齿轮、高精度和精密的分度链的中间齿轮	5
	>10～15	>15～30	Ⅴ级机床主传动的齿轮、一般精度分度链的中间齿轮、Ⅲ级和Ⅲ级以上精度机床的进给齿轮、油泵齿轮	6
	>6～10	>8～15	Ⅳ级和Ⅳ级以上精度机床的进给齿轮	7
	<6	<8	一般精度机床的齿轮	8
			没有传动要求的手动齿轮	9
动力传动		>70	用于很高速度的透平传动齿轮	4
		>30	用于高速度的透平传动齿轮、重型机械进给机构、高速重载齿轮	5
		<30	高速传动齿轮、有高可靠性要求的工业机器齿轮、重型机械的功率传动齿轮、作业率很高的起重运输机械齿轮	6
	<15	<25	高速和适度功率或大功率和适度速度条件下的齿轮；冶金、矿山、林业、石油、轻工、工程机械和小型工业齿轮箱(通用减速器)有可靠性要求的齿轮	7
	<10	<15	中等速度较平稳传动的齿轮；冶金、矿山、林业、石油、轻工、工程机械和小型工业齿轮箱(通用减速器)的齿轮	8
	⩽4	⩽6	一般性工作和噪声要求不高的齿轮、受载低于计算载荷的齿轮、速度大于 1 m/s 的开式齿轮传动和转盘的齿轮	9
航空船舶和车辆	>35	>70	需要很高的平稳性、低噪声的航空和船用齿轮	4
	>20	>35	需要高的平稳性、低噪声的航空和船用齿轮	5
	⩽20	⩽35	用于高速传动有平稳性低噪声要求的机车、航空、船舶和轿车的齿轮	6
	⩽15	⩽25	用于有平稳性和噪声要求的航空、船舶和轿车的齿轮	7
	⩽10	⩽15	用于中等速度较平稳传动的载重汽车和拖拉机的齿轮	8
	⩽4	⩽6	用于较低速和噪声要求不高的载重汽车第一挡与倒挡，拖拉机和联合收割机的齿轮	9
其他			检验 7 级精度齿轮的测量齿轮	4
			检验 8 级～9 级精度齿轮的测量齿轮、印刷机印刷辊子用的齿轮	5

续 表

工作条件	圆周速度 /(m·s^{-1})		应用情况	精度等级
	直齿	斜齿		
其他			读数装置中特别精密传动的齿轮	6
			读数装置的传动及具有非直尺的速度传动齿轮、印刷机传动齿轮	7
			普通印刷机传动齿轮	8
单级传动效率			不低于 0.99(包括轴承不低于 0.985)	4～6
			不低于 0.98(包括轴承不低于 0.975)	7
			不低于 0.97(包括轴承不低于 0.965)	8
			不低于 0.96(包括轴承不低于 0.95)	9

表 9-9 列出了 3～9 级齿轮的应用范围、与传动平稳性的精度等级相适应的齿轮圆周速度范围及切齿方法,供设计时参考。

表 9-9　各个齿轮精度等级的适用范围

精度等级	圆周速度 /(m·s^{-1})		面的终加工	工作条件
	直齿	斜齿		
3 级(极精密)	到 40	到 75	特精密的磨削和研齿;用精密滚刀或单边剃齿后的大多数不经淬火的齿轮	要求特别精密的或在最平衡且无噪声的特别高速下工作的齿轮传动;特别精密机构中的齿轮;特别高速传动(透平齿轮);检测 5 级 ～ 6 级齿轮用的测量齿轮
4 级(特别精密)	到 35	到 70	精密磨齿;用精密滚刀和挤齿或单边剃齿后的大多数齿轮	特别精密分度机构中或在最平稳、且无噪声的极高速下工作的齿轮传动;特别精密分度机构中的齿轮;高速透平传动;检测 7 级齿轮用的测量齿轮
5 级(高精密)	到 20	到 40	精密磨齿;大多数用精密滚刀加工,进而挤齿或剃齿的齿轮	精密分度机构中或要求极平稳且无噪声的高速工作的齿轮传动;精密机构用齿轮;透平齿轮;检测 8 级和 9 级齿轮用测量齿轮
6 级(高精密)	到 16	到 30	精密磨齿或剃齿	要求最高效率且无噪声的高速下平稳工作的齿轮传动或分度机构的齿轮传动;特别重要的航空、汽车齿轮;读数装置用特别精密传动的齿轮
7 级(精密)	到 10	到 15	无需热处理仅用精确刀具加工的齿轮;至于淬火齿轮必须精整加工(磨齿、挤齿、珩齿等)	增速和减速用齿轮传动;金属切削机床送刀机构用齿轮;高速减速器用齿轮;航空、汽车用齿轮;读数装置用齿轮

续 表

精度等级	圆周速度 /($m \cdot s^{-1}$)		面的终加工	工作条件
	直齿	斜齿		
8 级 (中等精密)	到 6	到 10	不磨齿,必要时光整加工或对研	无须特别精密的一般机械制造用齿轮;包括在分度链中的机床传动齿轮;飞机、汽车制造业中的不重要齿轮;起重机构用齿轮;农业机械中的重要齿轮,通用减速器齿轮
9 级 (较低精密)	到 2	到 4	无须特殊光整工作	用于粗糙工作的齿轮

9.6.2 齿轮精度检验项目的选择

齿轮精度检验项目选用时的主要考虑因素:① 齿轮精度等级和用途;② 检查目的(工序检验或最终检验);③ 齿轮的切齿加工工艺;④ 生产批量;⑤ 齿轮的结构形式和尺寸大小;⑥ 企业现有测量设备条件和检测费用,项目间的协调等。选择齿轮精度项目时,应当在保证满足齿轮功能要求的前提下,充分考虑测量的经济性。

在检验中,测量全部轮齿要素的偏差既不经济也不必要,因为其中有些要素偏差对于特定齿轮的功能没有明显影响。有些测量项目可代替别的一些项目,如切向综合偏差检验能代替齿距偏差检验,径向综合偏差检验能代替径向跳动检验。质量控制时测量项目的减少须由采购方和供货方协商确定。

精度等级较高的齿轮,应该选用同侧齿面的精度项目,如齿廓公差、齿距公差、螺旋线公差、切向综合公差等。精度等级较低的齿轮,可以选用径向综合公差或径向跳动公差等双侧齿面的精度项目。这是因为同侧齿面的精度项目比较接近齿轮的实际工作状态,而双侧齿面的精度项目受非工作齿面精度的影响,反映齿轮实际工作状态的可靠性较差。

当运动精度选用切向综合总偏差 F'_i 时,传动平稳性最好选用一齿切向综合偏差 f'_i;当运动精度选用齿距累积总偏差 F_P 时,传动平稳性最好选用单个齿距偏差 f_{Pt},因为它们可采用同一种测量方法检验。当检验切向综合总偏差和一齿切向综合偏差时,可不必检验单个齿距偏差和齿距累积总偏差。当检验径向综合总偏差和一齿径向综合偏差时,可不必重复检验径向跳动。

GB/T 10095.1—2008 明确指出,通过检验同侧齿面的单个齿距偏差、齿距累积总偏差、齿廓总偏差和螺旋线总偏差来确定齿轮的精度等级。它虽然也提出了齿轮单面啮合测量参数、双面啮合测量参数、径向跳动等,但明确指出切向综合偏差(F'_i,f'_i)、齿廓和螺旋线的形状偏差与倾斜偏差($f_{f\alpha}$,$f_{H\alpha}$,$f_{f\beta}$,$f_{H\beta}$)都不是必检项目,而是出于某种目的,如为检测方便、提高检测效率等而派生的替代项目,有时可作为有用的参数和评定值。

GB/T 10095.2—2008 规定了单个渐开线圆柱齿轮有关的径向综合总偏差 F''_i、一齿径向综合偏差 f''_i 和齿轮径向跳动 F_r,它们均只适用于单个齿轮的各要素,而不包括相互啮合的齿轮副精度。检验径向综合偏差和径向跳动不能确定同侧齿面的单项偏差,但是包含了两侧齿面的偏差成分,可迅速提供由于生产用机床、工具或产品齿轮装夹而导致的质量缺陷信息。

虽然齿轮精度国家标准及其指导性技术文件中所给出的精度项目和评定参数很多，但是作为评价齿轮制造质量的客观标准，齿轮精度检验项目应当以单项指标为主。

为了评定单个齿轮的加工精度，必检项目为齿距累积总偏差、单个齿距偏差、齿廓总偏差及螺旋线总偏差，还应检验齿厚偏差以控制齿轮副侧隙，而齿厚极限偏差由设计者按齿轮副侧隙计算确定。

9.6.3　齿轮坯的精度

齿轮坯即齿坯，是指在轮齿加工前供制造齿轮用的工件。齿轮坯精度是指在齿坯上，影响轮齿加工和齿轮传动质量的基准面上的误差，包括齿坯尺寸偏差、形状误差、基准面的跳动以及表面粗糙度。

齿轮坯精度不仅对齿轮的加工、检验和安装精度有很大影响，而且齿坯的尺寸偏差和齿轮箱体的尺寸偏差对于齿轮副的接触条件和运行状况影响极大。适当提高齿轮坯精度，即在加工齿轮坯和箱体时保持较紧的公差，要比加工高精度的轮齿更为经济，因此，应首先根据拥有的制造设备条件，尽量使齿轮坯和箱体的制造公差保持最小值，可使齿轮加工时有较宽松的公差，从而获得更经济的整体设计。

基准轴线是指制造者（检验者）确定单个齿轮轮齿几何形状的轴线，齿轮在工作时绕其旋转的轴线称为工作轴线。基准面是指用来确定基准轴线的面，基准轴线是由基准面中心确定的。通常使基准轴线与工作轴线重合，即以安装面作为基准面。

齿坯主要分为以下两种结构形式。

1. 带孔齿轮的齿坯公差

带孔齿轮的常见结构形式及齿坯公差如图 9－16 所示。其基准面包括安装基准孔 ϕD、切齿时的基准端面 S_i、径向基准面 S_r 和齿顶圆柱面 ϕd_a。

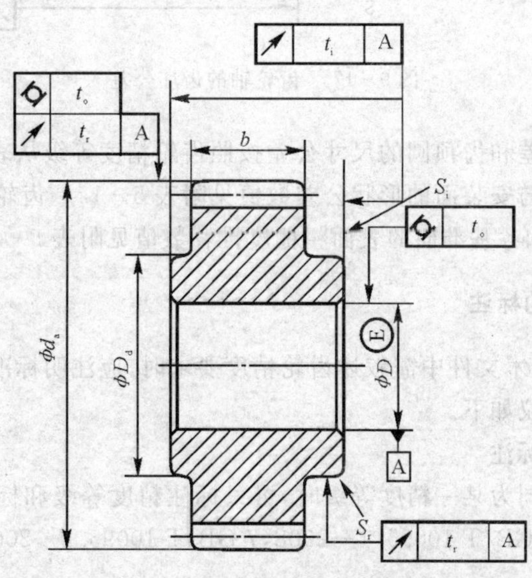

图 9－16　带孔齿轮的齿坯公差

齿轮内孔的尺寸精度根据与轴的配合性质要求确定。应适当选择顶圆直径的公差，以保证最小限度设计重合度的同时又有足够的顶隙。齿轮基准孔的尺寸公差（采用包容要求）和齿顶圆的尺寸公差，可按齿轮精度等级从表 9-10 中选取。

表 9-10　齿轮坯的尺寸公差(摘自 GB/T 10095—1988)

齿轮精度等级		5	6	7	8	9	10	11	12
孔	尺寸公差	IT5	IT6	IT7		IT8		IT9	
轴	尺寸公差	IT5		IT6		IT7		IT8	
顶圆直径偏差		$\pm 0.05\,m_n$							

注：孔、轴的几何公差按包容要求。

基准面的形状公差取决于规定的齿轮精度以及这些基准面的相对位置。

2. 齿轮轴的齿坯公差

齿轮轴的常见结构形式及齿坯公差如图 9-17 所示。其基准面包括安装滚动轴承的两个轴径 ϕd、轴向两个基准面 S_i 和齿顶圆柱面 ϕd_a。

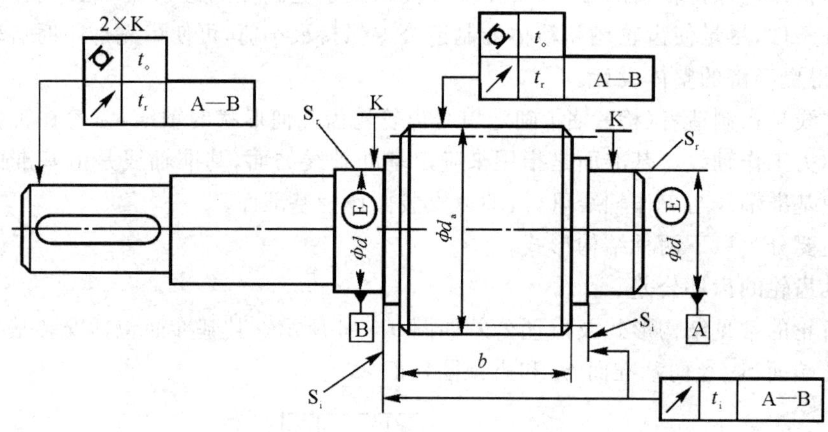

图 9-17　齿轮轴的齿坯公差

两个轴径的尺寸公差和齿顶圆的尺寸公差按照齿轮精度等级从表 9-10 中选取。

标准推荐的基准面与安装面的形状公差数值见附表 5-12。齿轮坯安装面的跳动公差见附表 5-13。齿轮齿面和各基准面的表面粗糙度推荐数值见附表 5-14 和附表 5-15。

9.6.4　齿轮精度的标注

国家标准规定，在技术文件中需叙述齿轮精度要求时，应注明标准编号。关于齿轮精度等级和齿厚偏差的标注建议如下。

1. 齿轮精度等级的标注

当齿轮的检验项目同为某一精度等级时，可只标注精度等级和标准编号。如齿轮检验项目同为 7 级，则标注为 7 GB/T 10095.1—2008，7 GB/T 10095.2—2008 或 7 GB/T 10095.1～2—2008。

若齿轮检验项目的精度等级不同，如齿廓总偏差 F_α 为 6 级，而齿距累积总偏差 F_P 和螺旋线总偏差 F_β 均为 7 级时，则标注为 6(F_α) 7(F_P,F_β) GB/T 10095.1—2008。

2. 齿厚偏差的标注

按《渐开线圆柱齿轮图样上应注明的尺寸数据》(GB/T 6443—1986) 规定，应将齿厚的极限偏差或公法线长度的极限偏差(包括跨球(圆柱) 尺寸) 数值注写在图样右上角参数表中。

9.7　齿轮精度设计实例

【例 9-1】　某机床主轴箱传动轴上的一对直齿圆柱齿轮，$z_1=26$，$z_2=56$，$m=2.75$，$b_1=28$，$b_2=24$，两轴承中间距离 $L=90$，$n_1=1\ 650$ r/min，齿轮材料为钢，箱体材料为铸铁，单件小批量生产。试进行小齿轮精度设计，并绘制齿轮工作图。

【解】 (1) 采用类比法确定齿轮的精度等级。由表 9-8 查得齿轮精度等级在 3～8 级之间。该齿轮用于机床主轴箱，既传递运动，又传递动力，因此，可根据圆周速度确定其精度等级。

$$v=\frac{\pi d n_1}{60\times 1\ 000}=\frac{\pi m z_1 n_1}{60\times 1\ 000}=\frac{3.14\times 2.75\times 26\times 1\ 650}{60\times 1\ 000}=6.2\ \text{m/s}$$

从表 9-9 查得，该齿轮精度等级选 7 级，则该齿轮精度表示为 7 GB/T 10095.1—2008。

(2) 确定齿轮副侧隙和齿厚偏差。该齿轮副中心距为

$$a=\frac{m}{2}(z_1+z_2)=\frac{2.75}{2}(26+56)=112.75$$

按式(9-4) 计算最小侧隙(也可查表 9-5 通过插值法计算) 为

$$j_{\text{bn min}}=\frac{2}{3}(0.06+0.000\ 5a_{\text{i}}+0.03m_{\text{n}})=$$

$$\frac{2}{3}(0.06+0.000\ 5\times 112.75+0.03\times 2.75)=0.133$$

按式(9-5) 并取两个齿轮的齿厚上偏差相等，齿厚上偏差为

$$E_{\text{sns}}=-\frac{j_{\text{bn min}}}{2\cos\alpha_{\text{n}}}=-\frac{0.133}{2\cos 20^\circ}=-0.071$$

小齿轮分度圆直径为 $d=mz_1=2.75\times 26=71.5$，由附表 5-11 查得，$F_{\text{r}}=0.030$。

由表 9-6 和标准公差数值表(见表 2-1) 查得，$b_{\text{r}}=\text{IT9}=0.074$。

按式(9-13) 计算齿厚公差为

$$T_{\text{sn}}=\sqrt{F_{\text{r}}^2+b_{\text{r}}^2}\times 2\tan\alpha_{\text{n}}=\sqrt{0.074^2+0.030^2}\times 2\tan 20^\circ=0.058$$

通常用检查公法线长度偏差来代替齿厚偏差，按式(9-17)、式(9-18) 求公法线长度上、下偏差分别为

$$E_{\text{bns}}=E_{\text{sns}}\cos\alpha_{\text{n}}-0.72F_{\text{r}}\sin\alpha_n=-0.071\times\cos 20^\circ-0.72\times 0.030\times\sin 20^\circ=$$
$$-0.074$$

$$E_{\text{bni}}=E_{\text{sni}}\cos\alpha_{\text{n}}-0.72F_{\text{r}}\sin\alpha_{\text{n}}=$$
$$-(0.071+0.058)\times\cos 20^\circ-0.72\times 0.030\sin 20^\circ=-0.129$$

按式(9-15)，跨齿数 $k=\dfrac{z}{9}+0.5=\dfrac{26}{9}+0.5=3.4$，取 $k=3$。公法线长度的公称值为

$$W_k=m[1.476(2k-1)+0.014z]=2.75\times[1.476\times(2\times 6-1)+0.014\times 26]=$$
$$21.297$$

则公法线长度及其极限偏差为$21.297_{-0.129}^{-0.074}$。

(3) 确定齿轮精度检验项目及其公差。该齿轮属于中等精度、小批量生产，没有严格的噪声和振动要求，因此，精度检验项目可选齿距累积总公差 F_P、齿廓总公差 F_α、螺旋线总公差 F_β 和径向跳动公差 F_r。分别查附表 5-2、附表 5-3、附表 5-6 及附表 5-11，得 $F_P=0.038$，$F_\alpha=0.016$，$F_\beta=0.017$，$F_r=0.030$。

(4) 确定齿坯精度。

1) 齿轮内孔尺寸偏差。由表 9-3 查得齿轮内孔尺寸公差等级为 IT7，即 $\phi30\text{H}7(^{+0.021}_{0})$。

2) 齿顶圆直径及其偏差。齿顶圆直径为

$$d_a=m_n(z+2)=2.75\times(26+2)=77$$

由表 9-3 中推荐的公式，求得齿顶圆直径偏差为

$$\pm T_{d_a}=\pm0.05m_n=\pm0.05\times2.75=\pm0.14$$

则齿顶圆直径及其偏差为 $\phi77\pm0.14$。

3) 基准面的形状公差。根据附表 5-12 推荐的计算公式求内孔圆柱度公差为

$$0.04(L/b)F_\beta=0.04\times(90/28)\times0.017\approx0.002$$

$$0.1F_P=0.1\times0.038\approx0.004$$

取以上两值的较小者，则内孔圆柱度公差值为 0.002。

4) 齿坯及齿面表面粗糙度。可由附表 5-14、附表 5-15 查得齿坯及齿面表面粗糙度参数允许值。

(5) 绘制齿轮工作图如图 9-18 所示。

实训习题与思考题

1. 齿轮传动有哪几项使用要求？其中哪几项为精度要求？

2. 齿轮运动精度主要受到哪些齿轮偏差的影响？齿轮传动平稳性主要受哪些齿轮偏差的影响？齿面接触精度主要受到哪些齿轮偏差的影响？

3. 齿轮切向综合总偏差和齿轮径向综合总偏差有什么区别？

4. 是否所有的齿轮偏差都取一样的精度等级？设计时如何选择精度等级？

5. 某 7 级精度的齿轮，其所有的偏差项目都达到了 7 级精度，这种说法对吗？

6. 是否需要检验齿轮所有要素的偏差？选择检验项目时应考虑哪些因素？

7. 影响齿轮副精度的有哪些偏差项目？

8. 设计中如何选择中心距极限偏差与轴线平行度公差？

9. 如何确定齿轮副所需要的最小侧隙？最小侧隙的大小与齿轮的精度等级是否有关？

10. 如何保证齿轮副侧隙？对单个齿轮，应控制哪些偏差？

11. 为什么要规定齿坯的公差？设计中如何对齿坯提出技术要求？齿坯误差如何影响齿轮副精度？

12. 某齿轮减速器中有一对直齿圆柱齿轮，其功率为 5 kW，$m=3$，$z_1=20$，$z_2=79$，$\alpha=20°$，$b=60$。小齿轮最高转速 $n_1=750$ r/min。箱体材料为铸铁，线胀系数 $\alpha_1=10.5\times10^{-6}$/℃，齿轮材料为钢，线胀系数 $\alpha_2=11.5\times10^{-6}$/℃。工作时齿轮最大温升至 60℃，箱体最大温升至 40℃，小批量生产。试进行齿轮精度设计，并绘制齿轮工作图。

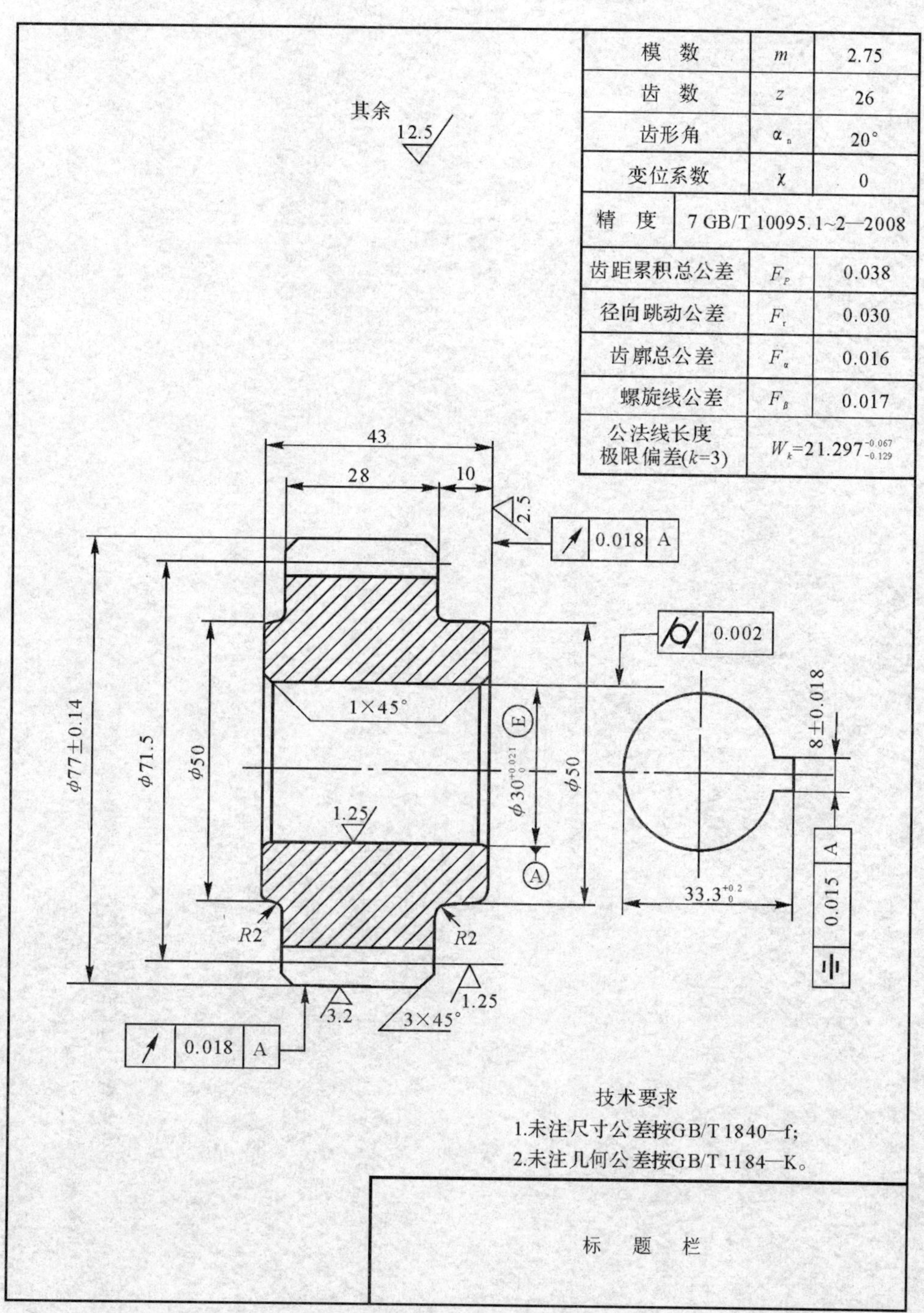

模　数	m	2.75
齿　数	z	26
齿形角	α_n	20°
变位系数	χ	0
精　度	7 GB/T 10095.1~2—2008	
齿距累积总公差	F_p	0.038
径向跳动公差	F_r	0.030
齿廓总公差	F_α	0.016
螺旋线公差	F_β	0.017
公法线长度极限偏差(k=3)	$W_k=21.297^{-0.067}_{-0.129}$	

图 9 - 18　齿轮工作图

测量技术基础篇

第 10 章　检测测量技术基础

学习目标

正确理解检测和测量的基本概念；掌握测量方法、测量器具的基本概念；了解测量基准和量值传递；了解测量误差来源和种类；掌握测量精度和测量不确定度的基本概念；掌握验收极限的概念及计量器具的选择原则和方法；掌握光滑极限量规设计计算方法。

案例导入

通过本章学习，主要解决两个问题：为什么要进行测量？如何选择合适的测量器具来实现测量？尺寸、几何公差和表面粗糙度是三种最常见的被测几何量。本章仅介绍两种常用的测量工件尺寸的方法，几何公差和表面粗糙度的测量方法及测量仪器详见参考文献。

【案例10-1】　已知轴类零件的尺寸公差为$\phi 50f8(^{-0.025}_{-0.064})$。如何知悉加工出来的工件是否合格？如何选择合适的测量器具来测量工件的几何误差（圆度误差）和表面粗糙度？

【解题思路】　工件加工完毕后，实际尺寸是否满足设计要求，即尺寸是否合格，只有通过测量才能知悉。应当选择能够实现尺寸测量功能，并且具有足够测量精度的适用的测量器具。本案例详细求解过程见 10.5 节例 10-2。

【案例10-2】　光滑极限量规是一种适用于批量生产中检验零件尺寸合格性的测量方法，需要根据被测零件的尺寸公差要求设计相应的光滑极限量规。已知孔与轴配合为ϕ30H8/f7Ⓔ，设计其工作量规和校对量规。

【解题思路】　光滑极限量规的设计主要包括量规工作尺寸及其制造公差和磨损极限的设计计算，本案例详细求解过程见 10.6 节例 10-3。

知识要点

测量方法、测量器具、测量基准、测量误差、测量精度、测量不确定度的基本概念；验收极限；通用计量器具的选择；光滑极限量规的公差带及工作尺寸设计计算。

10.1　检测与测量的基本概念

完工后的零件是否满足公差要求，要通过检测加以判断。检测是机械制造的“眼睛”。检测不仅用来评定产品质量，而且用于分析产生不合格品的原因，及时调整生产，监督工艺过程，预防废品产生。产品质量的提高，除设计和加工精度的提高外，往往还依赖于检测精度的提高。因此，合理地确定公差与正确进行检测，是保证产品质量、实现互换性生产的必不可少的条件和手段。

1. 检测、测量、检验与测试

检测是测量与检验的总称。测量是以确定被测对象量值为目的的全部操作。测量的实质是将被测量与作为计量单位的标准量在数值上进行比较，以确定被测量的具体数值的过程。检验是确定被测参数是否在规定的极限范围内，并做出合格性判断的过程，而不一定得出被测量的具体数值。测试是指具有试验性质的测量。

机械制造领域的技术测量或精密测量通常是指机械零件几何参数的测量，包括长度、角度、几何误差和表面粗糙度等的测量。

2. 测量四要素

一个完整的测量过程应包含测量对象（被测量）、计量单位、测量方法（含测量器具）和测量精度（准确度）四个要素。

(1) 测量对象（被测量）。在机械精度检测中，被测量主要是有关几何精度方面的参数量，其基本对象是长度和角度。

(2) 计量单位。机械工程中常用的长度单位有毫米（mm）、微米（μm）和纳米（nm），常用的角度单位是非国际单位制的单位度（°）、分（′）、秒（″），国际单位制的辅助单位弧度（rad）、微弧度（μrad）、球面度。

(3) 测量方法。测量方法是根据一定的测量原理，在实施测量过程中对测量原理的运用及其实际操作。测量方法是指测量时所采用的测量原理、计量器具和测量条件（环境和操作者）之总和。

(4) 测量精度（准确度）。测量精度是指测量结果与被测量真值的一致程度。不考虑测量精度而得到的测量结果是没有任何意义的。对于任一测量过程的测量结果都应给出一定的测量精度。由于存在测量误差，任一测量结果都是用近似值来表示的。

科学技术的发展促进了测量技术的现代化，对检测精度、检测效率和可测性等也提出了越来越高的要求。

10.2 测量方法与测量器具

10.2.1 测量方法的分类

测量方法是测量的四要素之一，在实际应用中，往往按照获得测量结果的方式来划分测量方法。可从以下不同角度对测量方法进行分类。

1. 按实测量是否直接为被测量分类

(1) 直接测量。从测量器具的读数装置上直接得到被测量的数值或对标准值的偏差。例如，用游标卡尺、外径千分尺测量外圆直径，用比较仪测量长度尺寸等。

(2) 间接测量。先测出与被测量有一定函数关系的相关量，然后按相应的函数关系式，求得被测量的测量结果。例如，用弓高弦长法测量圆弧半径、测量圆弧样板的曲率半径等。

直接测量的测量过程简单，而且测量精度只与测量过程有关。间接测量的测量精度同时取决于有关量的测量精度和计算方法的精度。间接测量一般用于直接测量不易测准，或者由于被测工件结构或计量器具限制而无法直接测量的场合。

2. 按测量时是否与标准器具比较分类

(1) 绝对测量。从测量器具上直接得到被测参数的整个量值的测量。例如，用游标卡尺测量零件轴径值。

(2) 相对测量(比较测量)。将被测量和与其量值只有微小差别的同一种已知量(一般为测量标准量)相比较，得到被测量与已知量的相对偏差。例如，将比较仪用量块调零后，测量轴的直径、比较仪的示值就是量块与轴径的量值之差。尺寸相对测量如图 10-1 所示。

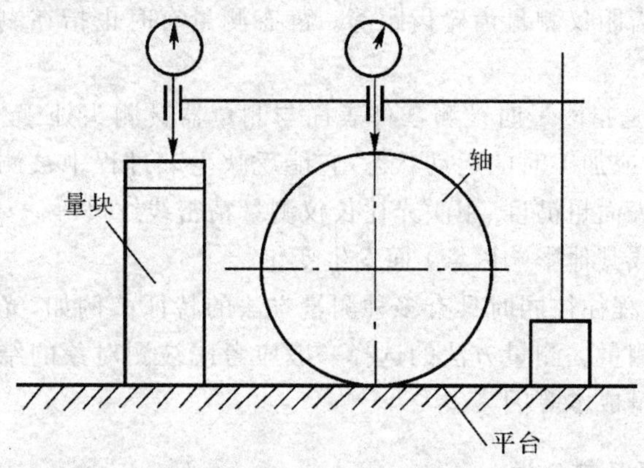

图 10-1　尺寸相对测量

相对测量的测量精度往往要比绝对测量的测量精度高。量块的广泛应用为长度的相对测量提供了有利的条件。

3. 按计量器具测头是否与被测零件表面有机械接触分类

(1) 接触测量。计量器具的感应元件(测头)与零件被测表面接触后有机械作用力的测量称为接触测量。例如，用千分尺、游标卡尺测量零件等。为了保证接触的可靠性，测量力是必要的，但它可能使测量器具及被测零件发生变形而产生测量误差，还可能造成对零件被测表面质量的损伤和磨损，因此，在接触测量中要控制测量力的大小。

(2) 非接触测量。计量器具的感应元件与被测零件表面之间没有机械接触，因而不存在机械作用的测量力，这种测量称非接触测量。非接触式测量仪器主要是利用光、气、电、磁等作为感应元件与被测零件表面联系，如干涉显微镜、磁力测厚仪、气动量仪等。非接触测量特别适用于薄、软零件的测量。

4. 按测量在工艺过程中所起作用分类

(1) 主动测量(在线测量)。在零件加工过程中进行的测量称为主动测量。其测量结果直接用来控制零件的加工过程，可决定是否继续加工或判断工艺过程是否正常、是否需要进行工艺参数调整，故能及时防止废品的发生，所以主动测量属于积极测量。数控机床、数控加工中心等自动化加工设备一般都具有主动测量功能。

(2) 被动测量(离线测量)。零件加工完成后进行的测量称为被动测量。其测量结果仅用于发现并剔除废品，所以被动测量属于消极测量。

5. 按零件上同时被测参数的多少分类(按同时测量几何参数的数目分类)

(1) 单项测量。它是指分别单独测量被测工件的各个单项参数。例如，分别测量齿轮的齿厚、齿形、齿距等。这种方法一般用于量规的检定、工序间的测量，或为了工艺分析、调整机床等目的。

(2) 综合测量。它是指同时检测零件几个相关参数的综合效应或综合参数，从而综合判断零件的合格性。例如，齿轮运动误差的综合测量、用螺纹量规检验螺纹的作用中径等。综合测量一般用于最终检验，其测量效率高，能有效保证互换性，在大批量生产中应用广泛。

6. 按被测工件在测量时所处状态分类

(1) 静态测量。它是指测量时被测零件表面与测量器具测头处于静止状态。例如，用外径千分尺测量轴径、用齿距仪测量齿轮齿距等。静态测量有时也指在测量过程中被测量可看做是固定不变的。

(2) 动态测量。它是指测量时被测零件表面与测量器具测头处于相对运动状态，或测量过程是模拟零件在工作或加工时的运动状态，它能反映生产过程中被测参数的变化过程。例如，用电动轮廓仪测量表面粗糙度、用激光比长仪测量精密线纹尺等。动态测量有时也指被测量在测量期间随时间(或其他影响因素)而发生变化。

一个具体的测量过程往往同时具有多种测量方法的特征。例如，光电测距仪属于非接触测量、绝对测量和直接测量。测量方法的选择一般应考虑被测对象的结构特点、精度要求、生产批量、技术条件和测量成本等因素。

10.2.2 计量器具及其分类

计量器具是测量工具(量具)、测量仪器(量仪)和其他用于测量目的的测量装置的总称。按用途和特点，计量器具可分为标准量具、通用计量器具、专用计量器具和测量装置四类。

1. 标准量具

标准量具是指以固定形式复现量值的计量器具。它分为单值量具和多值量具两种。单值量具是指复现单一量值的测量器具，如量块、角度量块等；多值量具是指复现一定范围内的一系列不同量值的测量器具，如线纹尺等。标准量具一般没有放大装置，用来校正或调整其他测量器具，或作为精密测量用。

2. 通用计量器具

通用计量器具包括通用量仪和通用量具，其通用性强，能测量一定范围内的任意尺寸或其他几何量，并能获得具体读数值。

通用测量仪器(量仪)是指能将被测的量值转换成可直接观测的指示值或等效信息的测量器具。测量仪器一般都有指示、放大装置。我国习惯上将结构比较简单的测量仪器称为通用量具，如游标卡尺、螺旋千分尺、百分表、千分表等。

按转换原理和结构特点，通用计量器具分可分为固定刻线量具(如直尺、卷尺等)、游标卡尺、微动螺旋副式量仪(如螺旋千分尺等)，机械量仪(如百分表、千分表、杠杆指示表等)，光学量仪(如光学比较仪、测长仪、工具显微镜、光栅尺、投影仪、干涉仪等)，电动量仪(如电感比较仪、电动轮廓仪等)，气动量仪，光电式量仪(如激光自准直仪、激光干涉仪等)，机电光综合类仪器(如三坐标测量机等)。

3. 专用计量器具(专用量具)

专用计量器具是指专门用来检验某种特定参数的计量量具，常见的有圆度仪，检验光滑圆柱孔或轴的光滑极限量规，综合检验几何误差的位置量规，判断内、外螺纹合格性的螺纹量规，判断复杂形状的表面轮廓合格性的检验样板，用模拟装配通过性来检验装配精度的功能量规，等等。

极限量规是一种无刻度的专用量具，它不能量出被测量的具体量值，只能检验是否合格。

4. 测量装置

测量装置是指为确定被测的量值所必需的测量器具和辅助设备的总称。测量装置能够测量同一工件上较多的几何参数和形状较复杂的工件，如渐开线样板检定装置等。

10.2.3　计量器具的度量指标

度量指标是表征计量器具功能和技术性能的重要指标，也是选择、使用和研究测量方法及计量器具的重要依据。机械式比较仪的基本度量指标如图 10-2 所示。

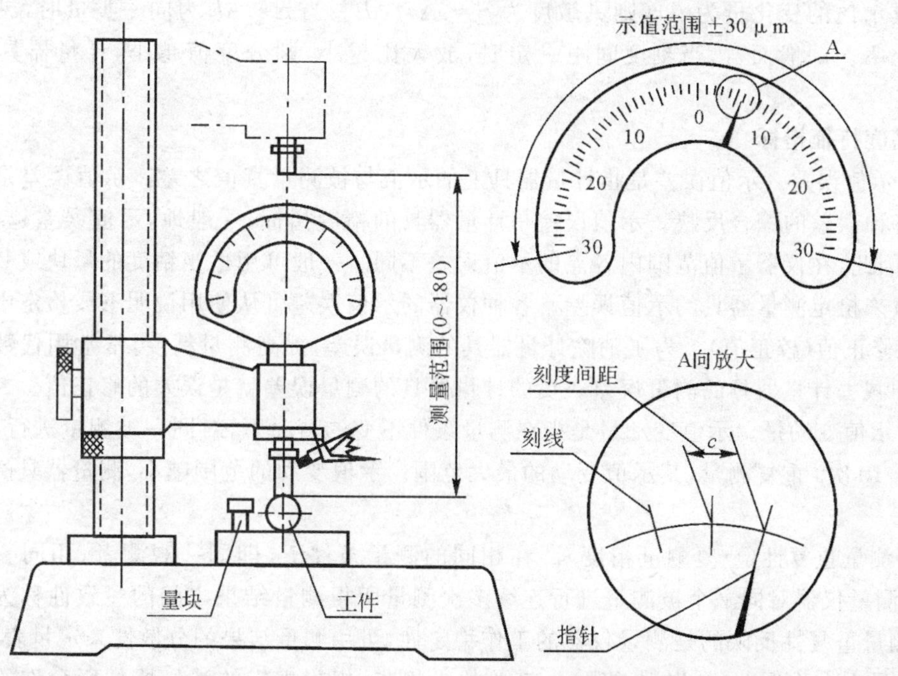

图 10-2　机械式比较仪的基本度量指标

计量器具的基本度量指标如下：

1. 刻度间距

刻度间距是指刻度尺或刻度盘上两相邻刻线中心的距离。为便于目测，一般刻线间距在 1～2.5 范围内。刻度间距一般与被测量的单位和标在标尺上的单位无关。

2. 分度值

分度值(标尺间隔) 是指每一刻度间距所代表的被测量值。一般测量器具的分度值越小，精度就越高。长度计量器具常用的分度值有 0.1,0.05,0.02,0.01,0.005,0.002,0.001 等。

3. 分辨率

测量仪器的分辨率是指指示(显示) 装置能够有效识别的最小的示值。模拟式指示装置的分辨率一般为标尺间隔的 1/2；数显式计量器具没有刻度尺和分度值，而是用分辨率来表示，一般为末位有效数字所代表的量值。

4. 示值范围

示值范围是指测量器具所显示或指示的最小值到最大值的范围。

5. 测量范围

测量范围是指在允许的误差极限内，测量器具所能测出的被测量值的最小值到最大值的范围。测量范围的上限值与下限值之差称为量程。例如，外径千分尺的测量范围有 0 ～ 25，25 ～ 50 等，机械式比较仪的测量范围为 0 ～ 180。

有的测量器具的测量范围等于其示值范围，如某些千分尺和卡尺。

6. 灵敏度

灵敏度是计量器具反映被测几何量微小变化的能力。设被测参数的变化量为 ΔL，引起测量器具示值的变化量为 Δx，则灵敏度为 $S = \Delta x/\Delta L$。当 Δx，ΔL 为同一类量时，灵敏度又称放大比 K。一般而言，当刻度间距一定时，放大比越小，则分度值越小，计量器具的灵敏度越高。

7. 精度特征指标

(1) 示值误差。示值误差是指计量器具上的示值与被测量真值之差。示值误差是测量仪器本身各种误差的综合反映。示值误差是计量器具的精度指标，一般地，示值误差越小，精度就越高，因此，在仪器示值范围内各点的示值误差不同。一般可用适当精度的量块或其他计量标准器具来检定测量器具的示值误差。各种仪器的示值误差可从使用说明书或检定中获得。

(2) 修正值(校正值)。为了消除计量器具的测量误差，提高测量精度，常常用代数法从测量结果中减去计量器具的测量误差。负的计量器具的测量误差就是误差的修正值。

(3) 示值变动量。示值变动量是指在测量条件不变的情况下，对同一被测量进行多次(一般为 5 ～ 10 次) 重复测量，其示值变动的最大范围。示值变动的范围越小，测量器具的精度就越高。

(4) 测量重复性(重复测量精度)。在相同的测量条件下，即同一观测者，用同一测量方法、同一测量仪器对同一个被测量进行连续多次测量所得测量结果之间的一致性称为测量重复性。测量重复性反映的是测量仪器的工作稳定性，可用测量结果的分散性来定量表示。

(5) 最大允许误差(允许误差限)。有关技术规范、规程规定的计量器具所允许的误差极限值称为最大允许误差。

(6) 回程误差。在相同的测量条件下，被测量值不变，计量器具按正、反两个不同行程方向在同一点上测量结果之差的绝对值称为回程误差。回程误差是由计量器具中测量系统的间隙、变形和摩擦等原因引起的。按一个方向进行测量，可以减少回程误差的影响。

(7) 示值稳定性。示值稳定性是指在规定的工作条件下，计量器具保持其计量特性恒定不变的程度。示值稳定性包括时间稳定性和温度稳定性。

8. 测量力

测量力是指计量器具的测头与被测工件表面之间的接触压力。测量力的大小应适当，测量力过小会影响接触式测量的可靠性而引起误差，测量力过大则会引起被测工件的弹性变形而产生测量误差。一般计量器具的测量力应控制在 2 N 之内，精密计量器具的测量力则应控制在 1 N 之内。大多数采用接触测量法的计量器具都具有测量力稳定机构。

10.3　测量基准与量值传递

10.3.1　测量基准

测量基准是复现和保存计量单位并具有规定计量特性的计量器具。对测量基准的基本要求为稳定不变、便于保存和易于复制。对于几何量计量，测量基准(计量基准)可分为长度基准和角度基准。

长度基准有以下几种形式：

(1) 米制长度基准。在 1983 年第 17 届国际计量大会上通过的最新国际标准，将米定义为光在真空中于 1/299 792 458 s 时间间隔内所经过的距离。新的米定义更稳定，测量更准确。由于激光频率稳定技术及频率测量技术的进步，目前采用激光波长作为长度基准。

(2) 量块。量块是长度尺寸传递的实物基准。

(3) 企业内部专用的长度基准。精密加工企业可以使用经过国家计量部门检定的、自制的长度基准。例如，美国 Moore 公司就采用了圆柱端面规、步距规作为企业内部的长度基准。

10.3.2　量块

1. 量块的作用和构成

量块又称块规，是一种平行平面端面量具。除了作为长度基准的传递媒介之外，量块还广泛应用于测量器具的检定、校准和调整，用于相对测量时校正量仪或量具零位，用于精密机床设备的调整、精密划线和精密工件的测量等。

量块是用特殊合金钢(通常是铬锰钢、铬钢或轴承钢)制成的，具有线膨胀系数小、性能稳定、不易变形、硬度高、耐磨性好等特点。

量块通常有正六面体和圆柱体两种形状，其中，正六面体应用最广。量块上有两个平行的测量面和四个非测量面，测量面的表面非常光滑平整，两个测量面间具有精确的尺寸，如图 10-3 所示。

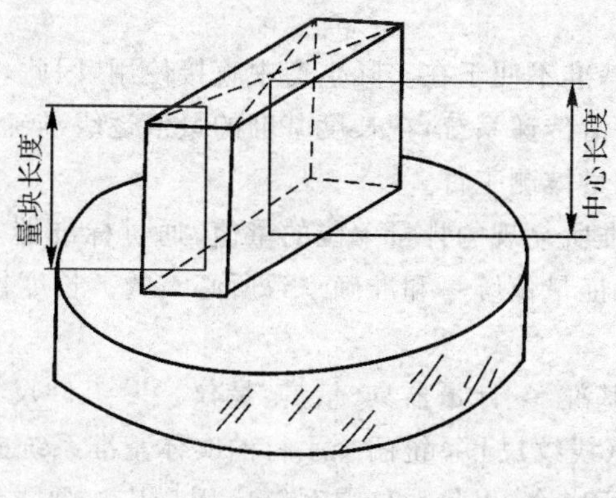

图 10-3　量块

量块长度是指量块测量面上任一点(距边缘0.5区域除外)到该量块下测量面研合的辅助表面(如平晶、平台等)之间的垂直距离;量块的中心长度是指量块测量面上中心点的量块长度;量块的标称长度(公称尺寸)为量块上标出的尺寸。GB/T 6093—2001 规定,量块的尺寸是以中心长度的尺寸代表工作尺寸的。

2. 量块的“等”和“级”

GB/T 6093—2001 规定,量块按其制造精度分为 0,1,2,3 和 K 共 5 级,其中,0 级精度最高,3 级精度最低,K 级为校准级。量块分“级”的主要依据是量块长度的极限偏差、量块长度变动量的允许值、测量面的平面度、测量面的表面粗糙度及量块的研合性等。量块按“级”使用时,应当以量块的标称长度作为工作尺寸,该尺寸包含了量块的制造误差,制造误差将被引入测量结果,但不需加修正值,故使用方便。量块在使用一段时间后由于磨损而导致尺寸减小,所以量块按“级”使用必然引入量块本身的制造误差和磨损引起的误差。

《量块检定规程》(JJG 146—2003)将量块按其检定精度分为5等,即1,2,3,4,5,其中,1等精度最高,5 等精度最低。低一等的量块尺寸是由高一等的量块传递而来的。量块分“等”的主要依据包括量块的测量不确定度的允许值、量块长度变动量的允许值和量块测量面的平面度公差。量块按“等”使用时,以量块检定后给出的实测中心长度作为工作尺寸,该尺寸排除了量块的制造误差,只包含检定时较小的测量误差,因此,量块按“等”使用比按“级”使用的测量精度高,但增加了检定费用,且要以实际检定结果作为工作尺寸,使用上也有不便之处。此外,受到测量面平面度的限制,并不是任何“级”的量块都可以检定成一定“等”的量块。

3. 量块的使用

量块的基本特性是稳定性、准确性和可研合性。量块属于定尺寸量具,每个量块只代表一个尺寸。量块是成套生产的,每套包括一定数量不同尺寸的量块,共有 17 种套别,每套数量分别为 91,83,46,38,12,10,8,6,5 等。

量块通常可以组合使用,将不同尺寸的量块研合在一起,即可组合成所需要的尺寸。为了减小量块的组合误差,在使用量块组时所用量块的数目应尽可能少,一般不超过 4 ～ 5 块。例如,从 83 块一套的量块中组成所需要的尺寸 37.465,则可选用 1.005,1.46,5,30 四个量块组成量块组使用。

10.3.3 量值传递

以激光波长作为长度基准不便于在实际生产中直接使用,因此,为了保证量值的准确和统一,必须建立一个统一的量值传递系统,把长度基准的量值逐级准确地传递到生产中所使用的测量器具上去,再用它来测量被测工件。

量值传递是将国家基准所复现的计量单位的量值,通过标准器具逐级传递到工作用的测量器具和被测对象,这是保证量值统一和准确一致所必需的。长度量值的传递系统如图 10-4 所示。

量值传递路线为光波基准 → 计量器具(量具、量仪) → 工件尺寸。长度量值通过端面量具(量块) 系统和刻线量具(线纹尺) 系统两个平行的实体基准系统向下传递。量值在传递中,以各种标准测量器具为主要媒介,以量块传递系统应用最广。要求计量器具有足够的测量精度,并且与长度基准保持一定的传递性。

角度也是机械制造领域中的一个重要几何量。封闭圆周定义为 360°,角度可以不需要像长度那样建立一套自然基准，但是为了工作方便，计量部门仍然采用多面棱体或多齿分度盘作为角度的传递基准，采用角度量块、测角仪或分度头作为一般角度基准。目前生产的多面棱体的面数有4，6，8，12，24，36和72。

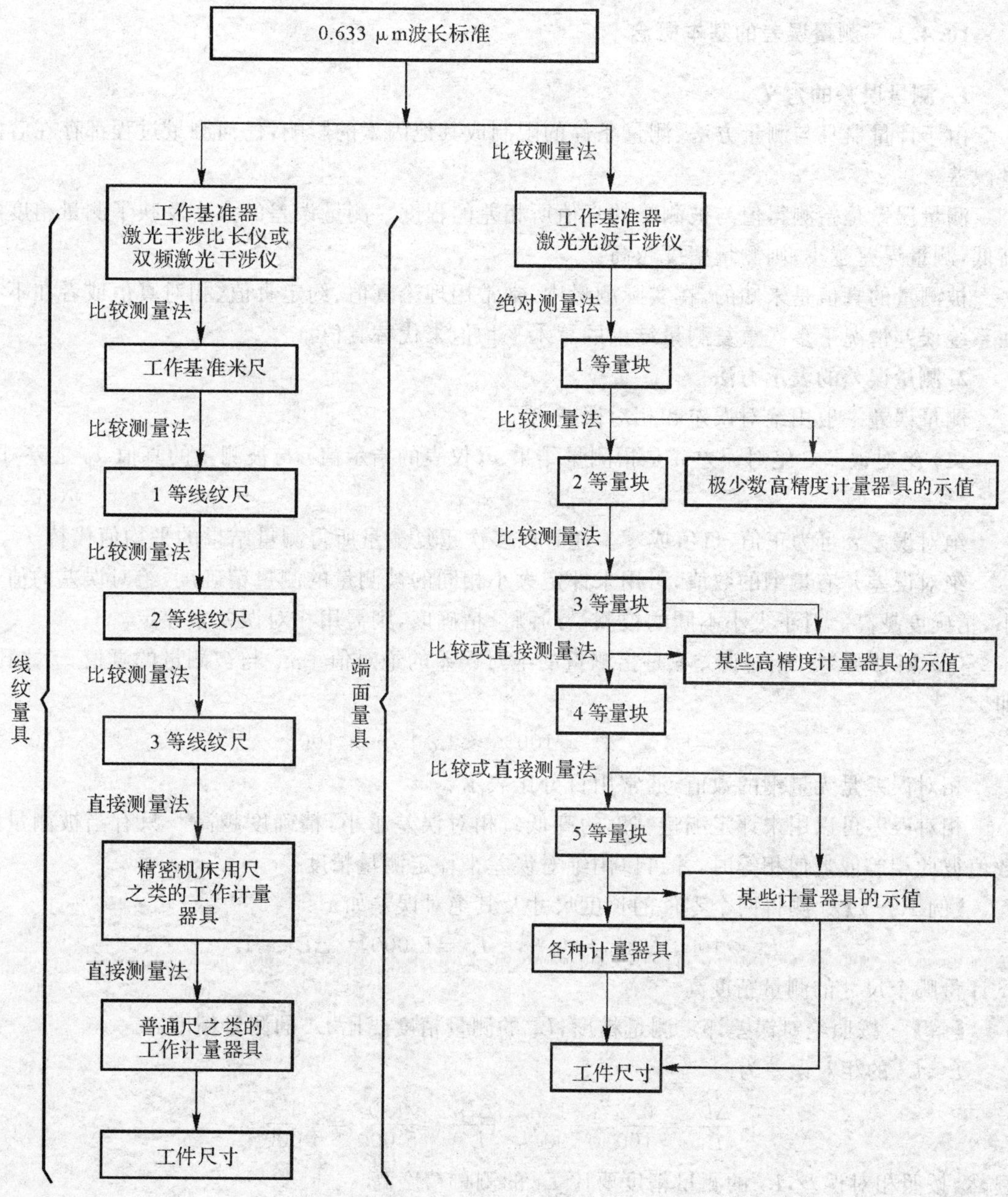

图10-4　长度量值传递系统

10.4 测量误差、测量精度与测量不确定度

10.4.1 测量误差的基本概念

1. 测量误差的含义

由于计量器具与测量方法、测量条件的限制或其他因素的影响，任何测量过程都存在着测量误差。

测量误差是指测得值与被测量的真值所相差的程度。测量误差的大小反映了测量精度的高低，测量误差越小，则测量精度越高。

被测量的真值是未知的，在实际测量中，常常用理论真值、约定真值、相对真值或者在不存在系统误差情况下多次重复测量结果的算术平均值来代替真值。

2. 测量误差的表示方法

测量误差一般用绝对误差和相对误差表示。

(1) 绝对误差。绝对误差 δ 是指测量结果 x(仪表的指示值) 与被测量的真值 x_0 之差，即

$$\delta = x - x_0 \tag{10-1}$$

绝对误差 δ 可为正值、负值或零。通常以多次重复测量所得测量结果的平均值代替 x_0。

绝对误差是有量纲的数值，可用来评定大小相同的被测量的测量精确度，绝对误差的值越小，精确度越高。对于大小不同的被测量的测量精确度，则需用相对误差来评定。

(2) 相对误差。相对误差 ε 是指测量的绝对误差的绝对值 $|\delta|$ 与被测量的真值 x_0 之比，即

$$\varepsilon = |\delta| / x_0 \times 100\% \approx |\delta| / x \times 100\% \tag{10-2}$$

相对误差是无量纲的数值，通常用百分比表示。

相对误差可以用来评定测量精度的高低。相对误差越小，精确度越高。只有当被测量的数值彼此相等或近似相等时，才可以用绝对误差来评定测量精度。

【例 10-1】 测得两个零件的长度尺寸及其绝对误差如下：

$$L_1 = 100,\quad \Delta L_1 = 0.2,\quad L_2 = 5\,000,\quad \Delta L_2 = 1.0$$

试评价哪个尺寸的测量精度高。

【解】 按照绝对误差评定测量精度，L_1 的测量精度要比 L_2 的测量精度高。

L_1，L_2 的相对误差为

$$\frac{\Delta L_1}{L_1} = \frac{0.2}{100} = \frac{1}{500},\quad \frac{\Delta L_2}{L_2} = \frac{1.0}{5\,000} = \frac{1}{5\,000}$$

显然，按照相对误差，L_2 的测量精度要比 L_1 的测量精度高。

(3) 引用误差。引用误差是指计量器具的最大绝对误差与计量器具标称范围上限(或量程) 之比，即

$$r_m = \frac{\delta_m}{x_m} \times 100\% \tag{10-3}$$

式中 δ_m—— 计量器具某标称范围(或量程) 内的最大绝对误差；

x_m—— 该标称范围上限(或量程)；

r_m—— 引用误差。

可见，引用误差是一种相对误差，又称为引用相对误差或满刻度误差。

10.4.2　测量误差的来源

人、机、料、法、环等五方面的原因，都会带来测量误差。

(1) 人(测量人员误差)。测量人员误差是指测量者人为所引起的误差。例如，测量人员使用测量器具不正确、技术不熟练、视觉偏差、估读判断错误、工作疲劳、情绪等引起的误差。

(2) 机(计量器具误差)。计量器具误差是指计量器具本身所引起的误差。它包括测量器具在设计、制造、装配、调整和使用过程中各项误差的总和，这些误差的总和反映在示值误差和测量重复性上。计量器具误差主要有基准件误差、测量原理误差、计量器具的制造误差、安装误差和调整误差、测量力引起的误差等。基准件误差是指作为测量基准使用的量块、标准件等存在的制造误差，以及使用过程中因磨损而产生的误差。

相对测量时使用的如量块、线纹尺等的制造误差以及计量器具在使用过程中零件的变形、相对运动表面的磨损等也都会产生测量误差。

(3) 料(被测工件、被测量)。

(4) 法(测量方法误差)。测量方法误差是指测量方法的不完善所引起的误差，它主要包括计算公式不精确、测量方法选用不当、工件安装定位不合理等引起的误差。

(5) 环(测量环境误差)。测量环境误差是指测量时的环境条件不符合标准的测量条件所引起的误差。它主要包括环境温度、湿度、电磁干扰、气压、照明以及灰尘、振动等引起的误差。长度测量时，温度影响最大。测量的标准温度为 20℃。一般计量室的温度控制在 20℃ ± (2 ～ 0.5)℃，精密计量室的温度控制在 20℃ ± (0.05 ～ 0.03)℃，并尽可能使被测对象与计量器具在相同温度下进行测量。计量室的相对湿度以 50% ～ 60% 为宜，而且应当远离振动源。

为了减小测量误差，提高测量精度，通常需要分析测量误差的来源，以找到减小和消除测量误差的途径。

10.4.3　测量误差的分类

测量误差按其性质，可分为系统误差、随机误差和粗大误差三类。

1. 系统误差

系统误差是指在相同条件下，连续多次测量同一被测量时，误差的大小和符号保持不变或按一定规律变化的测量误差。前者称为定值系统误差，后者称为变值系统误差。如计量器具的刻度盘分度不准确而产生定值系统误差，温度、气压等环境条件的变化而产生变值系统误差。

系统误差对测量结果影响较大，应尽量减小或消除。系统误差的处理可采用误差修正法、误差抵偿法和误差分离法。

一般根据系统误差的性质和变化规律，对可用计算或实验对比的方法确定的系统误差，如果已知大小和正负号，则可用修正法从测量结果中减小或消除；如果已知系统误差存在，但难以准确判断其大小和正负号，无法进行修正，那么可采用抵偿法或分离法来减小或消除，可用测量不确定度给出估计。

2. 随机误差

随机误差是指在相同条件下，连续多次测量同一被测量时，误差的大小和符号以不可预定的方式变化的测量误差。如测量器具中机构的间隙、测量力的不恒定和测量温度、湿度的波动等而产生随机误差。

随机误差不可能完全消除，它是造成测得值分散的主要原因。就一次具体的测量而言，随机误差的大小和符号是没有规律的，但当对同一被测量进行连续多次重复测量而得到一系列测得值时，随机误差的总体就存在一定的规律性，通常符合正态分布规律。

3. 粗大误差

粗大误差又称疏失误差，是指由于测量不正确等原因引起的明显歪曲测量结果的误差或者大大超出规定条件下预期的测量误差。它是由某种非正常的因素造成的，如读数错误、温度的突然变动、记录错误等，且数值远远大于随机误差和系统误差，应避免出现或按一定准则剔除。一个正确的测量不应当包含粗大误差。

通过误差分析可以研究测量误差的变化规律。分析测量误差时，主要是分析系统误差和随机误差，避免和剔除粗大误差。测量误差的性质及测量数据处理详见测量误差理论方面的教材和专著。

10.4.4 测量精度和测量不确定度

1. 测量精度

测量精度是指测得值与其真值接近的程度。测量精度和测量误差从两个不同的方面反映了同一概念。测量精度越高，则测量误差就越小，反之，测量误差就越大。测量精度可以用精密度、正确度和准确度来表示。

(1) 精密度。精密度是用来表示测量结果中随机误差大小的程度，是评定随机误差的精度指标，它表示测量结果的分散性。随机误差越小，则精密度越高。

(2) 正确度。正确度用来表示测量结果中系统误差大小的程度，是评定系统误差的精度指标。系统误差越小，则正确度越高。

(3) 准确度。准确度是指测量结果中系统误差与随机误差综合影响的程度，表示测量结果与真值的一致程度。系统误差和随机误差都小，则准确度高。

通常，精密度高的，正确度不一定高；正确度高的，精密度不一定高；但准确度高的，则精密度和正确度一定都高。精密度、正确度和准确度的关系如图 10-5 所示。

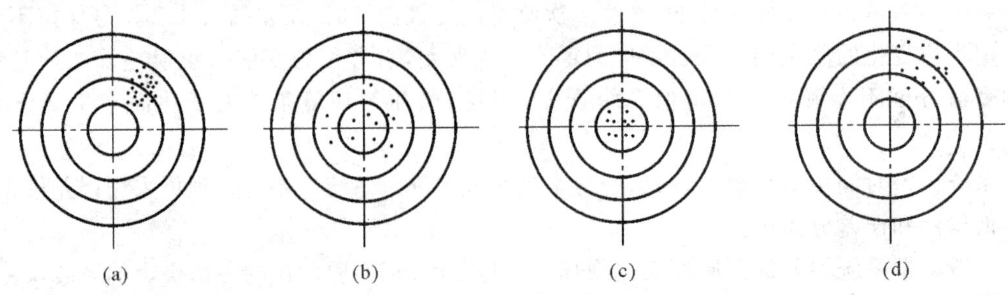

图 10-5　精密度、正确度和准确度的相互关系

(a) 精密度高，正确度低；(b) 正确度高，精密度低；(c) 准确度、精密度、正确度都高；(d) 准确度、精密度、正确度都低

以打靶为例，图 10－5(a) 中，弹着点分散范围小，但偏离靶心，说明随机误差大而系统误差小，即打靶的精密度高而正确度低；图 10－5(b) 中，弹着点集中靶心，但分散范围大，说明随机误差小而系统误差大，即打靶的正确度高而精密度低；图 10－5(c) 中，弹着点既集中在靶心，又分散范围小，说明随机误差与系统误差都小，即打靶的准确度、精密度及正确度均高；图 10－5(d) 中，随机误差与系统误差都大，说明打靶的准确度、精密度及正确度均低。

2. 测量不确定度

由于测量误差的存在，再加上被测量自身定义及误差修正不完善等缘故，测量结果往往具有不确定性。测量结果是否有用，在很大程度上取决于测量不确定度的大小。因此，一个完整的测量结果报告应当包括两部分：一是被测量的最佳估计值，一般用算术平均值给出；二是有关测量不确定度的信息。测量不确定度是测量结果带有的一个参数，用于表征合理地赋予被测量值的分散性。测量不确定度是指在规定条件下测量时由于测量误差的存在，被测量值的不确定程度，表达了被测量真值所处范围的定量估计。

根据不同的数值评定方法，测量不确定度分为 A 类不确定度和 B 类不确定度。以标准偏差表示的测量不确定度称为标准不确定度。测量器具的不确定度反映了测量器具和测量方法的精度高低，通常用误差极限来表示。测量不确定度的评定和测量结果的表示方法详见测量误差理论和测量不确定度方面的教材和专著。

10.5　光滑工件尺寸的检测

光滑工件尺寸的检测可以使用通用计量器具，也可以使用极限量规等专用计量器具。测量零件尺寸的通用计量器具种类很多，如游标类量具、螺旋测微量具和指示表等。在尺寸测量中，精密的通用计量器具有卧式测长仪、立式光学比较仪、工具显微镜、万能工具显微镜、电感测微仪、气动量仪、三坐标测量机等。

当零件的尺寸公差与几何公差的关系遵守独立原则时，使用通用计量器具测量零件的实际尺寸和几何误差。对于采用包容要求 Ⓔ 的孔、轴，应当采用光滑极限量规进行检验。对于遵守最大实体要求的被测要素和基准要素，应当采用功能量规进行检验。与之相对应的国家标准是《产品几何技术规范(GPS) 光滑工件尺寸的检验》(GB/T 3177—2009)、《光滑极限量规　技术要求》(GB/T 1957—2006) 及《功能量规》(GB/T 8069—1998)。本节介绍采用通用计量器具检测工件尺寸。

10.5.1 验收极限

1. 误收与误废

在检测测量过程中，由于不可避免地存在测量误差，必然导致两种误判。把不合格品误认为是合格品而予以接收即误收；把合格品误认为是不合格品而予以报废即误废，如图 10－6 所示。

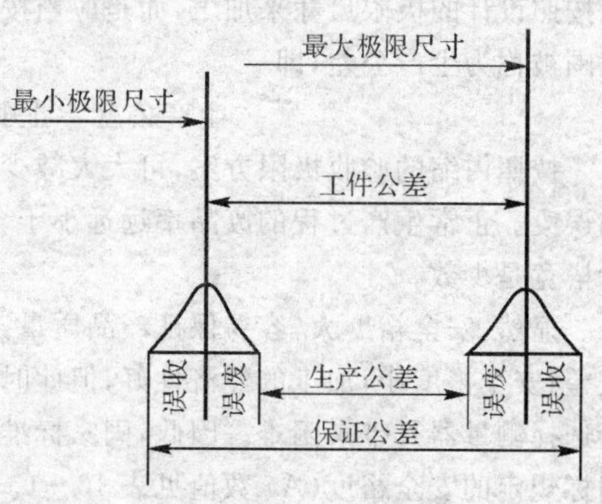

图 10－6　测量误差与误收、误废

2. 验收极限(验收条件)

GB/T 3177—2009规定的验收原则是所用验收方法应只接收位于规定的尺寸极限范围之内的工件,即只允许有误废而不允许有误收,并规定了验收极限的两种方式。验收原则是通过验收极限来体现的。验收极限是指验收工件尺寸时判断尺寸是否合格的尺寸界限。国家标准规定了内缩方式和不内缩方式两种验收极限方式。

(1) 内缩的验收极限。为了保证所判合格零件不超差,国标规定:验收极限从被检验零件的实体尺寸向公差带内移动一个安全裕度 A。内缩的验收极限如图 10-7 所示。

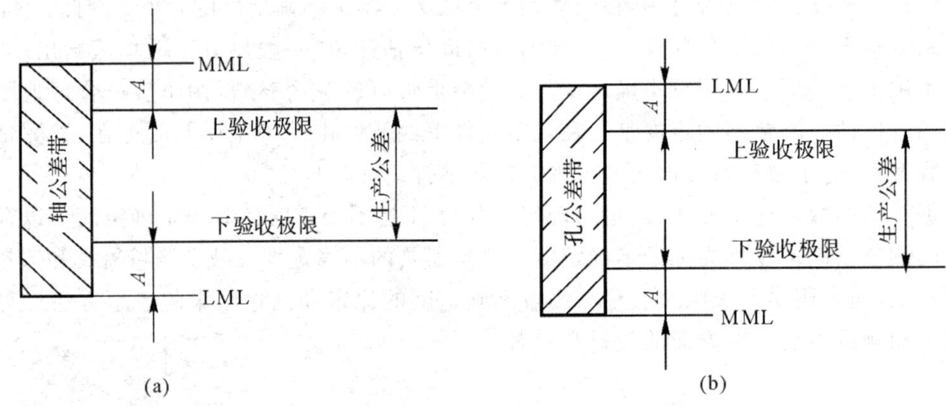

图 10-7　内缩的验收极限

(a) 轴的验收极限;(b) 孔的验收极限

根据孔、轴实体尺寸的概念(详见第 2 章),孔的尺寸验收极限为

$$上验收极限 = \mathrm{LMS} - A \tag{10-4}$$

$$下验收极限 = \mathrm{MMS} + A \tag{10-5}$$

轴的尺寸验收极限为

$$上验收极限 = \mathrm{MMS} - A \tag{10-6}$$

$$下验收极限 = \mathrm{LMS} + A \tag{10-7}$$

由于内缩的验收极限向被测工件尺寸公差带内移动,为了保证验收合格,当加工工件时不能按照设计的极限尺寸来加工,而是应当按照压缩了的验收极限所确定的验收范围来加工,此范围被称为生产公差,即

$$生产公差 = 上验收极限 - 下验收极限 \tag{10-8}$$

按照内缩的验收极限方案,可大大减少误收,此乃保证产品质量的一项安全措施,但会增加误废。正常生产过程的废品率远远小于合格率,从加工过程误差变化统计规律来看,误废数量毕竟是少数。

显然,安全裕度大,容易保证产品质量,但是会减小生产公差,增加误废率,加工的经济性变差;安全裕度小,加工的经济性好,但此时为了减小误收率,就要提高测量器具的精度要求,给选择测量器具带来困难。因此,国家标准规定,安全裕度 A 按被测工件公差 T 的 1/10 计。国标规定的安全裕度(A) 数值见表 10-1。

表 10－1　安全裕度(A)与计量器具的测量不确定度允许值(u_1)

(摘自 GB/T 3177—2009)　　(μm)

公差等级		IT6					IT7					IT8					IT9				
基本尺寸/mm		T	A	u_1			T	A	u_1			T	A	u_1			T	A	u_1		
大于	至			Ⅰ	Ⅱ	Ⅲ			Ⅰ	Ⅱ	Ⅲ			Ⅰ	Ⅱ	Ⅲ			Ⅰ	Ⅱ	Ⅲ
0	3	6	0.6	0.54	0.9	1.4	10	1.0	0.9	1.5	2.3	14	1.4	1.3	2.1	3.2	25	2.5	2.3	3.8	5.6
3	6	8	0.8	0.72	1.2	1.8	12	1.2	1.1	1.8	2.7	18	1.8	1.6	2.7	4.1	30	3.0	2.7	4.5	6.8
6	10	9	0.9	0.81	1.4	2.0	15	1.5	1.4	2.3	3.4	22	2.2	2.0	3.3	5.0	36	3.6	3.3	5.4	8.1
10	18	11	1.1	1.0	1.7	2.5	18	1.8	1.7	2.7	4.1	27	2.7	2.4	4.1	6.1	43	4.3	3.9	6.5	9.7
18	30	13	1.3	1.2	2.0	2.9	21	2.1	1.9	3.2	4.7	33	3.3	3.4	5.0	7.4	52	5.2	4.7	7.8	12
30	50	16	1.6	1.4	2.4	3.6	25	2.5	2.3	3.8	5.6	39	3.9	3.5	5.9	8.8	62	6.2	5.6	9.3	14
50	80	19	1.9	1.7	2.9	4.3	30	3.0	2.7	4.5	6.8	46	4.6	4.1	6.9	10	74	7.4	6.7	11	17
80	120	22	2.2	2.0	3.3	5.0	35	3.5	3.2	5.3	7.9	54	5.4	4.9	8.1	12	87	8.7	7.8	13	20
120	180	25	2.5	2.3	3.8	5.6	40	4.0	3.6	6.0	9.0	63	6.3	5.7	9.5	14	100	10	9.0	15	23
180	250	29	2.9	2.6	4.4	6.5	46	4.6	4.1	6.9	10	72	7.2	6.5	11	16	115	12	10	17	26
250	315	32	3.2	2.9	4.8	7.2	52	5.2	4.7	7.8	12	81	8.1	7.3	12	18	130	13	12	19	29
315	400	36	3.6	3.2	5.4	8.1	57	5.7	5.1	8.4	13	89	8.9	8.0	13	20	140	14	13	21	32
400	500	40	4.0	3.6	6.0	9.0	63	6.3	5.7	9.5	14	97	9.7	8.7	15	22	155	16	14	23	35

公差等级		IT10					IT11					IT12				IT13			
基本尺寸/mm		T	A	u_1			T	A	u_1			T	A	u_1		T	A	u_1	
大于	至			Ⅰ	Ⅱ	Ⅲ			Ⅰ	Ⅱ	Ⅲ			Ⅰ	Ⅱ			Ⅰ	Ⅱ
0	3	40	4.0	3.6	6.0	9.0	60	6.0	5.4	9.0	14	100	10	9.0	15	140	14	13	21
3	6	48	4.8	4.3	7.2	11	75	7.5	6.8	11	17	120	12	11	18	180	18	16	27
6	10	58	5.8	5.2	8.7	13	90	9.0	8.1	14	20	150	15	14	23	220	22	20	33
10	18	70	7.0	6.3	11	16	110	11	10	17	25	180	18	16	27	270	27	24	41
18	30	84	8.4	7.6	13	19	130	13	12	20	29	210	21	19	32	330	33	30	50
30	50	100	10	9.0	15	23	160	16	14	24	36	250	25	23	38	390	39	35	59
50	80	120	12	11	18	27	190	19	17	29	43	300	30	27	45	460	46	41	69
80	120	140	14	13	21	32	220	22	20	33	50	350	35	32	53	540	54	49	81
120	180	160	16	15	24	36	250	25	23	38	56	400	40	36	60	630	63	57	95
180	250	185	18	17	28	42	290	29	26	44	65	460	46	41	69	720	72	65	110
250	315	210	21	19	32	47	320	32	29	48	72	520	52	47	78	810	81	73	120
315	400	230	23	21	35	52	360	36	32	54	81	570	57	51	80	890	89	80	130
400	500	250	25	23	38	56	400	40	36	60	90	630	63	57	95	970	97	87	150

(2) 不内缩的验收极限。此时安全裕度 $A=0$,即以尺寸公差带的最大、最小极限尺寸作为零件的验收极限,如图10-8所示。

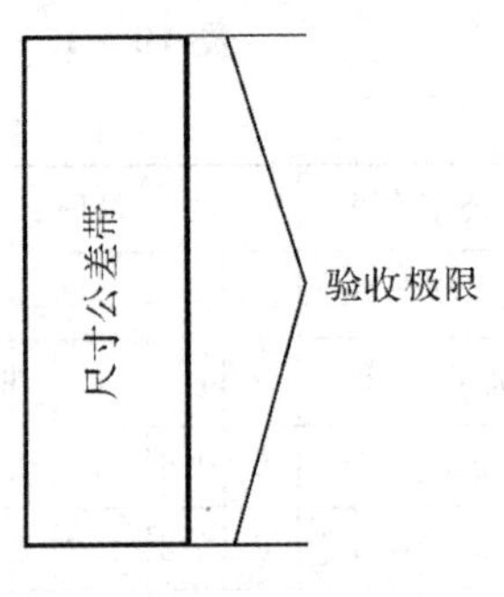

图 10-8　不内缩的验收极限

采用不内缩的验收极限方案,误废和误收都有可能发生。

应当根据被测工件的尺寸功能要求及其重要程度、尺寸公差等级、测量不确定度和加工工艺能力等因素来确定验收极限方式。对单一要素的包容要求(见第3章)、尺寸公差等级高的零件,通常采用内缩的验收极限;对非配合尺寸和一般公差尺寸,采用不内缩的验收极限;当加工工艺过程的过程能力指数($C_P=T/6\sigma$)充足时,采用不内缩的验收极限。

10.5.2　通用计量器具的选择

GB/T 3177—2009规定,用普通计量器具进行光滑工件尺寸检验,适用于生产车间使用的计量器具(如游标卡尺、千分尺、比较仪等)。

1. 测量器具的选择原则

选择测量器具时,应综合考虑测量器具的技术指标和经济指标。

(1) 测量器具的选择应与被测工件的外形、测量部位、尺寸的大小及被测参数特性相适应,使所选择的测量器具的测量范围能满足工件的要求,使测头能够伸入到测量部位。

(2) 测量器具的选择应考虑被测工件的公差要求,使所选择的测量器具的测量不确定度值,既能保证测量精度,又符合经济性要求。

2. 测量器具测量不确定度的确定

按测量误差的来源,测量不确定度 u 由两部分组成:测量器具的不确定度 u_1 和测量条件的不确定度 u_2。测量器具的不确定度 u_1 是测量器具的内在误差(包括调整仪器所用标准器具的不确定度)所引起的测得的实际尺寸对尺寸真值可能分散的范围。它是选择测量器具的依据,其大小反映了允许检验所用测量器具的最低精度。测量条件的不确定度 u_2 是测量过程中温度、工件变形等因素所引起测得的实际尺寸对真实尺寸可能分散的范围。显然,测得的实际尺寸分散范围越大,测量误差越大,测量的不确定度就越大。

u_1 与 u_2 都是独立的随机变量,因此,其综合结果也是随机变量,且应不超过安全裕度 A。安全裕度相当于测量中总的不确定度的允许值。u_1 与 u_2 对 u 的影响程度是不同的,一般按 2∶1 的关系处理,取 $u_1\approx 0.9A$,$u_2\approx 0.45A$。按独立随机变量合成的规则,有

$$u=\sqrt{u_1^2+u_2^2}=\sqrt{(0.9A)^2+(0.45A)^2}\approx 1.00A \tag{10-9}$$

当验收极限采用内缩方式,且把安全裕度 A 取为被测工件尺寸公差 T 的1/10时,为了满足生产上对不同的误收、误废允许率的要求,GB/T 3177—2009将测量不确定度允许值 u 与 T 的比值 τ 分成三档:Ⅰ档,$\tau=1/10$;Ⅱ档,$\tau=1/6$;Ⅲ档,$\tau=1/4$。相应地,测量器具的测量不确定度允许值 u_1 也按 τ 分档,$u_1=0.9u$。对于IT6～IT11的工件,u_1 分为Ⅰ,Ⅱ,Ⅲ三档;对于IT12～IT18的工件,u_1 分为Ⅰ,Ⅱ两档。三个档次 u_1 的数值见表10-1。在实际应用中,计量器具的测量不确定度允许值 u_1 一般优先选用Ⅰ档,其次选用Ⅱ,Ⅲ档。

3. 测量器具的选择

国家标准规定,应当按照测量不确定度的允许值来选择测量器具。选择测量器具时,应根据被测工件尺寸公差的大小,按表10-1确定所对应的安全裕度 A 和测量器具的不确定度允许

值 u_1，应当保证所选择的测量器具的不确定度 u_1' 不大于测量器具不确定度的允许值。

表 10-2、表 10-3 列出了几种常用通用测量器具的测量不确定度 u_1' 的数值，可供选用计量器具时参考。

表 10-2　千分尺和游标卡尺的不确定度　(mm)

<table>
<tr><th colspan="2" rowspan="2">尺寸范围</th><th colspan="4">计量器具类型(分度值)</th></tr>
<tr><th>游标卡尺(0.02)</th><th>游标卡尺(0.05)</th><th>外径千分尺(0.01)</th><th>内径千分尺(0.01)</th></tr>
<tr><th>大于</th><th>至</th><th colspan="4">不确定度</th></tr>
<tr><td></td><td>50</td><td rowspan="6">0.020</td><td rowspan="4">0.050</td><td>0.004</td><td rowspan="3">0.008</td></tr>
<tr><td>50</td><td>100</td><td>0.005</td></tr>
<tr><td>100</td><td>150</td><td>0.006</td></tr>
<tr><td>150</td><td>200</td><td>0.007</td><td rowspan="3">0.013</td></tr>
<tr><td>200</td><td>250</td><td rowspan="7">0.100</td><td>0.008</td></tr>
<tr><td>250</td><td>300</td><td>0.009</td></tr>
<tr><td>300</td><td>350</td><td rowspan="7"></td><td>0.010</td><td rowspan="3">0.20</td></tr>
<tr><td>350</td><td>400</td><td>0.011</td></tr>
<tr><td>400</td><td>450</td><td>0.012</td></tr>
<tr><td>450</td><td>500</td><td>0.013</td><td>0.025</td></tr>
<tr><td>500</td><td>600</td><td rowspan="3"></td><td rowspan="3">0.030</td></tr>
<tr><td>600</td><td>700</td></tr>
<tr><td>700</td><td>1 000</td><td>0.150</td></tr>
</table>

表 10-3　机械式比较仪和指示表的不确定度　(mm)

<table>
<tr><th rowspan="2">名称</th><th rowspan="2">分度值</th><th rowspan="2">放大倍数或量程范围</th><th>0～25</th><th>25～40</th><th>40～65</th><th>65～90</th><th>90～115</th><th>115～165</th><th>165～215</th><th>215～265</th><th>265～315</th></tr>
<tr><th colspan="9">不确定度</th></tr>
<tr><td rowspan="4">比较仪</td><td>0.000 5</td><td>2 000 倍</td><td>0.000 6</td><td>0.000 7</td><td colspan="2">0.000 8</td><td>0.000 9</td><td>0.001 0</td><td>0.001 2</td><td>0.001 4</td><td>0.001 6</td></tr>
<tr><td>0.001</td><td>1 000 倍</td><td colspan="2">0.001 0</td><td colspan="2">0.001 1</td><td>0.001 2</td><td>0.001 3</td><td>0.001 4</td><td>0.001 6</td><td>0.001 7</td></tr>
<tr><td>0.002</td><td>400 倍</td><td>0.001 7</td><td colspan="3">0.001 8</td><td colspan="2">0.001 9</td><td>0.002 0</td><td>0.002 1</td><td>0.002 2</td></tr>
<tr><td>0.005</td><td>250 倍</td><td colspan="6">0.003 0</td><td colspan="3">0.003 5</td></tr>
<tr><td rowspan="5">千分表</td><td rowspan="2">0.001</td><td>0 级全程内</td><td colspan="5" rowspan="3">0.005</td><td colspan="4" rowspan="3">0.006</td></tr>
<tr><td>1 级 0.2 mm</td></tr>
<tr><td>0.002</td><td>1 转内</td></tr>
<tr><td>0.001</td><td rowspan="2">1 级全程内</td><td colspan="9" rowspan="2">0.010</td></tr>
<tr><td>0.005</td></tr>
</table>

续 表

<table>
<tr><td rowspan="2">名称</td><td rowspan="2">分度值</td><td rowspan="2">放大倍数或量程范围</td><td>0～25</td><td>25～40</td><td>40～65</td><td>65～90</td><td>90～115</td><td>115～165</td><td>165～215</td><td>215～265</td><td>265～315</td></tr>
<tr><td colspan="9">不确定度</td></tr>
<tr><td rowspan="4">百分表</td><td>0.01</td><td>0 级任意 1 mm 内</td><td colspan="9">0.010</td></tr>
<tr><td rowspan="2">0.01</td><td>0 级全程内</td><td colspan="9" rowspan="2">0.018</td></tr>
<tr><td>1 级任意 1 mm 内</td></tr>
<tr><td>0.01</td><td>1 级全程内</td><td colspan="9">0.030</td></tr>
</table>

【例 10-2】 被测零件的公差要求为 $\phi 30h8$Ⓔ，试确定其验收极限，并选择适合的测量器具。

【解】 (1) 查标准公差数值表，确定被测工件的直径的极限偏差为 $\phi 30h8(^{0}_{-0.033})$。

(2) 查表 10-1，得到安全裕度 $A=3.3\ \mu m$。由于该零件遵守包容要求，因此，应当按照内缩的验收极限，则

上验收极限 $= MMS - A = \phi 30 - 0.003\,3 = \phi 29.996\,7$

下验收极限 $= LMS + A = \phi 29.967 + 0.003\,3 = \phi 29.970\,3$

被测零件的尺寸公差带及验收极限如图 10-9 所示。

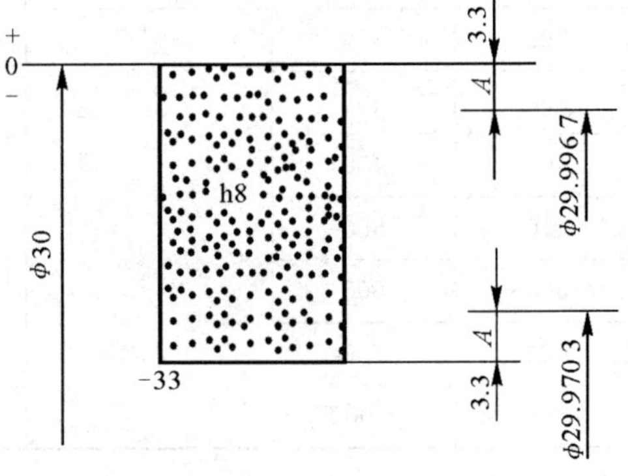

图 10-9 $\phi 30h8(^{0}_{-0.033})$ 尺寸公差带图及验收极限

(3) 查表 10-1，确定计量器具的测量不确定度允许值为

$$u_1 = 3.4\ \mu m$$

(4) 选择计量器具。查表 10-3，分度值为 0.002 的机械式比较仪，在尺寸范围 25～40 内，不确定度值为0.001 7，显然 0.001 7 $< u_1$，因此可以满足测量要求。

10.6 光滑极限量规

10.6.1 光滑极限量规及其特点

光滑极限量规是指被检验工件为光滑孔或光滑轴时所用的极限量规的总称。光滑极限量规结构简单，使用方便，检验效率高，并能保证互换性，因此，在批量生产中广泛应用。

光滑极限量规是一种没有刻度的定值专用检验工具。当用量规检验零件时，只能判断零件是否在规定的验收极限范围内，而不能测出零件的实际尺寸及几何误差的具体数值。

1. 孔用量规和轴用量规

光滑极限量规包括孔用光滑极限量规和轴用光滑极限量规。孔用光滑极限量规是检验孔的量规，称为塞规，如图 10－10(a) 所示。轴用光滑极限量规是检验轴的量规，称为环规或卡规，如图 10－10(b) 所示。

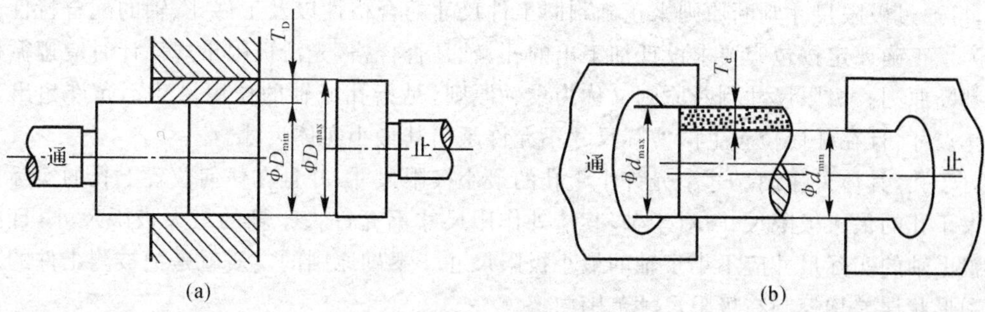

图 10－10　塞规和卡规

(a) 孔用塞规；(b) 轴用卡规

不管是孔用光滑极限量规还是轴用光滑极限量规都是由通规(通端)和止规(止端)组成的。用量规检验工件时，通规和止规必须成对使用，才能判断被检孔或轴的尺寸是否在规定的极限尺寸范围内。量规的通规用于控制工件的作用尺寸，止规用于控制工件的实际尺寸。通规通过，止规通不过，则被测工件合格。

通规用来模拟最大实体边界，检验孔或轴的实际轮廓(实际尺寸和形状误差的综合结果)是否超出最大实体边界，即检验孔或轴的体外作用尺寸是否超出最大实体尺寸。止规用来检验孔或轴的实际尺寸是否超出最小实体尺寸。

2. 光滑极限量规的种类

光滑极限量规按其不同用途，可分为工作量规、验收量规和校对量规。

(1) 工作量规。工作量规是指生产工人在零件加工过程中检验零件时所使用的量规。工作量规的通规用代号"T"表示，止规用代号"Z"表示。对于合格的零件通规(T)通过，止规(Z)不通过。操作者应使用新的或磨损较少的量规。

(2) 验收量规。检验部门或用户代表验收产品时使用的量规。验收量规一般不必专门制造，通常是使用磨损较多但未超过磨损极限的工作量规，通规尺寸接近于工件的最大实体尺寸，止规尺寸接近于工件的最小实体尺寸，以免把操作者认为合格的零件判定为不合格。这样可保证操作者自检合格的零件在检验人员验收时也一定合格。

(3) 校对量规。校对量规是指用于检验工作量规是否制造合格或使用过程中是否达到磨损极限的量规。塞规的检验较方便，直接采用通用计量器具，无须校对量规，只有卡规或环规才使用校对量规。

检验卡规通端的校对量规称为校通-通，代号为 TT，检验卡规止端的校对量规称为校止-通，代号为 ZT，只有 TT 通过、ZT 通过，卡规才合格。用于检验通规磨损极限的量规称为校通-损，代号为 TS，使用时不通过被检验量规为合格。

10.6.2　光滑极限量规的工作原理

1. 极限尺寸判断原则——泰勒原则

孔、轴配合不仅受工件实际尺寸的影响，而且还受因几何误差而产生的作用尺寸的影响，因此，可通过极限尺寸判断原则来正确判断工件尺寸的合格性以及工件孔、轴的配合特性。

为了正确评定按包容要求设计加工出的孔、轴是否合格，光滑极限量规设计时应遵循极限尺寸判断原则。极限尺寸判断原则又称为泰勒原则，是指孔或轴的作用尺寸不允许超出其最大实体尺寸，且在任何位置上的实际尺寸不允许超出其最小实体尺寸。

对于孔，其体外作用尺寸不允许小于孔的最小极限尺寸，并且在任何位置上孔的实际尺寸应不大于孔的最大极限尺寸；对于轴，其体外作用尺寸不允许大于轴的最大极限尺寸，且在任何位置上轴的实际尺寸应不小于轴的最小极限尺寸。泰勒原则的实质就是把被测工件的尺寸偏差和形状误差均控制在极限尺寸范围内。

2. 光滑极限量规的形状

当采用光滑极限量规检验工件时，符合泰勒原则的量规如下：

通规用于控制被测工件的作用尺寸，具有与孔或轴相应的完整表面(即全形规)，其定形尺寸等于工件的最大实体尺寸，且测量长度等于配合长度。

止规用于控制被测工件的实际尺寸，它的测量面理论上应为两点状的(避免形状误差的干扰)，其定形尺寸等于工件的最小实体尺寸。

在实际应用中，由于量规制造和使用方便等原因，很难要求量规的形状完全符合泰勒原则。因此，国家标准规定，光滑极限量规在被检验工件的形状误差不影响配合性质的前提条件下，允许使用偏离泰勒原则的量规。例如，为了使用已标准化的量规，允许通规的轴向长度小于被检长度；对于尺寸大于 $\phi100$ 的大孔，为了不使量规过于笨重，允许使用不全形塞规(或杆规)；全形环规不能检验正在顶尖上装夹加工的零件及曲轴零件等，只能用卡规检验；止规也不一定是两点接触，一般常用小平面、圆柱或球面代替点；检验小孔的止规，为增加刚度和方便制造，常采用全形塞规；检验薄壁零件时，为防止工件变形，也常用全形止规。

当采用不符合泰勒原则的量规检验工件时，应在工件的多方位上作多次检验，必须操作正确，并从工艺上采取措施以限制工件的形状误差。当使用非全形通规检验孔或轴时，应在被测孔或轴的全长范围内的若干部位上分别围绕圆周的几个位置进行检验。

当使用泰勒原则检验工件尺寸时，为了尽量避免误判，要求通规应在工件的全长上沿圆周的几个位置上检验；孔的止规应在孔的两端检验，轴用止规应沿轴的不同位置检验。

10.6.3　光滑极限量规的公差带

1. 光滑极限量规的公差

为保证测量结果的准确性，必须对量规规定制造公差。量规制造公差的大小决定了量规制造的难易程度。

工作量规的通规在工作时要经常通过被检验工件，其工作表面难免会发生磨损。为使通规具有一定的使用寿命，除了规定制造公差外，还应规定磨损极限，留出适当的磨损储量(即规定通规尺寸公差带中心到工件最大实体尺寸之间的距离 Z 值)。因此，通规的公差是由制造公差和磨损公差组成的。制造公差的大小决定了量规制造的难易程度，而磨损公差的大小决定了量规的使用寿命。

工作量规的止规通常不通过被测工件，很少磨损，因此，不规定磨损公差，不留磨损储量。

GB/T 1957—2006 对基本尺寸至 500、标准公差等级为 IT6 ～ IT16 的孔和轴规定了量规的制造公差（定形尺寸公差）T 及通规位置要素 Z 值，其数值见表 10 - 4。

表 10 - 4　工作量规的制造公差 T 和通规位置要素 Z 值（摘自 GB/T 1957—2006）

（μm）

工件基本尺寸 D,d/mm	IT6			IT7			IT8			IT9			IT10		
	IT6	T	Z	IT7	T	Z	IT8	T	Z	IT9	T	Z	IT10	T	Z
≤3	6	1	1	10	1.2	1.6	14	1.6	2	25	2	3	40	2.4	4
3 ～ 6	8	1.2	1.4	12	1.4	2	18	2	2.6	30	2.4	4	48	3	5
6 ～ 10	9	1.4	1.6	15	1.8	2.4	22	2.4	3.2	36	2.8	5	58	3.6	6
10 ～ 18	11	1.6	2	18	2	2.8	27	2.8	4	43	3.4	6	70	4	8
18 ～ 30	13	2	2.4	21	2.4	3.4	33	3.4	5	52	4	7	84	5	9
30 ～ 50	16	2.4	2.8	25	3	4	39	4	6	62	5	8	100	6	11
50 ～ 80	19	2.8	3.4	30	3.6	4.6	46	4.6	7	74	6	9	120	7	13
80 ～ 120	22	3.2	3.8	35	4.2	5.4	54	5.4	8	87	7	10	140	8	15
120 ～ 180	25	3.8	4.4	40	4.8	6	63	6	9	100	8	12	160	9	18
180 ～ 250	29	4.4	5	46	5.4	7	72	7	10	115	9	14	185	10	20
250 ～ 315	32	4.8	5.6	52	6	8	81	8	11	130	10	16	210	12	22
315 ～ 400	36	5.4	6.2	57	7	9	89	9	12	140	11	18	230	14	25
400 ～ 500	40	6	7	63	8	10	97	10	14	155	12	20	250	16	28

工件基本尺寸 D,d/mm	IT11			IT12			IT13			IT14		
	IT11	T	Z	IT12	T	Z	IT13	T	Z	IT14	T	Z
≤3	60	3	6	100	4	9	140	6	14	250	9	20
3 ～ 6	75	4	8	120	5	11	180	7	16	300	11	25
6 ～ 10	90	5	9	150	6	13	220	8	20	360	13	30
10 ～ 18	110	6	11	180	7	15	270	10	24	430	15	35
18 ～ 30	130	7	13	210	8	18	330	12	28	520	18	40
30 ～ 50	160	8	16	250	10	22	390	14	34	620	22	50
50 ～ 80	190	9	19	300	12	26	460	16	40	740	26	60
80 ～ 120	220	10	22	350	14	30	540	20	46	870	30	70
120 ～ 180	250	12	25	400	16	35	630	22	52	1 000	35	80
180 ～ 250	290	14	29	460	18	40	720	26	60	1 150	40	90
250 ～ 315	320	16	32	520	20	45	810	28	66	1 300	45	100
315 ～ 400	360	18	36	570	22	50	890	32	74	1 400	50	110
400 ～ 500	400	20	40	630	24	55	970	36	80	1 550	55	120

2. 光滑极限量规公差带

为确保产品质量，GB/T 1957—2006规定，工作量规的定形尺寸公差带不得超出被测工件尺寸公差带。孔用工作量规的定形尺寸公差带如图10－11所示，轴用工作量规的定形尺寸公差带及校对量规尺寸公差带如图10－12所示。

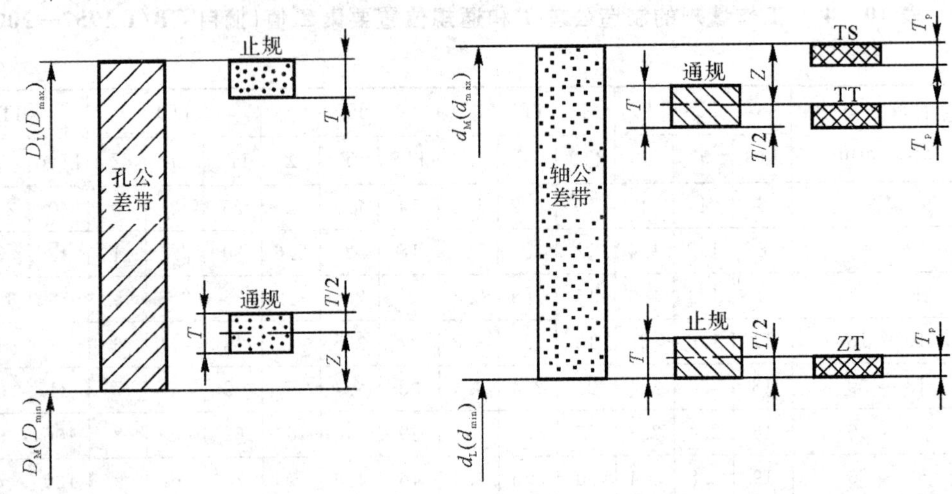

图10－11　孔用工作量规的定形尺寸公差带　　图10－12　轴用工作量规的定形尺寸公差带及校对量规尺寸公差带

在图10－11和图10－12中，T为工作量规的制造公差，Z是通规公差带的位置要素，T_p为校对量规的制造公差。国标规定，$T_p=(1/2)T$。量规的公差带必须全部分布在被测工件公差带内。

如图10－11所示，D_M，D_L为被测孔的最大、最小实体尺寸，D_{max}，D_{min}为被测孔的最大、最小极限尺寸。如图10－12所示，d_M，d_L为被检轴的最大、最小实体尺寸，d_{max}，d_{min}为被检轴的最大、最小极限尺寸。

T为工作量规尺寸制造公差，磨损储量Z为工作量规通规制造公差带中心到被测工件最大实体尺寸D_M，d_M之间的距离，其磨损极限为被测工件的最大实体尺寸。工作量规止规的制造公差带从被测工件的最小实体尺寸开始，向公差带内分布。

校对量规的尺寸公差带如图10－12所示。校对轴用通规的TT量规，其公差带是从通规的下偏差起始，并向轴用通规的公差带内分布，以防止轴用通规制造得过小，因此，通过时为合格。

校对轴用止规的ZT量规，其公差带是从止规的下偏差起始，并向轴用止规的公差带内分布，以防止轴用止规制造得过小，因此，通过时为合格。

校对轴用通规磨损极限的TS量规，其公差带是从通规的上偏差(即磨损极限)起始，并向轴的公差带内分布，以防止轴用通规磨损过大，因此，校对时不通过为合格。

3. 光滑极限量规的几何公差与表面粗糙度

国家标准规定，工作量规的几何误差应在工作量规制造公差范围内，其几何公差值应等于量规定尺寸公差的50%。考虑到制造和测量的困难，当量规制造公差小于或等于0.002时，其几何公差取0.001。

校对量规的几何误差应控制在其制造公差范围内，即采用包容要求。

根据被测工件的标准公差等级的高低和基本尺寸的大小，量规工作面的表面粗糙度参数 *Ra* 的上限值见表 10-5。校对量规的表面粗糙度参数 *Ra* 值应比工作量规的小 50%。

表 10-5　量规工作面的表面粗糙度参数 *Ra* 允许值(摘自 GB/T 1957—2006) (μm)

工作量规	工作量规的基本尺寸/mm		
	≤120	>120～315	>315～500
	Ra		
IT6 级孔用量规	0.05	0.10	0.20
IT6～IT9 级轴用量规 IT7～IT9 级孔、轴用量规	0.10	0.20	0.40
IT10～IT12 级孔、轴用量规	0.20	0.40	0.80
IT13～IT16 级孔、轴用量规	0.40	0.80	0.80

10.6.4　光滑极限量规设计

1. 量规形式的选择

光滑极限量规的结构形式很多，具体尺寸范围、使用顺序和结构形式可参见《光滑极限量规形式和尺寸》(GB/T 6322—1986)及相关资料。国家标准推荐的量规的常用结构形式和尺寸范围如图 10-13 所示。

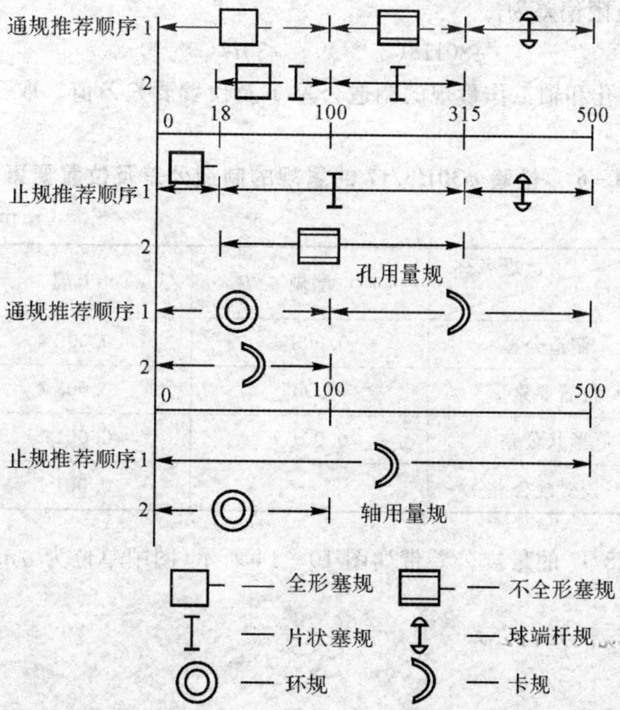

图 10-13　国家标准推荐的量规的常用结构形式和尺寸范围

检验圆柱形孔轴工件时，孔用量规可采用全形塞规、不全形塞规、片状塞规或球端杆规；检验轴时，轴用量规可采用环规或卡规。

2. 量规工作尺寸的设计计算

光滑极限量规工作尺寸的设计计算步骤如下：

(1) 由《极限与配合》国家标准中查出被测工件(孔和轴)的极限偏差，计算相应的最大和最小实体尺寸，它们就是量规的基本尺寸(定形尺寸)。

(2) 根据被测工件的公差等级，由表 10－4 查出量规的制造公差 T 和位置要素 Z 值，并确定量规的几何公差和校对量规的尺寸公差 T_p 值。

(3) 画出被测工件和量规的尺寸公差带图。

(4) 计算量规的极限偏差、极限尺寸以及磨损极限尺寸。

(5) 按量规的常用形式绘制并标注量规工作图。

3. 量规的其他技术要求

量规的测量部位采用耐磨材料制造，如淬硬钢(如合金工具钢、碳素工具钢、渗碳钢)或硬质合金，也可以对量规的测量表面进行镀铬、渗氮等处理。量规的手柄一般采用 Q235 钢、LY11 铝等材料制造。

量规测量表面的硬度会影响使用寿命。采用淬硬钢制造的量规，测量表面的硬度 HRC 应当为 58 ～ 68。

【例 10－3】 已知孔与轴配合为 ϕ30H8/f7Ⓔ，设计其工作量规和校对量规。

【解】 选择量规的结构形式。选定孔用工作量规的通规为全形塞规，止规为不全形塞规；轴用工作量规为环规，止规为卡规。

查出孔和轴的极限偏差为

$$\phi 30\text{H8}(^{+0.033}_{0}),\quad \phi 30\text{f7}(^{-0.020}_{-0.041})$$

由表 10－4 查出孔和轴工作量规的制造公差 T 及位置要素 Z 值。取 $T/2$ 作为校对量规公差，如表 10－6 所示。

表 10－6 检验 ϕ30H8/f7 的量规的制造公差及位置要素 Z 值

(mm)

项目 \ 量规名称	塞规	卡规
制造公差	0.003 4	0.002 4
位置要素 Z	0.005	0.003 4
形状公差	0.001 7	0.001 2
校对规公差	—	0.001 2

用于检验 ϕ30H8/f7 的量规公差带如图 10－14 所示(图中单位为 μm)。

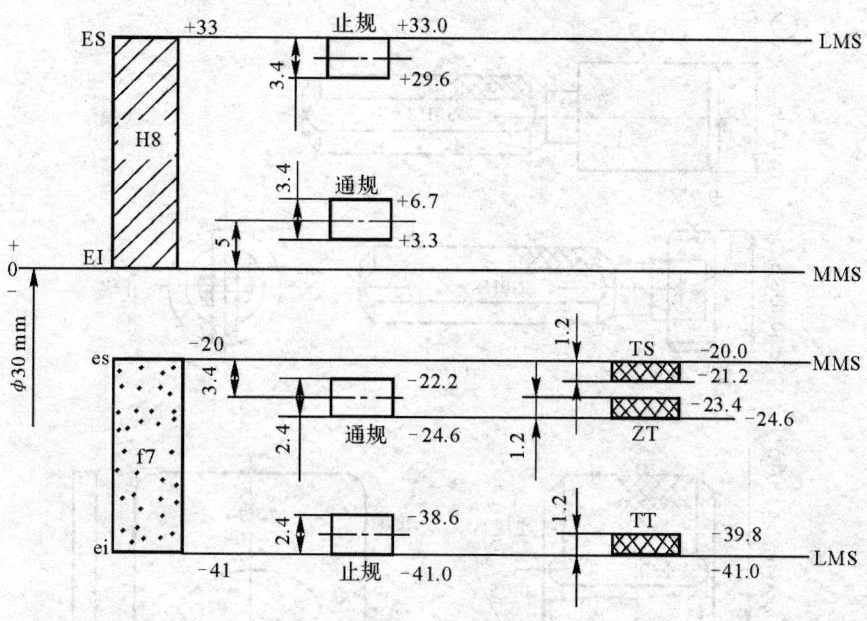

图 10－14　检验 ϕ30H8/f7 的量规公差带

(1) 计算量规的工作尺寸，并列于表 10－7 中。

表 10－7　检验 ϕ30H8/f7 的量规的工作尺寸

被检工件	量规名称	量规代号	量规公差 $T(T_p)/\mu m$	位置要素 $Z/\mu m$	量规极限尺寸 /mm		量规工作尺寸 /mm
					最大	最小	
$\phi30^{+0.033}_{0}$ (ϕ30H8Ⓔ)	通端工作量规	T	3.4	5.0	30.006 7	30.003 3	$30.006\,7^{0}_{-0.003\,4}$
	止端工作量规	Z	3.4		30.033 0	30.029 6	$25.033\,0^{0}_{-0.003\,4}$
$\phi30^{-0.033}_{-0.041}$ (ϕ30f7Ⓔ)	通端工作量规	T	2.4	3.4	29.977 8	29.975 4	$29.975\,4^{+0.002\,4}_{0}$
	止端工作量规	Z	2.4		29.961 4	29.959 0	$29.959\,0^{+0.002\,4}_{0}$
	“校通-通”量规	TT	1.2		29.976 6	29.975 4	$29.976\,6^{0}_{-0.001\,2}$
	“校止-通”量规	ZT	1.2		29.960 2	29.959 0	$29.960\,2^{0}_{-0.001\,2}$
	“校通-损”量规	ST	1.2		29.980 0	29.978 8	$29.980\,0^{0}_{-0.001\,2}$

(2) 绘制量规工作图如图 10－15 所示。

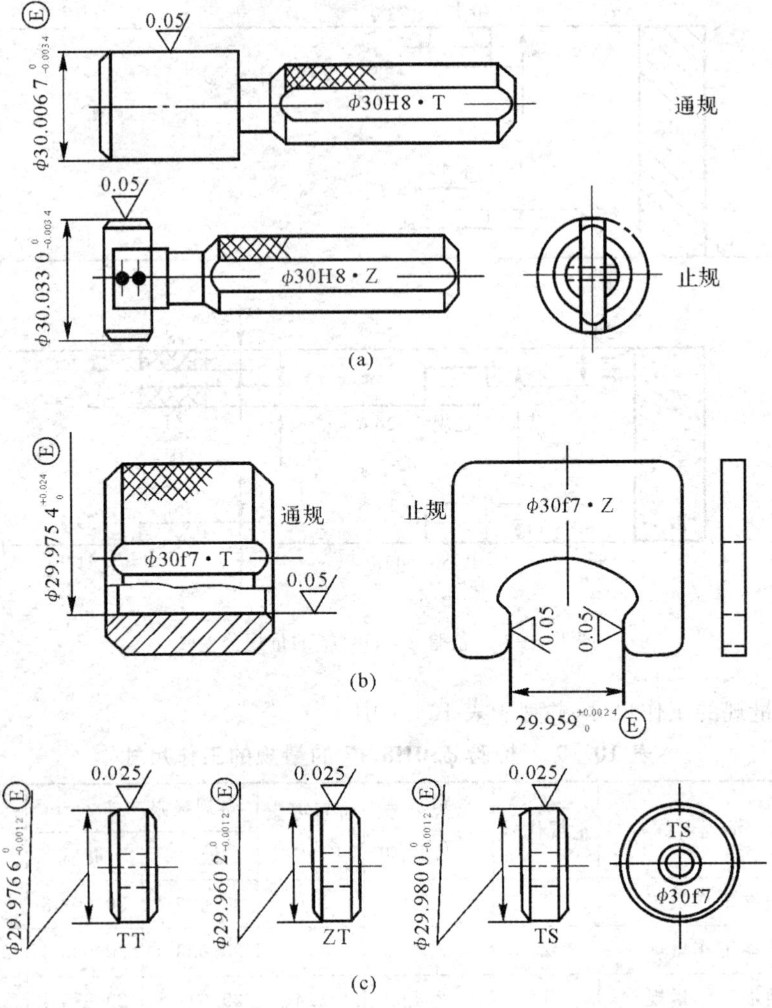

图 10－15 检验 $\phi30H8/f7$ 的量规工作图

(a) 孔用工作量规；(b) 轴用工作量规；(c) 校对量规

实训习题与思考题

1.一个完整的测量过程包括哪几个要素？试举例说明。

2.举例说明测量器具的主要度量技术指标。

3.什么是测量误差？测量误差来源有哪些？

4.为什么要建立量值传递系统？

5.测量误差与测量不确定度有何区别与联系？

6.采用两种测量方法测量两个尺寸，测量结果分别为 25±0.002 和 200±0.02，试问哪一种测量方法的测量精度高？

7.某测量仪器在25处的示值误差为－0.002，用该仪器测量工件时示值恰好为25，则测得的工件实际尺寸为多少？

8. 要测量某轴类零件 $\phi60f9$Ⓔ，试确定验收极限，并选择合适的测量器具。

9. 已知某轴类零件的尺寸公差要求为 $\phi50f8(^{-0.025}_{-0.064})$Ⓔ，试确定验收极限，并选择合适的测量器具。

10. 某工件的尺寸公差为 $\phi250h11$Ⓔ，试确定验收极限，并选择合适的测量器具。

11. 设计用于检验 $\phi40G7/h6$ 的光滑极限量规，设计确定工作量规的工作尺寸，画出工作量规公差带图。

精度设计综合应用篇

第 11 章　装配精度与尺寸链

学习目标

了解尺寸链在机械精度设计中的作用及其在制造、装配中的应用；理解尺寸链的概念；初步具备建立、分析直线尺寸链的能力，会用完全互换法和大数互换法来计算尺寸链。

案例导入

【案例 11-1】 齿轮机构在各类机械中广泛应用。齿轮机构一般由轴、轴套、齿轮、挡圈及轴承等零件装配在一起而成，要求装配后齿轮的端面与挡圈的间隙为零点几毫米，才能满足功能上的要求，那么齿轮机构所有组成件有关尺寸的公差及极限偏差如何选取才能满足该装配精度的要求呢？

【解题思路】 该问题属于装配精度分配问题。通过学习本章有关尺寸链的知识后，建立齿轮机构的尺寸链，采用完全互换法或大数互换法的设计计算法对配合公差进行分配，再结合第 2 章极限与配合的有关知识，确定各组成件的尺寸公差和极限偏差，从而保证装配精度的实现。具体求解过程见 11.3 节的例 11-1 和 11.4 节的例 11-3。

【案例 11-2】 套筒类零件在设计过程中，不仅对外圆柱和内圆柱提出尺寸精度要求，同时要求两个圆柱轴线的同轴度误差在一定范围内。那么如何计算套筒壁厚的变化范围？

【解题思路】 该问题属于产品投产前的精度校核问题。同样根据尺寸链的有关知识，建立套筒零件的尺寸链。这里要注意的是，要把同轴度作为尺寸链的组成部分考虑，然后运用完全互换法或大数互换法的校核计算法对套筒壁厚进行验算，得到壁厚的变化范围。具体求解过程见 11.3 节的例 11-2 和 11.4 节的例 11-4。

知识要点

尺寸链的基本概念；尺寸链的建立；完全互换法；大数互换法。

11.1　概　述

装配是机器制造的最后一个生产过程，机电产品的质量最终必须通过装配来保证。为保证机器或仪器能顺利地进行装配，并达到预定的装配精度和功能要求，可从设计和装配工艺两个方面实现。进行机械零部件的尺寸精度、几何精度设计时，应从总体装配精度的要求考虑，通过综合分析和计算来经济合理地确定有关零部件的尺寸公差和几何公差，即装配公差的分配问题。在进行机械精度设计过程中，有关装配公差的分配问题，可以运用尺寸链有关原理和相应的分析计算方法来解决。在装配工艺方面，可在装配过程中采用先进的装配工艺或方法，来保证装配精度要求。

本章主要从机械精度设计的角度出发，介绍了尺寸链计算在实现装配精度方面的应用，即装配公差的合理分配问题。

11.1.1 尺寸链的概念

在机器装配或零件加工过程中，由一些相互联系的尺寸按一定顺序首尾相接所形成的封闭尺寸组称为尺寸链，如图 11-1 所示。

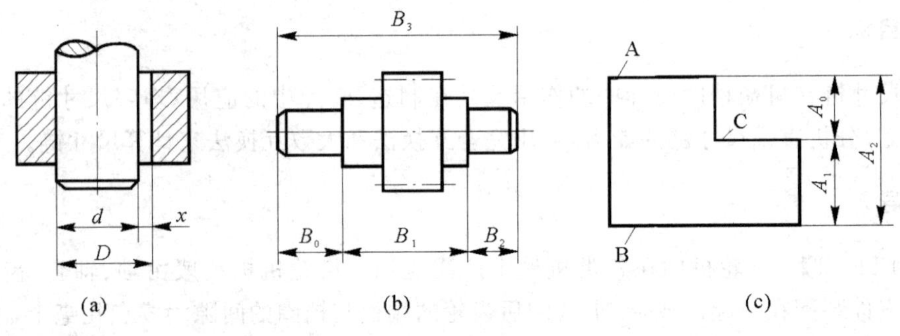

图 11-1 尺寸链

如图 11-1(a) 所示的间隙配合，是一个直径为 d 的轴装入直径为 D 的孔中，装配后得到间隙 x。间隙的大小受孔径和轴径的影响。D，d 和 x 这三个相互连接的尺寸就组成了一个尺寸链。如图 11-1(b) 所示，是由阶梯轴的三个台阶长度和总长形成的尺寸链。零件加工得到尺寸 B_1，B_2 和 B_3 后，未直接保证的尺寸 B_0 也就随之而确定了。B_0，B_1，B_2 和 B_3 这四个相互连接的尺寸就组成了一个尺寸链。如图 11-1(c) 所示零件在加工过程中，以 B 面为定位基准获得尺寸 A_1，A_2，A 面到 C 面的距离 A_0 也就随之确定，尺寸 A_1，A_2 和 A_0 构成一个尺寸链。

11.1.2 尺寸链的组成及特征

1. 尺寸链的组成

组成尺寸链的各个尺寸称为环。尺寸链的环分为封闭环和组成环。

(1) 封闭环。在装配或加工过程中，最后自然形成的那个尺寸称为封闭环。如图 11-1 中的 x，A_0 和 B_0 就是封闭环。在机器的装配或零件加工过程中，凡是间接形成的尺寸(例如装配间隙或装配过盈)，就是封闭环。

(2) 组成环。尺寸链中除封闭环以外的其他环。在零件加工或机器的装配过程中，直接获得的(直接保证) 并直接影响封闭环精度的尺寸。如图 11-1 中的 A_1，A_2，B_1，B_2，B_3 等都是组成环。组成环可分为增环和减环。

增环：与封闭环同向变动的组成环称为增环，即当该组成环尺寸增大(或减小) 而其他组成环尺寸不变时，封闭环的尺寸也随之增大(或减小)，如图 11-1 中的 A_2。

减环：与封闭环反向变动的组成环称为减环，即当该组成环尺寸增大(或减小) 而其他组成环尺寸不变时，封闭环的尺寸却随之减小(或增大)，如图 11-1 中的 A_1。

(3) 调整环。调整环是尺寸链中预先选定的某一组成环，可以通过改变其大小或位置，使封闭环达到规定的要求。

(4) 传递系数。传递系数是表示各组成环对封闭环影响的大小和方向的系数，用 ξ_i 表示

(下角标 i 表示为组成环的序号)。对于增环,ξ_i 为正值;对于减环,ξ_i 为负值。

2. 尺寸链的特征

(1) 封闭性。尺寸链的各个尺寸按一定的顺序首尾相连构成封闭的系统。

(2) 相关性。其中一个尺寸变动将影响其他尺寸变动。一般情况下各组成环之间是相互独立的,组成环与封闭环之间具有相关性,并且封闭环的尺寸精度必然低于组成环的尺寸精度。

11.1.3　尺寸链的分类

1. 按尺寸链的应用场合分

(1) 装配尺寸链。在机器的装配关系中,由有关零件的尺寸或相互位置关系所组成的尺寸链,称为装配尺寸链,如图 11-1(a) 所示。

(2) 零件尺寸链。由同一个零件的设计尺寸所形成的尺寸链,称为零件尺寸链,如图 11-1(b) 所示。

(3) 工艺尺寸链。在一个零件的加工过程中,由该零件的工艺尺寸所形成的尺寸链,称为工艺尺寸链,如图 11-1(c) 所示。

2. 按各环所处的空间位置分

(1) 直线尺寸链。全部组成环平行于封闭环的尺寸链称为直线尺寸链,如图 11-1(a)(b)(c) 所示均为直线尺寸链。直线尺寸链中增环的传递系数 $\xi_i=+1$,减环的传递系数 $\xi_i=-1$。

(2) 平面尺寸链。全部组成环位于一个或几个平行平面内,但某些组成环不平行于封闭环的尺寸链,如图 11-2 所示。

(3) 空间尺寸链。全部组成环位于几个不平行平面内的尺寸链称为空间尺寸链。

尺寸链中最常见的是直线尺寸链。平面尺寸链和空间尺寸链可通过坐标投影的方法转换为直线尺寸链。

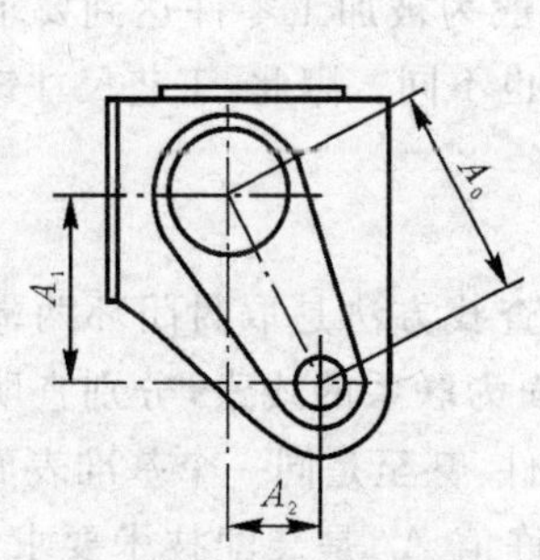

图 11-2　平面尺寸链

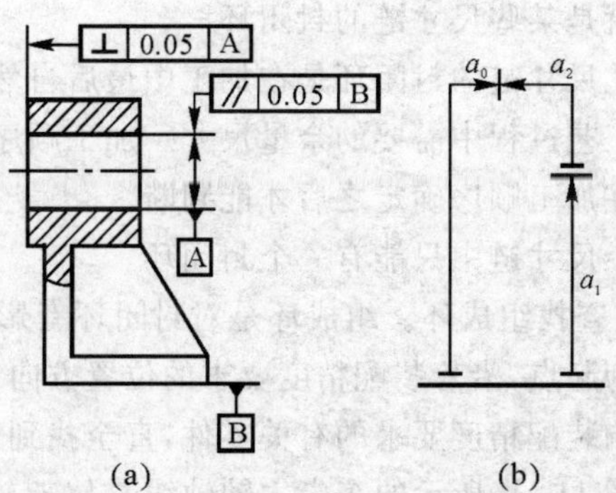

图 11-3　角度尺寸链

3. 按各环尺寸的几何特征分

(1) 长度尺寸链。尺寸链中各环均为长度尺寸,如图 11-1,图 11-2 所示。

(2) 角度尺寸链。尺寸链中各环均为角度尺寸,如图 11-3 所示。

角度尺寸链常用于分析和计算机械结构中有关零件要素的方向和位置精度,如平行度、垂直度和同轴度等。

本章重点讨论长度尺寸链中的线性尺寸链和装配尺寸链。

11.2 尺寸链的建立与应用

11.2.1 尺寸链的作用

在机械设计和制造中，通过尺寸链的分析和计算，主要解决以下几个问题：

(1) 合理地分配公差。根据封闭环所给定的公差与极限偏差，合理地分配和确定各组成环的公差和极限偏差。

(2) 检验结构设计的合理性。根据机器的装配精度要求，通过对装配尺寸链的计算，检验设计所确定的尺寸是否符合要求。

(3) 基准面换算。当按零件图样标注不便加工和测量时，可按尺寸链进行基面换算。

(4) 工序尺寸计算。根据零件封闭环和部分组成环的基本尺寸及极限偏差，确定某一组成环的基本尺寸及极限偏差。

11.2.2 尺寸链的建立

正确建立尺寸链是进行尺寸链计算的基础。当建立装配尺寸链时，应弄清产品有哪些技术规范或装配精度要求，对于每一个装配技术要求，通过装配关系的分析，都可查明其相应的装配尺寸链组成。当建立工艺尺寸链时，应该清楚各个尺寸的加工顺序，从而建立对应的尺寸链。建立尺寸链的具体步骤如下。

(1) 确定封闭环。装配尺寸链的封闭环是在装配之后形成的，往往是机器上有装配精度要求的尺寸，如保证机器可靠工作的相对位置尺寸或保证零件相对运动的间隙等。在着手建立尺寸链之前，必须查明机器装配和验收的技术要求中规定的所有几何精度要求项目，这些项目往往就是某些尺寸链的封闭环。

工艺尺寸链的封闭环是在加工中最后自然形成的环，一般为被加工零件达到要求的设计尺寸或工艺过程中需要的余量尺寸。加工顺序不同，封闭环也不同。因此，工艺尺寸链的封闭环必须在加工顺序确定之后才能判断。

一个尺寸链中只能有一个封闭环。

(2) 查找组成环。组成环是对封闭环有影响的尺寸，其查找方法是取封闭环两端的那两个零件为起点，沿着装配精度要求的位置方向，以装配基准面为联系的线索，分别查明装配关系中影响装配精度要求的有关零件，直至找到同一个基准零件，甚至是同一个基准表面为止。

如图 11-4 所示的车床主轴轴线与尾架轴线高度的允许值 A_0 是装配技术要求，为封闭环。组成环可从尾架顶尖开始查找，尾架顶尖轴线到底面的高度 A_1、与床面相连的底板的厚度 A_2、床面到主轴轴线的距离 A_3，最后回到封闭环 A_0。A_1，A_2 和 A_3 均为组成环。

当查找组成环时，应遵循最短尺寸链原则，选取组成环最少的那一个尺寸链。这是因为在封闭环精度要求一定的条件下，尺寸链中组成环的环数越少，则对组成环的精度要求就越低，从而降低产品的成本。

(3) 画尺寸链图。为了清楚表达尺寸链的组成，通常不需要画出零件的具体结构，也不必按照严格的比例，只须将链中各尺寸依次画出，形成封闭的图形即可，这样的图形称为尺寸链图，如图 11－5 所示。

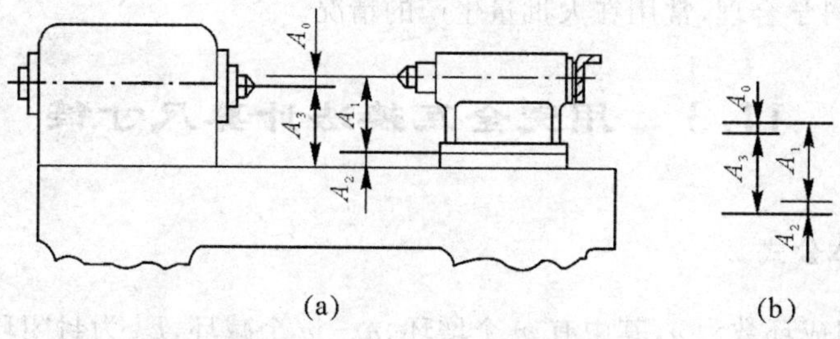

图 11－4　车床顶尖高度尺寸链

尺寸链的计算关键在于确定增环和减环，如图 11－5 所示，先给封闭环任意定个方向，然后像电流回路一样，给每一尺寸环画出箭头，凡箭头方向与封闭环一致的组成环为减环，与封闭环方向相反的组成环为增环。图中，A_2，A_3，A_4 和 A_5 为减环，A_1 为增环。

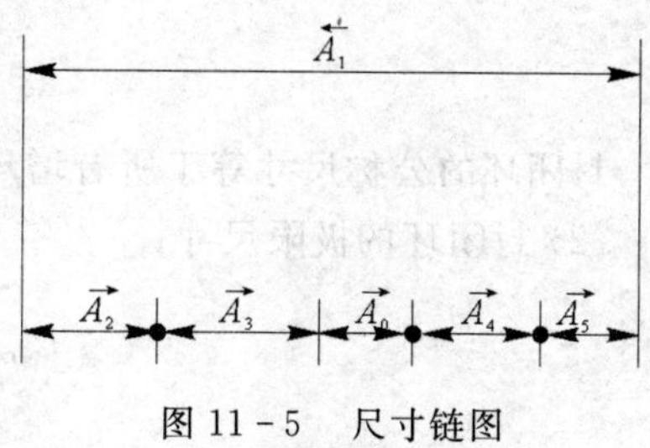

图 11－5　尺寸链图

11.2.3　尺寸链计算的类型和方法

1. 尺寸链计算的类型

尺寸链的计算是指计算封闭环与组成环的公称尺寸和极限偏差。尺寸链计算可分为以下两种。

(1) 设计计算。已知封闭环的极限尺寸和各组成环的公称尺寸，求各组成环的极限偏差。这类计算主要用在设计上，由设计人员根据机器的使用要求来分配各零件的公差，属于公差分配问题。

设计计算中，有时已知封闭环和某些组成环的公称尺寸和极限偏差，求某一个组成环的尺寸和极限偏差，该计算主要用于工艺尺寸链，如工序尺寸的确定、基准的转换等。

(2) 校核计算。已知各组成环的公称尺寸和极限尺寸，求封闭环的公称尺寸和极限尺寸。这类计算主要用来验算设计的正确性，由工艺人员根据工艺条件与现场获得的统计数据进行计算，属于公差控制问题。

2. 尺寸链计算的方法

(1) 完全互换法(极值法)。从尺寸链各环的上、下极限尺寸出发进行的尺寸链计算为完全互换法。该方法不考虑各环实际尺寸的分布情况。按此法计算出来的尺寸加工各组成环，装配时各组成环不需挑选或辅助加工，装配后即能满足封闭环的公差要求，实现完全互换。

完全互换法是尺寸链计算中最基本的方法。

(2) 大数互换法(概率法)。该法是以保证大数互换为出发点的计算方法。生产实践和大量统计资料表明，在大批量生产且工艺过程稳定的情况下，各组成环的实际尺寸趋近公差带中间的概率大，出现在极限值的概率小，增环与减环以相反极限值形成封闭环的概率就更小。所以，用完全互换法解尺寸链，虽然能实现完全互换，但往往是不经济的。

采用大数互换法，不是在全部产品中，而是在绝大多数产品中，装配时不需要挑选或修配，就能满足封闭环的公差要求，即保证大数互换。

按大数互换法，在相同封闭环公差条件下，可使组成环的公差扩大，从而获得良好的技术经济效益，也比较科学合理，常用在大批量生产的情况。

11.3 用完全互换法计算尺寸链

11.3.1 基本公式

设尺寸链的组成环数为 n，其中有 m 个增环、$n-m$ 个减环，L_0 为封闭环的公称尺寸，L_i 为组成环的公称尺寸，则对于直线尺寸链有如下公式。

(1) 封闭环的公称尺寸。

$$L_0 = \sum_{i=1}^{m} L_i - \sum_{i=m+1}^{n} L_i \tag{11-1}$$

封闭环的公称尺寸等于所有增环的公称尺寸之和减去所有减环的公称尺寸之和。

(2) 封闭环的极限尺寸。

$$L_{0\max} = \sum_{i=1}^{m} L_{i\max} - \sum_{i=m+1}^{n} L_{i\min} \tag{11-2}$$

$$L_{0\min} = \sum_{i=1}^{m} L_{i\min} - \sum_{i=m+1}^{n} L_{i\max} \tag{11-3}$$

封闭环上极限尺寸等于所有增环上极限尺寸之和减去所有减环下极限尺寸之和；封闭环下极限尺寸等于所有增环下极限尺寸之和减去所有减环上极限尺寸之和。

(3) 封闭环的极限偏差。将式(11-2)、式(11-3)分别减去式(11-1)，得封闭环的上、下极限偏差：

$$\mathrm{ES}_0 = \sum_{i=1}^{m} \mathrm{ES}_i - \sum_{i=m+1}^{n} \mathrm{EI}_i \tag{11-4}$$

$$\mathrm{EI}_0 = \sum_{i=1}^{m} \mathrm{EI}_i - \sum_{i=m+1}^{n} \mathrm{ES}_i \tag{11-5}$$

封闭环的上极限偏差等于所有增环上极限偏差之和减去所有减环下极限偏差之和；封闭环的下极限偏差等于所有增环下极限偏差之和减去所有减环上极限偏差之和。

(4) 封闭环的公差。将式(11-5) 减式(11-4)，得封闭环公差 T_0 与各组成环公差 T_i 的关系为

$$T_0 = \sum_{i=1}^{m} T_i + \sum_{i=m+1}^{n} T_i = \sum_{i=1}^{n} T_i \tag{11-6}$$

封闭环公差等于所有组成环公差之和。由此可见，尺寸链各环公差中，封闭环的公差最大，是尺寸链中精度最低的环。

11.3.2 设计计算

设计计算是根据封闭环的极限尺寸和组成环的公称尺寸确定各组成环的公差和极限偏差，最后再进行校核计算。

当具体分配各组成环的公差时，可采用等公差法或等公差等级法将封闭环的公差分配给

各组成环，并确定组成环的极限偏差。

当各环的公称尺寸相差不大时，可将封闭环的公差平均分配给各组成环。如果需要，可在此基础上进行必要的调整，这种方法称为等公差法。即

$$T_i = \frac{T_0}{n} \tag{11-7}$$

实际工程中，各组成环的公称尺寸一般相差较大，按等公差法分配公差，从加工工艺上讲不合理。为此，可采用等公差等级法。等公差等级法就是各组成环公差等级相同，即各组成环公差等级系数相等，设其值均为 a，则

$$a_1 = a_2 = a_3 = a_4 = \cdots = a_n = a$$

由第 2 章的知识可知，各环的公差值为 $T_j = ai_j$，代入式(11-6) 可得

$$a = \frac{T_0}{\sum_{j=1}^{n} i_j} \tag{11-8}$$

式中　i_j—— 各组成环的公差因子；

n—— 组成环的个数。

求出公差等级系数 a 后，查表 2-3 可确定各组成环的公差等级，再查表 2-1 得到各组成环的公差，通过适当的调整，使之满足各组成环公差之和不大于封闭环的公差。

各组成环公差带的分布，一般按照入体原则确定其极限偏差，即对于包容尺寸(内尺寸)按下极限偏差为零，上极限偏差为正的公差值；对于被包容尺寸(外尺寸) 按上极限偏差为零，下极限偏差为负的公差值；一般长度尺寸的极限偏差按偏差对称原则即按 JS(js) 配置。

进行设计计算时，最后必须进行校核，以保证设计的正确性。

【例 11-1】　如图 11-6 所示的齿轮机构尺寸链，已知各组成环公称尺寸分别为 $L_1 = 35$，$L_2 = 14$，$L_3 = 49$。要求装配后齿轮右端的间隙在 0.1 ～ 0.35 之间。试用完全互换法的等公差法计算尺寸链，确定各组成环的极限偏差。

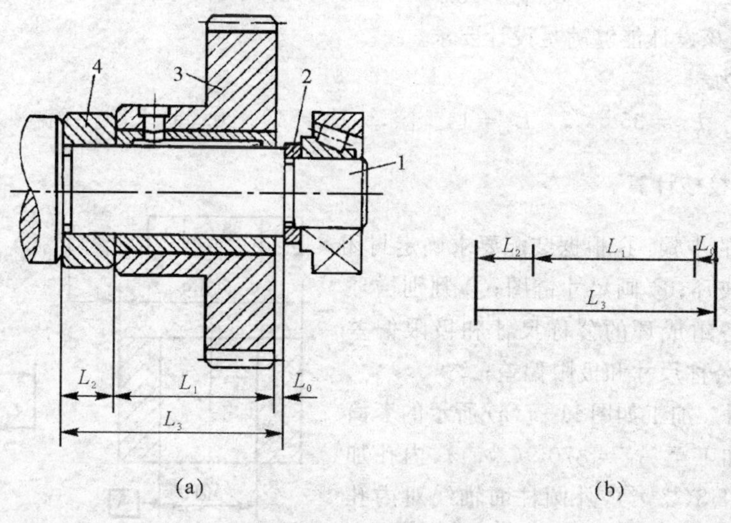

图 11-6　齿轮机构的尺寸链

1— 轴；2— 挡圈；3— 齿轮；4— 轴套

【解】 (1) 由于间隙 L_0 是装配后得到的，故为封闭环；尺寸链图如图 11-6(b) 所示，其中 L_3 为增环，L_1 和 L_2 为减环。

(2) 计算封闭环公称尺寸及偏差。$L_0 = L_3 - (L_1 + L_2) = 0$，故封闭环的尺寸为 $0^{+0.35}_{+0.10}$，其公差 $T_0 = 0.35 - 0.10 = 0.25$。

(3) 计算各组成环的公差。按式(11-7) 计算各组成环的平均公差为

$$T_{av} = T_0/3 = 0.25/3 = 0.083$$

考虑到各组成环的公称尺寸的大小及加工工艺各不相同，故各组成环的公差应在平均公差数值的基础上作适当调整。因为尺寸 L_1 和 L_3 在同一尺寸分段内，平均公差数值接近 IT10 级，所以，根据标准公差表可取

$$T_1 = T_3 = 0.10(\text{IT10})$$

由式(11-6) 得

$$T_2 = T_0 - T_1 - T_3 = 0.25 - 0.10 - 0.10 = 0.05(\text{接近 IT9})$$

(4) 确定各组成环的极限偏差。尺寸链中的各组成环的极限偏差按入体原则配置，即对于内尺寸按 H 配置，对外尺寸按 h 配置；一般长度尺寸的极限偏差按偏差对称原则，即按 JS(js) 配置。即 $L_1 = 35^{\ 0}_{-0.10}(35\text{h10})$，$L_3 = 49 \pm 0.05(49\text{JS10})$，留 L_2 为调整环。

根据式(11-4) 有

$$+0.35 = +0.05 - (-0.10 + \text{EI}_2)$$

解得

$$\text{EI}_2 = -0.20$$

因为 $T_2 = 0.05$，所以 $L_2 = 14^{-0.15}_{-0.20}$。

如果要求将组成环 L_2 的公差带标准化，可以选用 14b9，即

$$L_2 = 14^{-0.150}_{-0.193}(14\text{b9})$$

(5) 按式(11-2)、式(11-3) 核算封闭环的极限尺寸，有

$$L_{0\max} = 49.05 - (34.9 + 13.807) = 0.343$$

$$L_{0\min} = 48.95 - (35 + 13.85) = 0.1$$

由此可见，该设计能够满足设计要求。

最后结果为

$$L_1 = 35^{\ 0}_{-0.12},\quad L_2 = 14^{-0.150}_{-0.193},\quad L_3 = 49 \pm 0.05,\quad L_0 = 0^{+0.35}_{+0.10}$$

11.3.3 校核计算

校核计算的步骤：① 根据装配要求确定封闭环；② 寻找组成环；③ 画尺寸链图；④ 判别增环和减环；⑤ 由各组成环的公称尺寸和极限偏差验算封闭环的公称尺寸和极限偏差；

【例 11-2】 加工如图 11-7(a) 所示的套筒时，外圆柱面加工至 $A_1 = \phi 70\text{f9}(^{-0.030}_{-0.101})$，内孔加工至 $A_2 = \phi 50\text{H8}(^{+0.046}_{\ 0})$，外圆柱面轴线对内孔轴线的同轴度公差为 $\phi 0.02$。试计算该套筒壁厚尺寸的变动范围。

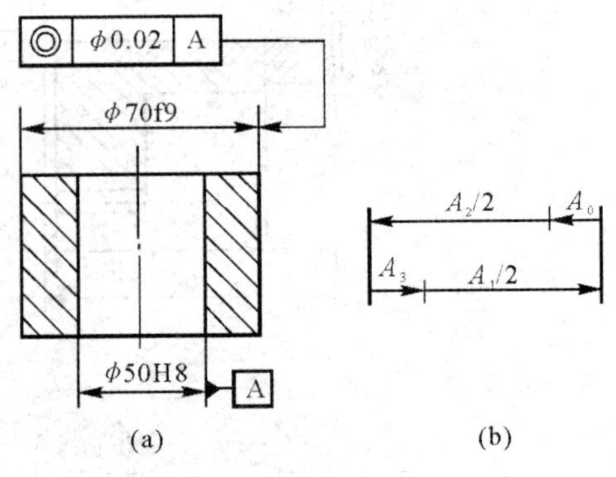

图 11-7 套筒的零件尺寸链

【解】 (1) 建立尺寸链。由于套筒具有对

称性，因此在建立尺寸链时，尺寸 A_1 和 A_2 均取半值。尺寸链图如图 11-7(b) 所示，封闭环为壁厚 A_0，组成环为 $A_2/2=25^{+0.023}_{0}$（减环），$A_1/2=35^{-0.015}_{-0.052}$（增环）和同轴度公差 $A_3=0\pm0.01$（增环）。

(2) 计算封闭环的极限尺寸。按式(11-1)、式(11-2) 和式(11-3) 分别计算封闭环的公称尺寸和上、下极限尺寸。

公称尺寸为

$$A_0=(A_1/2+A_3)-A_2/2=35+0-25=10$$

上极限尺寸为

$$A_{0\max}=(A_{1\max}/2+A_{3\max})-A_{2\min}/2=34.985+0.01-25=9.995$$

下极限尺寸为

$$A_{0\min}=(A_{1\min}/2+A_{3\min})-A_{2\max}/2=34.948-0.01-25.023=9.915$$

因此，封闭环 $A_0=10^{-0.005}_{-0.085}$，套筒壁厚尺寸的变动范围为 9.915 ～ 9.995。

11.4　用大数互换法计算尺寸链

在机械加工过程中，由于存在各种因素及加工条件的不同，组成环的实际尺寸为随机变量，并且表现为不同的概率分布。因此，可用大数互换法(统计法) 解尺寸链。

大数互换法是指在产品装配过程中，各组成环既不需要挑选，也不需要改变其大小或位置，而装配后能使绝大多数的配合达到封闭环公差要求的尺寸链计算方法。这种方法是以一定置信概率(99.73%) 为依据的，可以假设各组成环实际尺寸的获得相互无关，他们皆为独立随机变量，各按一定的规律分布，因此它们形成的封闭环也是随机变量，按某一规律分布。

11.4.1　基本公式

(1) 封闭环的公称尺寸。封闭环的公称尺寸计算公式与式(11-1) 相同。

(2) 封闭环的公差。按照独立随机变量合成规律，各组成环(独立随机变量) 的标准偏差 σ_i 与封闭环的标准偏差 σ_0 的关系为

$$\sigma_0=\sqrt{\sum_{i=1}^{n}\sigma_i^2} \tag{11-9}$$

如果各组成环实际尺寸的分布都服从正态分布，且分布范围与公差带宽度一致，分布中心与公差中心重合(见图 11-8)，则封闭环实际尺寸的分布也服从正态分布，因此各组成环公差 T_i 和封闭环公差 T_0 与标准偏差的关系为

$$T_i=6\sigma_i$$

$$T_0=6\sigma_0$$

将上两式代入式(11-9)，得

$$T_0=\sqrt{\sum_{i=1}^{n}T_i^2} \tag{11-10}$$

(3) 封闭环的中间偏差和极限偏差。由图11-8 可知，尺寸链中任何一环的公称尺寸的中间偏差 Δ 为

$$\Delta=(\mathrm{ES}+\mathrm{EI})/2 \tag{11-11}$$

中间偏差、极限偏差、公差的关系为

$$ES = \Delta + \frac{T}{2} \qquad (11-12)$$

$$EI = \Delta - \frac{T}{2} \qquad (11-13)$$

将式(11-2)和式(11-3)相加除以2,可得封闭环的中间尺寸为

$$L_{0中} = \sum_{i=1}^{m} L_{i中} - \sum_{i=m+1}^{n} L_{i中} \qquad (11-14)$$

即封闭环的中间尺寸等于所有增环中间尺寸之和减去所有减环中间尺寸之和。

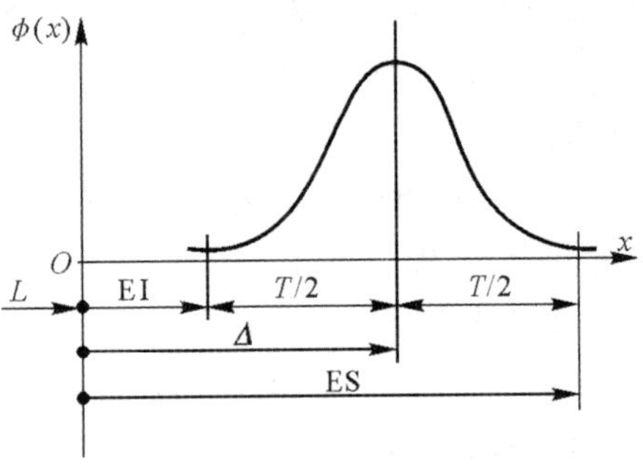

图 11-8　极限偏差与中间偏差、公差的关系

式(11-14)减去式(11-1)得到封闭环的中间偏差 Δ_0,即

$$\Delta_0 = \sum_{i=1}^{m} \Delta_i - \sum_{i=m+1}^{n} \Delta_i \qquad (11-15)$$

用大数互换法计算尺寸链的步骤与完全互换法相同,只是某些计算公式不同。

11.4.2　设计计算

用大数互换法解尺寸链的设计计算和完全互换法的方法、步骤基本相同,其目的仍是如何把封闭环的公差分配到各组成环上,其方法也有等公差法和等公差等级法两种。

当采用等公差法时,各组成环的公差相等,即 $T_1 = T_2 = \cdots = T_n = T$,代入式(11-10),可得各组成环的平均公差 T

$$T = \frac{T_0}{\sqrt{n}} \qquad (11-16)$$

然后,在此基础上调整各组成环的公差。调整后的各组成环公差应满足下列条件:

$$\sqrt{\sum_{i=1}^{n} T_i^2} \leqslant T_0$$

当采用等公差等级法时,同样由式(11-10)可得到各组成环的公差等级系数,即

$$a = \frac{T_0}{\sqrt{\sum_{j=1}^{n} i_j^2}} \qquad (11-17)$$

【例 11-3】　用大数互换法求解例 11-1,如图 11-6 所示。假设各组成环的分布皆服从正态分布,且分布中心与公差中心重合,分布范围与公差范围相同。

【解】　由例 11-1 可知,封闭环的极限尺寸为 $0_{+0.10}^{+0.35}$。

(1) 确定各组成环的公差。按式(11-16)计算各组成环的平均公差为

$$T = T_0 / \sqrt{n} = 0.25 / \sqrt{3} = 0.144$$

然后调整各组成环的公差。尺寸 L_1 和 L_3 在同一尺寸分段内,平均公差值接近 IT11,所以取

$$T_1 = T_3 = 0.16(\text{IT11})$$

由式(11-10)得

$$T_2 = \sqrt{T_0^2 - T_1^2 - T_3^2} = \sqrt{0.25^2 - 0.16^2 - 0.16^2} = 0.11(\text{IT11})$$

(2) 确定各组成环的极限偏差。由组成环 L_1 和 L_3 的公差 T_1 和 T_3,按偏差入体原则和偏

差对称原则分别确定这两组成环的上、下极限偏差为

$$ES_1 = 0,\quad EI_1 = -0.16;\quad ES_3 = +0.08,\quad EI_3 = -0.08$$

因此，它们的极限尺寸分别为

$$L_1 = 35_{-0.16}^{\ 0},\quad L_3 = 49 \pm 0.08$$

组成环 L_1 和 L_3 的极限偏差确定后，计算剩下一个组成环的极限偏差：封闭环 L_0 和组成环 L_1，L_3 的中间偏差分别为 $\Delta_0 = +0.225$ 和 $\Delta_1 = -0.08$，$\Delta_3 = 0$。

由式(11-15)得

$$\Delta_2 = \Delta_3 - \Delta_1 - \Delta_0 = 0 - (-0.08) - 0.225 = -0.145$$

按式(11-12)和式(11-13)计算出组成环 L_2 的上、下极限偏差为

$$ES_2 = \Delta_2 + T_2/2 = -0.145 + 0.11/2 = -0.09$$

$$EI_2 = \Delta_2 - T_2/2 = -0.145 - 0.11/2 = -0.20$$

因此，组成环 L_2 的极限尺寸为

$$L_2 = 14_{-0.20}^{-0.09}$$

本例与例 11-1 比较，在封闭环公差相同的情况下，采用大数互换法计算得到的组成环平均公差是完全互换法计算得到的平均公差的 1.74 倍，降低了加工成本，而实际加工出不合格零件的可能性很小(0.27%)，可以获得明显的经济效益。

11.4.3　校核计算

采用大数互换法进行校核计算的步骤与完全互换法相同，区别在于封闭环的公差及封闭环极限偏差的计算方法不同。封闭环的公差采用式(11-10)计算，而不是等于组成环公差的简单相加；封闭环极限偏差的计算是在计算出封闭环中间偏差后，加减封闭环公差的半值得到的。

【例 11-4】　用大数互换法求解例 11-2(见图 11-7)。假设各组成环的分布皆服从正态分布，且分布中心与公差中心重合，分布范围与公差范围相同。

【解】　公称尺寸的计算方法与例 11-2 相同。

(1) 计算封闭环公差为

$$T_0 = \sqrt{\sum_{i=1}^{n} T_i^2} = \sqrt{(T_1/2)^2 + (T_2/2)^2 + (T_3)^2} = \sqrt{0.035^2 + 0.023^2 + 0.02^2} \approx 0.046$$

(2) 计算封闭环的中间偏差。因为

$$\Delta_1 = -0.033\,5,\quad \Delta_2 = +0.011\,5,\quad \Delta_3 = 0$$

所以

$$\Delta_0 = \Delta_1 + \Delta_3 - \Delta_2 = -0.033\,5 + 0 - (+0.011\,5) = -0.045$$

(3) 计算封闭环的上、下极限偏差为

$$ES_0 = \Delta_0 + T_0/2 = -0.045 + 0.023 = -0.022$$

$$EI_0 = \Delta_0 - T_0/2 = -0.045 - 0.023 = -0.068$$

因此，封闭环 $A_0 = 10_{-0.068}^{-0.022}$，套筒壁厚的变化范围为 9.932 ~ 9.978。

11.5　保证装配精度的其他方法

当机械产品的装配精度要求很高时，即使按大数互换法进行尺寸链计算，各组成环的公差

值仍然很小，使加工成本较高，甚至无法加工。因此，在既保证零件有较大的加工公差、降低加工难度的同时，又能保证高的装配精度要求的情况下，可采用分组互换法、调整法和修配法等其他方法。

11.5.1 分组互换法

分组互换法是先按完全互换法求出各组成环的公差值和极限偏差，然后把组成环的公差扩大 N 倍，使之达到经济加工精度要求，按完工后零件实际尺寸分成 N 组，装配时根据“大配大、小配小”的原则，按对应组进行装配，以满足封闭环要求。

采用分组法装配，必须保证分组后各组的配合性质、精度与原来的设计要求相同；分组数不宜过多，一般为 2 ～ 4 个。尺寸公差只要放大到经济加工精度即可。分组过多不仅增加了检测费用，同时分组法装配仅组内零件可以互换，由于零件尺寸分布不均匀，因此可能在某些组内剩下多余零件，造成浪费。

分组装配法一般适用于大批量生产中的精度要求高、零件形状简单易测，且组成环数量少的情况。

例如，设公称尺寸为 $\phi18$ 的孔、轴配合，间隙要求为 3 ～ 8 μm，即封闭环的公差 $T_0=5$ μm，若按完全互换法，则孔、轴的制造公差只能为 2.5 μm。

若采用分组互换法，将孔、轴的制造公差扩大 4 倍，公差为 10 μm，将完工后的孔、轴按实际尺寸分为 4 组，按对应组进行装配，各组的最大间隙均为 8 μm，最小间隙为 3 μm，故能满足要求，如图 11 - 9 所示。

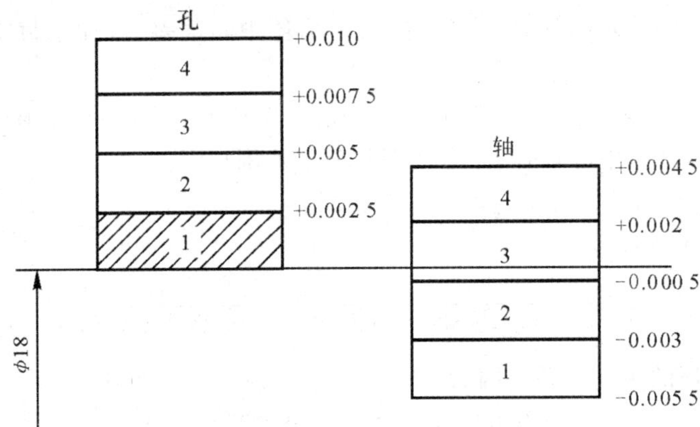

图 11 - 9 分组互换法

11.5.2 调整法

调整法装配是将各组成环按经济加工精度制造，装配时，在组成环中选择一个作为调整环，通过调整的方法改变其尺寸大小或位置，使封闭环的公差和极限偏差达到要求。

常用的调整环分为以下两种。

1. 固定调整环

在尺寸链中选择一个合适的组成环作为调整环（如垫片、垫圈或轴套等）。调整环可根据需要按尺寸大小分为若干组，装配时，从合适的尺寸组中取一调整环，装入尺寸链中预定的位置，使封闭环达到规定的技术要求。如图 11－10(a) 所示，两固定调整环用于使锥齿轮处于正确啮合位置。装配时，根据所测的实际间隙选择合适的调整垫片作为调整环，使间隙达到要求。

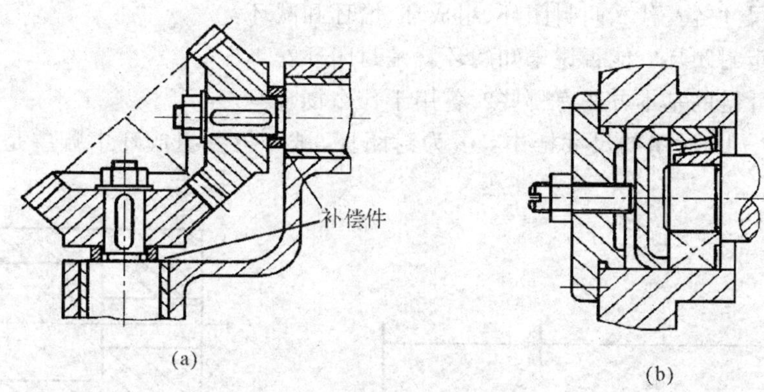

图 11－10　调整法保证装配精度

(a) 固定调整环；(b) 可动调整环

2. 可动调整环

装配时调整可动调整环的位置以达到封闭环的精度要求。这种调整环在机械设计中应用很广，结构形式很多，例如机床中常用的镶条、调节螺旋副等可动调整环对导轨间隙进行调整。如图 11－10(b) 所示，用螺钉来调整滚动轴承外圈相对于内圈的位置。

调整法装配放宽了组成环的加工公差，易于加工，且可以得到很高的装配精度，便于流水线生产。在使用过程中可以根据需要调整补偿环的位置或更换补偿环，使机器恢复原有的精度。

调整法装配一般适用于装配精度要求较高或使用过程中某些零件的尺寸会发生变化的情况。

11.5.3　修配法

修配法是将各组成环按经济加工精度制造，在组成环中选择一个作为修配环，并预留修配量。装配时，通过修配的方法改变其尺寸，使封闭环达到公差和极限偏差的要求。

如图 11－4 所示，将 A_1，A_2 和 A_3 的公差放大到经济可行的程度，为保证主轴和尾架等高性的要求，选择面积最小、质量最轻的尾架底座 A_2 为补偿环，装配时通过对 A_2 环的辅助加工（如铲、刮等）切除少量材料，以抵偿封闭环上产生的累积误差，满足 A_0 要求。

修配环绝不能选择各尺寸链的公共环，因对其修配会影响其他尺寸链的封闭环精度。

修配环须预留的修配余量为

$$T_K = \sum_{i=1}^{n} T_i - T_0 \tag{11-18}$$

式中　T_i—— 按经济加工精度给定的各组成环的公差值。

修配装配法与调整法装配相似，只是改变补偿环尺寸的方法不同。调整法是通过改变调整环的尺寸大小或位置的方法来保证装配精度的；修配法是从作为修配环的零件上去除一层材料来保证装配精度的。

实训习题与思考题

1. 什么叫尺寸链？什么叫封闭环、组成环、增环和减环？

2. 如何确定封闭环？能否说未知的环就是封闭环？

3. 求解尺寸链的基本方法有哪些？各用于什么场合？

4. 如图 11－11 所示的尺寸链中，A_0 为封闭环，试分析各组成环中哪些是增环，哪些是减环。

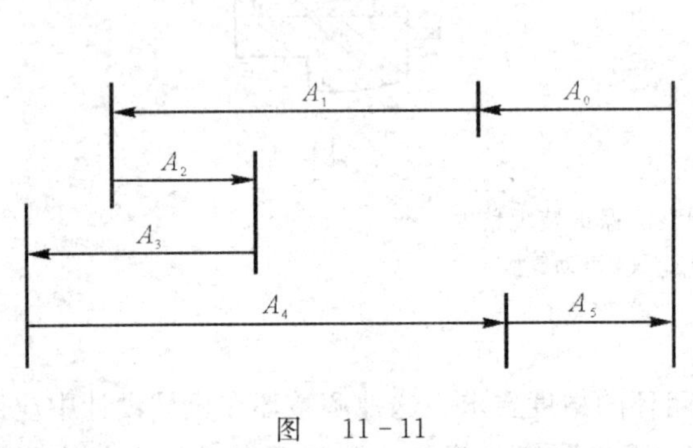

图　11－11

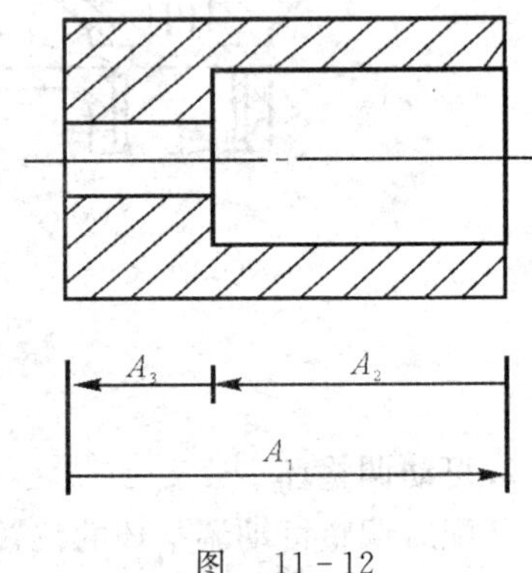

图　11－12

5. 如图 11－12 所示，要保证尺寸 $A_3=10_{-0.36}^{\ 0}$，已知 $A_1=50_{-0.06}^{\ 0}$，求镗孔深度 A_2。

6. 如图 11－13 所示为某齿轮和轴的部件装配图。为便于卡圈的装卸，又不至于使齿轮在轴上有过大的轴向游动，要求装配间隙 N 在 0.1～0.5 范围内，设计时初步确定有关尺寸和极限偏差为 $A_1=40_{\ 0}^{+0.16}$，$A_2=38_{-0.15}^{\ 0}$，$A_3=2_{-0.18}^{-0.10}$，试用完全互换法验算这些尺寸及极限偏差是否正确。

7. 图 11－14 所示部件结构图，若要求保证活塞杆移动范围为 $300_{-0.17}^{+0.14}$，且已知各有关零件尺寸为 $A_1=350$，$A_2=10$，$A_3=60$，$A_4=15$，$A_5=5$，使用完全互换法确定有关零件尺寸的极限偏差。

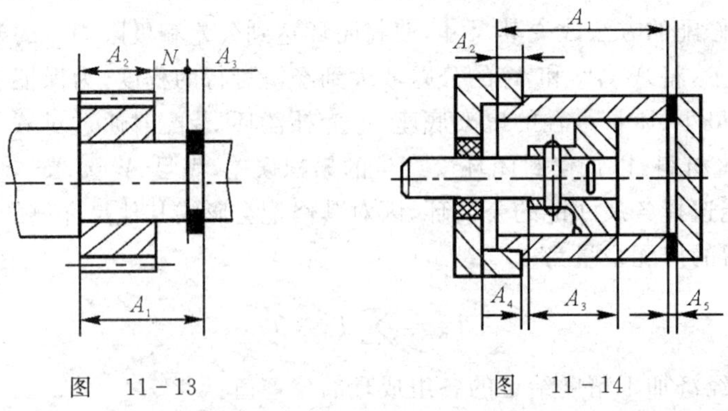

图　11－13　　　　图　11－14

8. 如图 11－15 所示的链轮部件及其支架，要求装配后轴间间隙 $A_0=0.2$～0.5，试按大数互换法决定各零件有关尺寸的公差与极限偏差。

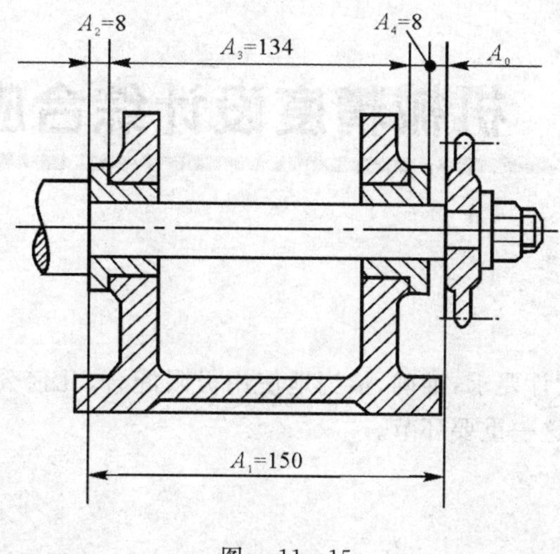

图　11-15

第 12 章　机械精度设计综合应用实例

学习目标

如何根据机械精度设计要求，准确、恰当地使用极限配合、几何公差及表面粗糙度各精度项目，完成机械精度设计这一重要环节。

案例导入

本章将分析几个实际案例，综合机械设计时的精度要求，选择、协调极限配合、几何公差以及表面粗糙度各项，完成机械精度设计任务。通过案例分析，总结出适合一般机械精度设计的方法。

【案例 1－1】【案例 12－1】　装配图精度设计。

【解题思路】　通过分析机械的使用要求，找出影响精度的各种配合因素，确定配合尺寸选择的顺序。按主要尺寸配合到次要尺寸配合的顺序确定配合关系。具体设计实例及其求解过程见 12.2 节。

【案例 12－2】【案例 12－3】　零件图精度设计。

【解题思路】　结合装配图配合要求，以工作尺寸→定位尺寸→其他尺寸顺序进行精度选择。对零件各部分精度项目按尺寸公差→几何公差→表面粗糙度顺序进行精度设计。具体设计实例及其求解过程见 12.3 节。

知识要点

理解极限配合体系的特点；掌握尺寸公差、几何公差和表面粗糙度的使用方法；能够综合运用本课程的知识进行机械精度设计。

12.1　概　　述

机械精度设计是机器设计的重要一环。不管设计的是复杂精密的飞机、火箭，还是如减速器这类比较简单的机械，都需要考虑原理概念设计、结构工艺设计以及精度设计。当进行精度设计时，不仅需要考虑如何实现机械的功能需求，而且还要考虑它能否按要求制造出来。现实中百分之百精确的机械是不可能实现的。精度设计的任务就是如何使用有关极限配合、几何公差、表面粗糙度等项目，表达对机械的各部分进行制造时的允许差，从而制造出满足各项性能指标的机械。

精度设计也是机械设计及制造中的一个重要阶段，需要根据机械的性能及工作精度要求，统一采用标准的形式，以体现出设计者对机械零部件之间的结合要求，以及对零部件各处的尺寸、几何形状、表面微观质量的控制要求。我们知道，极限配合与公差用于装配图设计，它表示的内容是零部件配合的性质及装配质量；几何公差用于零件图设计时，它表示的内容是单个零件的几何形状及位置精度；而表面粗糙度可在图中表示零件的表面微观几何量要求。

当进行精度设计时，为了准确、完整、恰当表达设计者的精度要求，一般需要遵循以下原则：

1. 重点性原则

精度分配要根据设计时的性能指标和工作精度，突出重点部分、重要尺寸，主次分明。设计时优先保证决定机械性能及工作精度的主要部件尺寸，这有利于精度表示的清晰性。设计时可以确保设计的机械性能指标实现，制造时技术人员抓住重点，集中注意力解决制造技术问题。如上面的减速器实例，首先应考虑的是齿轮的正确啮合及工作精度要求。

2. 均衡性原则

精度设计时，各部件及其尺寸、精度等级不可忽大忽小，或者等级相差很大。若使用要求相差不大，确定各处的精度及配合就不应有太大的差别，一般相差 1～2 级即可。这种分配有利于控制制造成本，并且制造精度容易保证。如上面实例 12－1 中两种轴承的选用，其精度等级和配合性质就基本相同。

3. 完整性原则

在精度设计中，对于影响机械性能及工作精度不大的部件及尺寸，可以不给出具体的公差和配合要求，但对于那些影响机械性能及工作精度的部件及尺寸，一定不能遗漏，否则会造成设计缺陷。

12.2　装配图中的精度设计

12.2.1　装配图中极限公差与配合确定的方法及原则

1. 精度设计中极限配合的选用方法

装配图中的配合关系在图纸设计中占有较为重要的地位。一般来说，装配图除了标明各部件的位置关系和结构外，很重要的一点，就是确定各零部件之间的配合关系，特别是决定机械工作精度及性能方面的尺寸，要注意标明它们之间的配合关系。否则，机械的性能是无法保证的。

当进行装配图设计时，确定极限公差与配合的方法有类比法、计算法和试验法。计算法和试验法是通过计算或者试验的手段，确定出配合关系的方法，它具有可靠、精确、科学的特点，但是须花费大量的费用和时间，不太经济。类比法是根据零部件的使用情况，参照同类机械已有配合的经验资料确定配合的一种方法。其基本点是统计调查，调查同类型相同结构或类似结构零部件的配合及使用情况，再进行分析类比，进而确定其配合。

类比法简单易行，所选配合注重于继承过去设计及制造的实际经验，而且大都经过了实际验证，可靠性高，又便于产品系列化、标准化生产，工艺性也较好。由于以上的优点，在极限配合的确定上一直以此作为一种行之有效的方法。当前，这种方法仍是机械设计与制造的主要方法。本章讨论如何使用类比法进行精度设计。

2. 精度设计中极限配合与公差的选用原则

首先回顾一下前面章节所述的极限配合与公差的使用原则：

(1)在一般情况下,优先选用基孔制的配合,其轴的公差等级应比相应的孔的等级高一级。

(2)当零部件与标准件配合时,以标准件为配合基准;当标准件为轴类时,按基轴制配合,当标准件为孔类时,就按基孔制配合。例如零件与滚动轴承的配合关系。

(3)对于多孔与同一轴配合,且轴为同一公称尺寸时,宜选基轴制配合。

(4)对公称尺寸为大尺寸之间的配合,可按基孔制配合,也可按基轴制配合。

(5)对于不须标注配合的孔轴部分,按基孔制配合对待。

(6)孔轴的公差等级还应考虑配合性质,是间隙配合还是过渡配合、过盈配合。在同样情况下,过渡配合、过盈配合应比间隙配合公差等级高。

在装配图精度设计中,公差与配合与机械的工作精度及使用性能要求密切相关。公差与配合的选用需要对设计制造的技术可行性和制造的经济性两者进行综合考虑,选用原则上要求保证机械产品的性能优良,制造上经济可行。也就是说,公差与配合,即精度要求的确定应使机械的使用价值与制造成本综合效果达到最好。因此说,选择的好坏将直接影响机械性能、寿命及成本。

例如,仅就加工成本而言,对某一零件,当公差为 0.08 时,用车削就可达到要求;若公差减小到 0.018 时,则车削后还需增加磨削工序,相应成本将增加 25%;当公差减小到只有 0.005 时,则需按车一磨一研磨工序加工,其成本是车削时的 5～8 倍。由此可见,在满足使用性能要求前提下,不可盲目地提高机械精度。

公差与配合的选用应遵守有关公差与配合标准。国家标准所制定的极限配合与公差、几何公差、表面粗糙度,是一种科学的机械精度表示方法,它便于设计和制造,可满足一般精度设计的选择要求。在精度设计时,应经过分析类比,按标准选择各精度参数。

12.2.2 精度设计中的误差影响因素

当实际设计时,对影响配合的因素是比较难于定量确定的,一般从如下几方面综合考虑。

1.热变形影响

国标中的极限与配合中的数值均为标准温度为+20℃时的值。当工作温度不是+20℃,特别是孔、轴温度相差较大或采用不同线胀系数的材料时,应考虑热变形的影响。这对于在低温或高温下工作的机械尤为重要。

【案例 12-1】 铝制活塞与钢制缸体的配合,其基本尺寸为 $\phi150$。工作温度:缸体为 $t_H=120℃$,活塞为 $t_s=185℃$;线胀系数:缸体为 $\alpha_H=12\times10^{-6}(1/℃)$,活塞为 $\alpha_s=24\times10^{-6}(1/℃)$。要求工作时,间隙量保持在 1～0.3 内。试选择配合。

【解】 工作时,由于热变形引起的间隙量的变化为

$$\delta=150\times[12\times10^{-6}\times(120-20)-24\times10^{-6}\times(185-20)]=-0.414$$

装配时间隙量应为

$$\delta_{min}=0.1+0.414=0.514$$

$$\delta_{max}=0.3+0.414=0.714$$

按要求的最小间隙和最大间隙,选择基本偏差为 $a=-520\ \mu m$。

$$T_f=0.3-0.1,\quad T_f=T_H+T_s$$

公差分配按

$$T_H=T_s=100\ \mu m$$

查公差表取精度为 IT9,得配合为 $\phi150H9/a9$,$\delta_{min}=0.52$,$\delta_{max}=0.72$。

2. 尺寸分布的影响

尺寸分布与加工方式有关。一般大批量生产或用数控机床自动加工时，多用调整法加工，尺寸分布可接近正态分布。而正态分布往往靠近对刀尺寸，这个尺寸一般在公差带的平均位置上，如图 12－1(a) 所示；而单件小批量生产，则采用的试切法加工，加工者加工出的孔、轴尺寸，其分布中心多偏向最大实体尺寸，如图 12－1(b) 所示。因此，对同一配合，是用调整法加工还是用试切法加工，其实际的配合间隙或过盈有很大的不同，后者往往比前者紧得多。

例如，某单位按国外图纸生产铣床，原设计规定齿轮孔与轴的配合用 ϕ50H7/js6，生产中装配工人反映配合过紧而装配困难，而国外样机此处配合并不过紧，装配时也不困难。从理论上说，这种配合平均间隙为＋0.013 5，获得过盈的概率只有千分之几，应该不难装配。分析后发现，由于生产时用试切法加工，其平均间隙要小得多，甚至基本都是过盈。此后，将配合调整为 ϕ50H7/h6，则配合得很好，装配也较容易。

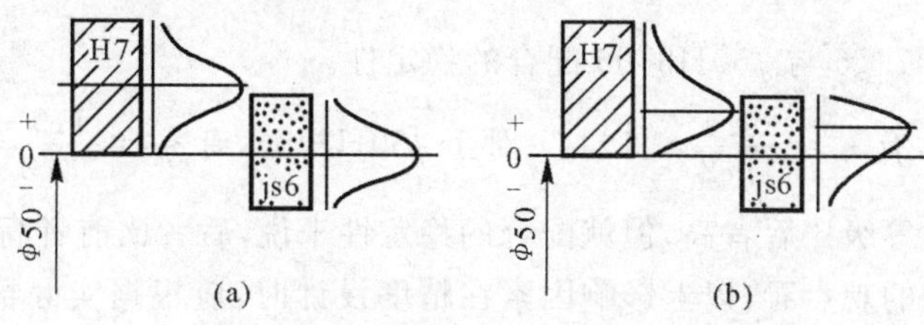

图 12－1　尺寸分布特性对配合的影响

(a) 调整法加工的尺寸分布；(b) 试切法加工的尺寸分布

3. 装配变形

在机械结构中，常遇到套筒变形问题。如图 12－2 所示结构，套筒外表面与机座孔的配合为过渡配合 ϕ70H7/m6，套筒内表面与轴的配合为间隙配合 ϕ60H7/f7。由于套筒外表面与机座孔的配合有过盈。当套筒压入机座孔后，套筒内孔即收缩，直径变小。当过盈量为 0.03 时，套筒内孔可能收缩 0.045，若套筒内孔与轴之间原有最小间隙为 0.03。则由于装配变形，此时将有 0.015 的过盈量，不仅不能保证配合要求，甚至无法自由装配。

一般装配图上规定的配合应是装配以后的要求，因此，对有装配变形的套筒这类零件，在绘图时，应对公差带进行必要的修正。例如，将内孔公差带上移，使孔的尺寸加大，或用工艺措施保证。若装配图上规定的配合是装配以前的，则应将装配变形的影响考虑在内，以保证装配后达到设计要求。本例就可在零件图中将套筒内孔 $\phi60H7(^{+0.030}_{0})$ 的公差带上移＋0.045，变为 $\phi60(^{+0.075}_{+0.045})$，即可满足设计要求。

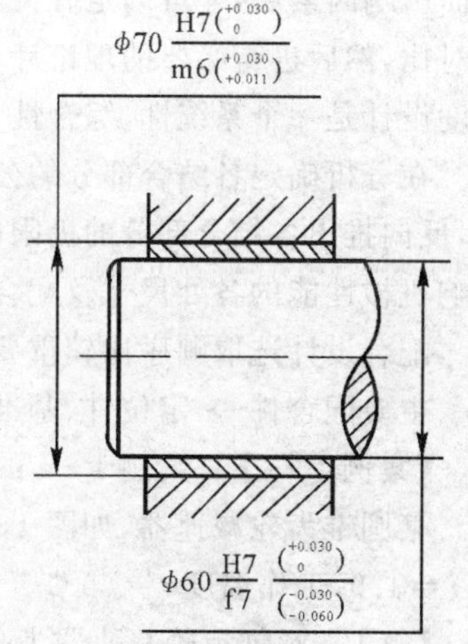

图 12－2　有装配变形的配合

4. 精度储备

当进行在机械设计时，不仅要考虑机构的强度储备，即安全系数的取值，而且还需要考虑机械的使用寿命，也就是要在重要配合部分留有一定的允差储备，即精度储备。

精度储备可用于孔、轴配合，特别适用于间隙配合的运动副。此时的精度储备主要为磨损储备，以保证机械的使用寿命。例如，某精密机床的主轴，经过试验，间隙在0.015以下时都能正常工作而不降低精度。那么可以在设计时，将间隙确定为0.008，这样可以保证在正常使用一定时间后，间隙仍不会超过0.015，从而保证了机床的使用寿命。

5.配合确定性系数 η

可用配合确定性系数 η 来比较各种配合的稳定性。其确定性系数为

$$\eta=\frac{Z_{av}}{T_f/2} \tag{12-1}$$

式中 Z_{av}—— 平均间隙或过盈；

T_f—— 配合公差。

对间隙配合，$\eta \geqslant 1$。当最小间隙为零时，$\eta=+1$；而对所有其他间隙配合，$\eta>+1$。对于过渡配合，$-1<\eta<+1$。对于过盈配合，$\eta \leqslant -1$。因此，按 η 的取值可以比较配合性质及其确定性。

例如，比较 ϕ50H7/g6 与 ϕ50H8/d6 配合的稳定性。

对于 ϕ50H7/g6，有 $\eta_1=\frac{29.5}{41/2}\approx 1.44$；对于 ϕ50H8/d6，有 $\eta_2=\frac{119}{78/2}\approx 3.05$。

虽然前者的公差等级比后者高，但就配合的稳定性来说，后者比前者高。

从实际机械设计的观点看，以上影响因素在精度设计时，应根据实际情况，找出对公差与配合影响最大的因素，应避免面面俱到、不分主次，陷入个别烦琐而费时的公式推导或计算中。

12.2.3 装配图精度设计实例

装配图中精度设计一般用类比法进行类比，经过设计计算，查阅有关设计手册，并综合各方面影响因素后，才可确定有关配合及精度。在精度设计时，要理论联系实际，多进行实际调研对比，然后进行必要的理论计算，对于复杂的机械设计，还需要进行必要的实验验证。总之，精度设计是一个系统性、综合性、复杂性的工程，一定要认真对待。

在分析确定各结合部分的公差与配合时，毫无疑问，应从如何保证机械工作的性能要求开始，反向推出各结合部分的极限配合要求。具体方法是找出机械制造误差的传递路线，特别是影响机械性能的各处尺寸及配合，也就是寻找所谓的主要尺寸。

配合设计选取顺序比较重要，它是设计分析的思路，一般实际操作按如下顺序进行：

主要配合件 → 定位件、基准 → 非关键件。设计时要逐一分析，按要求标注，不可遗漏。

【案例1-1】 案例1-1的分析求解过程。

某圆锥齿轮减速器，如图1-1所示，设计输入功率 $P=4$ kW，转速 $n=1\,800$ r/min，减速比 $i=1.9$，工作温度 $t=65$℃。

【解】 圆锥齿轮减速器为一种常见结构形式，其工作时须运转平稳，动力传递可靠。该装配图的配合关系较简单，没有特殊的精度及配合要求，可以经过设计计算，查阅设计手册，并且对比同类减速器的精度要求及配合，选择齿轮精度为8-GJ。从制造经济性来讲，减速器精度不宜定得过高，选择配合时，将公差定为中等经济精度7～9级中的8级即可。

在本例中，其主要作用尺寸为主动轴、单键 → ϕ40配合面 → 两个滚动轴承7310 → 齿轮孔与主动轴 ϕ45、单键连接 → 主动锥齿轮 → 从动锥齿轮 → 齿轮孔 ϕ65与从动轴、单键连接 → 从

动轴→从动轴支承两个轴承 7312→连接尺寸 $\phi 50$ 及单键连接。它们所形成的这一作用链，主要影响减速器的性能及精度，由它们形成的尺寸即为主要配合尺寸。

(1) 工作部位配合及精度。该部位直接决定了齿轮能否正常平稳的工作，啮合是否正常，因此，应首先确定其精度及配合。确定锥齿轮，查阅齿轮设计等有关手册，可以确定为 8－GJ 级；两种轴承为 7310，7312，可根据负荷大小、负荷类型及运转时的径向跳动等项目，查阅手册确定两种均为 P6x 级精度。

1) 齿轮孔与传动轴的配合($\phi 65H7/r6$，$\phi 45H7/r6$)。齿轮孔与传动轴的配合为一般光滑圆柱体孔、轴配合，根据配合基准选用的一般原则，优先选用基孔制，可确定配合基准为基孔制。该配合有单键附加连接以传递转矩，工作时要求耐冲击，且要便于安装拆卸。对于这类配合，一般不允许出现间隙，因此适宜稍紧的过渡配合(指公差带过盈概率较大的过渡配合)。考虑其配合为保证齿轮精度，可以对照齿轮的精度等级要求，选择齿轮孔的精度等级为 7 级，然后，按工艺等价的原则，选择相配合的轴等级为 IT6 级。

因此，图例所选的 $\phi 65H7/r6$，$\phi 45H7/r6$ 从安装的角度分析，安装拆卸比较困难，所选过盈配合偏紧，但是配合稳定性好。本例也可选小过盈配合 $\phi 50H7/p6$ 或选偏于过盈的过渡配合 $\phi 50H7/n6$。

齿轮孔与轴配合的单键。这个单键工作时起传递转矩及运动的功能，为一常用多件配合。其毂(这里指齿轮孔部件)、轴共同与单键侧面形成同一尺寸的配合，按多件配合的选用原则，用基轴制配合，键宽为共同尺寸，查设计手册，可直接选键与轴槽、键与毂槽配合均为 P9/h9。

2) 主动轴、从动轴($\phi 40r6$，$\phi 50r6$)。这个配合用于传递有冲击的载荷，为与外部的配合连接尺寸，由单键附加传递转矩，安装拆卸要方便，因此一般不允许有间隙，可用偏于过盈的过渡配合，或者用小过盈的过盈配合，选择理由及方法同 $\phi 65H7/r6$，也可选 $\phi 40n6$，$\phi 50n6$。

(2) 支承定位部分。滚动轴承有两种：7310($\phi 50/\phi 110$) 和 7312($\phi 60/\phi 130$)。已经初步确定了轴承精度等级为 P6x，减速器为中等精度，因此，轴承径向游隙选 C0 组。分析认为，轴承对负荷的承受也没有特别过高的要求，外圈承受固定负荷的作用，内圈承受旋转负荷的作用。因此，按常规的光滑圆柱体与标准件的配合规定，以轴承为配合基准，即轴承外壳孔与轴承外圈的配合按基轴制配合，内圈与轴颈的配合按类似于基孔制的配合。

对于配合性质的确定，根据承受负荷类型及负荷大小，外圈与壳孔的配合按过渡或小间隙(如 g，h 类)配合，内圈与轴颈的配合需选有较小过盈的配合(也可直接查表 5－2、表 5－3 确定)，这样，外圈在工作时有部分游隙，可以消除轴承的局部磨损，内圈在上偏差为零的单向布置下，可保证有少许过盈，工作时可有效保证连接的可靠性。对于配合精度，可根据轴承的精度等级，查阅设计手册，直接确定壳孔精度级别为 IT7，轴颈为精度级别 IT6 联结。因此，选择壳孔为 $\phi 110H7$，$\phi 130H7$，轴颈为 $\phi 50k6$，$\phi 60k6$。本例所选配合较佳。

$\phi 130H7/h6$ 是较重要的定位件配合，起定位支承作用，支承轴承、轴等，配合间隙不可太大；为了便于安装和拆卸，按一般原则优先选用基孔制，其精度以保证齿轮工作精度、轴承工作精度为宜，所选精度要为同级或高一级，孔可选 IT7，相应的轴为 IT6，配合性质选最小间隙为零间隙 h 类。最终确定配合为 $\phi 130H7/h6$。

(3) 非关键件。非关键件并不是没有精度要求，它们同样对机械的性能有影响，与工作部分、定位部分相比，其重要性不如它们罢了。对于非关键件的各处配合，宜在满足性能的基础上，优先考虑加工时的经济性要求。

本设计有两处非关键件配合 ϕ110H7/h8，ϕ130H7/h8。2个端盖与轴承外壳孔处于同一尺寸孔，为多件配合。透盖用于防尘密封，防尘密封处可以有较大允许误差。按多件配合的选用原则，应以它们的共同尺寸部件 —— 孔 —— 为配合基准，选基孔制配合。其精度从经济性考虑，可降低精度等级为 IT8 ～ IT9。选择此配合时，还要考虑安装拆卸方便。因此，选 h 或 g 小间隙均可，这里用 h8。最后确定配合为 ϕ130H7/h8，ϕ110H7/h8。

在配合标注时，并不是所有的配合都需要给出来，一般只需要标注出影响机械性能的配合尺寸，而对那些基本不影响性能的自由尺寸的配合，可以不予注出。

标注完极限配合与公差后，验证装配尺寸链是否满足要求也是非常重要的一环，如果不符合机械的使用性能要求，或者不符合公差分配及工艺要求，就需要调整其配合、精度等(具体验证、计算可见尺寸链部分)，以使所选配合既满足设计性能要求，又要制造容易可行。

本书所指的主要配合尺寸，是指影响机械性能及精度的尺寸，是首先需要得到保证的尺寸。由案例1-1分析可见，在精度设计中，公差与配合的选择应根据机械的性能及工作精度要求，区分配合的主要部分和次要部分，区别哪些是主要尺寸，哪些是非主要尺寸。只有抓住影响机械性能及工作精度的主要尺寸中的关键尺寸，确定出孔、轴的配合精度等级和配合偏差，才能保证整个机械的设计要求。而对非关键件，应兼顾其经济性，适当降低精度要求，以提高其制造的经济性。下面再看一配合实例。

【案例 12 - 1】 某行星齿轮减速器精度设计，如图 12 - 3 所示。

【解】 本例为一行星齿轮减速器装配设计图，这种减速器是一种常见的减速器形式。它具有传动速比大、体积小、效率高、结构简单等特点。这种类型的减速器工作时要求传动平稳可靠，齿轮啮合正确，运转灵活，无大的冲击或过大的运动间隙。工作温度一般为 45 ～ 65℃。

本例设计中，减速器能否正常工作，运转是否正常，首先要看齿轮部分能否正确啮合。因此，精度设计应从行星齿轮件的精度入手，通过对比同类行星减速器的配合及精度要求，查阅有关设计手册，进行必要的设计计算，然后对减速器工作精度指标进行分解，就可给出总体精度。

对于减速器中的关键件及传动中的关键部分，其中孔宜选取IT7，相应的轴选取IT6(按工艺等价原则) 即可满足需求；而对承受载荷较复杂，工作时运动精度要求较高的个别部件或尺寸，可考虑精度调高一级；对齿轮精度，对比实例，查阅有关设计手册，初步取 8 级为宜(即运动精度、工作平稳性精度、接触精度)；对于一般部位的配合，从制造经济角度考虑，适当降低精度，可降低 1 ～ 2 级。具体工作按下面顺序进行：工作部分及主要配合件 → 定位部分的定位件、基准 → 非关键件。

各部分可按如下划分进行配合及公差等级选择。

工作部分及主要配合件：行星齿轮件、齿圈、输入轴、输出轴；

定位部分：系列轴承、ϕ345H7/h6 处；

非关键件：端盖、透盖、ϕ90H7/f8 处等。

(1) 工作部位及主要配合件。

1) 工作部位及系列支承轴承。该减速器中首先需要控制的精度为行星齿轮部件，它决定了减速器的主要性能。行星齿轮及齿圈精度已经初步确定，销轴与行星齿轮、滚子为多件配合；轴承为运动的主要支承件，同时决定了轴的旋转精度。设计时，查手册并对比同类构件，以轴承承受负荷的类型、大小、转速、径向游隙等指标为设计参数，确定为 P6 级轴承。配合选择如下：

a. 行星齿轮件。

配合基准：销轴 $\phi18$ 与行星滚子为多件配合，根据配合基准制的选用原则，这 3 件按基轴制配合，以销轴 $\phi18$ 为配合基准。

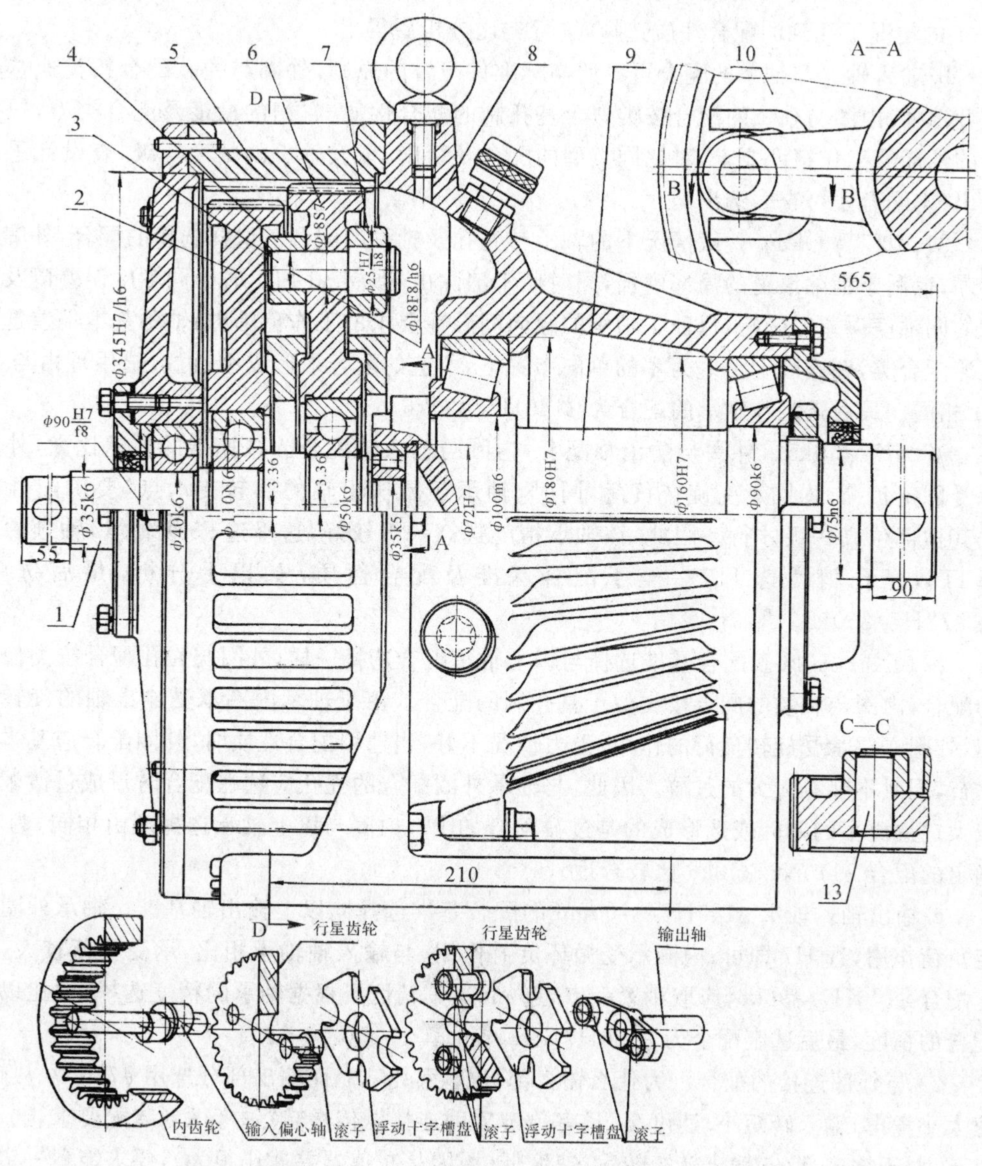

图 12-3　行星齿轮减速器装配图示例

1— 输入偏心轴；2— 行星齿轮；3— 销轴；4— 滚子；5— 内齿轮；6— 行星齿轮；7— 滚子；8— 机座；9— 输出轴；10— 十字槽盘

配合性质：滚子工作时，需转动灵活，不得有卡滞现象发生，对照相同类型行星齿轮的配合，修正润滑油温度对间隙的影响，间隙应取稍大些，但不能太松旷，故选间隙类配合 F/h；销轴与行星齿轮件工作时为一整体运动件，承受动载荷，连接可靠不能有松动，选中等过盈配合S/h，可有效保证连接的可靠性。配合精度选用可参考齿轮啮合精度，以及减速器的工作精度，销轴与滚子为间隙配合，孔的精度可以调低一级选 IT8(考虑为什么？)，而销轴与齿轮的过盈配合，需对过盈量变动有较好的控制，孔的精度选 IT7。考虑孔、轴的工艺等价原则，轴可选为 ϕ18h6。最后选定销轴与滚子、销轴与行星齿轮的配合分别为 ϕ18F8/h6，ϕ18S7/h6。

ϕ25H7/h6。滚子与输出轴一起动作，需小间隙定心配合。精度及配合基准确定可参照例 8-1 的情况下孔轴的配合性质选择，进行类比分析后得出。

b. 输入轴。与轴承的配合可参照与标准件配合的原则，外圈与壳孔配合按类似基轴制的配合选择，内圈与轴颈的配合按类似于基孔制的配合性质，它们的精度及配合类型，根据减速器的性能及工作精度要求，对比同类型的配合及精度，以及轴承的精度等级，查设计手册直接选出(本配合还可查表选出)。

ϕ140H7/ϕ90k6。一般情况下的轴承与壳孔及轴颈的配合。这样选择的配合，外圈有少量游隙，以利于消除滚道的局部磨损，同时便于消除由于外壳孔加工时的同轴度误差以及轴加工时的同轴度误差的影响，保证了轴承的径向间隙在要求的工作范围内；轴颈基本偏差选择用于过渡配合类，在内圈上偏差为零的单向布置下，所选的配合须形成小过盈，选用理由与案例 12-1 相同。最后选定与轴承的配合为 ϕ140H7/ϕ90k6。

ϕ72H7/ϕ50k5。外圈与输出轴配合，内圈与输入轴配合。减速器的差速比大，外圈近似承受固定负荷，内圈承受旋转负荷，同时，轴承还是输出轴的回转支承点，要求配合精度应比其他部位高一级才行。因此，该轴承精度选高一级较好，这里选 P5 级轴承，轴颈的精度选择 IT5，壳孔精度选 IT7。至于配合基准及配合性质，如以上分析，最后选定配合为 ϕ72H7/ϕ50k5。

ϕ110N6/ϕ50k6。配合基准选择与以上轴承配合选择一样，外圈与壳孔配合按类似基轴制的配合，内圈与轴颈的配合按类似于基孔制的配合。由于轴承内圈承受输出轴的旋转负荷作用，外圈亦要承受旋转负荷的作用，受力情况不好，当选用配合性质时，外圈配合应基本无间隙才行，同时不能有太大的过盈。因此，与轴承外圈配合的壳孔应选在配合时形成过渡配合但有较大过盈概率的 N6，或选形成的是过盈配合的 P6，内圈与以上轴承选择理由相同，为 k6。所确定的配合 ϕ110N6/ϕ50k6 比较合理。

c. 输出轴。轴承 ϕ180H7/ϕ100m6 的配合基准选择同以上输出轴基准。轴承外圈承受固定负荷作用，选 H7 即可；内圈承受循环负荷作用，与输入轴轴承相比，承受负荷较大，类比以上配合 ϕ140H7/ϕ90k6，应取稍紧一点，选 m6。其精度可根据轴承的精度选择，类比以上轴承配合的精度，最后选定配合为 ϕ180H7/ϕ100m6。

2) 与外部连接的配合。为什么输入部分选用 ϕ35k6，而输出部分选用 ϕ75n6？从转矩、转速大小考虑，输入转矩小，速度高，且有单键辅助连接以传递转矩，考虑到装配要求，选 k6 就可以了；对于输出部分，输出转矩较大，速度低(原因是减速器差速比很大)，要求能耐一定的动载荷，且便于安装拆卸，故应选有少许过盈的配合，因此，选择在配合时能形成较大过盈概率的 ϕ75n6，当然，也可选择完全过盈的 ϕ75p6。

(2) 定位件部分。

ϕ345H7/h6。这个配合为定位尺寸，以输入轴的基准，要求定位准确可靠，便于安装拆卸，此配合基本不受力。选用基准按一般配合原则，确定为基孔制配合；轴基本偏差选 h，其最小配合间隙为零，能较好地保证定位要求（当然也可选 g，j，js 等，只要能保证定位精度即可，但若过盈太大，则不易安装）。其配合精度可根据减速器的工作精度，类比同类的配合确定，这里选择孔的精度为 IT7，相应的轴的精度为 IT6，最后确定配合为 ϕ345H7/h6。

（3）非关键件。

ϕ90H7/f8。非关键件与轴承孔、轴承为多件配合，精度可适当降低，透盖选 IT8 ～ IT9 即可。

以上两个例题主要对配合性质和配合精度进行分析，而对设计参数与配合间关系的分析，可通过性能设计计算，综合各项性能指标，查有关设计手册取得。

从以上案例的分析求解，可以总结出装配图的精度设计工作步骤如下：

【步骤 1】　分析设计所给误差性能指标、工作环境等因素，类比同类零部件后，通过查阅有关手册，计算各项性能参数，确定出一般零部件装配后的误差允许值。对于关键件部分，还须进行尺寸链计算。

【步骤 2】　依靠步骤 1 所确定整机性能的设计要求（几何量），计算运动件装配后需要达到的工作精度（这里指装配图中运动件所需达到的精度），定位件配合需要的定位精度。

【步骤 3】　根据步骤 1、步骤 2 的结果，确定主要尺寸的配合性质（间隙配合、过渡配合、过盈配合）、精度等级（即极限公差大小）、拆装要求，以及定位是否可行。查阅极限配合及公差手册，得出间隙或过盈的数值范围。

【步骤 4】　查极限配合及公差表，确定非关键尺寸各零件部位的极限配合类型及公差等级。例如静连接件、紧固件、连接的结合面等。

【步骤 5】　复验各部分配合类型及精度是否合适，极限公差分配是否合理；用装配尺寸链对主要尺寸进行验算；考察是否有非关键件精度过高或关键件定位精度过低，是否存在定位间隙过大，以及是否存在过盈配合的装配问题等，最后对配合及公差进行调整。

【步骤 6】　对配合影响的其他方面因素的修正。例如，须估计机器工作温度对配合性能的影响是多大，不同材质之间的配合与同材质配合有多大不同，确定制造方法是采用调整法加工还是试切法加工，所加工的零件尺寸分布怎样，以及设计时机械的精度储备等，这些均需综合后才能对配合进行修正。

12.3　零件图中的精度设计

12.3.1　零件图中精度确定的方法及原则

零件图中基准、公差项目、公差数值的确定，同样需要根据零件各部分尺寸在机械中的作用来确定，主要用类比的方法进行，必要时还需要尺寸链的计算验证。

1. 尺寸公差的确定方法

理论上，零件图上每一个尺寸都应标注出公差，但这样做会使零件图的尺寸标注失去了清晰性，不利于突出那些重要尺寸的公差数值。因此，一般的做法只是对重要尺寸和精度要求比较高的主要尺寸标注出公差数值。这样可使制造人员把主要精力集中于主要尺寸上，而对于非主要尺寸，或者精度要求比较低的部分，可不标出公差值，或在技术要求中作统一说明。

在零件图中，所谓的主要尺寸，是指装配图中参与装配尺寸链的尺寸，这些尺寸一般都具有较高的精度要求，它的误差对机械精度以及机械性能影响比较大。还有一类尺寸，它属于工作尺寸，其精度对机械性能有直接影响，例如水下推进系统的螺旋浆叶片，可直接影响推进系统的效率，并且影响的螺旋桨的噪声水平，尽管它们不参与装配尺寸链，但需要严格控制其误差。

确定并标注各部公差项目顺序很重要，若不按要求的顺序进行，往往会造成标注的公差项目混乱，或精度要求不协调，在需要高精度的地方精度不高；相反，在不重要的部分反倒提得很高，甚至出现标注不全或重复标注的现象。因此，要注意按以下精度设计顺序进行工作：当选择确定零件的精度时，应区分主要尺寸部分和非主要尺寸部分，按尺寸公差 → 几何公差 → 表面粗糙度顺序进行。应尽量做到设计基准、工艺基准及测量基准重合，分析时区分出主要尺寸与次要尺寸，这样可以优先保证主要尺寸中的关键部分。

零件各部尺寸精度项目确定应按尺寸公差 → 标注几何公差 → 表面粗糙度选择确定。

确定了零件的基本尺寸以后，需要对尺寸精度作出选择，即选择适当的尺寸公差。可从如下几个方面考虑：

(1) 装配图中已标注出配合关系及精度要求，一般直接从装配图中的配合及公差中得出。例如例 1－1 中透盖零件图，直接从 ϕ130H7/h8 查 ϕ130h8 就可得到尺寸公差要求。

(2) 装配图中没有直接要求的尺寸，但它是主要配合尺寸，在零件图中影响设计基准、定位基准以及机械的工作精度，须按尺寸链计算，以求出尺寸公差值。如基准的不重合误差等。

(3) 为了方便加工、测量的工艺基准、与配合相关的尺寸公差，通过尺寸链计算出的公差。如轴两端面的中心孔，有的仅用于磨削或测量用。

2. 几何公差的确定方法

几何公差对机械的使用性能有很大影响。在精度设计中，用几何公差与尺寸公差共同保证零件的几何精度。正确选择几何公差项目和合理确定公差数值，能保证零件的使用要求，同时经济性好。确定零件图中几何公差可以从以下几个方面考虑：

(1) 从保证尺寸精度考虑，对零件图中有较高尺寸公差要求的部分，一般根据尺寸精度，给予对应几何公差等级。例如，与轴承内圈配合的轴部分尺寸，为保证接触良好，需给出该轴处圆度和素线直线度或圆柱度要求。

(2) 机械的配合面有运动要求，或装配图中有性能要求的，根据性能要求给予几何公差。例如，机床导轨面支承滑动的工作台运动，从运动及承载要求考虑，其平面误差对性能影响较大，因此提出平面度要求。

(3) 主要尺寸之间及主要尺寸与基准之间(设计基准、工艺基准、测量基准) 需控制位置的，以及基准不重合可能引起的误差，则根据它们之间相对位置要求，用尺寸链计算，给出所需几何公差。

根据精度设计的特点，一般情况下几何公差的确定，可参照尺寸公差等级，直接查几何公差表得出。对于工作部分尺寸，必须根据机械的工作精度要求和尺寸链计算确定。

需要注意，不要求对图中每一个尺寸给出几何公差，只需要给出并标注制造时需要保证的有关尺寸，或者这些尺寸对机器工作精度影响较大。未注几何公差部分，可以根据未注几何公差的规定保证。

3. 表面粗糙度的确定方法

零件图中标注过尺寸公差及几何公差之后，需确定出控制表面质量的指标 —— 表面粗糙度。表面粗糙度主要从以下几个方面考虑选取：

(1) 根据零件图中尺寸公差、几何公差等级所对应的表面粗糙度，可用查表法直接给出。

(2) 在机械性能上有专门要求，需根据使用要求专门给出。如滑动轴承配合面用 Ra，Ry 保证了工作时油膜厚度的均匀性。

12.3.2　零件图精度设计实例

零件图精度设计的顺序为性能及尺寸公差 → 设计基准、工艺基准尺寸公差 → 一般尺寸公差 → 工作部分几何公差(指与基准的关系) → 基准不重合之间的轴线不复位、定向公差 → 一般部分的几何公差 → 表面粗糙度。

1. 轴类零件精度设计

【案例 12-2】　一球面蜗杆轴，材料为 42CrMo，零件图如图 12-4 所示。

【解】　蜗杆轴为一球面蜗杆。工作尺寸为环面螺旋部分；定位基准为两端 ϕ140 轴颈，用于安装支承定位；工艺基准为两端中心孔，用于车削和磨削加工；连接部分主要为两边 ϕ90 处及单键，用于动力的输入及输出。

(1) 尺寸公差。

1) 工作尺寸。ϕ350，R274，ϕ151.75 等，按蜗杆蜗轮啮合计算，为设计理论尺寸，若偏离理论尺寸，就会直接造成机械工作精度降低甚至机械无法工作。它是原理性误差，应从机械的工作原理分析其误差的允许值。因此，工作尺寸精度应优先确定。

2) 起基准作用的尺寸。两端 ϕ140n6、装配设计基准 470，总体设计时已经确定，可直接从装配图中得到；左端轴向 65，为轴向加工、装配调整时的基准，可通过尺寸链计算求得；工艺测量基准为两端中心孔。

3) 其他主要尺寸。连接尺寸，两端处的 ϕ90、单键 25，标注尺寸时可直接从配合图上以及标准中选择；ϕ125 为一般精度尺寸，直接查手册及装配图。

4) 一般公差。按未注尺寸公差标注即可，但要注意尺寸的完整性。

(2) 几何公差项目及公差值。

1) 工作部位。加工蜗杆工作面时，需轴向对刀，可根据蜗杆工作精度要求，查阅设计手册以及计算得出，取对称度值为 0.02。

2) 基准。径向以两端 ϕ140 轴线为设计基准，保证两处 ϕ140 同时加工，用同轴度 ϕ0.03 限制；轴向基准，左端 65 端面限制轴向 470，确保蜗杆轴向对刀精度，用端面圆跳动公差值0.03 限制。

3) 其他主要部位。连接处 ϕ90 圆柱面及单键的标注为传递动力和运动，考虑传递精度及配合，用对 ϕ140 轴线的端面圆跳动值 0.025 保证运动传递的精度，配合面用圆柱度值 0.01 保证配合质量(也可用圆度和直线度共同限制圆柱面的形状误差)；单键宽 25 必须对称于 ϕ90 轴线，可根据配合精度要求查表，取对称度值 0.025。

考虑蜗杆径向尺寸精度为IT6，轴向尺寸除65为基准尺寸外，没有过高的要求。工作部分尺寸用计算方法，根据蜗杆工作精度、装配等要求，给出对称度 0.02；其余按查表法求得。

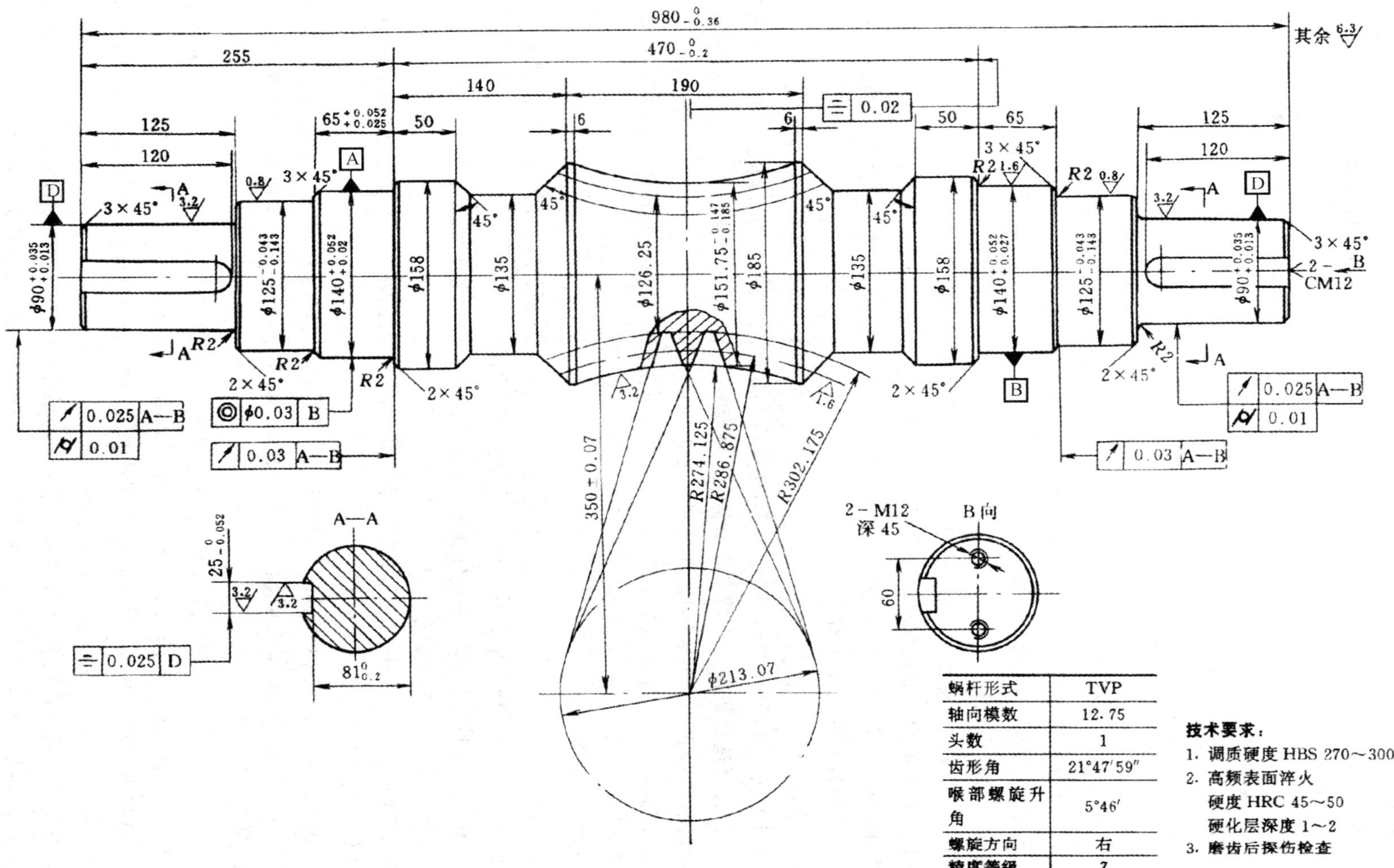

蜗杆形式	TVP
轴向模数	12.75
头数	1
齿形角	21°47′59″
喉部螺旋升角	5°46′
螺旋方向	右
精度等级	7

图12-4 球面蜗杆轴示例图(材料:42CrMo)

采用查表法确定几何公差精度等级。整个轴径向尺寸公差为 IT6，以尺寸公差等级为参考，可确定各处几何公差。分析如下：ϕ140 两处因为相距较远，以其轴线为设计基准，宜降 1～2 级，故选 7 级同轴度；ϕ90 圆柱度、径向跳动公差同样因为基准为轴线，其精度需降 1 级，确定为 7 级；两处端面圆跳动在轴向不易保证，须降 1 级，确定为 7 级；单键槽尺寸公差为 IT9，选对称度为 8 级即可。

最后，按所选几何公差等级，查手册确定公差数值，必要时还需用尺寸链验算。

(3) 表面粗糙度。根据主要尺寸的尺寸公差等级及几何公差等级，可查阅相应的手册确定。

对于轴类零件，应根据轴类回转体的主要特征进行轴类零件精度设计，需注意以下问题：

1) 外圆基本为主要尺寸，应优先保证；轴向尺寸公差较低。

2) 设计基准一般为轴线，工作面往往为外圆柱面。

3) 外圆柱表面之间一般需要有同轴度要求。

4) 设计基准若与加工基准不重合，须控制轴线的不重合度，可以用同轴度、径向跳动等项目。

2. 孔类、箱体类零件精度设计

【案例 12-3】　某常用铣床主轴箱减速器壳体，为一铸件，零件图如图 12-5 所示。

【解】　本零件需优先保证的尺寸为孔 ϕ47H6，2-ϕ28J7、位置尺寸 29 以及其轴线间的位置关系，它们对铣床主轴的精度影响较大，应优先保证，因此以它们为基准容易满足设计上的要求；右端面 C、左端面 G 为重要的定位基准，也应作为重要的部位用几何公差保证。

(1) 尺寸公差。孔 ϕ47，2-ϕ28，3-ϕ7 等为重要的尺寸，可从装配图中查得，位置尺寸 29 从设计时的精度计算求得，或者根据精度要求查手册求得。

一般尺寸公差可按未注公差标注。

(2) 几何公差。

1) 工作部位。几何公差需要对孔 ϕ47H6，2-ϕ28J7 的轴线间的几何关系优先保证，它是整个零件的最高要求。首先，根据零件在铣床中的使用特点，选孔 2-ϕ28J7 公共轴线、B 为基准，对孔 ϕ47H6 提出轴线须交叉并垂直的要求，计算并查设计手册，取垂直度值为 0.05，位置度值为 0.10；另外，孔 2-ϕ28J7 须同轴，提出同轴度要求 ϕ0.01。

2) 定位部分。定位可分右端面 C 和左端面 G，它们是连接其他部件的基准，也对铣床主轴的运动精度有较大的影响。因此，对 C，G 两处应给出定向公差，它们还需以工作部分尺寸孔 ϕ47H6，2-ϕ28J7 的轴线为基准。

3) 其他部分。包括安装部分 4-M6，3-ϕ7H8，需要保证连接可靠，达到精度要求，取位置度保证其要求，位置度的数值可直接查手册计算得出，最后再验算。

工作部位 ϕ47H6，2-ϕ28J7。2-ϕ28J7 为设计基准，其几何公差对铣床主轴的工作精度影响比较大，因此应从严控制，参照尺寸精度 IT7 和设计的工作精度要求，其同轴度可比尺寸精度高 1 级，为 6 级，查表取值为 0.010；ϕ47H6 对 B 的垂直度为线对线要求，保证比较困难，与孔尺寸精度 IT6 级相比，宜降低 1～2 级，选 8 级垂直度为 0.050，其位置度可根据工作的精度要求计算，也可用类比的方法，比较同类的精度取值，可选定为 0.10；两端面垂直度和平行度较易加工，可以保证，选择对应的垂直度和平行度为 IT7，其公差值分别为 0.040，0.060 即可。

其余螺孔和光孔的位置度值，可根据装配精度要求确定，保证可装配性即可。

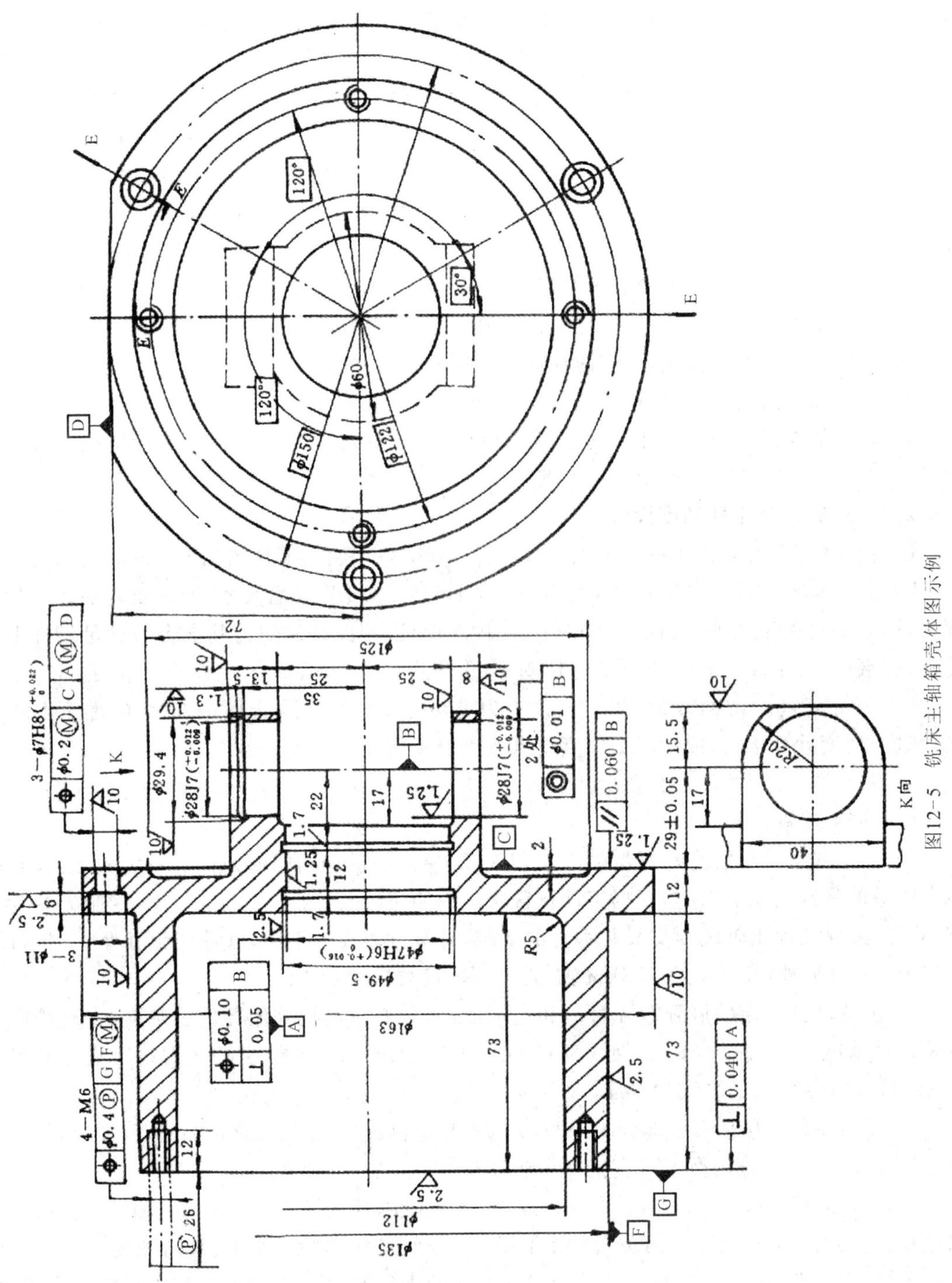

图12-5 铣床主轴箱壳体图示例

(3) 表面粗糙度。根据尺寸公差等级及几何公差等级，查手册选取；基准的粗糙度要求可参考几何公差的等级要求，也可以从手册查到。

对于孔类零件的精度设计，可根据孔类零件的主要特征，从如下几个方面考虑：

1) 孔自身的主要尺寸公差，一般按配合要求取值。

2) 孔的位置及方向较难控制，是几何公差的主要控制项目，所选数值可参考尺寸公差等级给出定位公差和定向公差的等级，必要时还要进行尺寸链计算验证。

3) 设计基准及工艺基准应根据零件的使用要求确定，以基准重合为原则，尽量以箱体或孔的端面为基准，以利于保证精度。

4) 孔的位置方向常用几何公差中的平行、垂直、位置度等作为控制项目。

至此，查看全部尺寸，进行必要尺寸链校验，按精度设计的原则进行检查，检查其完整性、重点精度的保证情况以及公差数值是否均衡。

实训习题与思考题

1. 当采用公差与配合体系进行精度设计时，如何理解精度设计遵循的三个原则？

2. 当进行装配图设计时，确定公差与配合的顺序是什么？

3. 学习本章仔细体会尺寸公差、几何公差以及表明粗糙度在精度设计中的作用，在零件图中为什么要按尺寸公差 → 几何公差 → 表面粗糙度的顺序进行设计？有什么好处？

4. 如图 1-1 所示，若考虑该减速器加工方法为试切法加工，其公差与配合的标注应如何修改？标出它们用试切法加工时的极限配合与公差。

5. 如图 12-6 所示一蜗杆轴零件图，试分析其所给的尺寸关系，哪些是主要尺寸？

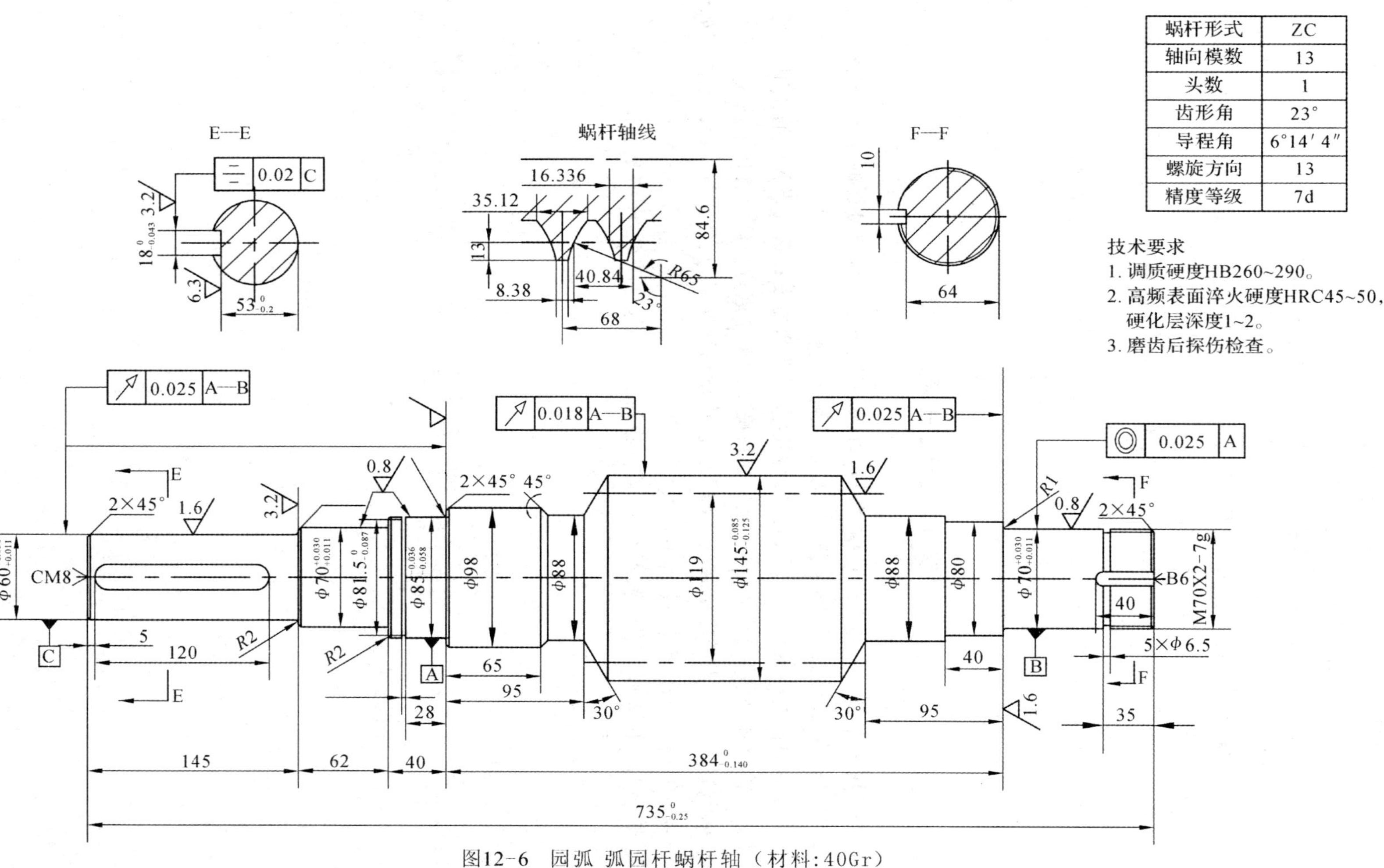

图12-6 园弧 弧园杆蜗杆轴（材料：40Gr）

附录　公差与配合表

附录1 极限与配合

附表1-1 轴的优先公差带的极限偏差 （摘自GB/T 1800.2—2009）

<table>
<tr><th colspan="2">公称尺寸
mm</th><th colspan="13">公差带/μm</th></tr>
<tr><th>大于</th><th>至</th><th>c11</th><th>d9</th><th>f7</th><th>g6</th><th>h6</th><th>h7</th><th>h9</th><th>h11</th><th>k6</th><th>n6</th><th>p6</th><th>s6</th><th>u6</th></tr>
<tr><td>—</td><td>3</td><td>-60
-120</td><td>-20
-450</td><td>-6
-16</td><td>-2
-8</td><td>0
-6</td><td>0
-10</td><td>0
-25</td><td>0
-60</td><td>+6
0</td><td>+10
+4</td><td>+12
+6</td><td>+20
+14</td><td>+24
+18</td></tr>
<tr><td>3</td><td>6</td><td>-70
-145</td><td>-30
-60</td><td>-10
-22</td><td>-4
-12</td><td>0
-8</td><td>0
-12</td><td>0
-30</td><td>0
-75</td><td>+9
+1</td><td>+16
+8</td><td>+20
+12</td><td>+27
+19</td><td>+31
+23</td></tr>
<tr><td>6</td><td>10</td><td>-80
-170</td><td>-40
-76</td><td>-13
-28</td><td>-5
-14</td><td>0
-9</td><td>0
-15</td><td>0
-36</td><td>0
-90</td><td>+10
+1</td><td>+19
+10</td><td>+24
+15</td><td>+32
+23</td><td>+37
+28</td></tr>
<tr><td>10</td><td>18</td><td>-95
-205</td><td>-50
-93</td><td>-16
-34</td><td>-6
-17</td><td>0
-11</td><td>0
-18</td><td>0
-43</td><td>0
-110</td><td>+12
+1</td><td>+23
+12</td><td>+29
+18</td><td>+39
+28</td><td>+44
+33</td></tr>
<tr><td>18</td><td>24</td><td rowspan="2">-110
-240</td><td rowspan="2">-65
-117</td><td rowspan="2">-20
-41</td><td rowspan="2">-7
-20</td><td rowspan="2">0
-13</td><td rowspan="2">0
-21</td><td rowspan="2">0
-52</td><td rowspan="2">0
-130</td><td rowspan="2">+15
+2</td><td rowspan="2">+28
+15</td><td rowspan="2">+35
+22</td><td rowspan="2">+48
+35</td><td>+54
+41</td></tr>
<tr><td>24</td><td>30</td><td>+61
+48</td></tr>
<tr><td>30</td><td>40</td><td>-120
-280</td><td rowspan="2">-80
-142</td><td rowspan="2">-25
-50</td><td rowspan="2">-9
-25</td><td rowspan="2">0
-16</td><td rowspan="2">0
-25</td><td rowspan="2">0
-62</td><td rowspan="2">0
-160</td><td rowspan="2">+18
+2</td><td rowspan="2">+33
+17</td><td rowspan="2">+42
+26</td><td rowspan="2">+59
+43</td><td>+76
+60</td></tr>
<tr><td>40</td><td>50</td><td>-130
-290</td><td>+86
+70</td></tr>
<tr><td>50</td><td>65</td><td>-140
-330</td><td rowspan="2">-100
-174</td><td rowspan="2">-30
-60</td><td rowspan="2">-10
-29</td><td rowspan="2">0
-19</td><td rowspan="2">0
-30</td><td rowspan="2">0
-74</td><td rowspan="2">0
-190</td><td rowspan="2">+21
+2</td><td rowspan="2">+39
+20</td><td rowspan="2">+51
+32</td><td>+72
+53</td><td>+106
+87</td></tr>
<tr><td>65</td><td>80</td><td>-150
-340</td><td>+78
+59</td><td>+121
+102</td></tr>
<tr><td>80</td><td>100</td><td>-170
-390</td><td rowspan="2">-120
-207</td><td rowspan="2">-36
-71</td><td rowspan="2">-12
-34</td><td rowspan="2">0
-22</td><td rowspan="2">0
-35</td><td rowspan="2">0
-87</td><td rowspan="2">0
-220</td><td rowspan="2">+25
+3</td><td rowspan="2">+45
+23</td><td rowspan="2">+59
+37</td><td>+93
+71</td><td>+146
+124</td></tr>
<tr><td>100</td><td>120</td><td>-180
-400</td><td>+101
+79</td><td>+166
+144</td></tr>
</table>

续 表

公称尺寸/mm		公差带/μm												
大于	至	c11	d9	f7	g6	h6	h7	h9	h11	k6	n6	p6	s6	u6
120	140	−200 −450											+117 +92	+195 +170
140	160	−210 −460	−145 −245	−43 −83	−14 −39	0 −25	0 −40	0 −100	0 −250	+28 +3	+52 +27	+68 +43	+125 +100	+215 +190
160	180	−230 −480											+133 +108	+235 +210
180	200	−240 −530											+151 +122	+265 +236
200	225	−260 −550	−170 −185	−50 −96	−15 −44	0 −29	0 −46	0 −115	0 −290	+33 +4	+60 +31	+79 +50	+159 +130	+287 +258
225	250	−280 −570											+169 +140	+313 +284
250	280	−300 −620	−190 −320	−56 −108	−17 −49	0 −32	0 −52	0 −130	0 −320	+36 +4	+66 +34	+88 +56	+190 +158	+347 +315
280	315	−330 −650											+202 +170	+382 +350
315	355	−360 −720	−210 −350	−62 −119	−18 −54	0 −36	0 −57	0 −140	0 −360	+40 +4	+73 +37	+98 +62	+226 +190	+426 +390
355	400	−400 −760											+244 +208	+471 +435
400	450	−440 −840	−230 −385	−68 −131	−20 −60	0 −40	0 −63	0 −155	0 −400	+45 +5	+80 +40	+108 +68	+272 +232	+530 +490
450	500	−480 −880											+292 +252	+580 +540

附表 1－2　孔的优先公差带的极限偏差

（摘自 GB/T 1800.2—2009）

公称尺寸/mm		公差带/μm												
大于	至	C11	D9	F8	G7	H7	H8	H9	H11	K7	N7	P7	S7	U7
—	3	+120 +60	+45 +20	+20 +6	+12 +2	+10 0	+14 0	+25 0	+60 0	0 −10	−4 −14	−6 −16	−14 −24	−18 −28
3	6	+145 +70	+60 +30	+28 +10	+16 +4	+12 0	+18 0	+30 0	+75 0	+3 −9	−4 −16	−8 −20	−15 −27	−19 −31
6	10	+170 +80	+76 +40	+35 +13	+20 +5	+15 0	+22 0	+36 0	+90 0	+5 −10	−4 −19	−9 −24	−17 −32	−22 −37
10	18	+205 +95	+93 +50	+43 +16	+24 +6	+18 0	+27 0	+43 0	+110 0	+6 −12	−5 −23	−11 −29	−21 −39	−26 −44
18	24	+240 +110	+117 +65	+53 +20	+28 +7	+21 0	+33 0	+52 0	+130 0	+6 −15	−7 −28	−14 −35	−27 −48	−33 −54
24	30													−40 −61
30	40	+280 +120	+142 +80	+64 +25	+34 +9	+25 0	+39 0	+62 0	+160 0	+7 −18	−8 −33	−17 −42	−34 −59	−51 −76
40	50	+290 +130												−61 −85
50	65	+330 +140	+174 +100	+76 +30	+40 +10	+30 0	+46 0	+74 0	+190 0	+9 −21	−9 −39	−21 −51	−42 −72	−76 −106
65	80	+340 +150											−48 −78	−91 −121
80	100	+390 +170	+207 +120	+90 +36	+47 +12	+35 0	+54 0	+87 0	+220 0	+10 −25	−10 −45	−24 −59	−58 −93	−111 −146
100	120	+400 +180											−66 −101	−131 −166
120	140	+450 +200	+245 +145	+106 +43	+54 +14	+40 0	+63 0	+100 0	+250 0	+12 −28	−12 −52	−28 −68	−77 −117	−155 −195
140	160	+460 +210											−85 −125	−175 −215
160	180	+480 +230											−93 −133	−195 −235

续表

公称尺寸/mm		公差带/μm												
大于	至	C11	D9	F8	G7	H7	H8	H9	H11	K7	N7	P7	S7	U7
180	200	+530 +240											−105 −155	−219 −265
200	225	+550 +260	+285 +170	+122 +50	+61 +15	+46 0	+72 0	+115 0	+290 0	+13 −33	−14 −60	−33 −79	−113 −159	−241 −287
225	250	+570 +280											−123 −169	−267 −313
250	280	+620 +300	+320 +190	+137 +56	+69 +17	+52 0	+81 0	+130 0	+320 0	+16 −36	−14 −66	−36 −88	−138 −190	−295 −347
280	315	+650 +330											−150 −202	−330 −382
315	355	+720 +360	+350 +210	+151 +62	+75 +18	+57 0	+89 0	+140 0	+360 0	+17 −40	−14 −73	−41 −98	−169 −220	−369 −426
355	400	+760 +400											−187 −244	−414 −471
400	450	+840 +440	+385 +230	+165 +68	+85 +20	+63 0	+97 0	+155 0	+400 0	+18 −45	−17 −80	−45 −108	−209 −272	−467 −530
450	500	+880 +480											−229 −292	−517 −580

附表 1－3　基孔制与基轴制优先配合的极限间隙或极限过盈

(摘自 GB/T 1801—2009)　(μm)

基孔制		H7/g6	H7/h6	H8/f7	H8/h7	H9/d9	H9/h9	H11/c11	H11/h11	H7/k6	H7/n6	H7/p6	H7/s6	H7/u6
基轴制		G7/h6	H7/h6	F8/h7	H8/h7	D9/h9	H9/h9	C11/h11	H11/h11	K7/h6	N7/h6	P7/h6	S7/h6	U7/h6
公称尺寸/mm	>10～18	+35 +6	+29 0	+61 +16	+45 0	+136 +50	+86 0	+315 +95	+220 0	+17 −12	+6 −23	0 −29	−10 −39	−15 −44
	>18～24	+41 +7	+34 0	+74 +20	+54 0	+169 +65	+104 0	+370 +110	+260 0	+19 −15	+6 −28	−1 −35	−14 −48	−20 −54
	>24～30													−27 −61

续表

公称尺寸/mm	基孔制	$\frac{H7}{g6}$	$\frac{H7}{h6}$	$\frac{H8}{f7}$	$\frac{H8}{h7}$	$\frac{H9}{d9}$	$\frac{H9}{h9}$	$\frac{H11}{h11}$	$\frac{H11}{h11}$	$\frac{H7}{k6}$	$\frac{H7}{n6}$	$\frac{H7}{p6}$	$\frac{H7}{s6}$	$\frac{H7}{u6}$
	基轴制	$\frac{G7}{h6}$	$\frac{H7}{h6}$	$\frac{F8}{h7}$	$\frac{H8}{h7}$	$\frac{D9}{h9}$	$\frac{H9}{h9}$	$\frac{C11}{h11}$	$\frac{H11}{h11}$	$\frac{K7}{h6}$	$\frac{N7}{h6}$	$\frac{P7}{h6}$	$\frac{S7}{h6}$	$\frac{U7}{h6}$
	＞30～40	+50 +9	+41 0	+89 +25	+64 0	+204 +80	+124 0	+440 +120	+320 0	+23 −18	+8 −33	−1 −42	−18 −59	−35 −76
	＞40～50							+450 +130						−45 −86
	＞50～65	+59 +10	+49 0	+106 +30	+76 0	+248 +100	+148 0	+520 +140	+380 0	+28 −21	+10 −39	−2 −51	−23 −72	−57 −106
	＞65～80							+530 +150					−29 −78	−72 −121
	＞80～100	+69 +12	+57 0	+125 +36	+89 0	+294 +120	+174 0	+610 +170	+440 0	+32 −25	+12 −45	−2 −59	−36 −93	−89 −146
	＞100～120							+620 +180					−44 −101	−109 −166
	＞120～140	+79 +14	+65 0	+146 +43	+103 0	+345 +145	+200 0	+700 +200	+500 0	+37 −28	+13 −52	−3 −68	−52 −117	−130 −195
	＞140～160							+710 +210					−60 −125	−150 −215
	＞160～180							+730 +230					−68 −133	−170 −230

附录2 几何公差

附表 2-1 直线度、平面度公差值 (摘自 GB/T 1184—1996)

主参数 L/mm	公差等级/μm											
	1	2	3	4	5	6	7	8	9	10	11	12
≤10	0.2	0.4	0.8	1.2	2	3	5	8	12	20	30	60
>10～16	0.25	0.5	1	1.5	2.5	4	6	10	15	25	40	80
>16～25	0.3	0.6	1.2	2	3	5	8	12	20	30	50	100
>25～40	0.4	0.8	1.5	2.5	4	6	10	15	25	40	60	120
>40～63	0.5	1	2	3	5	8	12	20	30	50	80	150
>63～100	0.6	1.2	2.5	4	6	10	15	25	40	60	100	200
>100～160	0.8	1.5	3	5	8	12	20	30	50	80	120	250
>160～250	1	2	4	6	10	15	25	40	60	100	150	300
>250～400	1.2	2.5	5	8	12	20	30	50	80	120	200	400
>400～630	1.5	3	6	10	15	25	40	60	100	150	250	500
>630～1 000	2	4	8	12	20	30	50	80	120	200	300	600
>1 000～1 600	2.5	5	10	15	25	40	60	100	150	250	400	800
>1 600～2 500	3	6	12	20	30	50	80	120	200	300	500	1 000
>2 500～4 000	4	8	15	25	40	60	100	150	250	400	600	1 200
>4 000～6 300	5	10	20	30	50	80	120	200	300	500	800	1 500
>6 300～10 000	6	12	25	40	60	100	150	250	400	600	1 000	2 000

主参数 L 图例

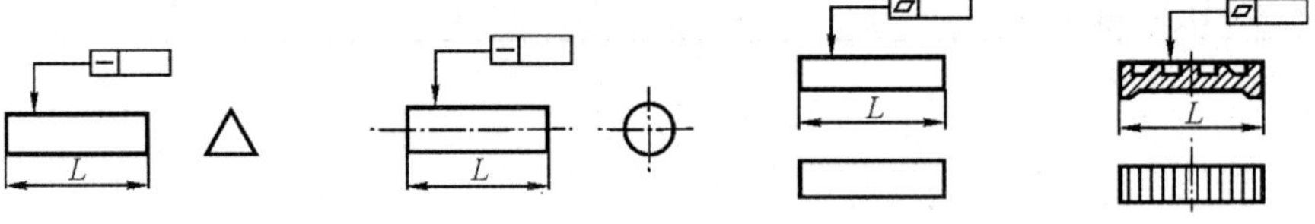

附表 2-2 圆度、圆柱度公差值 (摘自 GB/T 1184—1996)

主参数 d,D/mm	公差等级/μm												
	0	1	2	3	4	5	6	7	8	9	10	11	12
≤3	0.1	0.2	0.3	0.5	0.8	1.2	2	3	4	6	10	14	25
>3～6	0.1	0.2	0.4	0.6	1	1.5	2.5	4	5	8	12	18	30
>6～10	0.12	0.25	0.4	0.6	1	1.5	2.5	4	6	9	15	22	36
>10～18	0.15	0.25	0.5	0.8	1.2	2	3	5	8	11	18	27	43
>18～30	0.2	0.3	0.6	1	1.5	2.5	4	6	9	13	21	33	52

续表

主参数 d,D/mm	公差等级/μm												
	0	1	2	3	4	5	6	7	8	9	10	11	12
>30～50	0.25	0.4	0.6	1	1.5	2.5	4	7	11	16	25	39	62
>50～80	0.3	0.5	0.8	1.2	2	3	5	8	13	19	30	46	74
>80～120	0.4	0.6	1	1.5	2.5	4	6	10	15	22	35	54	87
>120～180	0.6	1	1.2	2	3.5	5	8	12	18	25	40	63	100
>180～250	0.8	1.2	2	3	4.5	7	10	14	20	29	46	72	115
>250～315	1.0	1.6	2.5	4	6	8	12	16	23	32	52	81	130
>315～400	1.2	2	3	5	7	9	13	18	25	36	57	89	140
>400～500	1.5	2.5	4	6	8	10	15	20	27	40	63	97	155

主参考 d,D 图例

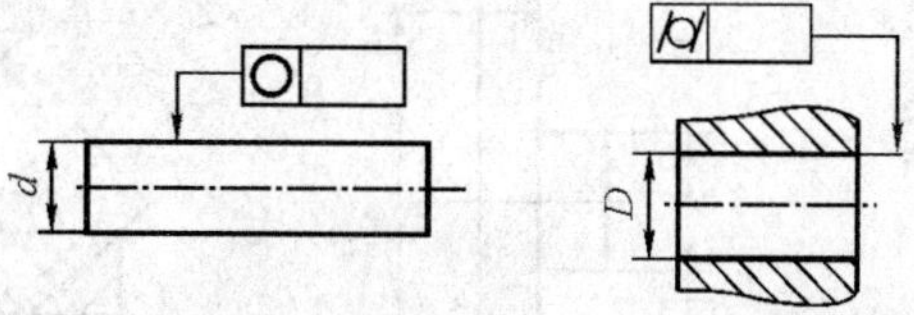

附录2-3 平行度、垂直度、倾斜度公差值

(摘自 GB/T 1184—1996)

主参数 L,d(D)/mm	公差等级/μm											
	1	2	3	4	5	6	7	8	9	10	11	12
≤10	0.4	0.8	1.5	3	5	8	12	20	30	50	80	120
>10～16	0.5	1	2	4	6	10	15	25	40	60	100	150
>16～25	0.6	1.2	2.5	5	8	12	20	30	50	80	120	200
>25～40	0.8	1.5	3	6	10	15	25	40	60	100	150	250
>40～63	1	2	4	8	12	20	30	50	80	120	200	300
>63～100	1.2	2.5	5	10	15	25	40	60	100	150	250	400
>100～160	1.5	3	6	12	20	30	50	80	120	200	300	500
>160～250	2	4	8	15	25	40	60	100	150	250	400	600
>250～400	2.5	5	10	20	30	50	80	120	200	300	500	800
>400～630	3	6	12	25	40	60	100	150	250	400	600	1 000
>630～1 000	4	8	15	30	50	80	120	200	300	500	800	1 200
>1 000～1 600	5	10	20	40	60	100	150	250	400	600	1 000	1 500
>1 600～2 500	6	12	25	50	80	120	200	300	500	800	1 200	2 000
>2 500～4 000	8	15	30	60	100	150	250	400	600	1 000	1 500	2 500
>4 000～6 300	10	20	40	80	120	200	300	500	800	1 200	2 000	3 000
>6 300～10 000	12	25	50	100	150	250	400	600	1 000	1 500	2 500	4 000

续表

主参数 $L,d(D)$/mm	公差等级/μm											
	1	2	3	4	5	6	7	8	9	10	11	12
主参数 $d(D)$,L 图例												

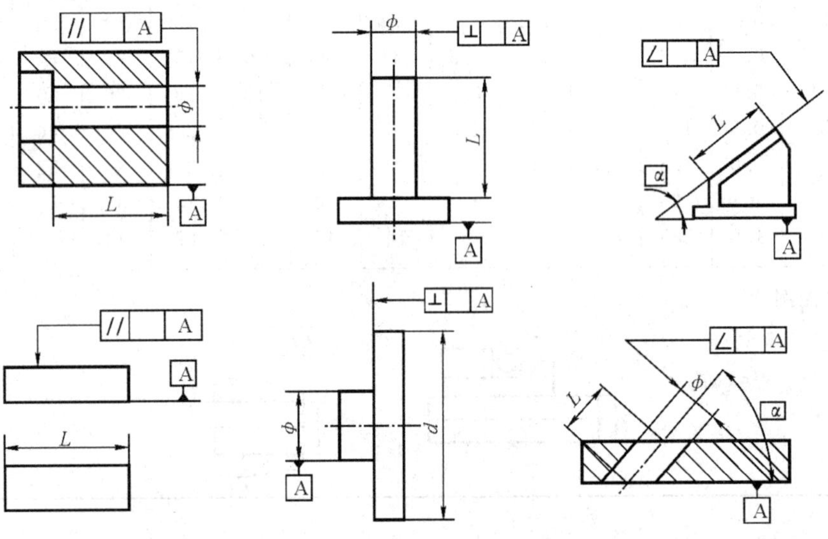

附表 2-4 同轴度、对称度、跳动、全跳动公差值 (摘自 GB/T 1184—1996)

主参数 $d(D)$,B,L/mm	公差等级/μm											
	1	2	3	4	5	6	7	8	9	10	11	12
≤1	0.4	0.6	1.0	1.5	2.5	4	6	10	15	25	40	60
>1～3	0.4	0.6	1.0	1.5	2.5	4	6	10	20	40	60	120
>3～6	0.5	0.8	1.2	2	3	5	8	12	25	50	80	150
>6～10	0.6	1	1.5	2.5	4	6	10	15	30	60	100	200
>10～18	0.8	1.2	2	3	5	8	12	20	40	80	120	250
>18～30	1	1.5	2.5	4	6	10	15	25	50	100	150	300
>30～50	1.2	2	3	5	8	12	20	30	60	120	200	400
>50～120	1.5	2.5	4	6	10	15	25	40	80	150	250	500
>120～250	2	3	5	8	12	20	30	50	100	200	300	600
>250～500	2.5	4	6	10	15	25	40	60	120	250	400	800
>500～800	3	5	8	12	20	30	50	80	150	300	500	1 000
>800～1 250	4	6	10	15	25	40	60	100	200	400	600	1 200
>1 250～2 000	5	8	12	20	30	50	80	120	250	500	800	1 500
>2 000～3 150	6	10	15	25	40	60	100	150	300	600	1 000	2 000
>3 150～5 000	8	12	20	30	50	80	120	200	400	800	1 200	2 500
>5 000～8 000	10	15	25	40	60	100	150	250	500	1 000	1 500	3 000
>8 000～10 000	12	20	30	50	80	120	200	300	600	1 200	2 000	4 000

续表

主参数 $d(D),B,L$/mm	公差等级/μm											
	1	2	3	4	5	6	7	8	9	10	11	12

主参数 $d(D),B,L$ 图例

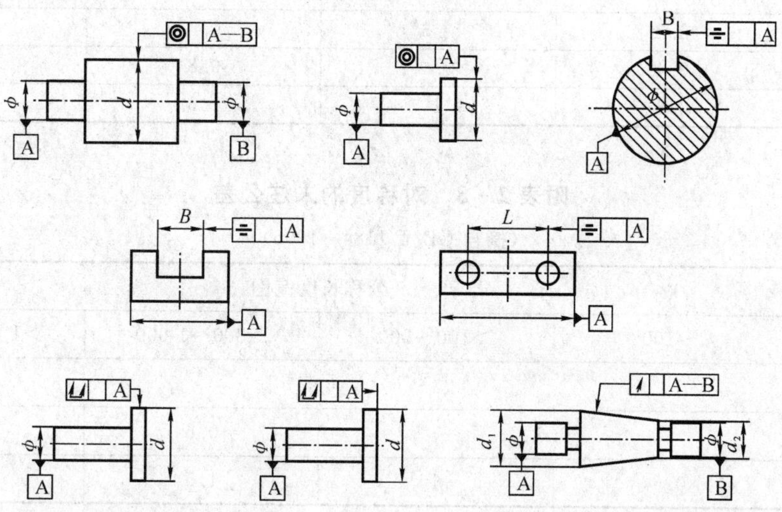

当提取组成要素为图锥面时，取 $d=\frac{d_1+d_2}{2}$

注:使用同轴度公差值时，应在表中查得的数值前加注“ϕ”。

附表 2-5 位置度系数

(摘自 GB/T 1184—1996) (mm)

1	1.2	1.5	2	2.5	3	4	5	6	8
1×10^n	1.2×10^n	1.5×10^n	2×10^n	2.5×10^n	3×10^n	4×10^n	5×10^n	6×10^n	8×10^n

注:n 为正整数。

附表 2-6 直线度、平面度的未注公差

(摘自 GB/T 1184—1996) (mm)

公差等级	公称长度范围					
	~10	>10~30	>30~100	>100~300	>300~1 000	>1 000~3 000
H	0.02	0.05	0.1	0.2	0.3	0.4
K	0.05	0.1	0.2	0.4	0.6	0.8
L	0.1	0.2	0.4	0.8	1.2	1.6

注:“公称长度”对于直线度是指提取长度;对于平面度是指平面较长一边的长度，对于圆平面，则是指直径。

附表 2－7 垂直度的未注公差

（摘自 GB/T 1184—1996） （mm）

公差等级	公差长度范围			
	～100	＞100～300	＞300～1 000	＞1 000～3 000
H	0.2	0.3	0.4	0.5
K	0.4	0.6	0.8	1
L	0.6	1	1.5	2

附表 2－8 对称度的未注公差

（摘自 GB/T 1184—1996） （mm）

公差等级	公称长度范围			
	～100	＞100～300	＞300～1 000	＞1 000～3 000
H	0.5			
K	0.6		0.8	1
L	0.6	1	1.5	2

附表 2－9 圆跳动的未注公差

（摘自 GB/T 1184—1996） （mm）

公差等级	圆跳动公差值
H	0.1
K	0.2
L	0.5

附录3　普通螺纹公差配合

附表 3-1　普通螺纹直径与螺距系列

（摘自 GB/T 193—2003）

（mm）

D,d	P	D_2,d_2	D_1,d_1	D,d	P	D_2,d_2	D_1,d_1
2.5	0.45	2.208	2.013	16	2	14.701	13.835
	0.35	2.273	2.121		1.5	15.026	14.376
3	0.5	2.675	2.459		1	15.350	14.917
	0.35	2.773	2.621	18	2.5	16.376	15.294
3.5	0.6	3.110	2.850	20	2.5	18.376	17.294
4	0.7	3.545	3.242		2	18.701	17.835
	0.5	3.675	3.459		1.5	19.026	18.376
4	0.75	4.013	3.688	22	2.5	20.376	19.294
5	0.8	4.480	4.134	24	3	22.051	20.752
	0.5	4.675	4.459		2	22.701	21.835
6	1	5.350	4.917		1.5	23.026	23.376
	0.75	5.513	5.188		1	23.350	22.917
8	1.25	7.188	6.647	27	3	25.051	23.752
	1	7.350	6.917		3.5	27.727	26.211
10	1.5	9.026	8.376	30	2	28.701	27.835
	1.25	9.188	8.647		1.5	29.026	28.376
12	1.75	10.863	10.106		3.5	30.727	29.211
	1.5	11.026	10.376	33	4	33.402	31.670
	1.25	11.188	10.674	36	3	34.051	32.752
14	2	12.701	11.835		2	34.701	33.835

附表 3-2 外螺纹中径公差

（摘自 GB/T 197—2003） （μm）

公称直径 D/mm		螺距 P/mm	公差等级						
>	≤		3	4	5	6	7	8	9
1.4	2.8	0.35	32	40	50	63	80	—	—
		0.4	34	42	53	67	85	—	—
		0.45	36	45	56	71	90	—	—
2.8	5.6	0.35	34	42	53	67	85	—	—
		0.5	38	48	60	75	95	—	—
		0.6	42	53	67	85	106	—	—
		0.7	45	56	71	90	112	—	—
		0.75	45	56	71	90	112	—	—
		0.8	48	60	75	95	113	150	190
5.6	11.2	0.5	42	53	67	85	106	—	—
		0.75	50	63	80	100	125	—	—
		1	56	71	90	112	140	180	224
		1.25	60	75	95	118	150	190	236
		1.5	67	85	106	132	170	212	295
11.2	22.4	0.5	45	56	71	90	112	—	—
		0.75	53	67	85	106	132	—	—
		1	60	75	95	118	150	190	236
		1.25	67	85	106	132	170	212	265
		1.5	71	90	112	140	180	224	280
		1.75	75	95	118	150	190	236	300
		2	80	100	125	160	200	250	315
		2.5	85	106	132	170	212	265	335
22.4	45	0.75	56	71	90	112	140	—	—
		1	63	80	100	125	160	200	250
		1.5	75	95	118	150	190	236	300
		2	85	106	132	170	212	265	335
		3	100	125	160	200	250	315	400
		3.5	106	132	170	212	265	335	425
		4	112	140	180	224	280	335	450
		4.5	118	150	190	236	300	375	470

附表 3-3　内螺纹中径公差

(摘自 GB/T 197—2003)　(μm)

公称直径 D/mm		螺距 P/mm	公差等级				
>	≤		4	5	6	7	8
1.4	2.8	0.35	53	67	85	—	—
		0.4	56	71	90	—	—
		0.45	60	75	95	—	—
2.8	5.6	0.35	56	71	90	—	—
		0.5	63	80	100	125	—
		0.6	71	90	112	140	—
		0.7	75	95	118	150	—
		0.75	75	95	118	150	—
		0.8	80	100	125	160	200
5.6	11.2	0.5	71	90	112	140	—
		0.75	85	106	132	170	—
		1	95	118	150	190	236
		1.25	100	125	160	200	250
		1.5	112	140	180	224	280
11.2	22.4	0.5	75	95	118	150	—
		0.75	90	112	140	180	—
		1	100	125	160	200	250
		1.25	112	140	180	224	280
		1.5	118	150	190	236	300
		1.75	125	160	200	250	315
		2	132	170	212	265	335
		2.5	140	180	224	280	335
22.4	45	0.75	95	118	150	190	—
		1	106	132	170	212	—
		1.5	125	160	200	250	315
		2	140	180	224	280	355
		3	170	212	265	335	425
		3.5	180	224	280	335	450
		4	190	236	300	375	475
		4.5	200	250	315	400	500

附表 3-4 内、外螺纹的基本偏差 （摘自 GB/T 197—2003）

基本偏差 / 螺距 P/mm	内螺纹 D_2, D_1 下偏差 EI/μm G	H	外螺纹 d_1, d_2 上偏差 es/μm e	f	g	h
0.35	+19	0	—	−34	−19	0
0.4	+19	0	—	−34	−19	0
0.45	+20	0	—	−35	−20	0
0.5	+20	0	−50	−36	−20	0
0.6	+21	0	−53	−36	−21	0
0.7	+22	0	−56	−38	−22	0
0.75	+22	0	−56	−38	−22	0
0.8	+24	0	−60	−38	−24	0
1	+26	0	−60	−40	−26	0
1.25	+28	0	−63	−42	−28	0
1.5	+32	0	−67	−45	−32	0
1.75	+34	0	−71	−48	−34	0
2	+38	0	−71	−52	−38	0
2.5	+42	0	−80	−58	−42	0
3	+48	0	−85	−63	−48	0
3.5	+53	0	−90	−70	−53	0
4	+60	0	−95	−75	−60	0
4.5	+63	0	−100	−80	−63	0

附表 3-5 外螺纹大径公差

（摘自 GB/T 197—2003） （μm）

螺距 P/mm	公差等级 4	6	8
0.35	53	85	—
0.4	60	95	—
0.45	63	100	—
0.5	67	106	—
0.6	80	125	—
0.7	90	140	—
0.75	90	140	—
0.8	95	150	236
1	112	180	280
1.25	132	212	335
1.5	150	236	375
1.75	170	265	425

续表

螺距 P/mm	公差等级		
	4	6	8
2	180	280	450
2.5	212	335	530
3	236	375	600
3.5	265	425	670
4	300	475	750
4.5	315	500	800

附表3-6　内螺纹小径公差

（摘自 GB/T 197—2003）　　（μm）

螺距 P/mm	公差等级				
	4	5	6	7	8
0.35	63	80	100	—	—
0.4	71	90	112	—	—
0.45	80	100	125	—	—
0.5	90	112	140	180	—
0.6	100	125	160	200	—
0.7	112	140	180	224	—
0.75	118	150	190	236	—
0.8	125	160	200	250	315
1	150	190	236	300	375
1.25	170	212	265	335	425
1.5	190	236	300	375	475
1.75	212	265	335	425	530
2	236	300	375	475	600
2.5	280	355	450	560	710
3	315	400	500	630	800
3.5	355	450	560	710	900
4	375	475	600	750	950
4.5	425	530	670	850	1060

附表 3-7 螺纹旋合长度

（摘自 GB/T 197—2003）（mm）

公称直径 D/mm D(d)		螺距 P/mm	旋合长度			
			S	N		L
>	≤		≤	>	≤	>
0.99	1.4	0.2	0.5	0.5	1.4	1.4
		0.25	0.6	0.6	1.7	1.7
		0.3	0.7	0.7	2	2
1.4	2.8	0.2	0.5	0.5	1.5	1.5
		0.25	0.6	0.6	1.9	1.9
		0.35	0.8	0.8	2.6	2.6
		0.4	1	1	3	3
		0.45	1.3	1.3	3.8	3.8
2.8	5.6	0.35	1	1	3	3
		0.5	1.5	1.5	4.5	4.5
		0.6	1.7	1.7	5	5
		0.7	2	2	6	6
		0.75	2.2	2.2	6.7	6.7
		0.8	2.5	2.5	7.5	7.5
5.6	11.2	0.5	1.6	1.6	4.7	4.7
		0.75	2.4	2.4	7.1	7.1
		1	3	3	9	9
		1.25	4	4	12	12
		1.5	5	5	15	15
11.2	22.4	0.5	1.8	1.8	5.4	5.4
		0.75	2.7	2.7	8.1	8.1
		1	3.8	3.8	11	11
		1.25	4.5	4.5	13	13
		1.5	5.6	5.6	16	16
		1.75	6	6	18	18
		2	8	8	24	24
		2.5	10	10	30	30
22.4	45	0.75	3.1	3.1	9.4	9.4
		1	4	4	12	12
		1.5	6.3	6.3	19	19
		2	8.5	8.5	25	25
		3	12	12	36	36
		3.5	15	15	45	45
		4	18	18	53	53
		4.5	21	21	63	63

附录4　圆锥公差配合

附表4-1　圆锥角公差数值表

基本圆锥长度 L/mm		圆锥角公差等级								
		AT_1			AT_2			AT_3		
		AT_α		AT_D	AT_α		AT_D	AT_α		AT_D
大于	至	μrad	(″)	μm	μrad	(″)	μm	μrad	(″)	μm
自　6	10	50	10	>0.3~0.5	80	16	>0.5~0.8	125	26	>0.8~1.3
10	16	40	8	>0.4~0.6	63	13	>0.6~1.0	100	21	>1.0~1.6
16	25	31.5	6	>0.5~0.8	50	10	>0.8~1.3	80	16	>1.3~2.0
25	40	25	5	>0.6~1.0	40	8	>1.0~1.6	63	13	>1.6~2.5
40	63	20	4	>0.8~1.3	31.5	6	>1.3~2.0	50	10	>2.0~3.2
63	100	16	3	>1.0~1.6	25	5	>1.6~2.5	40	8	>2.5~4.0
100	160	12.5	2.5	>1.3~2.0	20	4	>2.0~3.2	31.5	6	>3.2~5.0
160	250	10	2	>1.6~2.5	16	3	>2.5~4.0	25	5	>4.0~6.3
250	400	8	1.5	>2.0~3.2	12.5	2.5	>3.2~5.0	20	4	>5.0~8.0
400	630	6.3	1	>2.5~4.0	10	2	>4.0~6.3	16	3	>6.3~10.0

基本圆锥长度 L/mm		圆锥角公差等级								
		AT_4			AT_5			AT_6		
		AT_α		AT_D	AT_α		AT_D	AT_α		AT_D
大于	至	μrad	(′)(″)	μm	μrad	(′)(″)	μm	μrad	(′)(″)	μm
自　6	10	200	41	>1.3~2.0	315	1′05″	>2.0~3.2	500	1′43″	>3.2~5.0
10	16	160	33	>1.6~2.5	250	52″	>2.5~4.0	100	1′22″	>4.0~6.3
16	25	125	26	>2.0~3.2	200	41″	>3.2~5.0	315	1′05″	>5.0~8.0
25	40	100	21	>2.5~4.0	160	33″	>4.0~6.3	250	52″	>6.3~10.0
40	63	80	16	>3.2~5.0	125	26″	>5.0~8.0	200	41″	>8.0~12.5
63	100	63	13	>4.0~6.3	100	21″	>6.3~10.0	160	33″	>10.0~16.0
100	160	50	10	>5.0~8.0	80	16″	>8.0~12.5	125	26″	>12.5~20.0
160	250	40	8	>6.3~10.0	63	13″	>10.0~16.0	100	21″	>16.0~25.0
250	400	31.5	6	>8.0~12.5	50	10″	>12.5~20.0	80	16″	>20.0~32.0
400	630	25	5	>10.0~16.0	40	8″	>16.0~25.0	63	13″	>25.0~40.0

续 表

基本圆锥长度 L/mm		圆锥角公差等级								
		AT_7			AT_8			AT_9		
		AT_α		AT_D	AT_α		AT_D	AT_α		AT_D
大于	至	μrad	(′)(″)	μm	μrad	(′)(″)	μm	μrad	(′)(″)	μm
自 6	10	800	2′45″	>5.0~8.0	1 250	4′18″	>8.0~12.5	2 000	6′52″	>12.5~20
10	16	630	2′10″	>6.3~10.0	1 000	3′26″	>10.0~16.0	1 600	5′30″	>16~25
16	25	500	1′43″	>8.0~12.5	800	2′45″	>12.5~20.0	1 250	4′18″	>20~32
25	40	400	1′22″	>10.0~16.0	630	2′10″	>16.0~20.5	1 000	3′26″	>25~40
40	63	315	1′05″	>12.5~20.0	500	1′43″	>20.0~32.0	800	2′45″	>32~50
63	100	250	52″	>16.0~25.0	400	1′22″	>25.0~40.0	630	2′10″	>40~63
100	160	200	11″	>20.0~32.0	315	1′05″	>32.0~50.0	500	1′43″	>50~80
160	250	160	33″	>25.0~40.0	250	52″	>40.0~63.0	400	1′22″	>63~100
250	400	125	26″	>32.0~50.0	200	41″	>50.0~80.0	315	1′05″	>80~125
400	630	100	21″	>40.0~63.0	160	33″	>63.0~100.0	250	52″	>100~160

基本圆锥长度 L/mm		圆锥角公差等级								
		AT_{10}			AT_{11}			AT_{12}		
		AT_α		AT_D	AT_α		AT_D	AT_α		AT_D
大于	至	μrad	(′)(″)	μm	μrad	(′)(″)	μm	μrad	(′)(″)	μm
自 6	10	3 150	10′49″	>20~32	5 000	17′10″	>32~50	8 000	27′28″	>50~80
10	16	2 500	8′35″	>25~40	4 000	13′44″	>40~63	6 300	21′38″	>63~100
16	25	2 000	6′52″	>32~50	3 150	10′49″	>50~80	5 000	17′10″	>80~125
25	40	1 600	5′30″	>40~63	2 500	8′35″	>63~100	4 000	13′44″	>100~160
40	63	1 250	4′18″	>50~80	2 000	6′52″	>80~125	3 150	10′49″	>125~200
63	100	1 000	3′26″	>63~100	1 600	5′30″	>100~160	2 500	8′35″	>160~250
100	160	800	2′45″	>80~125	1 250	4′18″	>125~200	2 000	6′52″	>200~320
160	250	630	2′10″	>100~160	1 000	3′26″	>160~25	1 600	5′30″	>250~400
250	400	500	1′43″	>125~200	800	2′45″	>200~320	1 250	4′18″	>320~500
400	630	400	1′22″	>160~250	630	2′10″	>250~400	1 000	3′25″	>400~630

注：1 μrad 等于半径为 1 m，弧长为 1 μm 所对应的圆心角。5 μrad≈1″(秒)；300 μrad≈1′(分)。

附表4-2　圆锥直径公差所能限制的最大圆锥角误差 $\Delta\alpha_{max}$

圆锥直径公差等级	圆锥直径/mm						
	≤3	>3～6	>6～10	>10～18	>18～30	>30～50	>50～80
	$\Delta\alpha_{max}/\mu rad$						
IT01	3	4	4	5	6	6	8
IT0	5	6	6	8	10	10	12
IT1	8	10	10	12	15	15	20
IT2	12	15	15	20	25	25	30
IT3	20	25	25	30	40	40	50
IT4	30	40	40	50	50	70	80
IT5	40	50	60	80	90	110	130
IT6	60	80	90	110	130	160	190
IT7	100	120	150	180	210	250	300
IT8	140	180	220	270	330	390	460

圆锥直径公差等级	圆锥直径/mm						
	≤3	>3～6	>6～10	>10～18	>18～30	>30～50	>50～80
	$\Delta\alpha_{max}/\mu rad$						
IT9	250	300	360	430	520	620	740
IT10	400	480	580	700	840	1 000	1 200
IT11	600	750	900	1 000	1 300	1 600	1 900
IT12	1 000	1 200	1 500	1 800	2 100	2 500	3 000
IT13	1 400	1 800	2 200	2 700	3 300	3 900	4 600
IT14	2 500	3 000	3 600	4 300	5 200	6 200	7 400
IT15	4 000	4 800	5 800	7 000	8 400	10 000	12 000
IT16	6 000	7 500	9 000	11 000	13 000	16 000	19 000
IT17	10 000	12 000	15 000	18 000	21 000	25 000	30 000
IT18	14 000	18 000	22 000	27 000	33 000	39 000	46 000

注：圆锥长度不等于100 mm时，需将表中的数值乘以100/L，L的单位为mm。

附录5 齿轮传动精度设计

附表5-1 单个齿距偏差 $\pm f_{Pt}$ 允许值 （摘自 GB/T 10095.1—2008）

分度圆直径 d/mm	法向模数 m_n/mm	精度等级				
		5	6	7	8	9
		$\pm f_{Pt}/\mu m$				
$20<d\leqslant 50$	$2<m_n\leqslant 3.5$	5.5	7.5	11.0	15.0	22.0
	$3.5<m_n\leqslant 6$	6.0	8.5	12.0	17.0	24.0
$50<d\leqslant 125$	$2<m_n\leqslant 3.5$	6.0	8.5	12.0	17.0	23.0
	$3.5<m_n\leqslant 6$	6.5	9.0	13.0	18.0	26.0
	$6<m_n\leqslant 10$	7.5	10.0	15.0	21.0	30.0
$125<d\leqslant 280$	$2<m_n\leqslant 3.5$	6.5	9.0	13.0	18.0	26.0
	$3.5<m_n\leqslant 6$	7.0	10.0	14.0	20.0	28.0
	$6<m_n\leqslant 10$	8.0	11.0	16.0	23.0	32.0
$280<d\leqslant 560$	$2<m_n\leqslant 3.5$	7.0	10.0	14.0	20.0	29.0
	$3.5<m_n\leqslant 6$	8.0	11.0	16.0	22.0	31.0
	$6<m_n\leqslant 10$	8.5	12.0	17.0	25.0	35.0

附表5-2 齿距累积总偏差 F_P 允许值 （摘自 GB/T 10095.1—2008）

分度圆直径 d/mm	法向模数 m_n/mm	精度等级				
		5	6	7	8	9
		$F_P/\mu m$				
$20<d\leqslant 50$	$2<m_n\leqslant 3.5$	15.0	21.0	30.0	42.0	59.0
	$3.5<m_n\leqslant 6$	15.0	22.0	31.0	44.0	62.0
$50<d\leqslant 125$	$2<m_n\leqslant 3.5$	19.0	27.0	38.0	53.0	76.0
	$3.5<m_n\leqslant 6$	19.0	28.0	39.0	55.0	78.0
	$6<m_n\leqslant 10$	20.0	29.0	41.0	58.0	82.0
$125<d\leqslant 280$	$2<m_n\leqslant 3.5$	25.0	35.0	50.0	70.0	100.0
	$3.5<m_n\leqslant 6$	25.0	36.0	51.0	72.0	102.0
	$6<m_n\leqslant 10$	26.0	37.0	53.0	75.0	106.0
$280<d\leqslant 560$	$2<m_n\leqslant 3.5$	33.0	46.0	65.0	92.0	131.0
	$3.5<m_n\leqslant 6$	33.0	47.0	66.0	94.0	133.0
	$6<m_n\leqslant 10$	34.0	48.0	68.0	97.0	137.0

附表 5-3 齿廓总偏差 F_α 允许值 (摘自 GB/T 10095.1—2008)

分度圆直径 d/mm	法向模数 m_n/mm	精度等级 5	6	7	8	9
		F_α/μm				
$20<d\leqslant50$	$2<m_n\leqslant3.5$	7.0	10.0	14.0	20.0	29.0
	$3.5<m_n\leqslant6$	9.0	12.0	18.0	25.0	35.0
$50<d\leqslant125$	$2<m_n\leqslant3.5$	8.0	11.0	16.0	22.0	31.0
	$3.5<m_n\leqslant6$	9.5	13.0	19.0	27.0	38.0
	$6<m_n\leqslant10$	12.0	16.0	23.0	33.0	46.0
$125<d\leqslant280$	$2<m_n\leqslant3.5$	9.0	13.0	18.0	25.0	36.0
	$3.5<m_n\leqslant6$	11.0	15.0	21.0	30.0	42.0
	$6<m_n\leqslant10$	13.0	18.0	25.0	36.0	50.0
$280<d\leqslant560$	$2<m_n\leqslant3.5$	10.0	15.0	21.0	29.0	41.0
	$3.5<m_n\leqslant6$	12.0	17.0	24.0	34.0	48.0
	$6<m_n\leqslant10$	14.0	20.0	28.0	40.0	56.0

附表 5-4 齿廓形状偏差 $f_{f\alpha}$ 允许值 (摘自 GB/T 10095.1—2008)

分度圆直径 d/mm	法向模数 m_n/mm	精度等级 5	6	7	8	9
		$f_{f\alpha}$/μm				
$20<d\leqslant50$	$2<m_n\leqslant3.5$	5.5	8.0	11.0	16.0	22.0
	$3.5<m_n\leqslant6$	7.0	9.5	14.0	19.0	27.0
$50<d\leqslant125$	$2<m_n\leqslant3.5$	6.0	8.5	12.0	17.0	24.0
	$3.5<m_n\leqslant6$	7.5	10.0	15.0	21.0	29.0
	$6<m_n\leqslant10$	9.0	13.0	18.0	25.0	36.0
$125<d\leqslant280$	$2<m_n\leqslant3.5$	7.0	9.5	14.0	19.0	28.0
	$3.5<m_n\leqslant6$	8.0	12.0	16.0	23.0	33.0
	$6<m_n\leqslant10$	10.0	14.0	20.0	28.0	39.0
$280<d\leqslant560$	$2<m_n\leqslant3.5$	8.0	11.0	16.0	22.0	32.0
	$3.5<m_n\leqslant6$	9.0	13.0	18.0	26.0	37.0
	$6<m_n\leqslant10$	11.0	15.0	22.0	31.0	43.0

附表 5-5 齿廓倾斜偏差 $\pm f_{H\alpha}$ 允许值 （摘自 GB/T 10095.1—2008）

分度圆直径 d/mm	法向模数 m_n/mm	精度等级				
		5	6	7	8	9
		$\pm F_{H\alpha}$/μm				
$20<d\leqslant50$	$2<m_n\leqslant3.5$	4.5	6.5	9.0	13.0	18.0
	$3.5<m_n\leqslant6$	5.5	8.0	11.0	16.0	22.0
$50<d\leqslant125$	$2<m_n\leqslant3.5$	5.0	7.0	10.0	14.0	20.0
	$3.5<m_n\leqslant6$	6.0	8.5	12.0	17.0	24.0
	$6<m_n\leqslant10$	7.5	10.0	15.0	21.0	29.0
$125<d\leqslant280$	$2<m_n\leqslant3.5$	5.5	8.0	11.0	16.0	23.0
	$3.5<m_n\leqslant6$	6.5	9.5	13.0	19.0	27.0
	$6<m_n\leqslant10$	8.0	11.0	16.0	23.0	32.0
$280<d\leqslant560$	$2<m_n\leqslant3.5$	6.5	9.0	13.0	18.0	26.0
	$3.5<m_n\leqslant6$	7.5	11.0	15.0	21.0	30.0
	$6<m_n\leqslant10$	9.0	13.0	18.0	25.0	35.0

附表 5-6 螺旋线总偏差 F_β 允许值 （摘自 GB/T 10095.1—2008）

分度圆直径 d/mm	齿 宽 b/mm	精度等级				
		5	6	7	8	9
		F_β/μm				
$20<d\leqslant50$	$10<b\leqslant20$	7.0	10.0	14.0	20.0	29.0
	$20<b\leqslant40$	8.0	11.0	16.0	23.0	32.0
$50<d\leqslant125$	$10<b\leqslant20$	7.5	11.0	15.0	21.0	30.0
	$20<b\leqslant40$	8.5	12.0	17.0	24.0	34.0
	$40<b\leqslant80$	10.0	14.0	20.0	28.0	39.0
$125<d\leqslant280$	$10<b\leqslant20$	8.0	11.0	16.0	22.0	32.0
	$20<b\leqslant40$	9.0	13.0	18.0	25.0	36.0
	$40<b\leqslant80$	10.0	15.0	21.0	29.0	41.0
$280<d\leqslant560$	$20<b\leqslant40$	9.5	13.0	19.0	27.0	38.0
	$40<b\leqslant80$	11.0	15.0	22.0	31.0	44.0
	$80<b\leqslant160$	13.0	18.0	26.0	36.0	52.0

附表 5－7　螺旋线形状偏差 $f_{f\beta}$ 和螺旋线倾斜偏差 $\pm f_{H\beta}$ 允许值

（摘自 GB/T 10095.1—2008）

分度圆直径 d/mm	齿　宽 b/mm	精度等级				
		5	6	7	8	9
		$f_{f\beta}$/μm 和 $\pm f_{H\beta}$/μm				
20＜d≤50	10＜b≤20	5.0	7.0	10.0	14.0	20.0
	20＜b≤40	6.0	8.0	12.0	16.0	23.0
50＜d≤125	10＜b≤20	5.5	7.5	11.0	15.0	21.0
	20＜b≤40	6.0	8.5	12.0	17.0	24.0
	40＜b≤80	7.0	10.0	14.0	20.0	28.0
125＜d≤280	10＜b≤20	5.5	8.0	11.0	16.0	23.0
	20＜b≤40	6.5	9.0	13.0	18.0	25.0
	40＜b≤80	7.5	10.0	15.0	21.0	29.0
280＜d≤560	20＜b≤40	7.0	9.5	14.0	19.0	27.0
	40＜b≤80	8.0	11.0	16.0	22.0	31.0
	80＜b≤160	9.0	13.0	18.0	26.0	37.0

附表 5－8　f_i'/k 的比值　（摘自 GB/T 10095.1—2008）

分度圆直径 d/mm	法向模数 m_n/mm	精度等级				
		5	6	7	8	9
		(f_i'/K)/μm				
20＜d≤50	2＜m_n≤3.5	17.0	24.0	34.0	48.0	68.0
	3.5＜m_n≤6	19.0	27.0	38.0	54.0	77.0
50＜d≤125	2＜m_n≤3.5	18.0	25.0	36.0	51.0	72.0
	3.5＜m_n≤6	20.0	29.0	40.0	57.0	81.0
	6＜m_n≤10	23.0	33.0	47.0	66.0	93.0
125＜d≤280	2＜m_n≤3.5	20.0	28.0	39.0	56.0	79.0
	3.5＜m_n≤6	22.0	31.0	44.0	62.0	88.0
	6＜m_n≤10	25.0	35.0	50.0	70.0	100.0
280＜d≤560	2＜m_n≤3.5	22.0	31.0	44.0	62.0	87.0
	3.5＜m_n≤6	24.0	34.0	48.0	68.0	96.0
	6＜m_n≤10	27.0	38.0	54.0	76.0	108.0

附表 5-9　径向综合总偏差 F_i'' 允许值　（摘自 GB/T 10095.1—2008）

分度圆直径 d/mm	法向模数 m_n/mm	精度等级				
		5	6	7	8	9
		F_i''/μm				
20<d≤50	1.0<m_n≤1.5	16	23	32	45	64
	1.5<m_n≤2.5	18	26	37	52	73
50<d≤125	1.0<m_n≤1.5	19	27	39	55	77
	1.5<m_n≤2.5	22	31	43	61	86
	2.5<m_n≤4.0	25	36	51	72	102
125<d≤280	1.0<m_n≤1.5	24	34	48	68	97
	1.5<m_n≤2.5	26	37	53	75	106
	2.5<m_n≤4.0	30	43	61	86	121
	4.0<m_n≤6.0	36	51	72	102	144
280<d≤560	1.0<m_n≤1.5	30	43	61	86	122
	1.5<m_n≤2.5	33	46	65	92	131
	2.5<m_n≤4.0	37	52	73	104	146
	4.0<m_n≤6.0	42	60	84	119	169

附表 5-10　一齿径向综合偏差 f_i'' 允许值　（摘自 GB/T 10095.1—2008）

分度圆直径 d/mm	法向模数 m_n/mm	精度等级				
		5	6	7	8	9
		f_i''/μm				
20<d≤50	1.0<m_n≤1.5	4.5	6.5	9.0	13	18
	1.5<m_n≤2.5	6.5	9.5	13	19	26
50<d≤125	1.0<m_n≤1.5	4.5	6.5	9.0	13	18
	1.5<m_n≤2.5	6.5	9.5	13	19	26
	2.5<m_n≤4.0	10	14	20	29	41
125<d≤280	1.0<m_n≤1.5	4.5	6.5	9.0	13	18
	1.5<m_n≤2.5	6.5	9.5	13	19	27
	2.5<m_n≤4.0	10	15	21	29	41
	4.0<m_n≤6.0	15	22	31	44	62
280<d≤560	1.0<m_n≤1.5	4.5	6.5	9.0	13	18
	1.5<m_n≤2.5	6.5	9.5	13	19	27
	2.5<m_n≤4.0	10	15	21	29	41
	4.0<m_n≤6.0	15	22	31	44	62

附表 5-11　径向跳动公差 F_r　(摘自 GB/T 10095.2—2008)

分度圆直径 d/mm	法向模数 m_n/mm	精度等级				
		5	6	7	8	9
		$F_r/\mu m$				
$20<d\leqslant 50$	$2.0<m_n\leqslant 3.5$	12	17	24	34	47
	$3.5<m_n\leqslant 6.0$	12	17	25	35	49
$50<d\leqslant 125$	$2.0<m_n\leqslant 3.5$	15	21	30	43	61
	$3.5<m_n\leqslant 6.0$	16	22	31	44	62
	$6.0<m_n\leqslant 10$	16	23	33	46	65
$125<d\leqslant 280$	$2.0<m_n\leqslant 3.5$	20	28	40	56	80
	$3.5<m_n\leqslant 6.0$	20	29	41	58	82
	$6.0<m_n\leqslant 10$	21	30	42	60	85
$280<d\leqslant 560$	$2.0<m_n\leqslant 3.5$	26	37	52	74	105
	$3.5<m_n\leqslant 6.0$	27	38	53	75	106
	$6.0<m_n\leqslant 10$	27	39	55	77	109

附表 5-12　基准面与安装面的形状公差　(摘自 GB/Z 18620.3—2008)

确定轴线的基准面	公差项目		
	圆度	圆柱度	平面度
用两个"短的"圆柱或圆锥形基准面上设定的两个圆的圆心来确定轴线上的两个点	$0.04(L/b)F_\beta$ 或 $0.1F_P$ 取两者中小值		
用一个"长的"圆柱或圆锥形的面来同时确定轴线的位置和方向。孔的轴线可以用与之相匹配正确地装配的工作芯轴的轴线来代表		$0.04(L/b)F_\beta$ 或 $0.1F_P$ 取两者中小值	
轴线位置用一个"短的"圆柱形基准面上一个圆的圆心来确定，其方向则用垂直于此轴线的一个基准端面来确定	$0.06F_P$		$0.06(D_d/b)F_\beta$

附表 5-13　安装面的跳动公差　(摘自 GB/Z 18620.3—2008)

确定轴线的基准面	跳动量(总的指示幅度)	
	径向	轴向
仅指圆柱或圆锥形基准面	$0.15(L/b)F_\beta$ 或 $0.3F_\alpha$ 取两者中大值	
一个圆柱基准面和一个端面基准面	$0.3F_\alpha$	$0.2(D_d/b)F_\beta$

附表 5-14　齿轮各主要表面粗糙度 *Ra* 推荐数值

（摘自 GB/Z 18620.4—2008）　　（μm）

等级	Ra/μm 模数 m/mm m<6	6<m<25	m>25	等级	Ra/μm 模数 m/mm m<6	6<m<25	m>25
1		0.04		7	1.25	1.6	2.0
2		0.08		8	2.0	2.5	3.2
3		0.16		9	3.2	4.0	5.0
4		0.32		10	5.0	6.3	8.0
5	0.5	0.63	0.80	11	10.0	12.5	16
6	0.8	1.00	1.25	12	20	25	32

附表 5-15　齿轮各基准面的表面粗糙度 *Ra* 推荐数值

（供参考）　　（μm）

<table>
<tr><td>齿轮的精度等级
各面的粗糙度 Ra</td><td>5</td><td>6</td><td colspan="2">7</td><td>8</td><td colspan="2">9</td></tr>
<tr><td>齿面加工方法</td><td>磨齿</td><td>磨或珩齿</td><td>剃或珩齿</td><td>精插精铣</td><td>插齿或滚齿</td><td>滚齿</td><td>铣齿</td></tr>
<tr><td>齿轮基准孔</td><td>0.32～0.63</td><td>1.25</td><td colspan="3">1.25～2.5</td><td colspan="2">5</td></tr>
<tr><td>齿轮轴基准轴颈</td><td>0.32</td><td>0.63</td><td colspan="2">1.25</td><td colspan="3">2.5</td></tr>
<tr><td>齿轮基准端面</td><td>2.5～1.25</td><td colspan="3">2.5～5</td><td colspan="3">3.2～5</td></tr>
<tr><td>齿轮顶圆</td><td>1.25～2.5</td><td colspan="6">3.2～5</td></tr>
</table>

附表 5-16　直齿轮装配后的接触斑点

（摘自 GB/Z 18620.4—2008）

精度等级 按 GB/T 10095	b_{c1} 占齿宽的百分比	h_{c1} 占有效齿面高度的百分比	b_{c2} 占齿宽的百分比	h_{c2} 占有效齿面高度的百分比
1 级及更高	50%	70%	40%	50%
5 和 6	45%	50%	35%	30%
7 和 8	35%	50%	35%	30%
9 至 12	25%	50%	25%	30%

参考文献

[1] 孙玉芹,袁夫彩.机械精度设计基础.2版.北京:科学出版社,2007.
[2] 韩正铜,王天煜.机械精度设计与检测.徐州:中国矿业大学出版社,2007.
[3] 孙全颖,唐文明,陈明,等.机械精度设计与质量保证.哈尔滨:哈尔滨工业大学出版社,2009.
[4] 王伯平.互换性与测量技术基础.北京:机械工业出版社,2009.
[5] 孙京平,魏伟.互换性与测量技术基础.北京:机械工业出版社,2008.
[6] 高晓康,陈于萍.互换性与测量技术:修订版.北京:高等教育出版社,2009.
[7] 马宏,王金波.仪器精度理论.北京:北京航空航天大学出版社,2009.
[8] 李柱,等.互换性及技术测量.北京:中国标准出版社,1984.
[9] 李柱,席宏卓,等.互换性与技术测量.武汉:华中理工大学出版社,1988.
[10] 《机械工程标准手册》编委会.机械工程标准手册——基础互换卷.北京:中国标准出版社,2001.
[11] 王玉荣.公差与测量技术.西安:西北工业大学出版社,1992.
[12] 蒋庄德.机械精度设计.西安:西安交通大学出版社,2000.
[13] 孙玉芹,孟兆新.机械精度设计基础.北京:科学出版社,2003.
[14] 马海荣.几何量精度设计与检测.北京:机械工业出版社,2004.
[15] 潘淑清.几何精度规范学.北京:北京理工大学出版社,2003.
[16] 刘品,张也晗.机械精度设计与检测基础.哈尔滨:哈尔滨工业大学出版社,2003.
[17] 杨沿平.机械精度设计与检测技术基础.北京:机械工业出版社,2004.
[18] 景旭文.互换性与测量技术基础.北京:中国标准出版社,2002.
[19] 刘巽尔.极限与配合.北京:中国计量出版社,2004.
[20] 刘巽尔.形状和位置公差.北京:中国计量出版社,2004.
[21] 李彩霞.机械精度设计与检测技术.上海:上海交通大学出版社,2004.
[22] 廖念钊.互换性与技术测量基础.北京:中国计量出版社,1998.
[23] 单嵩麟.公差与技术测量.上海:上海交通大学出版社,2001.
[24] 俞立钧.机械精度设计基础与质量保证.上海:上海科学技术文献出版社,2002.
[25] 何频.公差配合与技术测量习题及解答.北京:化学工业出版社,2004.
[26] 郑建中.互换性与测量技术习题与解答.北京:清华大学出版社,2007.
[27] 刘笃喜.《公差与测量技术》作业集.西安:西北工业大学出版社,2006.
[28] 王玉.机械精度设计与检测技术.北京:国防工业出版社,2005.
[29] 赵则祥.公差配合与质量控制.开封:河南大学出版社,1999.
[30] 姜明灿.公差与测量技术.武汉:华中科技大学出版社,2006.
[31] 刘启林.公差配合与技术测量.武汉:华中科技大学出版社,2006.
[32] 葛冬云.公差配合与测量技术.合肥:安徽科学技术出版社,2007.
[33] 赵宏芳.公差配合与测量技术.西安:西北大学出版社,2007.
[34] 阎光明,等.现代制造工艺基础.西安:西北工业大学出版社,2007.

[35] 李军.互换性与测量技术基础.武汉:华中科技大学出版社,2007.
[36] 董燕.公差配合与测量技术.北京:中国人民大学出版社,2008.
[37] 邢闽芳.互换性与技术测量.北京:清华大学出版社,2007.
[38] 韩进宏,王长春.互换性与测量技术基础.北京:中国林业出版社,北京大学出版社,2006.
[39] 魏斯亮,李时骏.互换性与技术测量.北京:北京理工大学出版社,2007.
[40] 邓英剑,杨冬生.公差配合与测量技术.北京:国防工业出版社,2008.
[41] 杨好学,蔡霞.公差与技术测量.北京:国防工业出版社,2009.
[42] 孔晓玲.公差与测量技术.北京:北京大学出版社,2009.
[43] 韩进宏,迟彦孝,等.互换性与技术测量.北京:机械工业出版社,2004.
[44] 杨练根,曹丽娟,宫爱红.互换性与技术测量.武汉:华中科技大学出版社,2010.
[45] 夏家华,沈顺成,等.互换性与技术测量基础.北京:北京理工大学出版社,2010.
[46] 韩丽华,班新龙.公差配合与测量技术基础.北京:中国电力出版社,2010.
[47] 朱定见,葛为民.互换性与测量技术.大连:大连理工大学出版社,2010.